基于工作过程导向的项目化创新系列教材
高等职业教育机电类“十四五”规划教材

AutoCAD工程制图基础教程（第3版）

AutoCAD Gongcheng Zhitu Jichu Jiaocheng

▲主　编　王　艳　陈　壁
▲副主编　阳夏冰　李云平　张玉英

中国·武汉

内 容 简 介

本书以 AutoCAD经典版为蓝本，从初学者的角度，结合机电、建筑等专业的绘图国家标准，系统地介绍了 AutoCAD的基本操作方法和技巧。

全书共14章，主要包括 AutoCAD基础、绘制二维图形、编辑二维图形、绘图设置与图形显示控制、书写文字、标注尺寸、图块及外部参照、绘制完整二维图形、设计中心、绘制轴测图、三维图形、由三维实体生成标准二维视图、图纸的布局与打印输出、任务驱动式教学案例等内容。

图书在版编目(CIP)数据

AutoCAD 工程制图基础教程 / 王艳，陈璧主编. —3 版. —武汉 ：华中科技大学出版社，2016.3(2022.1 重印)
ISBN 978-7-5680-1590-5

Ⅰ. ①A…　Ⅱ. ①王…　②陈…　Ⅲ. ①工程制图-AutoCAD 软件-高等学校-教材　Ⅳ. ①TB237

中国版本图书馆 CIP 数据核字(2016)第 053840 号

AutoCAD 工程制图基础教程(第 3 版)
AutoCAD Gongcheng Zhitu Jichu Jiaocheng

王　艳　陈　璧　主编

策划编辑：张　毅
责任编辑：张　毅
封面设计：原色设计
责任校对：何　欢
责任监印：张正林
出版发行：华中科技大学出版社(中国・武汉)
武昌喻家山　邮编：430074　电话：(027)81321913
录　排：禾木图文工作室
印　刷：武汉市首壹印务有限公司
开　本：787mm×1092mm　1/16
印　张：18.25
字　数：453 千字
版　次：2022 年 1 月第 3 版第 5 次印刷
定　价：48.00 元

第3版前言 DISANBAN QIANYAN

AutoCAD 改变了传统的绘图方式，让用户在设计领域里真正地“甩掉图板”。无论是 AutoCAD 2010 还是较低版本，它的基本功能、基本操作、基本技能都大同小异，用户需要重点掌握的是该软件的使用方法和基本命令，能够正确表达机械、建筑等专业的工程图形。用户初学时不必一味追求高版本的使用，因为高版本的 AutoCAD 对计算机的配置要求更高，适合自己使用的 AutoCAD 版本才是最好的。

本次编写参照了教育部制定的《高职高专工程制图课程教学基本要求》、劳动和社会保障部全国计算机信息高新技术考试指导教材、《机械设计手册》2010 年第五版第 1 卷第 2 篇有关制图标准等内容，保留了第一版的特色，注重高职高专教学改革的新要求，结合编者的教改实践，增加了“任务驱动式教学案例”一章，读者可学到从事相关实际工作的工作程序和工作步骤，为读者从学校走向实际工作的无缝衔接提供了便利。此外，新增了 AutoCAD 2010 版界面的知识介绍，在“图块及外部参照”一章增加了动态块的介绍，动态块的功能为专业设计领域提供了一种设计方法。

本书的例图大多选取机电、建筑等专业图形，例题讲解突出 AutoCAD 的使用方法和操作技巧，初学者能快速掌握使用 AutoCAD 绘制各类专业图形的方法。本书斜体文字表示命令提示窗口中的显示内容，即命令行，符号“//”之后的文字是对该命令行的实际操作说明，命令行提示全部依此格式编排。

参与本书编写的有：王艳（武汉工程职业技术学院）、陈璧（苏州托普信息职业技术学院）、阳夏冰（武汉城市职业学院）、李云平（武汉软件工程职业学院）、张玉英（南昌工学院）。本书由王艳、陈璧担任主编，阳夏冰、李云平、张玉英担任副主编。

本书可作为高等院校、高职高专相关专业计算机绘图等课程的教材，也可作为计算机绘图方面的初学者培训教材，对有一定基础的设计和绘图人员也有参考价值。

本书在编写过程中得到了华中科技大学出版社的大力支持与帮助，也参考了国内外先进教材的编写经验，在此深表谢意。由于编者水平有限，书中疏漏和欠妥之处在所难免，恳请广大读者批评指正。

编　者

目录 MULU

第1章 AutoCAD 基础

本章介绍 CAD 的定义以及 AutoCAD 经典版的基础知识。首先，介绍什么是 CAD、CAD 技术涉及的基础技术、基本过程和 AutoCAD 绘图软件在 CAD 中的作用；然后，介绍 AutoCAD 2010 中文版的基础知识，包括界面组成、工作空间、绘图坐标系以及使用该软件的基本操作方法。

1.1 CAD 与 AutoCAD

1.1.1 CAD 与 CAD 技术

CAD (computer aided design)——计算机辅助设计,是指利用计算机来完成设计工作并产生图形的一种方法和技术。

目前在机电、建筑等行业,工程技术人员以计算机为工具,用专业知识对产品或工程进行总体规划、设计、分析、绘图、编写技术文档等全部设计工作的总称,即 CAD。

CAD 涉及的基础技术有很多。计算机图形学是 CAD 的主要理论和技术基础,CAD 是计算机图形学的主要应用方面。CAD 涉及的专业学科的设计则与专业学科技术相关,例如,力学分析、有限元分析等各学科知识,此外,还包括数据库管理和各种数据的规范和接口技术、文档处理技术、人机交互设计等。人机交互设计是 CAD 的基本方法。

1.1.2 CAD 的基本过程与 AutoCAD

设计工作实际是一个不断优化、完善的过程。CAD 的基本过程如图 1.1 所示。在该过程中,首先按设计要求,依据过去类似设计经验,选择合适的理论作为依据,进行产品或工程的初步方案设计,然后根据此初步设计方案,按照设计规范、标准、惯例,对产品或工程绘制设计草图、建立几何模型或特征造型,最后进行专业的计算、分析、优化等工作,并将此工作的结果进行评价分析,判断是否满足设计要求。如果满足设计要求,则将整个设计结果输出。如果不满足设计要求,则要修改设计方案,重新进行建模、计算、分析,开始新一轮的设计循环。

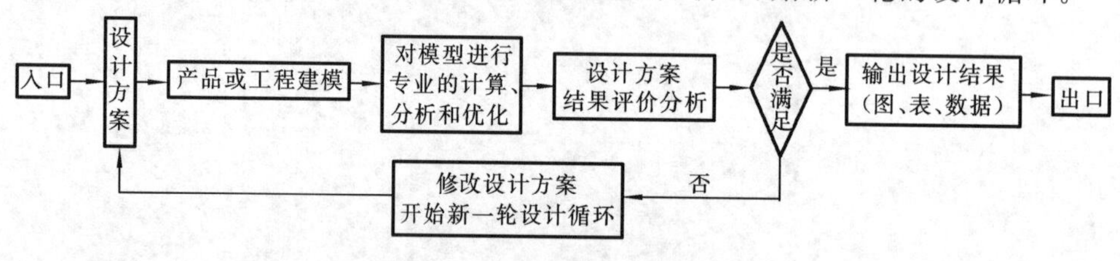

图 1.1 CAD 的基本过程

CAD 常用的软件有很多,本书主要介绍 AutoCAD。AutoCAD 是美国 Autodesk 公司推出的通用 CAD 软件包。1982 年 12 月推出 AutoCAD 1.0 版本,现在已至 AutoCAD 2011 版本。从图 1.1 不难看出,AutoCAD 主要在设计产品、工程建模及输出设计结果中使用,该软件对绘制机械和建筑图形有其独特的特点。AutoCAD 深刻地影响着设计人员的观念,推动人们使用现代化方式从事设计和绘图。

1.1.3 计算机绘图与手工绘图

随着社会的发展和现代工程要求的提高,传统的手工绘图的图纸在工程(如招投标)中已完全看不到了。但是对于初学专业绘图的人来说，手工绘图又是计算机绘图无法取代的。初学专业绘图的人，通过手工绘图的训练，可以深刻地体会到图形绘制的细节和生成最终结果的过程。手工绘图和计算机绘图，只是绘图手段不同，一个是采用人工的方式，另一个是采用计算机的方式。两者相同的实质在于，都要按专业绘图的标准和规范来做，只有满足专业绘图的标准和规范的图形才是“图”，否则只是“像图”而不是“图”。

1.2 AutoCAD 2010 中文版

1.2.1 启动 AutoCAD 2010 中文版

AutoCAD 2010 中文版安装完成后，在 Windows 桌面上会自动生成一个快捷图标，双击则进入 AutoCAD 2010 中文版界面。也可以从 Windows 的“开始”菜单，选择“开始”→“程序”→“Autodesk”→“AutoCAD 2010-Simplified Chinese”→“AutoCAD 2010”命令，启动 AutoCAD 2010 中文版，默认进入 AutoCAD 2010 二维草图与注释工作空间界面，如图 1.2 所示。

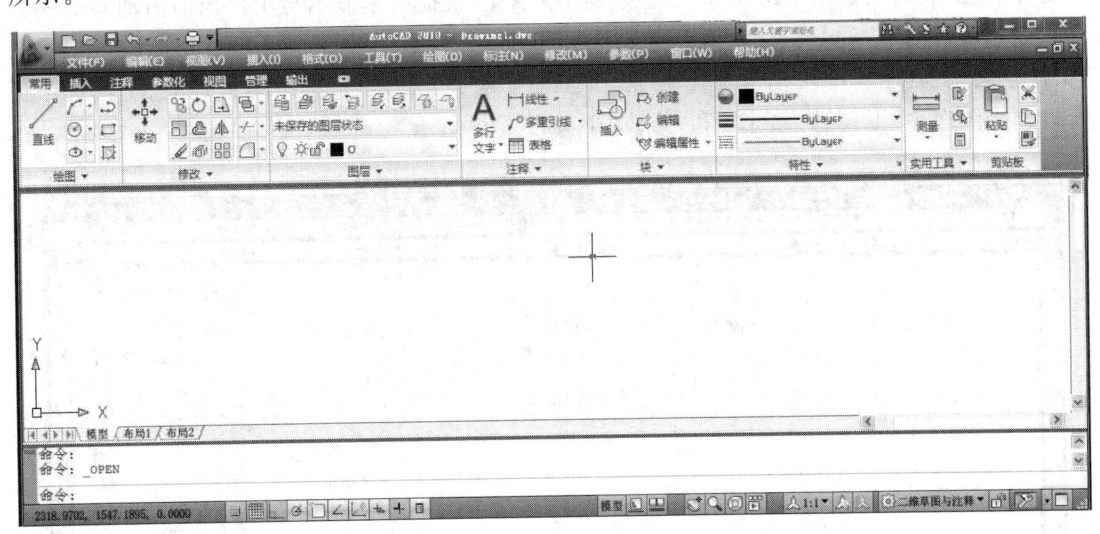

图 1.2 AutoCAD 2010 二维草图与注释工作空间界面

选择该界面右下角“切换工作空间”下拉列表中的“AutoCAD 经典”，可进入 AutoCAD 2010 中文版“经典版”界面。

若读者安装的是 AutoCAD 2007 中文版，可通过同样的方法来启动，默认进入 AutoCAD 2007 工作空间界面，如图 1.3 所示。选择“AutoCAD 经典”选项，单击“确定”按钮，即可进入 AutoCAD 2007 中文版界面。

AutoCAD 2007 中文版界面与 AutoCAD 2010 中文版“经典版”界面的基本组成是一样的，本书主要以 AutoCAD 2010 中文版“经典版”为主来介绍。

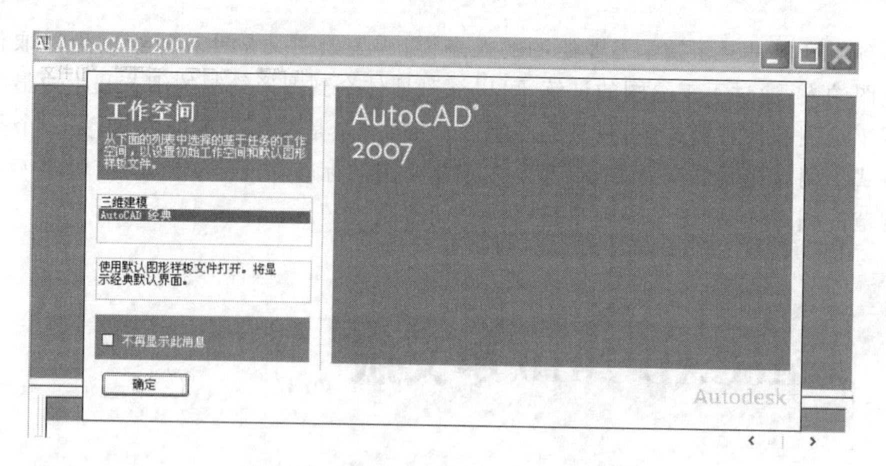

图 1.3　AutoCAD 2007 工作空间界面

1.2.2　AutoCAD 2010 中文版“经典版”界面

AutoCAD 2010 中文版“经典版”界面主要由菜单栏、工具栏、绘图窗口、命令提示窗口、状态栏、工具选项板等组成，如图 1.4 所示。

很多菜单、快捷菜单、工具栏和工具选项板是为了便于用户访问常用的命令、设置和模式而设计的，工具选项板用于组织和放置块及图案填充，快捷菜单显示与用户当前活动有关的命令。在默认情况下，AutoCAD 2010 中文版“经典版”界面显示全部菜单，显示“标准”工具栏、“工作空间”工具栏、“特性”工具栏、“图层”工具栏、“样式”工具栏、图纸集管理器、工具选项板窗口、“绘图次序”工具栏、“绘图”和“修改”工具栏。

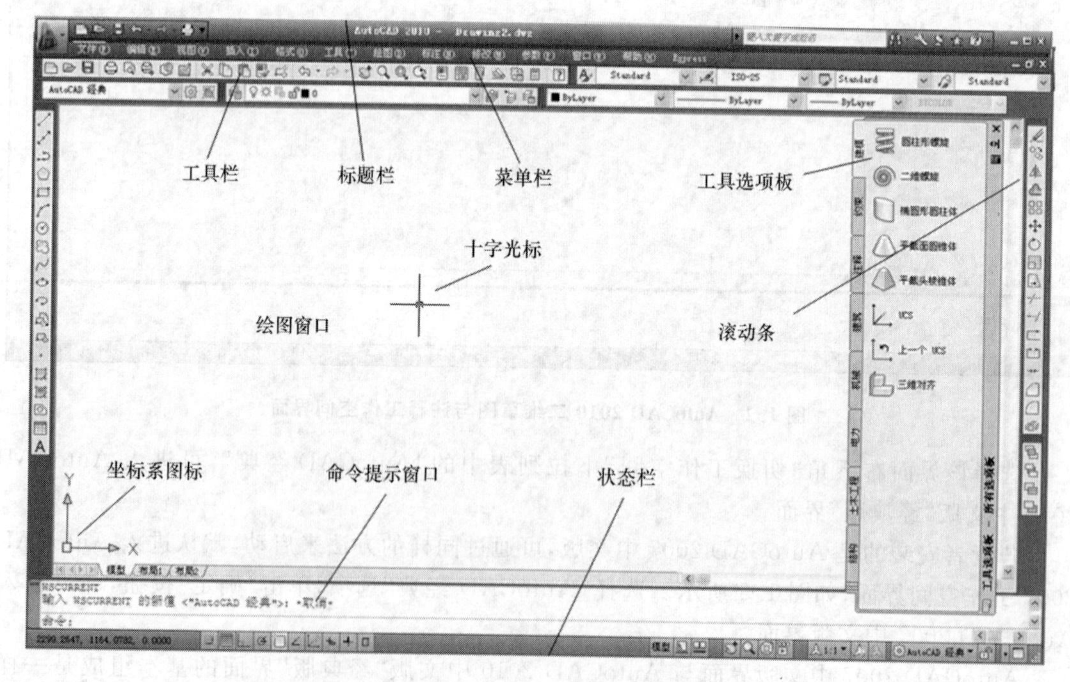

图 1.4　AutoCAD 2010 中文版“经典版”界面

下面介绍各组成部分的功能。

1. 菜单栏

菜单栏在界面上的位置如图 1.4 所示。通过菜单栏可以访问菜单，菜单集合了 AutoCAD 的绝大部分命令。执行菜单的方法与使用 Windows 的其他应用程序的方法一样，这里从略。

默认的菜单文件是 acad.mnu。可以在“选项”对话框的“文件”选项卡中指定不同的菜单（例如，用户自定义的菜单）。

2. 快捷菜单

快捷菜单提供对当前操作的相关命令的快速访问。在屏幕的不同区域单击鼠标右键，可以显示不同的快捷菜单。

显示快捷菜单的步骤如下：

(1) 在命令提示下，将鼠标指针移动到屏幕的指定区域上；

(2) 单击鼠标右键，显示与鼠标指针位置相关的快捷菜单。

在绘图区域内、命令窗口中、设计中心的图标上、多行文字编辑器的文字上、工具栏或工具选项板上、模型或布局选项卡上、状态栏或状态栏按钮上单击鼠标右键，将显示不同的快捷菜单。灵活使用快捷菜单，将大大提高绘图效率。

3. 工具栏

工具栏包含常用命令的按钮。

将鼠标指针移到工具栏按钮上，工具栏将提示按钮的名称。单击右下角带有小黑三角形的按钮将弹出相关命令的工具栏。

在默认情况下，将显示“标准”、“图层”、“特性”、“样式”、“绘图”、“修改”、“绘图顺序”、“工作空间”等工具栏。工具栏与 Microsoft Office 程序中的工具栏类似，它包含常用的 AutoCAD 命令以及 Microsoft Office 标准命令（例如，“新建”、“打开”和“保存”）。

常用的工具栏部分命令介绍如下。

:实时平移。单击此图标，将鼠标指针移到绘图区域，按住左键做“拖曳”操作，可移动整个绘图区域，就好像手工绘图时移动整个绘图纸一样；单击鼠标右键选择“退出”，则退出实时平移状态。

快捷方式：按下带滑轮鼠标中的滑轮做“拖曳”操作，其操作结果与之相同。

:实时缩放。单击此图标，将鼠标指针移到绘图区域，按住左键做“拖曳”操作，向上拖，则图形放大；向下拖，则图形缩小。单击鼠标右键，选择“退出”，则退出实时缩放状态。

:窗口缩放。单击此图标，将鼠标指针移到绘图区域，单击，从左上向右下移动，再单击，则在单击的两个角点窗口中图形放大。

:缩放上一个。单击此图标，图形将恢复到上一个视图。

工作空间是由菜单、工具栏、选项板等组成的绘图窗口，也称为绘图环境。“工作空间”工具栏用于选择绘图窗口和自定义绘图窗口。用户可以选择专门的“AutoCAD 经典”绘图环境，也可选择面向任务的“二维草图与注释”或“三维建模”绘图环境，还可自定义绘图环境。

显示或隐藏工具栏的操作：右键单击任何一个工具栏上的图标按钮，在弹出的快捷菜单对应项目中选择或取消选择。或单击“视图”菜单,在弹出的菜单中选择“工具栏”命令,在“自定义”对话框的“工具栏”选项卡中,选择或取消要显示的工具栏名称,则对应项目将被选择或取消。

4. 工具按钮

在状态栏的中部有“正交”、“极轴”、“对象捕捉”、“对象追踪”、“DYN”等工具按钮,用于绘图时准确定位。绘图中的技巧大多在此体现。

【例 1.1】 绘制如图 1.5 所示的图形,体会这几个工具按钮的具体操作。命令行提示如下。

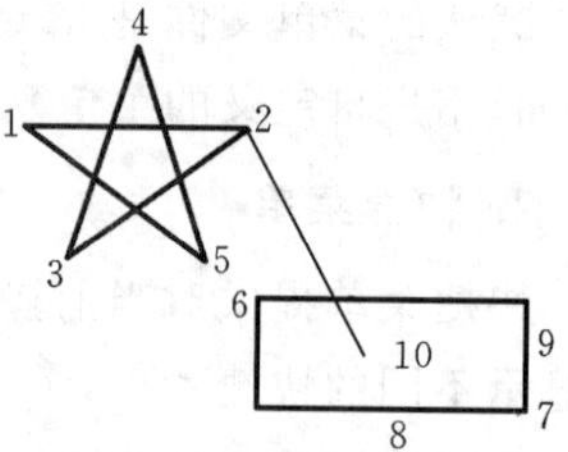

图 1.5 工具按钮的具体操作示例

命令:_line //输入“直线”命令

指定第一点:〈正交 开〉 //单击点 1,单击“正交”,正交打开

指定下一点或[放弃(U)]:150

//鼠标指针移向右侧,键盘输入长度 150,回车,则确定了点 2

指定下一点或[放弃(U)]:〈正交 关〉〈极轴 开〉

//单击“极轴”正交关闭,极轴打开,右键单击极轴

//快捷菜单中选择“设置”命令,在“极轴追踪”选项卡中的

//“增量角”文本框中选择“18”,单击“确定”按钮,退出设置

正在恢复执行 LINE 命令 //鼠标指针移向点 2 的左下侧,当出现 216°提示时

指定下一点或[放弃(U)]:150 //键盘输入长度 150,回车,则确定了点 3

指定下一点或[闭合(C)/放弃(U)]:150 //鼠标指针移向点 3 的右上侧,当出现 72°提示时

//键盘输入长度 150,回车,则确定了点 4

指定下一点或[闭合(C)/放弃(U)]:150 //鼠标指针移向点 4 的右下侧,当出现 288°提示时

//键盘输入长度 150,回车,则确定了点 5。单击“极轴”按钮,“极轴”关闭

指定下一点或[闭合(C)/放弃(U)]:C

//在绘图区域单击鼠标右键,选择“闭合”命令,则完成点 5 和点 1 的连线

命令:命令:_rectang //输入“矩形”命令

指定第一个角点或[倒角(C)/标高(E)/圆角(F)/厚度(T)/宽度(W)]: //单击点 6

指定另一个角点或[面积(A)/尺寸(D)/旋转(R)]: //单击点 7

命令:_line 指定第一点:〈对象捕捉 开〉//输入“直线”命令,单击“对象捕捉”,打开

//鼠标指针移向点 2,当出现“端点”提示时,单击点 2

指定下一点或[放弃(U)]:〈对象捕捉追踪 开〉 //单击“对象追踪”,对象追踪打开

//鼠标指针移向点 8,出现“中点”提示,鼠标指针移向点 9,出现“中点”提示

//鼠标指针迅速移向点 10,当出现两条相交的虚直线时,单击,则确定了点 10

指定下一点或[放弃(U)]://绘图区域单击鼠标右键,选择“确定”命令,完成点 2 和点 10 的连线

“正交”、“极轴”、“对象捕捉”、“对象追踪”、“DYN”的使用将在第 2 章 2.1 节介绍。“捕捉”、“栅格”、“DUCS”、“线宽”、“模型”均是开关按钮。单击则可打开使用;再单击,则关闭不能使用。

“捕捉”:确定光标按指定的间距移动,也可理解为鼠标指针移动的步距。单击鼠标右键,选择“设置”命令，可设置捕捉间距。通常与下列的“栅格”一起打开使用。

“栅格”：“栅格”打开，显示点的矩阵，该点的矩阵区域显示整个图形界限。图形界限将在第4章介绍。该点矩阵不能打印出来。使用栅格类似于在图形下放置一张坐标纸。利用栅格可以对齐对象并直观显示对象之间的距离。单击鼠标右键，选择“设置”命令，可设置栅格间距。通常与上述“捕捉”一起打开，作为精确绘图的工具。一般栅格间距与捕捉间距相等或是捕捉间距的整数倍。

“DUCS”：在三维绘图中，选择“修改”菜单下“三维操作”中的“对齐”命令，打开“DUCS”，可以动态地拖曳选定对象并使其与实体对象的面对齐。

“线宽”：单击“线宽”按钮，显示所绘图线的宽度，再单击“线宽”按钮，则不显示线宽。单击鼠标右键，选择“设置”命令，可查询默认线宽是0.25 mm，可以重新选择新的默认线宽值，并可调整显示比例。

“模型”：默认模型空间绘图。一般不对此按钮进行操作。参见4.7节。

5. 工具选项板

“工具选项板”是提供组织、共享和放置块及填充图案的有效工具。

显示“工具选项板”窗口的方法是：在“工具”菜单上，选择“工具选项板窗口”命令；或者按Ctrl+3组合键；或者在命令行输入命令 toolpalettes；或者单击“标准”工具栏图标。当不使用它时，单击该界面右上角按钮，或在“工具”菜单上，再次选择“工具选项板窗口”命令，则可关闭“工具选项板窗口”。

6. 命令提示窗口

命令提示窗口是一个大小既可固定又可调整的窗口，其中可显示命令、系统变量、选项、信息和提示。命令提示窗口内的“命令：”所在的一行称为命令行，命令行提供“交互式”操作的提示。

键盘上的功能键F2可将命令提示窗口展开，F2键是文本窗口与图形窗口的切换键。

7. 用户界面的修改

用户可以在“选项”对话框中或在启动 AutoCAD 时修改 AutoCAD 窗口和设置绘图环境。例如，可以修改 AutoCAD 图形窗口背景颜色、自动将图形保存到临时文件中的时间间隔等。

设置选项的步骤：选择“工具”菜单中“选项”命令，在“选项”对话框中选择所需的选项卡，根据需要设置选项，设置完毕后单击“确定”按钮。

1.3 AutoCAD 基础

1.3.1 绘图坐标系

在 AutoCAD 中，有世界坐标系 (WCS)和用户坐标系 (UCS)两种。

世界坐标系 (WCS)是开机默认的坐标系，原点 O 固定，X 轴是水平的，Y 轴是垂直的，Z 轴

垂直于 *XY* 平面。原点在图 1.2 所示“坐标系图标”默认的左下角处,即采用笛卡儿坐标系统来确定图中点的位置。

用户坐标系 (UCS)是可移动坐标系,可按操作者的要求改变原点、坐标轴的方向。在三维图形的绘制中,将介绍用户坐标系的具体操作。

1.3.2 命令的输入方式

通常,AutoCAD 是通过键盘或鼠标来输入命令的。AutoCAD 命令的输入可以通过下拉菜单输入、工具栏按钮输入、命令行输入、单击鼠标右键输入等几种方式实现。

1. 通过下拉菜单输入命令

单击主菜单,弹出下拉菜单,选择对应的菜单命令输入。

2. 通过工具栏按钮输入命令

显示对应的工具栏,单击图标按钮输入命令。

3. 通过命令行输入命令

在命令行中通过键盘输入命令。可输入完整命令或简短命令,然后按 Enter 键或空格键。例如,要绘制直线时,可输入 Line 命令,也可以输入 L 这种简短命令。简短命令一般用完整命令的第一个字母大写表示。

4. 通过鼠标右键输入命令

当重复输入命令或在命令的执行中输入子命令时,可在绘图窗口单击鼠标右键,从弹出的快捷菜单中选择欲输入的命令。

5. 选择输入方式的一般原则

第一次使用的命令要选择下拉菜单或工具栏按钮或命令行来输入。重复输入的命令以及在命令的执行中输入的子命令建议选择单击鼠标右键的方式来输入。使用单击鼠标右键来输入命令可减少操作者的劳动强度,操作者在使用 AutoCAD 时不妨体会一下。

6. 命令输入时应注意的问题

(1) 欲中止一条命令时,可用 Esc 键。

(2) 在图形窗口中无意单击了图形对象,对象上会出现几个蓝框点或红框点,要取消这些点,可多按几次 Esc 键。

7. 透明命令

在其他命令的执行中间插入执行的命令。例如,在执行 line 命令的中间要输入“help”命令时,可在命令 help 的前面加一个单引号,即‘help’来表示要插入的命令。

许多命令可透明使用。如“标准”工具栏中的“实时平移”、“视图缩放”等,只要在命令的执行中单击对应图标按钮,就可执行该透明命令,单击鼠标右键选择“退出”,可继续原命令的执行。

8. 交互式软件的使用特点

AutoCAD 是交互式软件。无论操作者做何操作,操作者首先要向 AutoCAD 提问,即操作者首先输入命令。命令输入后，在命令行中，AutoCAD 将与操作者进行交互式操作，AutoCAD 提问，操作者回答。一般 AutoCAD 提出四类问题：①确定点；②选择对象；③通过键盘输入一个值；④输入选项(可以理解为子命令)。操作者根据 AutoCAD 所提问题，分析出属于哪一类问题，然后根据问题选择合适的方法进行操作。这将在后续章节中作具体介绍。

命令行中的约定：[ ]内的选项为命令中的选项(子命令)，在绘图窗口单击鼠标右键用于子命令的选择；( )内的项目为命令中的子命令的简短命令，在命令窗口中通过键盘输入对应的英文字符即可；〈 〉内的项目为默认项，回车或单击鼠标右键用于确定此默认操作。

1.3.3 选择对象和删除对象

1. 选择对象

要编辑对象，首先要选择对象，被选取的对象构成一个选择集。选择对象的方法有多种。通过命令行输入“select”，然后输入“?”，可查看选择对象的多种方法。命令行提示如下。

命令：select

选择对象：?

需要点或窗口(W)/上一个(L)/窗交(C)/框(BOX)/全部(ALL)/栏选(F)/圈围(WP)/圈交(CP)/编组(G)/添加(A)/删除(R)/多个(M)/前一个(P)/放弃(U)/自动(AU)/单个(SI)

选择对象：

其中，常用的有“点”选、“窗口(W)”选、“窗交 (C)”选、“栏选(F)”、“添加(A)”、“删除(R)”。

(1) 点：单击对象。

(2) 窗口(W)：即“矩形框选(W)”的操作，用鼠标从左向右拉矩形框，将选择的对象置于矩形框内。

(3) 窗交 (C)：即“交叉框选(C)”的操作，用鼠标从右向左拉矩形框，所拉框与选择的对象相交即可。

(4) 栏选(F)：在命令行中“选择对象”的提示下，输入 F，根据提示输入第一个栏点、下一个栏点，即栏线与选择的对象交叉。

(5) 删除(R)：在选择了对象后，欲清除其中已选择的对象，可按住 Shift 键，再从中选择要清除的对象。

其他选择方式这里不作介绍，操作者可根据命令行的提示自己一试。

2. 删除对象

选择对象后，单击工具栏“删除”按钮，可将对象删除。

1.3.4 图形的创建、打开、存储和退出

1. 创建

创建新图形的方法有多种：可以使用“向导”逐步完成，也可以使用默认设置从头开始，还可以使用具有预置环境的样板文件实现。无论采取哪种方式，都可以选择要使用的惯例和默认设置。常用方法是，选择“文件”菜单中的“新建”命令，或单击“标准”工具栏上的“新建”

按钮。

2. 打开

操作者可以像在其他 Windows 应用程序中一样打开要处理的图形。选择“文件”菜单中的“打开”命令,或单击“标准”工具栏的“打开”按钮后,在“选择文件”对话框中定位图形文件。也可以使用设计中心打开图形。如果使用图纸集功能组织图形,则可以使用“图纸集管理器”在图纸集中打开和定位图形。

可以在单个 AutoCAD 任务中打开多个图形文件。使用“窗口”菜单可以控制在 AutoCAD 任务中显示多个图形的方式。可使打开的图形层叠显示,也可将它们垂直或水平平铺。如果有多个最小化图形,则可以使用“排列图标”选项将 AutoCAD 窗口中最小化图形的图标整齐排列。

使用“选项”对话框,可以将 AutoCAD 设置为定时保存备份文件。第二次保存图形时,AutoCAD 将使用“. bak”扩展名创建备份文件。每次保存时,AutoCAD 都会更新备份文件。将“. bak”文件改名为“. dwg”文件,然后打开它,可以打开最后一次保存的图形文件。

3. 存储

与使用其他 Windows 应用程序一样,要保存图形文件以便日后使用。选择“文件”菜单中的“保存”命令,或单击“标准”工具栏的“保存”按钮后,在“图形另存为”对话框中,选择好文件的存储路径、文件类型,命名正确的文件名称。

绘制图形时应该随时保存文件。当保存图形文件时,若不需改变文件的存储路径、类型和文件名称,则单击“保存”按钮即可;若要改变文件的存储路径或类型或文件名称,则单击“另存为”按钮,在对应的对话框中选择正确的存储路径或类型或文件名称。AutoCAD 图形文件的扩展名是“. dwg”。

4. 退出

退出 AutoCAD 之前,命令行中应该没有正在执行的命令。选择“文件”菜单中的“退出”命令,或单击标题栏右端的按钮,即可退出 AutoCAD。

1.3.5 AutoCAD 帮助系统

在 AutoCAD 中,如果需要查找信息,建议使用帮助系统,这样既可以节省时间,又能快速找到所需信息。帮助系统中的信息排列有序,便于查找。在“帮助”窗口中,可以在左侧窗格中查找信息。左侧窗格上方的选项卡提供了多种查看所需主题的方法。右侧窗格中显示所选的主题。

有关 Autodesk 相关的学习信息,可访问 http://www.autodesk.com.cn/subscription 等网站。

【本章小结】

本章介绍了什么是 CAD 以及 AutoCAD 2010 的基础知识等内容。重点介绍了 AutoCAD 2010 中文版的界面组成、绘图坐标系、命令的输入方式、使用该软件的基本操作方法。本章的重点是，AutoCAD 2010 中文版的界面组成、命令的输入方式。AutoCAD 2010 默认保存的文件类型是“.dwg”。绘制图形时要注意随时保存图形文件，否则可能前功尽弃。

【上机练习题】

1. 认识 AutoCAD 2010 中文版的界面组成。

2. 显示或隐藏工具栏。

3. 建一个新图形文件，取名为“练习一”。保存在E盘“姓名”文件夹中。

4. 在图形文件“练习一”中，练习使用 AutoCAD 2010 命令的几种输入方式。并使用状态栏中的“正交”、“极轴”、“对象捕捉”、“对象追踪”、“DYN”等工具按钮，练习图形如图 1.6 所示。然后，使用“标准”工具栏中的视图缩放按钮对图形进行“实时缩放”、“实时平移”、“窗口缩放”、“上一个”练习。

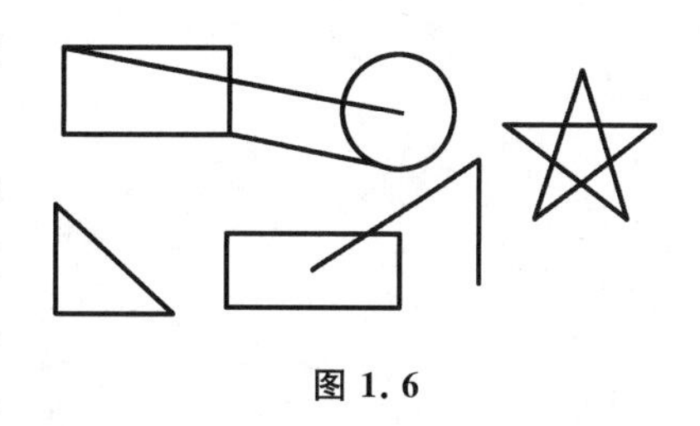

图 1.6

5. 退出此程序。

第2章
绘制二维图形

本章主要介绍如何绘制诸如点、直线、圆、圆弧、椭圆等一些基本图形。首先叙述在绘图时图形定位点的输入方式，然后讲述绘制二维基本图形的命令，在讲述命令的同时，通过实例突出绘图技巧的学习。

2.1 图形定位点的输入方式

在几何中,已知两点可以确定一条直线;已知两对角点可以确定一个矩形;已知圆心和圆周上的一点,可以确定一个圆;已知圆心、长轴上的一端点和短轴上的一端点,可以确定一个椭圆;等等。绘制基本图形时,图形定位点非常重要。以下介绍输入定位点的基本方法。

【注意】 这里的点不是具体对象的点,是确定图形位置的点,是图形中精确坐标点。

2.1.1 在绘图窗口单击确定一点

在绘图区单击,则确定了任意一点。

2.1.2 用键盘输入点的坐标确定一点

第1章1.4节已介绍绘图坐标系。二维图形用绝对坐标、相对坐标或极坐标三种坐标表示图形上的一点,如图2.1所示,以下介绍对应点的坐标。

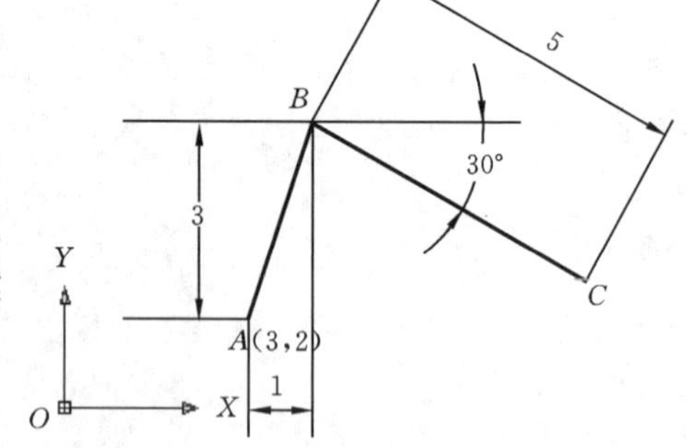

图2.1 输入坐标示例

1. 绝对坐标

用相对于坐标原点的X方向的位置值和Y方向的位置值来表示当前点的位置。位置在X轴、Y轴正向取正值,在X轴、Y轴反向取负值。在图2.1中用键盘输入点A的绝对坐标:3,2。

2. 相对坐标

用相对于前一个点的水平方向的偏移量和垂直方向的偏移量来表示当前点的位置。向X轴正向偏移,其水平偏移量为正值;向Y轴正向偏移,其垂直偏移量为正值。反之,则为负值。在图2.1中用键盘输入点B的相对坐标:@1,3。

3. 极坐标

使用相对于前一个点的距离值和极轴角来表示当前点的位置。默认极轴角从X轴正向出发逆时针转到该坐标点,其角度为正;从X轴正向出发顺时针转到该坐标点,其角度为负值。在图2.1中用键盘输入点C的极坐标:@5<-30,角度为从X轴正向出发,顺时针转至点C,其极轴角为负值。

【例2.1】 要绘制如图2.1所示的AB和BC两条直线段。在命令行中输入:

```
命令:line                          //输入命令"直线"
指定第一点:3,2                      //输入点A绝对坐标:3,2
指定下一点或[放弃(U)]:@1,3          //输入点B相对坐标:@1,3
指定下一点或[放弃(U)]:@5<-30        //输入点C极坐标:@5<-30
```

指定下一点或[放弃(U)]: //在绘图窗口单击鼠标右键,在弹出的菜单中选择“确认”命令

2.1.3 在给定的方向线上,输入一个距离值确定一点

这种输入定位点的方法涉及两方面,一个是“给定方向”,另一个是“输入距离值”。“输入距离值”易实现,即用键盘输入具体数值即可。“给定方向”可利用本软件的状态栏中的两个工具按钮来实现。一个是“正交”按钮,另一个是“极轴”按钮。“正交”按钮可给定水平方向和垂直方向;“极轴”按钮可给定任意方向,任意方向的设置方式是:在“极轴”按钮处单击鼠标右键,在快捷菜单中选择“设置”命令,在“极轴追踪”选项卡的“增量角”文本框中选择方向角度,或输入方向角度,或输入方向角度的倍数。

【注意】 “正交”模式和“极轴”追踪不能同时打开。打开“正交”将关闭“极轴”追踪。

【例 2.2】 绘制如图 2.2 所示的线段 AB 和 BC。命令行提示如下。

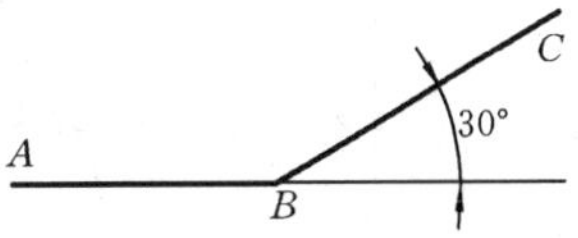

命令:_line 指定第一点:

//输入命令“直线”,单击绘图窗口,则确定点 A

指定下一点或[放弃(U)]:〈正交 开〉10

//单击“正交”按钮,正交打开,鼠标指针水平向右移动,用键盘

//输入 10,回车,则确定了水平线的一端点 B

指定下一点或[放弃(U)]:〈极轴 开〉20

//单击“极轴”按钮,极轴打开;鼠标右键单击“极轴”,选择“设置”命令

//在“极轴追踪”选项卡的“增量角”的文本框中选择 30°,

//单击“确定”按钮;鼠标指针移向点 B 的右上方,出现 30°的方向线,用键盘输入 20

//回车,则确定了 30°方向线的一端点 C

指定下一点或[闭合(C)/放弃(U)]:〈极轴 关〉

//“极轴”关,绘图窗口单击鼠标右键,选“确认”命令

图 2.2 给定方向线上输入一个距离值示例

2.1.4 使用“对象捕捉”功能输入特殊点

“对象捕捉”功能可确定现有对象上的特殊的精确的位置点,例如,中点或交点。

1. 打开或关闭对象捕捉的五种方式

(1) 当命令行提示输入点时,在绘图窗口单击鼠标右键,在弹出的菜单中将鼠标指针指向“捕捉替代”命令,在下一级菜单中选择对应特殊点。

(2) 在状态栏中部“对象捕捉”工具按钮上单击鼠标右键,在弹出的菜单中选择“设置”命令,出现“草图设置”对话框的“对象捕捉”选项卡,在对应选项上进行选择;再单击状态栏上的“对象捕捉”按钮,命令行出现“对象捕捉 开”。

(3) 在“对象捕捉”工具栏中选择。

(4) 按住 Shift 键并单击鼠标右键,以显示对象捕捉菜单,在对应选项上进行选择。

(5) 命令行输入命令:osnap,出现“草图设置”对话框的“对象捕捉”选项卡,在对应选项上进行选择。

2. 实现对象捕捉的步骤

(1) 在命令行提示输入点时,使用上述方式之一。

(2) 将鼠标指针移到所需的捕捉位置。鼠标指针会自动锁定选定的捕捉位置,并出现捕捉点提示。

(3) 单击捕捉点位置。即鼠标指针捕捉最靠近选择的符合条件的位置。

3. 对象捕捉特殊点列表

表 2.1 提供了多个可供进行对象捕捉的特殊点。

表 2.1 对象捕捉用特殊点列表

序号	捕捉点类型	命令	定义及实现
1	临时追踪点	tt	使用临时追踪点,可以沿着基于对象捕捉点的对齐路径进行追踪。已获取的点将显示一个小加号(+),一次最多可以获取七个追踪点。获取点之后,当在绘图路径上移动光标时,将显示相对于获取点的水平、垂直或极轴对齐路径
2	捕捉自	from	使用捕捉,先确定基点,然后确定基点与被捕捉点之间的相对位置
3	端点	endp	确定直线或圆弧的端点
4	中点	mit	确定线段的中点
5	交点	int	确定线、弧、或圆之间的交点
6	延伸	ext	确定线段的延长线上的点
7	外观交点	appint	确定线或弧之间的交点
8	节点	nod	确定由“点”命令绘制的点
9	象限点	qua	确定弧或圆的 0°、90°、180°、270°位置的点
10	垂足	per	确定与目标正交的点
11	插入点	Ins	确定文本、块的定位点
12	圆心	cen	确定弧或圆的圆心
13	切点	tan	确定弧或圆上的切点
14	平行	par	确定与目标直线平行的点
15	最近点	nea	确定线、弧、圆等目标对象上的任意点

后续实例中,图形定位点很多都是通过“对象捕捉”输入特殊点来实现的。此处举例略。

2.1.5 使用“对象追踪”、“对象捕捉”功能输入点

有两种追踪:一个是“极轴追踪”,另一个是“对象捕捉追踪”。单击状态栏上的“极轴”按钮或“对象追踪”按钮,可打开或关闭这两种追踪。“极轴追踪”在 2.1.3 小节已介绍过。“对象追踪”与“对象捕捉”一起使用,实现“对象捕捉追踪”。必须设置对象捕捉,才能从对象的捕捉点进行追踪。

使用对象捕捉追踪,可以沿着基于对象捕捉点的追踪线进行追踪。已获取的点将显示一个小加号 (+),一次最多可以获取七个追踪点。获取点之后,在追踪线移动鼠标指针时,将显示相对于获取点的水平、垂直或极轴追踪线。

在默认情况下，对象捕捉追踪将设置为正交追踪。也可以使用极轴追踪角追踪，只要用鼠标右键单击“极轴追踪”，选择“设置”命令，在“草图设置”对话框的“极轴追踪”选项卡中选择对应选项即可。

【例 2.3】 绘制如图 2.3 所示直线 *AB* 和 *BC*。命令行提示如下。

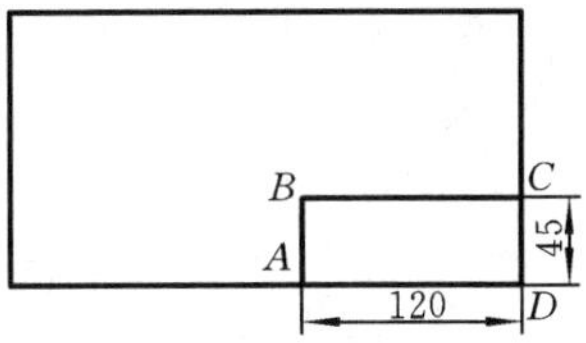

命令：_ line //输入“直线”命令

指定第一点：〈对象捕捉 开〉〈对象捕捉追踪 开〉120

//“对象捕捉”、“对象追踪”打开，

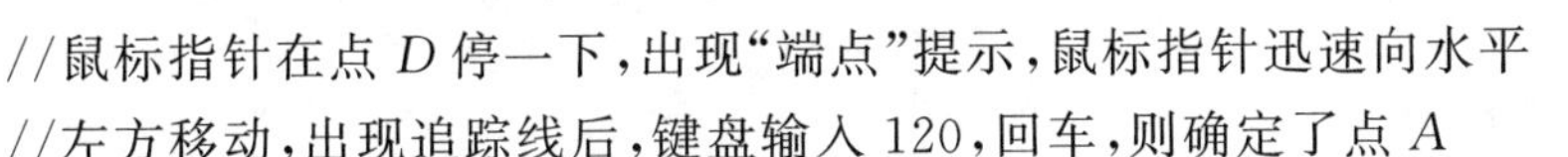

//鼠标指针在点 *D* 停一下，出现“端点”提示，鼠标指针迅速向水平

//左方移动，出现追踪线后，键盘输入 120，回车，则确定了点 *A*

图 2.3 “对象追踪”、“对象捕捉”输入点示例

指定下一点或［放弃(U)］：〈正交 开〉45

//单击“正交”按钮，正交打开；鼠标指针移到点 *A* 的上方，输入 45，回车，确定点 *B*

指定下一点或［放弃(U)］：

//鼠标指针移到点 *B* 的右方靠近边线，出现“垂足”提示

//同时单击，则确定了点 *C*

指定下一点或［闭合(C)/放弃(U)］： //回车

2.1.6 使用“对象捕捉”中的“捕捉自”命令和相对坐标输入点

【例 2.4】 使用“对象捕捉”和输入相对坐标两种方式，输入点 *A*，如图 2.4 所示。命令行提示如下。

命令：_ rectang //输入“矩形”命令

指定第一个角点或［倒角(C)/标高(E)/圆角(F)/厚度(T)/宽度(W)］：

_ from 基点：〈对象捕捉 开〉〈偏移〉：@100,50

//在绘图窗口单击鼠标右键，在快捷菜单中选择“捕捉替代”命令，单击“自”菜单命令

//打开“对象捕捉”，鼠标指针移向圆心，出现“圆心”提示，单击圆心点

//键盘输入点 *A* 相对于圆心的相对坐标@100,50，回车，确定矩形的一个端点 *A*

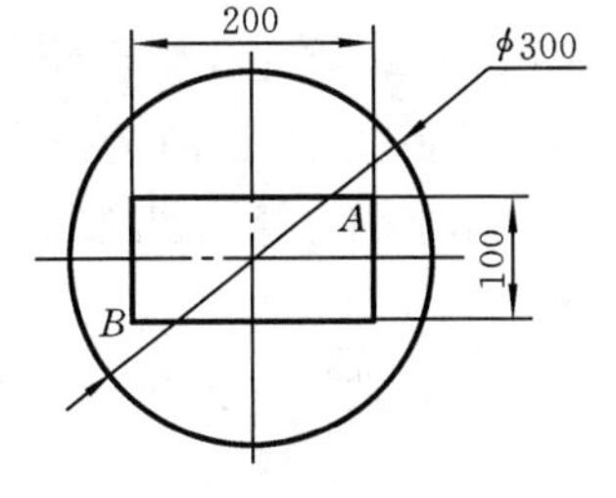

图 2.4 “捕捉自”和相对坐标结合使用输入点示例

指定另一个角点或［面积(A)/尺寸(D)/旋转(R)］：@－200,－100

//键盘输入点 *B* 相对于 *A* 的相对坐标@－200,－100，回车，确定矩形的另一个端点 *B*

2.1.7 使用状态栏“DYN”工具按钮动态输入点

【例 2.5】 使用状态栏“DYN”工具按钮动态输入点 *A*、*B*、*C*、*D*、*E*，如图 2.5 所示。命令行提示如下。

命令：_ line 指定第一点： //输入命令“直线”，单击绘图窗口点 *A*

指定下一点或［放弃(U)］：@200＜60

//单击“DYN”工具按钮，打开动态输入，在长度文本框中输入 200，按键盘 Tab 键，鼠标指针移到角度文本框中输入 60

//单击鼠标右键,选择“确认”命令,则输入了点 B

指定下一点或[放弃(U)]:29

//长度文本框中输入 250,按 Tab 键,鼠标指针移到角度文本框中

//输入 29,单击鼠标右键选“确定”命令,则输入了点 C

指定下一点或[闭合(C)/放弃(U)]:81

//方法同上步,输入了点 D

指定下一点或[闭合(C)/放弃(U)]:151

//方法同上步,输入了点 E

指定下一点或[闭合(C)/放弃(U)]:C

//单击鼠标右键选“闭合”命令

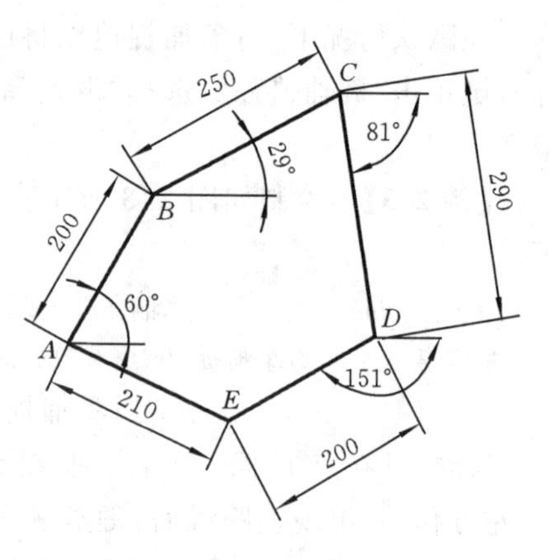

图 2.5　DYN 动态输入点示例

【注意】 Tab 键和 Shift+Tab 组合键是鼠标指针从长度文本框移到角度文本框、角度文本框移到长度文本框的切换键。

2.2 绘制二维基本图形

工程中复杂的二维图形多由直线、圆、圆弧、椭圆、正多边形等基本图形组成。学习 AutoCAD,首先要学会绘制直线、圆、圆弧、椭圆、正多边形等这些基本图形,然后根据复杂图形的几何关系,正确选择绘图命令,完成复杂图形的绘制。

本节将主要介绍如何绘制基本图形。通过实例来理解如何读懂命令,如何实现绘图操作。

对共性操作说明如下四点。

(1) 先要输入绘图命令。命令行中要出现“命令:　”,即“命令:　”后为空,则可输入命令。否则,请按 Esc 键。

(2) 输入绘图命令后,操作者注意看命令行提示,命令行一般有如下四类操作提示。

① 确定图形定位点,选用 2.1 节介绍的方法即可。

② 输入数值,如输入坐标值、直径值、角度值,键盘输入后,回车即可。

③ 命令行中出现[　]内的选择项,也可理解为子命令的输入。在绘图区域单击鼠标右键选择相应命令即可,或键盘输入[　]内(　)中的简化命令符号。

④ 选择对象时,可用 1.7.1 小节介绍的方法。

(3) 有些图形已绘完,但命令行中“命令:”后不为空,只要“回车”即可。

(4) 按 Enter 键,或在绘图区域单击鼠标右键选择“确定”命令,或在绘图区域直接单击鼠标右键,都可实现“回车”操作。

2.2.1 绘制直线

“直线”命令可以创建一条或多条连续的线段。每条线段都是一个单独的对象。在“绘图”

菜单中选择“直线”命令，或单击“绘图”工具栏中的按钮，或在命令行输入 line 命令，然后根据命令行的提示，就可确定线段的起点和终点。

命令行提示如下。

命令：line

指定第一点： //指定点或按 Enter 键从上一条绘制的直线或圆弧继续绘制

指定下一点或[闭合(C)/放弃(U)]：

命令行提示项说明如下。

(1) 指定第一点，指定下一点：用 2.1 节介绍的方法确定线段的起点和终点。

(2) 闭合：多条连续线段自动封闭。

(3) 放弃：将删除此命令执行过程中的上一步骤，这在出现绘错图形时可及时纠正。

查阅第 1 章例 1.1、第 2 章例 2.1、例 2.2、例 2.4、例 2.5，体会绘制直线的操作方法。

2.2.2 绘制射线

“射线”命令可以绘制一端方向无限延伸的直线，该直线是一个单独的对象。在“绘图”菜单中选择“射线”命令，或通过命令行输入 ray 命令，然后根据命令行提示指定射线起点和射线要通过的点。

命令行提示如下。

命令：ray

指定起点： //指定射线起点

指定通过点： //指定射线要通过的点

2.2.3 绘制构造线

“构造线”命令可以绘制两端方向无限延伸的直线，该直线是一个单独的对象。在“绘图”菜单中选择“构造线”命令，或单击“绘图”工具栏中的按钮，或在命令行输入 xline 命令，然后根据命令行的提示，选择相应的选项，就可绘制两端方向无限延伸的直线。

命令行提示如下。

命令：xline

指定点或[水平(H)/垂直(V)/角度(A)/二等分(B)/偏移(O)]： //指定点或输入选项

命令行提示项说明如下。

(1) 指定点：用 2.1 节介绍的方法定点。在绘图窗口指定构造线上的一个点；命令行会继续提示“指定通过点”。

(2) 水平：通过一个点绘制平行方向的构造线。

(3) 垂直：通过一个点绘制垂直方向的构造线。

(4) 角度：选择一条参考线，指定参考线与构造线的角度；或者通过指定角度创建与水平轴成指定角度的构造线。

(5) 二等分：可绘制一个角的角平分线。操作中需要指定角的顶点和角的起点、端点。

(6) 偏移：创建平行于指定基线的构造线。指定偏移距离，选择基线，然后指明构造线位于基线的哪一侧。

2.2.4 绘制多线

“绘制多线”命令可以绘制一组平行直线,该组直线是一个单独的对象。这一组平行线可以由 1～16 条直线组成,这些平行线称为元素。绘制多线时,可以使用包含两个元素的 standard 样式,也可以指定一个自己创建的样式。开始绘制多线之前,可以修改多线的对正和比例。在“绘图”菜单中选择“多线”命令,或通过命令行输入 mline 命令,然后根据命令行的提示,就可绘制多线。

命令行提示如下。

命令:mline

当前设置:对正 = 当前对正方式,比例 = 当前比例值,样式 = 当前样式

指定起点或[对正(J)/比例(S)/样式(ST)]:　　//指定点或输入选项

命令行提示项说明如下。

(1) 指定起点:用 2.1 节介绍的方法定点。指定起点后,命令行继续提示“指定下一点”。

(2) 对正:确定将在多线的顶端、中间或底端绘制多线,如图 2.6 所示。

(3) 比例:用来控制多线间的间距比例。

(4) 样式:设置或查询多线样式。默认样式为 standard。命令行中提示输入样式名,可输入所需样式的名称;若要查询样式,则在提示输入样式名后,输入“?”,然后回车。

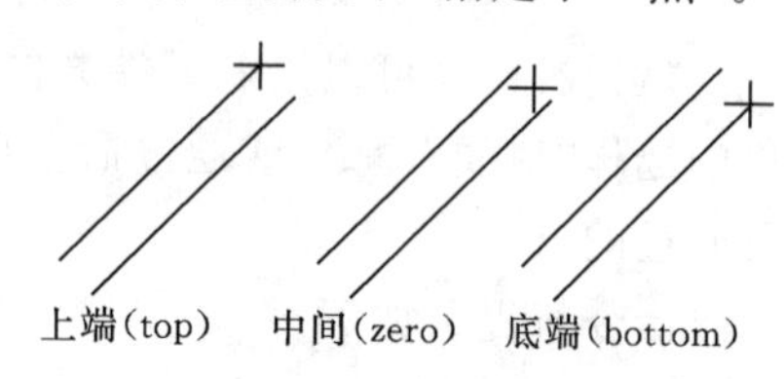

图 2.6　对正形式

(5) 设置多线样式:在“格式”菜单中选择“多线样式”命令,可以设置多线的样式,以控制元素的数量和每个元素的特性。多线的特性包括元素的总数和每个元素的位置、每个元素与多线中间的偏移距离、每个元素的颜色和线型等。

2.2.5 绘制多段线

“多段线”命令可绘制不同宽度的直线段、弧线段或两者的组合线段,所绘图形是一个单独的对象。在“绘图”菜单中选择“多段线”命令,或单击“绘图”工具栏中的 按钮,或在命令行输入 pline 命令,然后根据命令行的提示,输入选项,就可绘制多段线。

命令行提示如下。

命令:pline

指定起点:　　　　//指定点

当前线宽为〈当前值〉

指定下一个点或[圆弧(A)/闭合(C)/半宽(H)/直线(L)/放弃(U)/宽度(W)]:

　　　　//指定点或输入选项

命令行提示项说明如下。

(1) 指定起点:用 2.1 节介绍的方法定点。指定起点后,命令行继续提示“指定下一点”。多段线命令默认先绘直线。

(2) 圆弧:由绘直线转绘圆弧。后续命令行提示选项皆为画圆弧对应的选项。具体操作见 2.2.8 小节绘制圆弧的方法。

(3) 闭合：封闭多段线。

(4) 半宽：给定直线或弧线宽度的一半绘多段线。

(5) 直线：由绘圆弧转绘直线。

(6) 放弃：执行本命令中撤销上一步所绘圆弧或直线。

(7) 宽度：给定直线或弧线的宽度值，绘多段线。

【例 2.6】 使用“多段线”命令绘制如图 2.7 所示的图形。命令行提示如下。

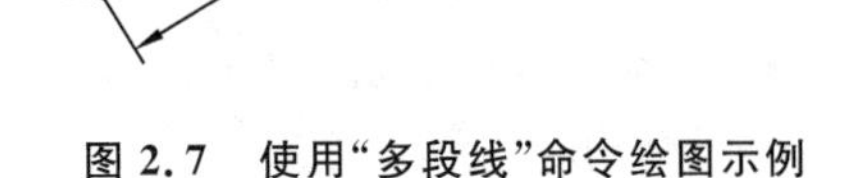

图 2.7 使用“多段线”命令绘图示例

命令：_ pline

指定起点： //单击绘图区域点 A

当前线宽为 0.0000

指定下一个点或［圆弧(A)/半宽(H)/长度(L)/放弃(U)/宽度(W)］:〈极轴 开〉

正在恢复执行 pline 命令

//单击“极轴”按钮，打开极轴，并设置极轴角为 30°

指定下一个点或［圆弧(A)/半宽(H)/长度(L)/放弃(U)/宽度(W)］: 100

//鼠标指针移向点 A 的右上方，出现 30°方向线时，键盘输入 100，回车，确定点 B

指定下一点或［圆弧(A)/闭合(C)/半宽(H)/长度(L)/放弃(U)/宽度(W)］: A

//在绘图窗口单击鼠标右键，选择“圆弧”命令

指定圆弧的端点或

［角度(A)/圆心(CE)/闭合(CL)/方向(D)/半宽(H)/直线(L)/半径(R)/第二个点(S)/放弃(U)/宽度(W)］: W //在绘图窗口单击鼠标右键，选择“宽度”命令

指定起点宽度〈0.0000〉: //回车

指定端点宽度〈0.0000〉: 30 //键盘输入 30，回车

指定圆弧的端点或

［角度(A)/圆心(CE)/闭合(CL)/方向(D)/半宽(H)/直线(L)/半径(R)/第二个点(S)/放弃(U)/宽度(W)］: A //在绘图窗口单击鼠标右键，选择“角度”命令

指定包含角: -180 //键盘输入-180，回车(顺时针画弧，角度为负)

指定圆弧的端点或［圆心(CE)/半径(R)］: 85

//鼠标指针移向点 B 的右上方，出现 30°方向线，输入 85，回车，确定点 C

//点 C 是端点宽度的中点

指定圆弧的端点或

［角度(A)/圆心(CE)/闭合(CL)/方向(D)/半宽(H)/直线(L)/半径(R)/第二个点(S)/放弃(U)/宽度(W)］: L //在绘图窗口单击鼠标右键，选择“直线”命令

指定下一点或［圆弧(A)/闭合(C)/半宽(H)/长度(L)/放弃(U)/宽度(W)］: W

//在绘图窗口单击鼠标右键，选择“宽度”命令

指定起点宽度〈30.0000〉: 0 //键盘输入 0，回车

指定端点宽度〈0.0000〉: 0 //键盘输入 0，回车

指定下一点或［圆弧(A)/闭合(C)/半宽(H)/长度(L)/放弃(U)/宽度(W)］: 115

//鼠标指针移向点 C 的右上方，当出现 30°方向线时，输入 115，回车，则确定了点 D

指定下一点或[圆弧(A)/闭合(C)/半宽(H)/长度(L)/放弃(U)/宽度(W)]:

//在绘图窗口单击鼠标右键,选择“确认”命令,完成此图形的绘制

2.2.6 绘制正多边形

“正多边形”命令可绘制规则多边形,如等边三角形、正方形、五边形、六边形等3～1024条等边长的闭合多段线。所绘图形是一个单独的对象。在“绘图”菜单中选择“正多边形”命令,或单击“绘图”工具栏中的按钮,或在命令行输入 polygon 命令,然后根据命令行的提示,输入选项,就可绘制正多边形。

命令行提示如下。

命令:polygon

输入边数〈4〉:6

指定多边形的中心点或[边(E)]: //指定点或输入 e

输入选项[内接于圆(I)/外切于圆(C)]〈I〉: //输入 i 或 c

指定圆的半径:60 //输入圆的半径为 60

命令行提示项说明如下。

(1) 输入边数〈当前默认值〉:输入 3～1024 之间的值或按 Enter 键。

(2) 边:以一条边的长度为基础绘正多边形。

(3) 内接于圆:绘与圆内接的正多边形;命令行继续提问指定圆的半径,输入圆的半径,即图 2.8 所示 $R1$ 的长度。

(4) 外切于圆:绘与圆外切的正多边形;命令行继续提问指定圆的半径,输入圆的半径,即图 2.8 所示 $R2$ 的长度。

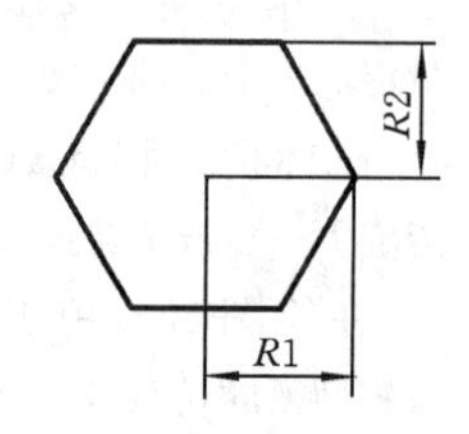

图 2.8 使用“正多边形”命令绘图示例

2.2.7 绘制矩形

“矩形”命令可绘制矩形形状的闭合多段线。矩形的四角点可以是直角、圆角或倒角。所绘矩形是一个单独的对象。在“绘图”菜单中选择“矩形”命令,或者单击“绘图”工具栏中的按钮,或在命令行输入 rectang 命令,然后根据命令行的提示,输入选项,就可绘制矩形。

命令行提示如下。

命令:_rectang

当前设置:旋转角度=0

指定第一个角点或[倒角(C)/标高(E)/圆角(F)/厚度(T)/宽度(W)]:

指定另一个角点或[面积(D)/尺寸(D)/ 旋转(R)]:

命令行提示项说明如下。

(1) 指定第一个角点:指定矩形的一个角点,用 2.1 节介绍的方法定点。指定一个角点后,命令行继续提示“指定另一个角点”。默认画四个角为直角的矩形。

(2) 倒角:画四个角为斜角的矩形。命令行会提示,输入第一个倒角距离,输入第二个倒角距离。

(3) 标高:默认当前绘图所在标高为 0.00,即在 $Z=0$ 的 XY 平面上绘图。改变标高,则沿

Z 轴方向，绘制平行于 XY 平面的矩形图形。

(4) 圆角：画四个角为圆角的矩形。命令行会提示，然后输入圆角半径。

(5) 厚度：画有厚度的矩形。实际生成有侧面的矩形。

(6) 宽度：画有宽度的矩形。可结合“厚度”绘三维模型。

(7) 面积：画给定面积的矩形。命令行继续提示，输入矩形的长度或宽度。

(8) 尺寸：命令行继续提示，输入矩形的长度或宽度。

(9) 旋转：画给定旋转角度的矩形。命令行提示，输入旋转角度。

2.2.8 绘制圆弧

“圆弧”命令提供了多种绘制圆弧的方法，所绘圆弧是一个单独的对象。在“绘图”菜单中选择“圆弧”命令，或单击“绘图”工具栏中的按钮，或在命令行输入 arc 命令，然后根据命令行的提示，输入选项，就可绘制圆弧。

除“三点”方法画弧外，其他画法可分为三类，如表 2.2 所示。

命令行提示如下。

命令：arc
指定圆弧的起点或 [圆心(CE)]：
指定圆弧的第二个点或 [圆心(C)/端点(E)]：E
指定圆弧的端点：
指定圆弧的圆心或 [角度(A)/方向(D)/半径(R)]：A

命令行提示项说明如下。

(1) 参阅表 2.2，选择对应的方法画弧。

(2) “继续”画法，是在已完成圆弧绘制后，选择画弧中的“继续”命令，则所画的圆弧与前一圆弧相切。读者不妨一试。

表 2.2 圆弧画法列表

分类	已知条件 1	已知条件 2	图例	说明
第一类画法	起点 (S) 圆心(C)	端点(E)	S C E	确定圆弧起点、端点遵循逆时针画弧的原则
		角度(A)	S C A	逆时针画弧输入角度为正，顺时针画弧输入角度为负
		长度(L)	S L C	长度指弧对应的弦长。L 为正，圆弧为优弧；L 为负，圆弧为劣弧

续表

分类	已知条件1	已知条件2	图例	说明
第二类画法	起点(S) 端点(E)	角度(A)	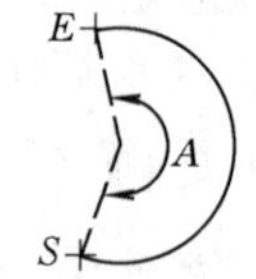	逆时针画弧输入角度为正,顺时针画弧输入角度为负
		方向(D)	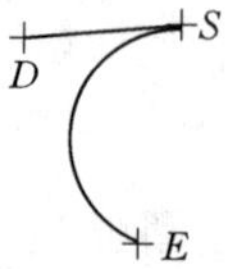	方向指起点的切线方向,使弧呈橡皮筋效应
		半径(R)	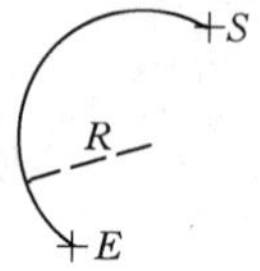	半径为圆弧对应的半径
第三类画法	圆心(C) 起点(S)	端点(E)	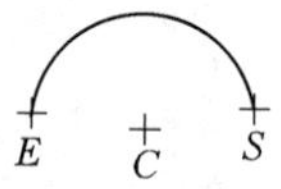	确定圆弧起点、端点遵循逆时针画弧的原则
		角度(A)	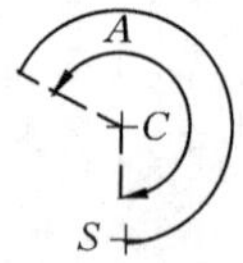	逆时针画弧输入角度为正,顺时针画弧输入角度为负
		长度(L)		长度指弧对应的弦长。L为正,圆弧为优弧;L为负,圆弧为劣弧

【注意】 绘制圆弧时,首先要分析图形,根据已知条件,使用菜单选择合适的方式,来输入相应的命令。绘制过程中,根据命令行提示做出相应的操作。命令行提示主要是输入一个点(起点、端点、圆心点、方向点,参阅2.1节点的输入方式)、键盘输入一个值(角度值、长度值、方向值、半径值)。

2.2.9 绘制圆

可以使用多种方法绘制圆,默认的方法是指定圆心和半径。在“绘图”菜单中选择“圆”命令,或者单击“绘图”工具栏中的按钮,或在命令行输入 circle 命令,然后根据命令行的提示,输入选项,就可绘制圆。

命令行提示如下。

命令:circle

指定圆的圆心或[三点(3P)(3P)/两点(2P)(2P)/相切(T)、相切(T)、半径(R)/相切(T)、相切(T)、相切(T)]:

命令行提示项说明如下。

(1) 指定圆的圆心：指定圆的圆心点，用2.1节介绍的方法定点。命令行继续提示输入半径或直径。

(2) 三点：指定圆周上的三点绘制圆。根据命令行的提示，输入圆上的第一个点、第二个点、第三个点。

(3) 两点：已知圆直径上的两个端点绘制圆。根据命令行的提示，输入圆的直径的第一个端点、直径的第二个端点。

(4) 相切、相切、半径：绘制与两个对象相切、且半径已知的圆。根据命令行的提示，打开“对象捕捉”模式，设置捕捉“切点”，选择与要绘制的圆相切的第一个对象、第二个对象、输入圆的半径。

(5) 相切、相切、相切：绘制与三个对象相切的圆。打开“对象捕捉”模式，设置捕捉“切点”，选择与要绘制的圆相切的第一个对象、第二个对象、第三个对象，如图2.9所示。

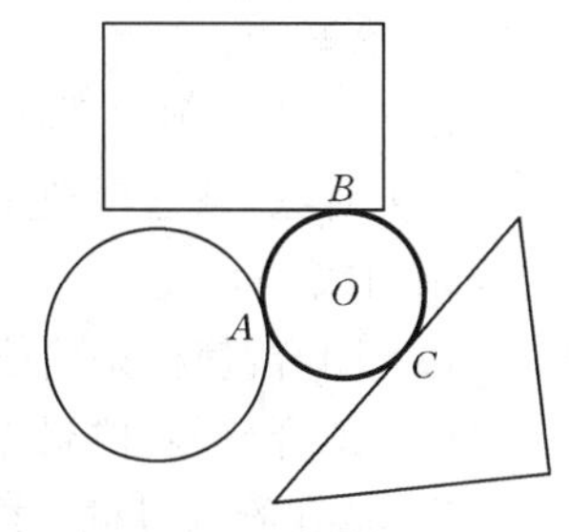

图2.9 使用“相切、相切、相切”绘制圆

2.2.10 绘制圆环

“圆环”命令可绘制实心圆和填充的圆环。所绘图形是一个单独的对象。图2.10所示为三种圆环的示例。在“绘图”菜单中选择“圆环”命令，或通过命令行输入 donut 命令，然后根据命令行的提示，给出圆环内圆直径和外圆直径、圆心坐标，则绘出两个同心圆即圆环。当内径为0时，则绘出实心圆。

命令行提示如下。

命令：donut

指定圆环的内径〈当前〉：

指定圆环的外径〈当前〉：

指定圆环的中心点或〈退出〉：

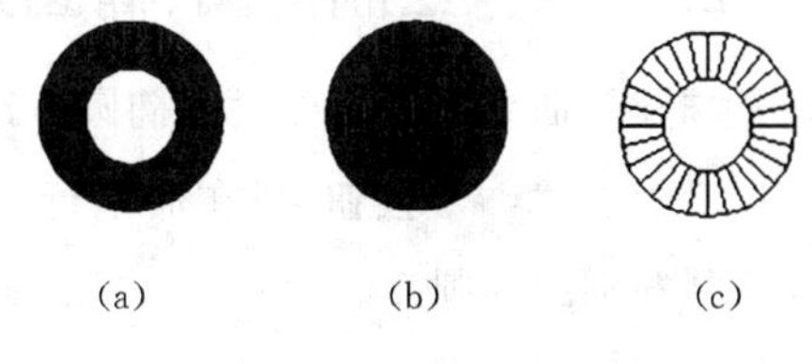

(a) (b) (c)

图2.10 “圆环”命令示例

说明如下。

(1) 如果指定内径为0，则圆环成为实心圆。

(2) 圆环填充与 fill 命令有关。命令行输入 fill 命令后，输入1或0，然后在“视图”菜单下选择“重生成”命令，则实现圆环的填充，如图2.10(a)、(b)所示；或不填充，如图2.10(c)所示。

(3) 建筑专业的现浇水泥圆柱子可用实心圆表示。

2.2.11 绘制样条曲线

“样条曲线”命令可以通过给定一系列数据点形成光滑曲线。所绘图形为一单独的对象。在“绘图”菜单中选择“样条曲线”命令，或者单击“绘图”工具栏中的～按钮，或在命令行输入 spline 命令，然后根据命令行的提示，输入选项，就可绘制样条曲线，如图2.11所示。

命令行提示如下。

命令：_spline

指定第一个点或[对象(O)]： //单击1点

指定下一点： //单击2点

指定下一点或[闭合(C)/拟合公差(F)]〈起点切向〉： //单击3点

指定下一点或[闭合(C)/拟合公差(F)]〈起点切向〉: //单击4点
指定下一点或[闭合(C)/拟合公差(F)]〈起点切向〉: //单击5点
指定下一点或[闭合(C)/拟合公差(F)]〈起点切向〉: //回车
指定起点切向: //单击6点
指定端点切向: //单击7点

命令行提示项说明如下。

(1) 对象:该选项把用pedit命令的"样条曲线(S)"选项建立的近似样条曲线转化为真正的样条曲线。

(2) 闭合:使样条曲线闭合。

(3) 拟合公差:控制样条曲线与数据点的接近程度。

说明:在绘制机械图样时,用户可使用此命令画局部剖的界线,如图2.12所示。

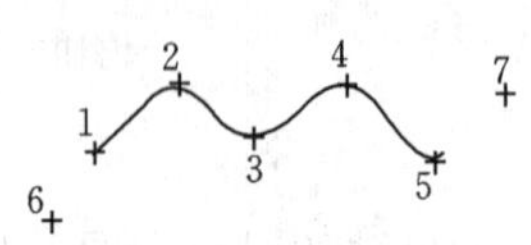
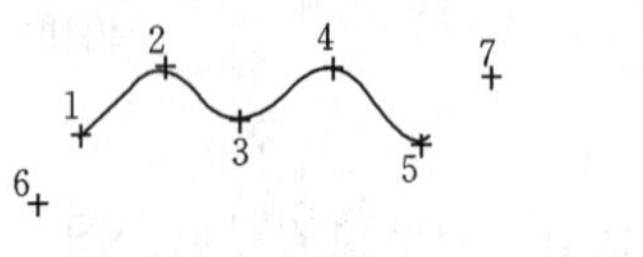

图2.11 "样条曲线"命令示例

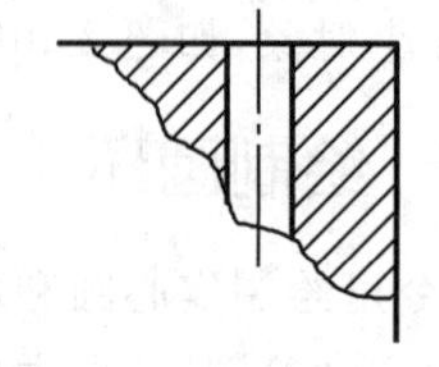

图2.12 "样条曲线"命令画局部剖的界线

2.2.12 绘制椭圆、椭圆弧

"椭圆"命令提供多种绘制椭圆方法。在"绘图"菜单中选择"椭圆"命令,或者单击"绘图"工具栏中的按钮,或在命令行输入ellipse命令,然后根据命令行的提示,输入选项,就可绘制椭圆或椭圆弧。

命令行提示如下。

命令:_ellipse
指定椭圆的轴端点或[圆弧(A)/中心点(C)]:
指定轴的另一个端点:
指定另一条半轴长度或[旋转(R)]:

命令行提示项说明如下。

(1) 椭圆的轴端点:指定椭圆轴的一个端点;命令行会继续提示,指定椭圆轴的另一个端点和另一条半轴的长度,用2.1节介绍的方法定点,键盘输入长度值,回车。

(2) 圆弧:绘一段椭圆弧。先绘出椭圆,然后根据指定的角度或参数完成椭圆弧的绘制。

(3) 中心点:用椭圆的中心点、长轴和短轴来绘椭圆。

(4) 旋转:依提示输入旋转角,可绘出绕长轴旋转一定角度的椭圆。

2.2.13 绘制表格

"表格"命令可创建表格、输入表中文字和修改表格中的相关数据,并可实现与外部程序的数据交互。在机械图样中有"材料明细表"或"零件清单";在建筑图样中有"建筑施工所需材质之有关信息表",这些表格皆可通过"表格"命令来实现。

在“绘图”菜单中选择“表格”命令，或者单击“绘图”工具栏中的按钮，或在命令行输入 table 命令，弹出“插入表格”对话框，如图 2.13 所示，对话框中选择选项和输入相关数据，就可创建一定样式的表格。

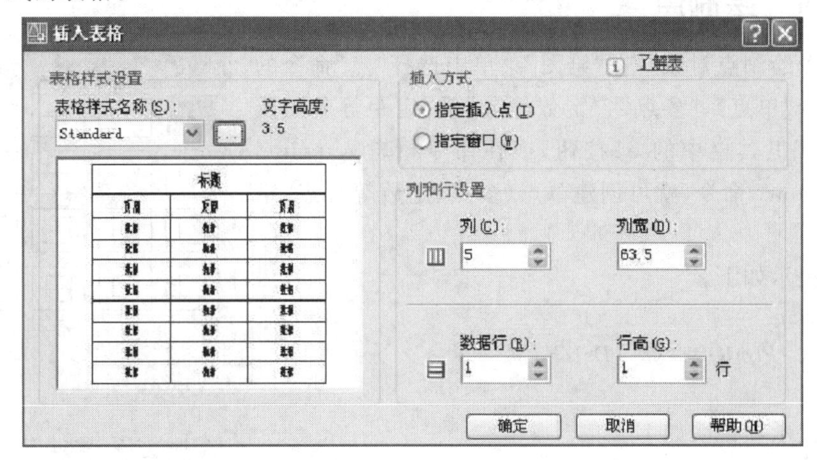

图 2.13 “插入表格”对话框

命令行提示如下。

命令：_table

指定插入点：

“插入表格”对话框说明如下。

(1) 表格样式设置：选择所建表格的样式。单击“浏览”按钮可以打开“表格样式”对话框，如图 2.14 所示，在“表格样式”对话框中，可对样式进行修改。

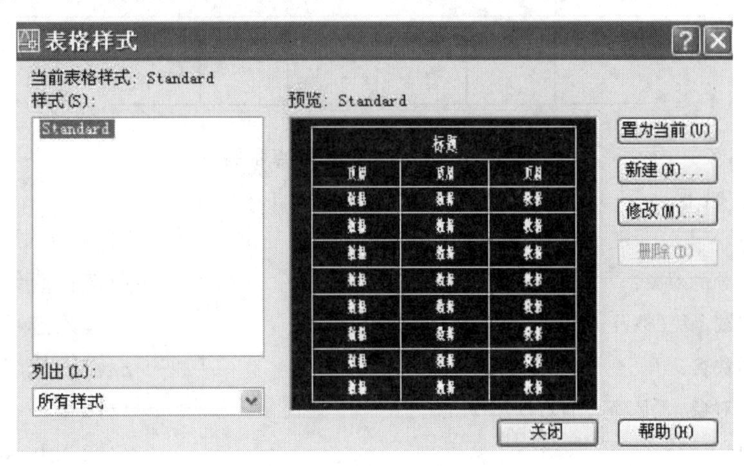

图 2.14 “表格样式”对话框

① 表格的外观由“表格样式”实现。默认样式为 Standard。新建样式或修改样式可在“格式”菜单下选择“表格样式”命令来实现。

② 在“表格样式”对话框中可指定行列的格式、边框特性、表头、文字样式、文字高度、文字颜色、填充颜色等。

(2) 插入方式：用来选择是指定一点插入表格，还是为表格指定一个窗口范围。选择不同的选项,列和行的设置方法是不同的。

(3) 列和行设置:设置表格的列数、列宽、行数、行高。

2.2.14 绘制点

"点"命令绘制点对象。在"绘图"菜单中选择"点"命令的下一级子命令"单点"、"多点"、"定数等分"或"定距等分",或者单击"绘图"工具栏中的 ▪ 按钮,或在命令行输入 point、divide 或 measure 命令,就可创建单点、多点、定数等分点、定距等分点等。

命令行提示如下。

命令:_point

当前点模式:PDMODE=98 PDSIZE=0.0000

指定点:

命令行提示项说明如下。

(1) 当前点模式:点的外观由"点模式"实现。欲在"点"命令中显示何种点模式,需设置点样式,可在"格式"菜单下选择"点样式"命令来实现。"点样式"对话框如图 2.15 所示。默认的点形状为无尺寸、无显示的点。

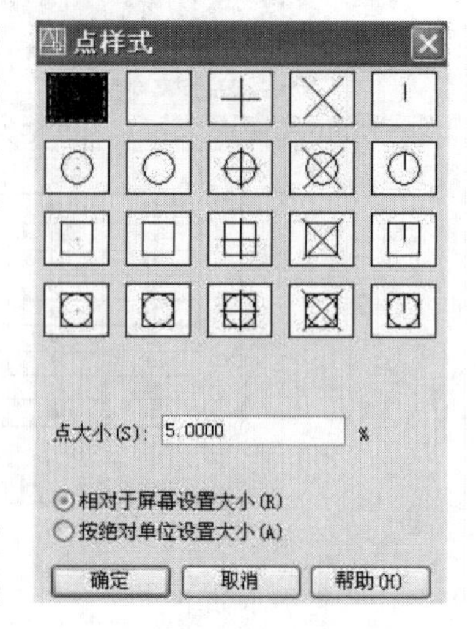

图 2.15 "点样式"对话框

(2) "点"命令绘制的点对象,在"对象捕捉"的特殊点中对应"节点"名称。

【例 2.7】 如图 2.16 所示,在直线 AB 上 6 等分布置小旗子。将小旗子制作成块(参见第 7 章创建图块内容,此处略),作为一个点样式。

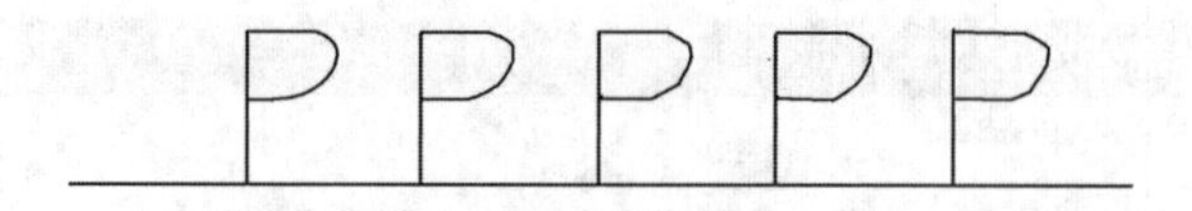

图 2.16 "定数等分"绘点示例

命令行提示如下。

命令:_divide

选择要定数等分的对象: //选择直线对象

输入线段数目或[块(B)]:B //输入选项"块"

输入要插入的块名:fl //输入块名 fl

是否对齐块和对象?[是(Y)/否(N)]〈Y〉: //回车

输入线段数目:6 //输入 6,等分线段

2.2.15 图案填充

在绘制图形时,常需将某一图案填充到某一区域,图案反映所填区域的材料。例如,机械图样中金属材料剖面线的绘制,建筑图样中钢筋混凝土图案的绘制,均要使用图案填充命令。在"绘图"菜单中选择"图案填充"命令,或者单击"绘图"工具栏中的 ▧ 按钮,或在命令行输入 bhatch 命令,在"图案填充"对话框中选择相应的选项,就可完成图案填充。

命令行提示如下。

命令：_ bhatch //输入命令后，弹出对话框如图 2.17 所示

选择内部点：正在选择所有对象...

正在选择所有可见对象...

正在分析所选数据...

正在分析内部孤岛...

选择内部点：

拾取或按 Esc 键返回到对话框或〈单击鼠标右键，接受图案填充〉：

"图案填充"对话框常用选项说明如下。

(1) 拾取点：在填充区域内单击，系统自动确定封闭边界。

(2) 选择对象：选择内部区域要填充的对象。

(3) 删除孤岛：孤岛是指填充边界包含的闭合区域。欲在孤岛中填充图案，则单击此项旁边的按钮，选择要删除的孤岛。

(4) 查看选择集：单击此项旁边的按钮，系统显示当前的填充边界。

(5) 继承特性：单击此项旁边的按钮，系统将要求用户选择某个已绘制的图案，并将其类型及属性设置为当前图案类型及属性。

(6) 关联或不关联：若图案与填充边界关联，则修改边界时，图案将自动更新以适应新边界。

(7) 还可基于当前线型定义简单的填充图案。在图 2.17 所示的"类型"下拉列表中选择"预定义"，指定填充图案的角度和间距；要使用图案中的相交直线，可选择"双向"选项，则可自定义简单的填充图案。

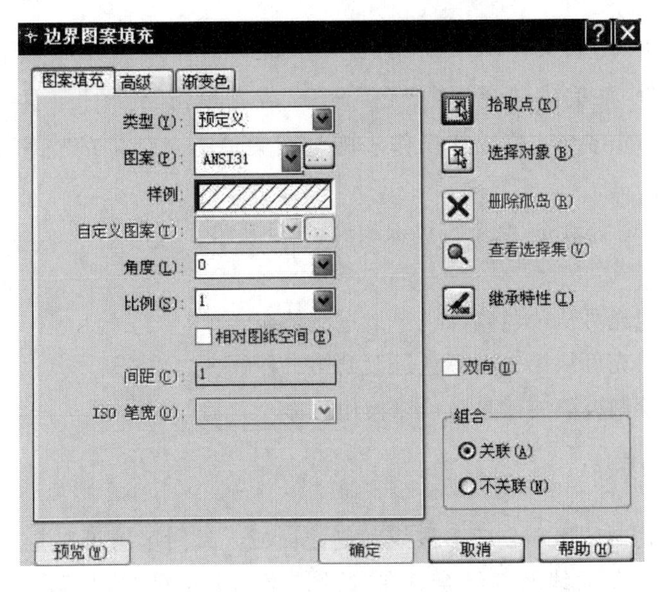

图 2.17 "边界图案填充"对话框

【例 2.8】 绘制图 2.18 所示剖面线，了解填充图案的操作步骤。命令行提示如下。

命令：_ bhatch

//输入命令后,弹出如图 2.17 所示对话框,单击“样例”中的图案

//弹出“填充图案选项板”对话框,“图案”选项中选择“ANSI31”,单击“确定”按钮

//返回到如图 2.17 所示对话框;单击“拾取点”按钮

选择内部点:正在选择所有对象...

//单击图 2.18 所示点 *A* 处

正在选择所有可见对象...

正在分析所选数据...

正在分析内部孤岛...

选择内部点: //单击图 2.18 所示点 *B* 处

正在分析内部孤岛...

选择内部点: //回车,返回到如图 2.17 所示对话框,单击“预览”按钮,回到图 2.18 中

//观察剖面线的比例合适否;若不合适,单击剖面线图案

拾取或按 Esc 键返回到对话框或〈单击右键接受图案填充〉:

//回到如图 2.17 所示对话框,修改“比例”值,再单击“预览”按钮

拾取或按 Esc 键返回到对话框或〈单击鼠标右键,接受图案填充〉:

//观察剖面线图案比例合适后,单击鼠标右键

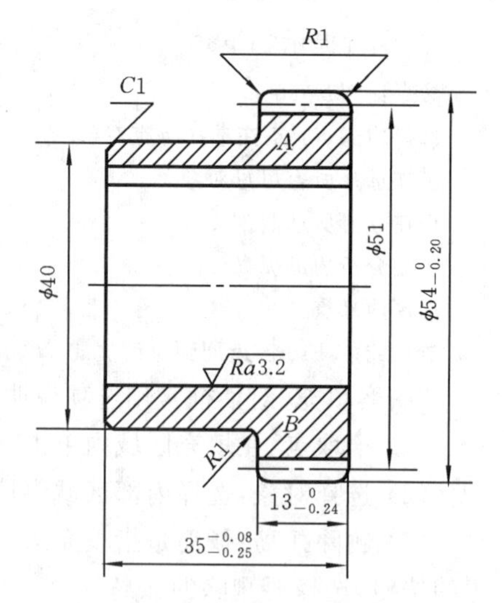

图 2.18 绘制剖面线示例

2.2.16 渐变色

“渐变色”命令可完成实体图案渐变色填充,此命令体现出光照在平面上产生的过渡颜色效果。在“绘图”菜单中选择“渐变色”命令,或者单击“绘图”工具栏中的■按钮,或在命令行输入 gradient 命令,其后续操作步骤与图案填充对话框的操作步骤类似。此处从略。

命令行提示与“图案填充”命令行提示相同,此处从略。

说明如下。

(1) 一种颜色填充可从浅色到深色平滑过渡填充。

(2) 两种颜色填充可从第一种颜色过渡到第二种颜色之填充。

(3) 建筑专业绘制玻璃的效果时可以使用此命令。

2.2.17 边界

“边界”命令可用封闭区域创建多段线和创建面域。封闭区域可以是直线、多段线、圆、圆弧、椭圆、椭圆弧和样条曲线及其组合。在“绘图”菜单中选择“边界”命令,或在命令行输入 boundary 命令,在弹出的对话框中选择“多段线”或“面域”,单击“拾取点”按钮,选择封闭区域,回车后完成操作。

命令行提示与“图案填充”命令行提示相似,此处从略。

说明："边界"命令可以将多个对象变换成一个对象，三维造型中常用到。

2.2.18 面域

"面域"命令可将封闭对象转化为封闭的区域，该区域可理解为是一个无厚度、有材料的平面实体。该封闭对象可以是直线、多段线、圆、圆弧、椭圆、椭圆弧、样条曲线及其组合。所生成的封闭区域（面域）可以填充、着色、质量特性分析、获取设计信息（如形心）。在"绘图"菜单中选择"面域"命令，或者单击"绘图"工具栏中的按钮，或在命令行输入 region 命令，然后根据命令行提示生成面域。

命令行提示如下。

命令：_ region

选择对象：找到 1 个

选择对象：

已提取 1 个环。

已创建 1 个面域。

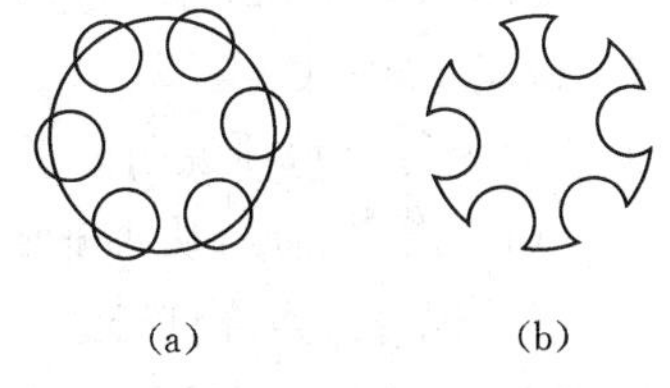

图 2.19　创建组合面域示例

说明如下。

（1）可通过"边界"命令创建面域。

（2）还可通过"实体编辑"中的"并集"、"交集"、"差集"（后续课程中讲解）创建组合面域。如图 2.19(a)所示，对象分别生成面域后，使用"实体编辑"中的"差集"命令，根据命令行的提示，选择对象，生成图形如图 2.19(b)所示。读者不妨一试。

2.2.19 区域覆盖

"区域覆盖"命令可在已绘的对象上生成一个多边形的空白区域对象，以屏蔽底层的对象，或用于添加注释或详细的蔽屏信息。所绘对象是一个单独的对象。在"绘图"菜单中选择"区域覆盖"命令，或在命令行输入 wipeout 命令，然后根据命令行提示，输入一系列点，就可完成绘制。

命令行提示如下。

命令：_ wipeout 指定第一点或 [边框(F)/多段线(P)]〈多段线〉：

指定下一点：

指定下一点或 [放弃(U)]：

指定下一点或 [闭合(C)/放弃(U)]：

说明如下。

（1）命令行中的"边框"选项，可进行将所有区域覆盖边框打开或关闭操作，打开此区域可进行编辑，关闭此区域可进行打印。

（2）也可以将闭合多段线转换成区域覆盖对象。

2.2.20 修订云线

"修订云线"命令用于创建由连续圆弧组成的多段线以构成云线形对象。所绘图形是一个单独的对象。在“绘图”菜单中选择“修订云线”命令,或者单击“绘图”工具栏的按钮,或在命令行输入 revcloud 命令,然后根据命令行提示,输入选项,就可完成绘制。在检查或用红线圈阅图形时,可以使用“修订云线”功能亮显标记以提高工作效率。

命令行提示如下。

命令:_ revcloud

最小弧长:15 最大弧长:15 样式:普通

指定起点或 [弧长(A)/对象(O)/样式(S)]〈对象〉:

沿云线路径引导十字光标...

反转方向 [是(Y)/否(N)]〈否〉:Y

修订云线完成。

命令行提示项说明如下。

(1) 指定起点:从头开始创建修订云线,在绘图窗口指定一个点。

(2) 弧长:为修订云线的弧长设置默认的最小值和最大值。绘制修订云线时,可以使用拾取点选择较短的弧线段来更改圆弧的大小。弧长的最大值不能超过最小值的 3 倍。

(3) 对象:将对象(如圆、椭圆、多段线或样条曲线)转换为修订云线。将对象转换为修订云线时,如果 DELOBJ 设置为 1 (默认值),则原始对象将被删除。

(4) 样式:选择修订云线样式。修订云线样式分“普通”和“画笔”。如果选择“画笔”,则修订云线看起来像是用画笔绘制的。

【本章小结】

本章主要介绍绘图时图形定位点的输入方式,以及绘制点、直线、圆、圆弧、椭圆等二维基本图形的命令等内容。在大多数命令的讲解中,通过实例突出了 AutoCAD 软件的使用方法和绘图技巧的学习。

绘制直线,需要确定两端点;绘制矩形,需要确定两对角点;绘制圆,需要确定圆心点和圆周上的一点;绘制椭圆,需要确定圆心点、长轴上一端点、短轴上一端点;等等。绘制基本图形时,图形定位点非常重要。掌握输入定位点的基本方法是初学者学会绘图的基本功。实际绘图中,当命令行提示输入某一点时,应根据图形的几何关系,正确选择输入定位点的方法,才能掌握绘图技巧,提高绘图的效率。

AutoCAD 中,二维基本图形的绘制命令大多数较易掌握,但其中要注意圆弧命令,有时要绘制优弧,却绘出的是劣弧,这就跟此命令的一些默认规定相关,读者学习时要结合此书多练习,理解书中所写的规律。

工程中的平面图形多是这些二维基本图形的组合。要画好工程图样,除了要正确和灵活使用已学的命令外,还要认真分析图形,正确选用合适的命令,准确判断命令行的提示。

【上机练习题】

1. 使用“直线”命令,绘制图 2.20 所示的五角星。操作中使用“正交”、“极轴”、“对象捕捉”功能或使用极坐标。

2. 使用“矩形”命令和“直线”命令绘制图 2.21 所示的四号图幅和标题栏。操作中使用

“绝对坐标”、“相对坐标”、“对象捕捉”、“对象追踪”、“正交”等功能。

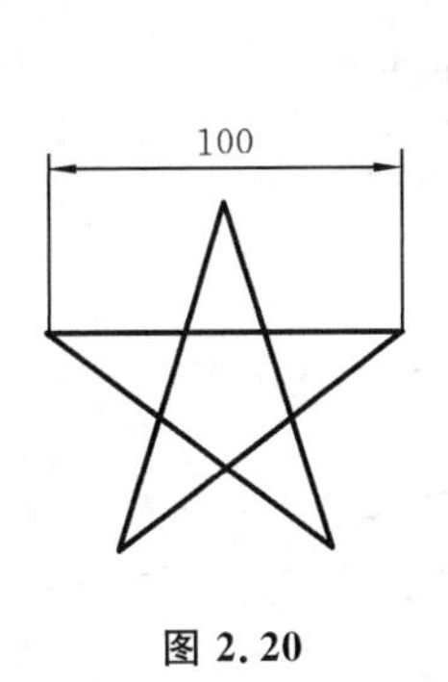

图 2.20

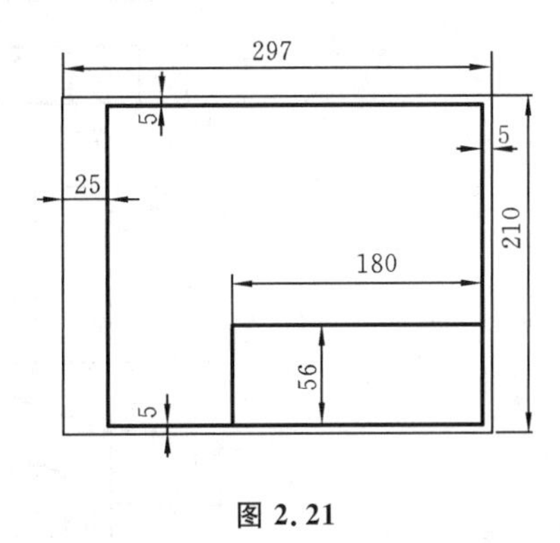

图 2.21

3. 使用“圆”、“弧”、“圆环”命令绘制图 2.22 所示的图形。

4. 使用“多段线”命令绘制图 2.23 所示的图形。

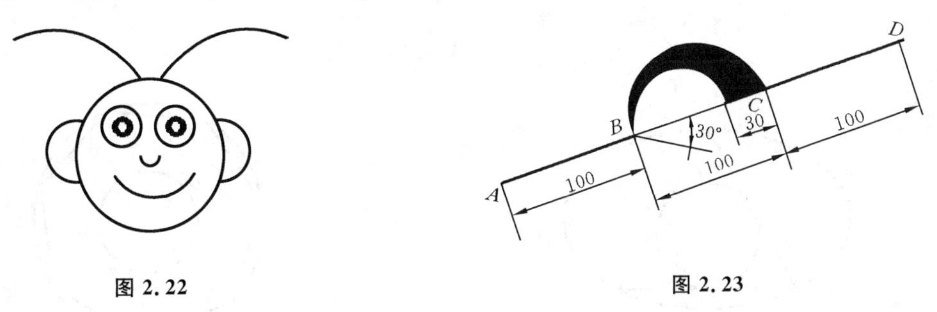

图 2.22

图 2.23

5. 绘制图 2.24 所示图形。

6. 绘制图 2.25 所示的阀芯图形。学习使用“样条曲线”命令绘制剖断线，“图案填充”命令绘制剖面线。

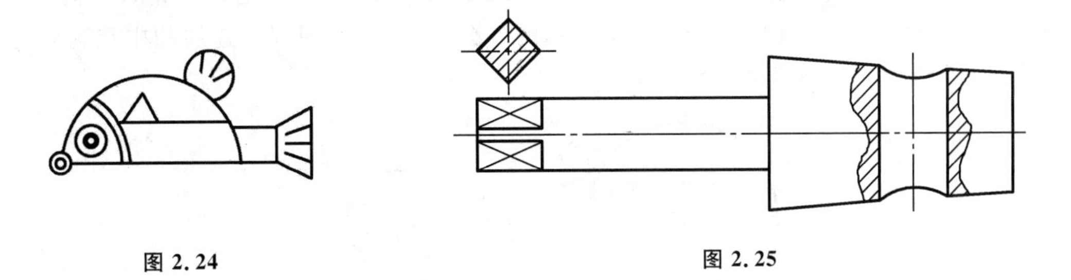

图 2.24

图 2.25

7. 绘制图 2.26 所示的压盖图形。学习使用“图案填充”命令，并正确识图。

8. 如图 2.27 所示，绘制一个两轴长分别为 100 mm 及 60 mm 的椭圆，椭圆中绘制一个三角形，三角形三个顶点分别为：椭圆上四分点、椭圆左下四分之一椭圆弧的中点以及椭圆右下四分之一椭圆弧的中点；绘制三角形的内切圆。学习使用“椭圆”、“直线”、“圆”、“点”等命令。

9. 如图 2.28 所示，绘制一个边长为 20 mm，*AB* 边与水平线夹角为 30°的正七边形；绘制一个半径为 10 mm 的圆，且圆心与正七边形同心；再绘制正七边形的外接圆。学习使用“正多边形”、“圆”命令。

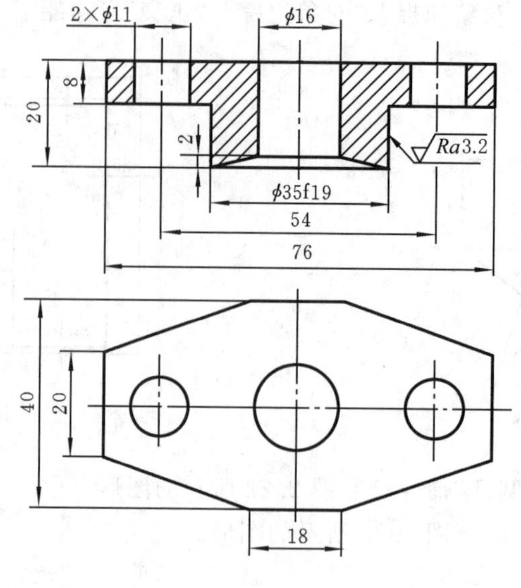

图 2.26

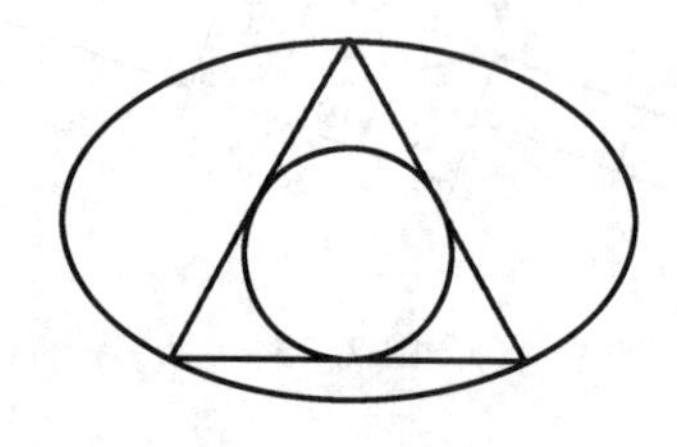

图 2.27

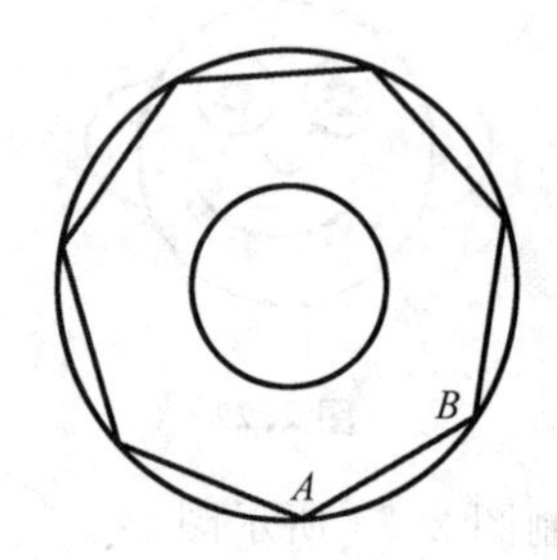

图 2.28

10. 如图 2.29 所示，绘制两圆，半径分别为 50 mm、100 mm，两圆相距 300 mm；绘制一条相切两圆的圆弧，圆弧半径为 200 mm；绘制两圆的外公切线；以两圆圆心连线的中点为圆心绘制一个与半径为 200 mm 圆弧相切的圆。

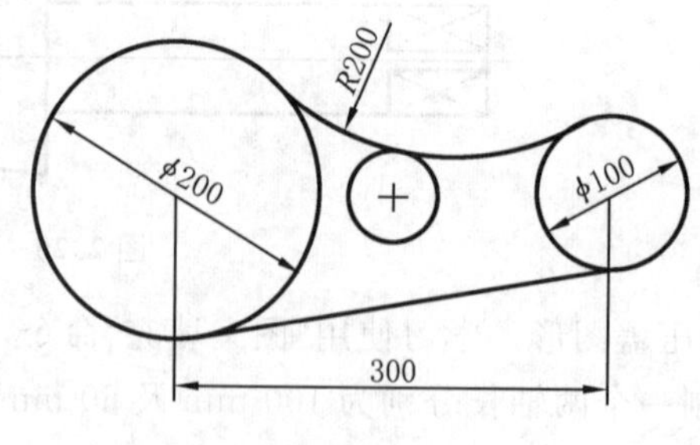

图 2.29

第3章
编辑二维图形

本章介绍图形对象的修改方法。首先介绍选择对象的多种方式，其次介绍自动编辑模式的使用，然后介绍对象特性管理器，用表格的方式来修改对象的方法，最后介绍常用编辑命令的基本使用规律。以专业图例介绍编辑技巧，使读者体会花在编辑图形上的时间比创建新图形的时间要多一些。

3.1 选择对象

修改图形时，都要选择目标作为被编辑的对象，被选择的对象构成一个选择集。AutoCAD 提供多种构造选择集的方法。当命令行提示“选择对象”时，应使用相应的方式来选择对象。

3.1.1 用鼠标单击选择对象

出现“选择对象”提示时，用户可以逐个地选择一个或多个对象。选定的对象将突出显示，也可以从选择的对象中取消选择。

单击选择对象，方法是将鼠标指针移至要选择的对象上单击，则选择了一个对象。如果继续单击其他对象，则选择集中添加了多个对象。

按键盘上的 Esc 键，或在绘图区域单击鼠标右键，选择“全部不选”命令，则取消选择。

【注意】

(1) 在“特性”对话框右上角选择图标显示为 1 时，若连续单击对象，则仅选择最后一次单击的对象；显示 + 时，若连续单击对象，则选择全部单击的对象。

(2) 选择与其他对象很接近的对象，一般采用“视图缩放”放大对象后再选择所需的对象。另一方法就是按下 Ctrl 键，并循环单击这些对象，直到所需对象突出显示为止。按 Esc 键关闭循环。

(3) 选择对象时，如果选择了不需要的对象，则只需按住 Shift 键并再次选择对象，就可以将其从当前选择集中删除。可以无限制地在选择集中添加和删除对象。

3.1.2 用选择区域选择对象

出现“选择对象”提示时，指定一个选择区域后，可同时选择多个对象。指定的一个选择区域可以是规则的矩形，也可以是不规则的形状。

1. 指定矩形选择区域

可以通过指定对角点定义矩形区域来选择对象。指定第一个角点之后，可以从左到右拖曳鼠标指针创建封闭的矩形区域。仅选择完全包含在矩形区域中的对象，此种选择方法称窗口选择。

从右到左拖曳鼠标指针创建封闭的窗口选择，选择包含于或与矩形区域接触的对象，此种选择方法称交叉选择。

【例 3.1】 通过“删除”(erase)命令演示矩形区域选择对象的方法，如图 3.1 所示；交叉选择对象的方法，如图 3.2 所示。

2. 指定不规则形状的选择区域

可以通过指定若干点定义不规则形状的区域来选择对象。命令行提示“选择对象”时，输

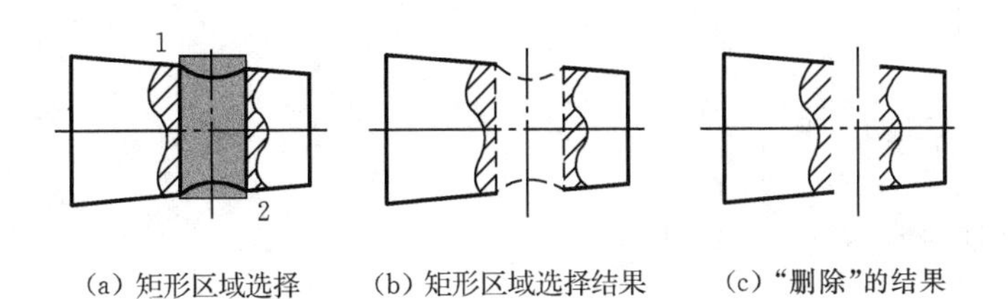

(a) 矩形区域选择　(b) 矩形区域选择结果　(c)“删除”的结果

图 3.1　矩形区域选择方法示例

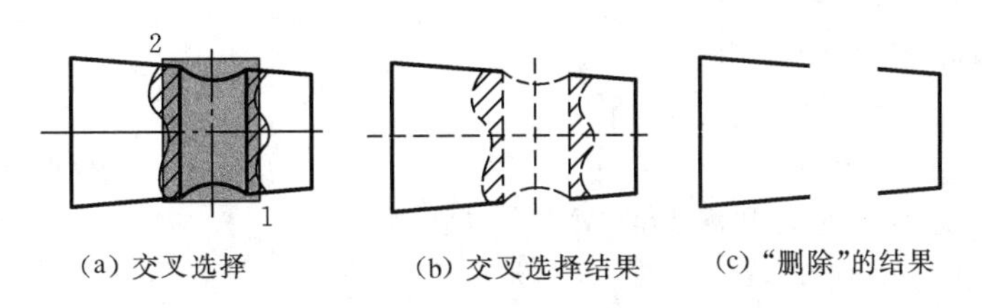

(a) 交叉选择　(b) 交叉选择结果　(c)“删除”的结果

图 3.2　交叉选择方法示例

入 wp 命令,则可进行窗口多边形选择;输入 cp 命令,则可进行交叉窗口多边形选择。使用窗口多边形(wp)选择,可选择完全封闭在选择区域中的对象,如图 3.3 所示。使用交叉窗口多边形(cp)选择,可以选择完全包含于或与选择区域接触的对象。

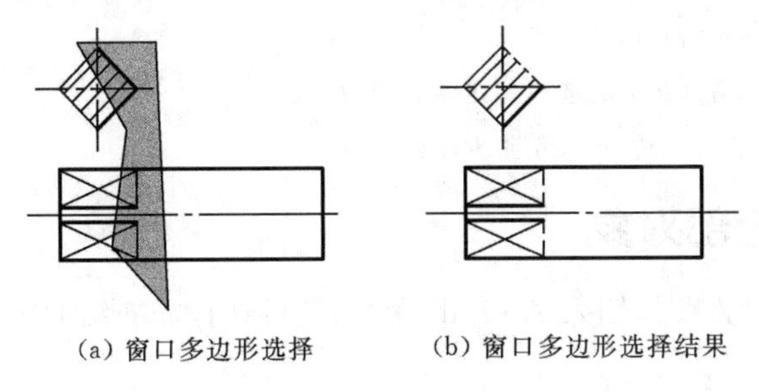

(a) 窗口多边形选择　(b) 窗口多边形选择结果

图 3.3　窗口多边形(wp)选择示例

3.1.3　用栅栏选择对象

使用“栅栏”(fence)命令可以很容易地选择复杂图形中的对象。命令行提示“选择对象”时,输入 F 或 fence 命令,则开始使用栅栏选择。栅栏是一个个的线段,只要这一个个的线段经过的对象,该对象即被选中;它并非通过封闭对象来选择它们。在“修剪”命令中运用栅栏可选择多个对象,如图 3.4(a)所示,修剪后的结果如图 3.4(b)所示。

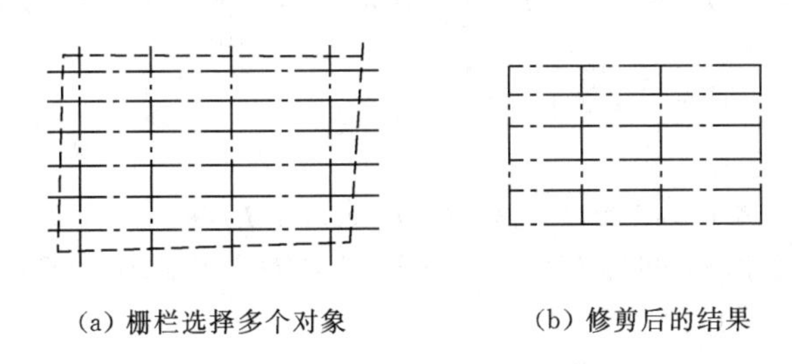

(a) 栅栏选择多个对象　(b) 修剪后的结果

图 3.4　栅栏选择方法示例

命令行提示如下。

命令：_ trim
当前设置：投影=UCS，边=无
选择剪切边...
选择对象或〈全部选择〉：f
指定第一个栏选点：
指定下一个栏选点或[放弃(U)]：
指定下一个栏选点或[放弃(U)]：
指定下一个栏选点或[放弃(U)]：
找到 4 个
选择对象： //回车
选择要修剪的对象，或按住 Shift 键选择要延伸的对象，或
[栏选(F)/窗交(C)/投影(P)/边(E)/删除(R)/放弃(U)]：F
指定第一个栏选点：
指定下一个栏选点或[放弃(U)]：
指定下一个栏选点或[放弃(U)]：
指定下一个栏选点或[放弃(U)]：
指定下一个栏选点或[放弃(U)]：
指定下一个栏选点或[放弃(U)] //回车
选择要修剪的对象，或按住 Shift 键选择要延伸的对象，或
[栏选(F)/窗交(C)/投影(P)/边(E)/删除(R)/放弃(U)]： //回车

3.1.4 选择全部对象

命令行提示“选择对象”时，输入 A 或 all 命令，就可选择非冻结的图层上的所有对象。

3.1.5 其他选择方式

命令行提示“选择对象”时，输入“?”，可看到所有选择方式。关于每个选择方式的说明，可参见 3.1.6 小节的 select 命令。

3.1.6 select 命令

命令行输入 select 命令后，命令行提示“选择对象”，在该提示下，可输入对象选择方式来选择对象；若键入“?”或进行了错误的选择，系统将提示可输入的选择对象的方式。

命令行提示如下。

命令：SELECT
选择对象：?
需要点或窗口(W)/上一个(L)/窗交(C)/框(BOX)/全部(ALL)/栏选(F)/圈围(WP)/圈交(CP)/编组(G)/添加(A)/删除(R)/多个(M)/上一个(P)/放弃(U)/自动(AU)/单个(SI)

命令行提示项说明如下。

(1) 需要点：点选，见 3.1.1 小节。

(2) 窗口(W)：窗口选择，见 3.1.2 小节。

(3) 上一个(L):前一次选择的对象。

(4) 窗交(C):交叉选择,见3.1.2小节。

(5) 框(BOX):确定两对角点,参见"矩形区域选择"。

(6) 全部(ALL):非冻结的图层上的所有对象选择,见3.1.4小节。

(7) 栏选(F):栅栏(fence)选择,见3.1.3小节。

(8) 圈围(WP):窗口多边形选择,见3.1.2小节。

(9) 圈交(CP):交叉窗口多边形选择,见3.1.2小节。

(10) 编组(G):把不同的对象编为组,依需要一起选择和编辑。命令行提示"选择对象"时,输入G或group命令,则可通过输入编组名来选择编组中的所有对象。也可在命令行中直接输入G或group命令后,在弹出的对话框中输入编组名、说明,单击"新建"按钮后选择对象;选择编组名后,在"修改编组"区可对组进行修改,删除组中的对象、向组中添加对象、分解一个对象的组为多个对象。编组在绘制机械装配图和实体造型中有意义。

(11) 添加(A):选择集中添加选择对象。在"选择对象"提示下输入A(添加),并使用选择方式(例如,"交叉窗口多边形"或"栅栏选择")向选择集中添加对象。按下Alt键并再次选择该对象,或者按住Alt键,然后单击并拖曳窗口或交叉选择,也可以从当前选择集中添加对象。

(12) 删除(R):选择集中取消选择对象。在"选择对象"提示下输入R(删除),并使用选择方式(例如,"交叉窗口多边形"或"栅栏选择")从选择集中删除对象。按下Shift键并再次选择该对象,或者按住Shift键然后单击并拖曳窗口或交叉选择,也可以从当前选择集中删除对象。

(13) 多个(M):指定多次选择而不亮显对象,从而加快对复杂对象的选择过程。如果两次指定相交对象的交点,则"多选"也将选中这两个相交对象。

(14) 上一个(P):选择上一步所选择的对象。

(15) 放弃(U):取消上一步所选择的对象。

(16) 自动(AU):切换到自动选择。鼠标指针指向一个对象即可选择该对象。鼠标指针指向对象内部或外部的空白区,将形成框选方法定义的选择框的第一个角点。

(17) 单个(SI):若连续单击对象,则仅选择最后一次单击的对象。

3.1.7 快速选择和对象选择过滤器

选择"工具"菜单下的"快速选择"命令,或选择"特性"选项板中的"快速选择"(qselect)命令或"对象选择过滤器"(filter)命令,在相应的对话框中,可以根据特性(如颜色)和对象类型过滤选择集。图3.5所示为"快速选择"对话框,图3.6所示为"对象选择过滤器"对话框。操作者不妨一试。

【注意】

(1) 通常可以通过锁定图层以防止意外地编辑特定对象,锁定图层后仍然可以进行其他操作。

(2) 选择"工具"菜单中的"选项"命令,在其对话框中单击"选择"选项卡,可以对选择进行设置,例如,设置拾取框的大小、选择模式、夹点等内容。

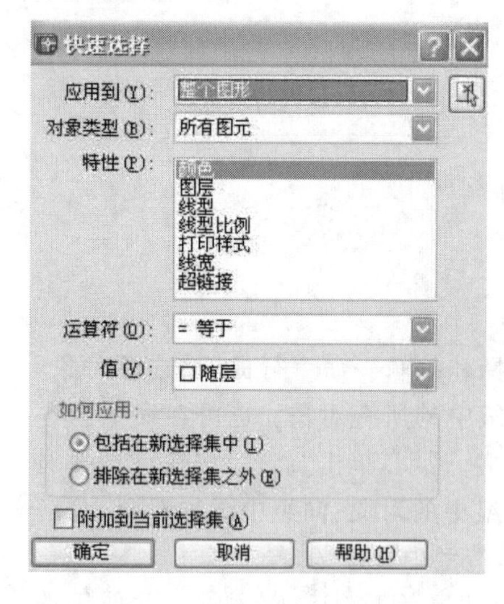

图 3.5 “快速选择”对话框

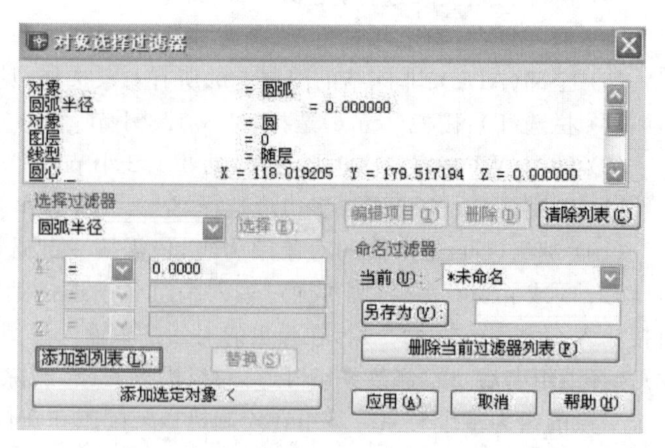

图 3.6 “对象选择过滤器”对话框

3.2 自动编辑

自动编辑是对图形对象的一种常用的编辑模式,也称夹点编辑。当用户欲对图形进行“移动”、“镜像”、“旋转”、“缩放”、“拉伸”、“复制”等操作时,首先不需要输入编辑命令,而是将需修改的图形进入自动编辑状态,选择相应命令后,根据命令行的提示实现自动编辑。此种方式可提高图形编辑的效率。

3.2.1 进入自动编辑状态

在命令行“命令:”提示下,直接选择欲修改的对象时,该对象上先出现关键点(也称特殊点、特征点,如直线的两端点和中点),关键点默认状态显示为蓝色填实的小方框;再在其中一个关键点上单击,则出现夹点(也称自动编辑点),夹点默认状态显示为红色填实的小方框,随之系统便进入自动编辑状态。

【注意】

(1) AutoCAD 默认夹点是打开的。当未打开时,使用下列步骤打开夹点:

① 在“工具”菜单中选择“选项”命令;或在命令行中输入 options 命令;

② 在“选项”对话框的“选择”选项卡中选择“启用夹点”;

③ 单击“确定”按钮。

(2) 取消夹点或取消关键点的步骤:按 Esc 键或在绘图区域单击鼠标右键,选择“全部不选”命令。

进入自动编辑状态的同时,命令行出现“拉伸”命令,若重复操作“回车”,则循环出现“移动”、“镜像”、“旋转”、“缩放”、“拉伸”命令;也可在绘图区域单击鼠标右键(建议使用此方式),

这几个命令就出现在快捷菜单中，选择相应命令。根据命令行的提示，输入相应选项，便可实现相应的编辑操作。

3.2.2 使用自动编辑拉伸对象

通过将选定的夹点移动到新位置来拉伸对象。

实现方式：进入自动编辑状态，命令行提示“拉伸”，或在绘图区域单击鼠标右键，选择快捷菜单中的“拉伸”命令，然后根据命令行的提示，输入相应选项，便可实现拉伸对象操作。

【例 3.2】 图 3.7(a)所示的两直线通过自动编辑“拉伸”成为圆的轴线，结果如图 3.7(b)所示。

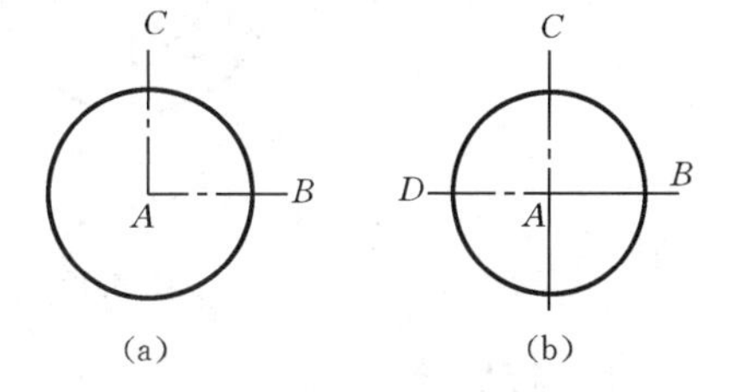

图 3.7 自动编辑“拉伸”命令示例

操作步骤如下。

(1) 选择要拉伸的直线 AB，直线 AB 的端点、中点亮显蓝色。

(2) 在直线 AB 上单击点 A，点 A 亮显红色，点 A 即为夹点。

(3) 在绘图区域单击鼠标右键，在快捷菜单中选择“拉伸”命令，或命令行输入 st 命令。

(4) 看命令行提示，打开“正交”，将鼠标指针移到需要定位的点 D 并单击，则随着夹点的移动拉伸了选定的直线 AB。

同理，可拉伸直线 CA。此步骤略。

说明如下。

(1) 拉伸文字、块、直线、圆和点对象时，文字、块、直线中点、圆和点对象上的夹点将移动而不是拉伸。

(2) 命令行中提示“指定拉伸点或［基点(B)/复制(C)/放弃(U)/退出(X)］:”，说明如下。

① 指定拉伸点：默认选项。可移动鼠标指针或直接输入操作基点拉伸到的位置。该默认选项可以任意改变对象的大小、形状及端点位置。

② 基点(B)：提示输入基准点时，若先选择基点，再选择自动编辑命令，则此基点是关键点(也称特殊点、特征点)；若先选择自动编辑命令，再选择基点，则此基点是夹点。

③ 复制(C)：提示输入 C，可复制对象，即在拉伸或移动对象的同时可复制对象。一次可以复制多个对象。

④ 放弃(U)：提示输入 U，取消上一步的操作。

⑤ 退出(X)：提示输入 X，退出自动编辑状态。

(3) 自动编辑拉伸命令是基本的编辑操作命令，使用频繁。

3.2.3 使用自动编辑移动对象

可以通过将选定的夹点移动到新位置来移动对象。选定的对象被亮显并按指定的下一点位置移动一定的方向和距离。

实现方式：进入自动编辑状态，多次回车，直到命令行提示“移动”为止，或在绘图区域单击鼠标右键，选择快捷菜单中的“移动”命令，然后根据命令行的提示，输入相应选项，便可实现移动对象的操作。

操作方法和命令行中的提示与自动编辑拉伸的一样。自动编辑移动命令是基本的编辑操作命令,使用频繁。

【例 3.3】 图 3.8(a)所示图例使用自动编辑方式变成图 3.8(b)所示图例。显然,使用了自动编辑的“移动”中“复制”命令。

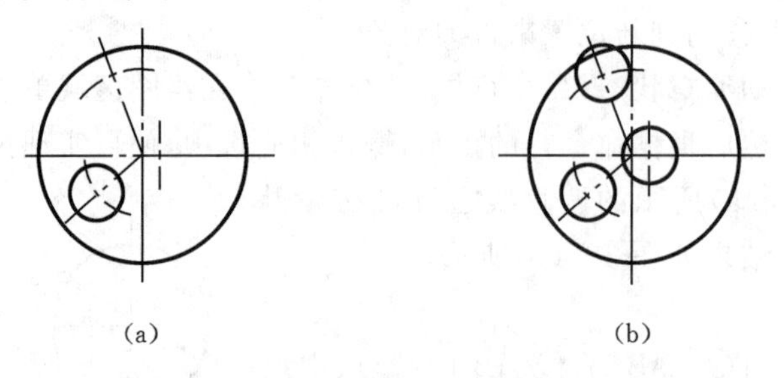

图 3.8 自动编辑“移动”中“复制”命令示例

命令行提示如下。

命令:

//选择小圆,小圆出现五个关键点(默认为蓝色)

//再单击圆心关键点,则出现红色的夹点;观察命令行,进入自动编辑状态

*** 拉伸 ***

指定拉伸点或[基点(B)/复制(C)/放弃(U)/退出(X)]: _move //绘图区域单击鼠标右键

//快捷菜单中选择“移动”命令

*** 移动 ***

指定移动点或[基点(B)/复制(C)/放弃(U)/退出(X)]: _copy //绘图区域单击鼠标右键

//在快捷菜单中选择“复制”命令

*** 移动(多重)***

指定移动点或[基点(B)/复制(C)/放弃(U)/退出(X)]:〈对象捕捉 开〉 //捕捉“交点”

*** 移动(多重)***

指定移动点或[基点(B)/复制(C)/放弃(U)/退出(X)]: //继续在图中捕捉另一个“交点”

*** 移动(多重)***

指定移动点或[基点(B)/复制(C)/放弃(U)/退出(X)]: //绘图区域单击鼠标右键

//快捷菜单中选择“确定”命令,完成“移动”中“复制”操作

3.2.4 使用自动编辑旋转对象

可以将选定的夹点作为旋转轴心点(也可另选基点作为旋转轴心点)来旋转选定对象。还可以输入角度值。

实现方式:进入自动编辑状态,多次回车,直到命令行提示“旋转”为止,或在绘图区域单击鼠标右键,选择快捷菜单中的“旋转”命令,然后根据命令行的提示,输入相应选项,便可实现旋转对象的操作。

进入自动编辑状态,选择“旋转”命令,命令行中提示“指定旋转角度或[基点(B)/复制(C)/放弃(U)/参照(R)/退出(X)]:”,命令行提示项说明如下。

(1) 指定旋转角度:默认项,可使被选对象以基点为中心旋转。可移动鼠标指针来旋转到

适当的位置或者键盘输入旋转角度值。角度值为正,则被选对象以基点为中心逆时针旋转相应角度;角度值为负,则被选对象以基点为中心顺时针旋转相应角度。

(2) 基点(B):提示输入基准点,若先选择基点,再选择自动编辑“旋转”命令,则此基点是关键点(也称特殊点、特征点);若先选择自动编辑“旋转”命令,再选择基点,则此基点是旋转中心点。

(3) 参照(R):可重新设置旋转中心点,系统将以基点为中心进行旋转操作。此项的详细说明参见“旋转”(rotate)命令。

(4) 其余各项与自动编辑拉伸方式相应项的操作方法相同。

【例 3.4】 将图 3.9(a)所示椭圆通过自动编辑进行旋转,并且实现旋转的同时复制多个椭圆,如图 3.9(b)所示。操作步骤如下。

(1) 选择要旋转的图 3.9(a)所示椭圆,椭圆的圆心点、四个象限点亮显蓝色。

(2) 在椭圆的圆心点单击,亮显红色,圆心点即为夹点。

(3) 在绘图区域单击鼠标右键,在快捷菜单中选择“旋转”命令,或命令行输入 R 命令;在绘图区域单击鼠标右键,在快捷菜单中选择“复制”命令,或命令行输入 C 命令。

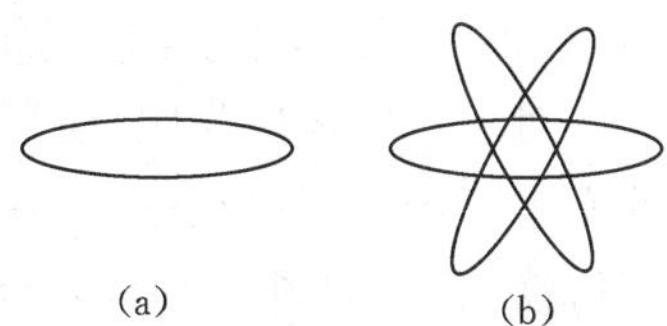

图 3.9 自动编辑“旋转”中“复制”命令示例

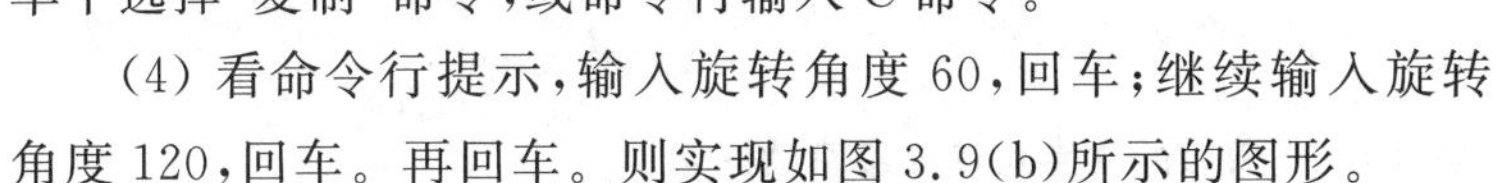

(4) 看命令行提示,输入旋转角度 60,回车;继续输入旋转角度 120,回车。再回车。则实现如图 3.9(b)所示的图形。

3.2.5 使用自动编辑缩放对象

可以将选定的夹点作为基点缩放选定的对象。通过将基点向外拖曳并指定点位置来增大对象尺寸,或通过向内拖曳减小对象尺寸,也可以输入一个值来放大或缩小对象。图形中基点位置不变。

实现方式:进入自动编辑状态,多次回车,直到命令行提示“缩放”为止,或在绘图区域单击鼠标右键,选择快捷菜单中的“缩放”命令,然后根据命令行的提示,输入相应选项,便可实现缩放对象的操作。

命令行提示项说明如下。

(1) 指定比例因子:默认项。可以移动鼠标指针或直接输入比例值使对象的大小按一定比例放大或缩小。对象原有的尺寸乘以比例值即为变换后对象的实际大小。输入的比例因子值大于 1,可使对象放大;输入的比例值小于 1,可使对象缩小。

(2) 基点:输入此项,重新设置夹点。图形对象放大或缩小后,其基点位置不变。

(3) 参照:输入此项,设置参考比例。该项的详细说明参见本章的“比例缩放”(scale)命令。

(4) 其余各项与自动编辑拉伸方式相应项的操作方法相同。

【注意】 此缩放命令是对象的真实尺寸的改变,要与“视图缩放”(zoom)命令相区别。

3.2.6 使用自动编辑镜像对象

镜像可以对称地复制或移动对象。对称中心是命令中临时确定的镜像线。操作中常先选择“正交”命令,确定垂直或水平的镜像线。

进入自动编辑镜像命令后,命令行中提示“指定第二点或[基点(B)/复制(C)/放弃(U)/退出(X)]:”,命令行提示项说明如下。

(1) 指定第二点:默认项,系统自动将夹点(默认为红色)选定为镜像线的第一点,此时可输入镜像线的第二点。

若想重新确定镜像线的第一点,则选择“基点”选项。

镜像后原来位置的对象被删除;若要镜像后原来位置的对象不被删除,则可选择“复制”选项或在选择第二点的同时按住 Shift 键。

(2) 基点(B):重新确定镜像线的第一点。

(3) 复制(C):输入“复制”选项,则镜像后原来位置的对象不被删除。

(4) 其余各项与自动编辑拉伸方式相应项的操作方法相同。

对于文字镜像问题,在最近几年的新版本中使用“镜像”命令来镜像文字已默认为镜像后的文字可读。可以在命令行中输入 mirrtext 命令,回车后输入 0 或 1,则镜像后的文字可读或不可读,分别如图 3.10(a)、(b)所示。

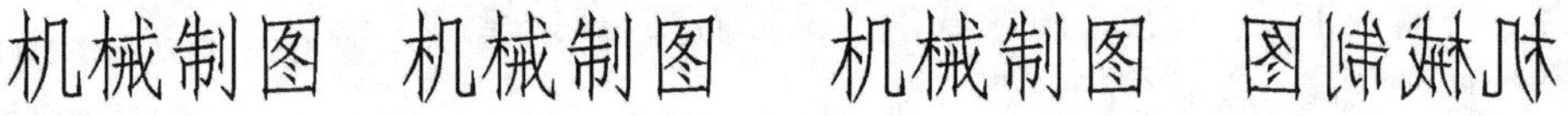

机械制图　机械制图　　机械制图　机械制图(镜像)

(a) mirrtext=1　　　　(b) mirrtext=0

图 3.10　镜像后的文字可读或不可读图示

3.3 对象数据的查看和修改

3.3.1 “特性”命令

通过“特性”命令可以查看和修改对象数据。“特性”对话框似表格的形式,在编辑图层的特性、图形的特性、文字、属性、标注等操作中显得很方便。

在“修改”菜单中选择“特性”命令,或单击标准工具栏的按钮,或在命令行输入 properties 命令,弹出“特性”对话框,选择要查看或修改的对象,则可在“特性”对话框列表中直接修改。

如图 3.11 所示,“特性”对话框左列是对象的特性或属性名称,右列是对象的特性值或属性值,可直接在右列文本框中输入数值或选择来修改。通过对话框上部的下拉列表,可查看所选对象创建时所使用的命令。

使用“特性”对话框,还可以修改点画线、虚线等非连续线的线型比例;对第 7 章将介绍的动态块也可添加相关选项。

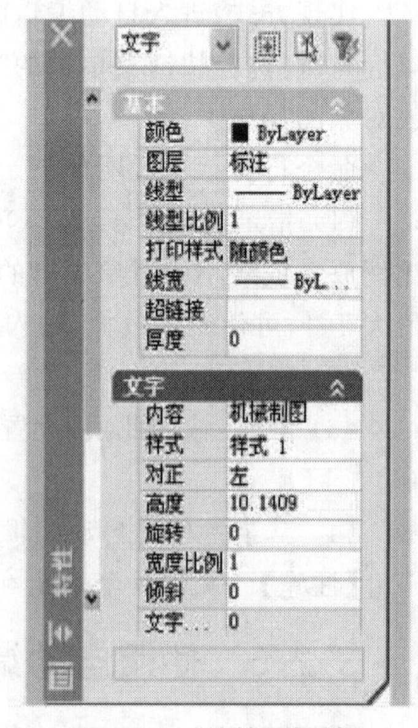

图 3.11　“特性”对话框

修改线型比例的步骤如下。

(1) 选择将要修改的线型对象。

(2) 选择“修改”主菜单下的“特性”命令,打开“特性”对话框,在“线型比例”右边框中输入比例数值,如“0.5”、“2”、“5”。

(3) 取消选择,关闭“特性”对话框。

3.3.2 “查询”和“计算”命令

“查询”和“计算”命令可以提供图形中对象的相关信息以及执行有用的计算。

1. “查询”命令

选择“工具”菜单中的“查询”命令,可以查询“距离”、“面积”、“周长”、“面域/质量特性”、“列表显示”对象的特性或属性,查询“点坐标”和与图形文件相关的“时间”、“状态”,列出或设置变量。输入命令后,根据命令行的提示,选择对象或确定点,命令行中列出结果,或按 F2 键展开命令行查看结果。

2. “计算”命令

(1) 快速计算器。

选择“工具”菜单中的“快速计算器”命令,或单击标准工具栏中的按钮,可以执行标准数学功能,同时还包含一组特殊的函数,以计算点、矢量和 AutoCAD 几何图形,如图3.12所示。

(2) cal 命令。

在命令行输入 cal 命令,回车后,输入计算表达式,可以计算两点确定的矢量、矢量长度、距离、半径或角度;用鼠标指针指定点;将对象捕捉作为表达式中的变量等。

计算表达式要根据标准的数学优先级规则来进行书写。详细操作可参考 AutoCAD 中的“帮助”功能,此处从略。

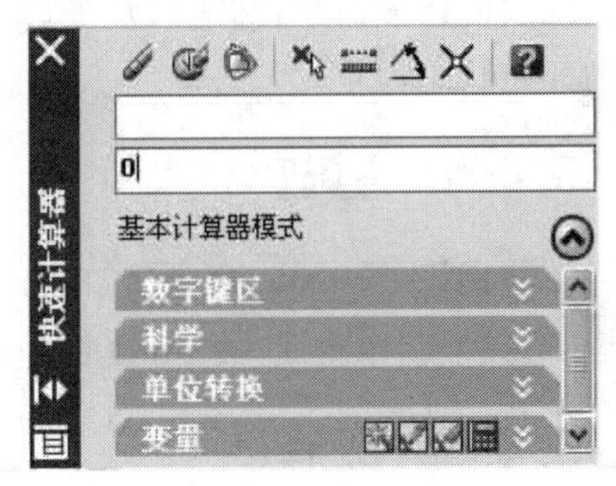

图 3.12 快速计算器

此外,cal 命令也可作为透明命令来使用。透明命令是指在命令的执行过程中再输入的命令,只需在命令前加单撇即可。只有部分命令为透明命令,详细内容可参考 AutoCAD 中的“帮助”功能。

3.4 对象的删除、恢复、放弃和重做

3.4.1 删除

选择“修改”菜单中的“删除”命令,或者单击“修改”工具栏中的按钮,或在命令行输入 erase 命令,然后根据命令行的提示,使用相应的操作方法,就可实现删除对象。

命令行提示如下。

命令:_ erase

选择对象:指定对角点:找到 1 个

选择对象: //回车

命令行提示项说明如下。

选择对象:选择欲删除的对象。可以使用本章 3.1 节介绍的选择方法。

【注意】 从图形中删除对象的方法还有以下几种。

(1) 剪切到剪贴板。

(2) 按 Delete 键。

(3) 用 purge 命令删除不使用的命名对象,包括块定义、标注样式、图层、线型和文字样式。

3.4.2 恢复

oops 命令可以恢复最近使用 erase、block 或 wblock 命令删除的所有对象。

3.4.3 放弃

单击标准工具栏中的"放弃"按钮,或使用 undo 命令,可以恢复意外删除的对象。

每次使用该命令,都能够从最后一个命令往前逐一取消输入过的命令的执行结果,直到绘图的开始状态为止。

3.4.4 重做

在使用 U 或 undo 命令后,单击"标准"工具栏中的"重做"按钮,或在命令行输入 redo 命令,可以取消单个 U 或 undo 命令的效果。即 redo 命令是 undo 命令的逆操作。

3.4.5 取消

Esc 键起"取消"作用,按 Esc 键可以结束当前的命令或取消选择。

在操作中无意中单击了对象,对象上出现蓝点或红点,欲删除蓝点或红点,则只要多次按 Esc 键即可。有时操作中会出现不知什么原因不能输入新的命令,此时最好的办法就是多按几次 Esc 键。

3.5 对象的复制、镜像、阵列和偏移

3.5.1 复制

"复制"命令可在图形中距原始位置的指定距离处创建对象副本,副本与选定对象相同。

在“修改”菜单中选择“复制”命令，或者单击“修改”工具栏中的按钮，或在命令行输入 copy 命令，然后根据命令行的提示，输入选项，实现复制对象。

命令行提示如下。

命令：_ copy

选择对象：找到 1 个

选择对象：

指定基点或[位移(D)]〈位移〉：指定第二个点或〈使用第一个点作为位移〉：

命令行提示项说明如下。

(1) 选择对象：选择欲复制的对象。可以使用本章 3.1 节介绍的选择方法。

(2) 指定基点：基点指源点，应尽量将基点选择在待复制的对象上，这样便于确定复制的位置。

(3) 指定第二个点：将源点复制到的目标点，即在距源点指定的距离处确定一点。

(4) 位移(D)：默认坐标原点为基点，通过输入位移值，确定对象复制到的相对位置。

【注意】 复制命令可以一次复制多个对象，只要根据命令行的提示连续“指定第二个点”即可。

3.5.2 镜像

“镜像”命令可在图形中创建对象的镜像副本，副本与选定对象相对称。在“修改”菜单中选择“镜像”命令，或者单击“修改”工具栏中的按钮，或在命令行输入 mirror 命令，然后根据命令行的提示，输入选项，实现镜像复制对象。

如图 3.13 所示，快速绘制半个图形，然后使用镜像命令，不必绘制整个图形而完成整个图形的绘制工作。

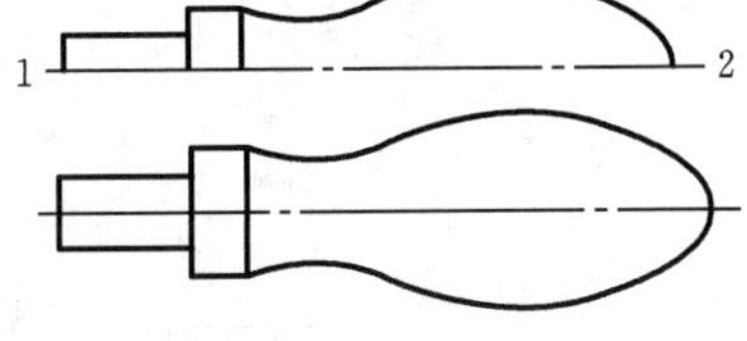

图 3.13 镜像命令示例

命令行提示如下。

命令：_ mirror

选择对象：找到 8 个

选择对象： //回车

指定镜像线的第一点： //对象捕捉 1 点

指定镜像线的第二点：〈正交 开〉 //单击 2 点

要删除源对象吗？[是(Y)/否(N)]〈N〉：N

命令行提示项说明如下。

(1) 指定镜像线的第一点、第二点：指定临时镜像线上的两点。图中实际并不显示出镜像线。

(2) 要删除源对象吗？[是(Y)/否(N)]：选择是否删除或保留原对象。

(3) 其他各项参见 3.2.6 小节介绍的自动编辑镜像。

【注意】

(1) 对于复杂图形，可以先绘出一半，另一半可用镜像命令实现。

(2) 文本镜像问题在自动编辑镜像中已阐述，参见 3.2.6 小节。

3.5.3 阵列

“阵列”命令可在图形中创建对象的多个矩形或环形(圆形)排列的副本。对于矩形阵列,可以控制行和列的数目以及它们之间的距离。对于环形阵列,可以控制对象副本的数目并决定是否旋转副本。对于创建多个定间距的对象,阵列比复制要快。

在“修改”菜单中选择“阵列”命令,或者单击“修改”工具栏中的按钮,或在命令行输入 array 命令,在弹出的“阵列”对话框中选择或输入选项或参数,即可实现阵列操作。

如图 3.14(a)所示,在结构件上布置螺栓,使用阵列命令,结果如图 3.14 (b)所示。

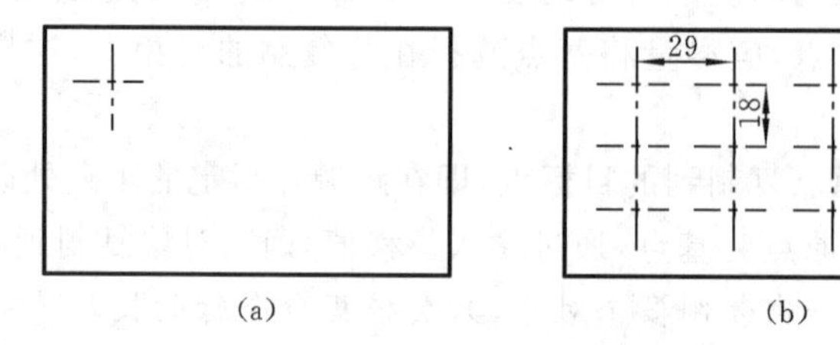

图 3.14 阵列命令示例

命令行提示如下。

命令: _array //输入命令后,在弹出的“阵列”对话框中,修改参数如图 3.15 所示。

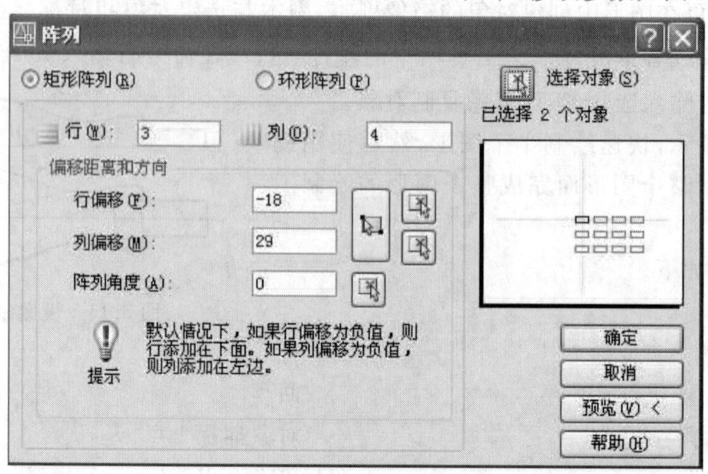

图 3.15 “阵列”对话框

“阵列”对话框说明如下。

图 3.16 所示是矩形阵列,对比图 3.14 所示示例与图 3.15 所示对话框,便可知在对话框中输入参数和单击选择对象按钮的使用方法。该角度的默认设置为 0,因此矩形阵列的行和列与图形的 X 轴和 Y 轴正交。默认角度 0 的方向设置可以在 units 命令中修改。若输入阵列角度,则矩形阵列结果如图 3.16 所示。

若选择环形阵列,则根据对话框选择阵列中心、填充数目、填充角度。阵列按逆时针或顺时针方向绘制,这取决于设置填充角度时输入的是正值还是负值。绘制法兰盘如图 3.17 所示。

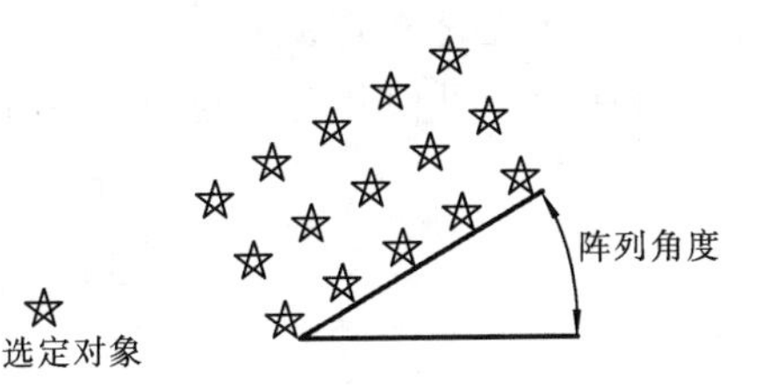

图 3.16　有阵列角度的矩形阵列

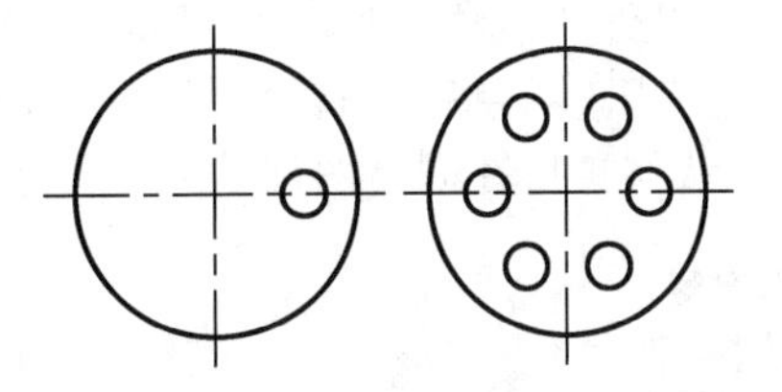

图 3.17　环形阵列命令示例

【注意】 一般来说，操作者结合图形将对话框从上到下、从左到右顺序选择或输入相应的值，才完成此命令。

3.5.4　偏移

“偏移”命令可创建其形状与选定对象形状平行的新对象。偏移圆或圆弧可以创建更大或更小的圆或圆弧，取决于操作者指定向哪一侧偏移。可以偏移直线、圆弧、圆、椭圆、二维多段线、构造线和样条曲线。偏移一条直线就显示了两条平行线，绘制表格可以利用“偏移”命令来实现。偏移一个圆便创建了两个同心圆。

图 3.18　“偏移”命令示例

在“修改”菜单中选择“偏移”命令，或者单击“修改”工具栏中的按钮，或在命令行输入 offset 命令，然后按命令行的提示，输入选项或参数，即可实现偏移操作。

如图 3.18 所示，绘制形状平行的新对象。

命令行提示如下。

命令：_offset

当前设置：删除源＝否 图层＝源 OFFSETGAPTYPE＝0

指定偏移距离或［通过(T)/删除(E)/图层(L)］〈通过〉：20　　//输入偏移距离

选择要偏移的对象，或［退出(E)/放弃(U)］〈退出〉：

指定要偏移的那一侧上的点，或［退出(E)/多个(M)/放弃(U)］〈退出〉：

//指定要放置新对象一侧上一点

选择要偏移的对象，或［退出(E)/放弃(U)］〈退出〉：　　//按 Enter 键结束命令

或使用如下操作。

命令：_offset

当前设置：删除源＝否 图层＝源 OFFSETGAPTYPE＝0

指定偏移距离或［通过(T)/删除(E)/图层(L)］〈20.0000〉：T　//输入 T(通过点)

选择要偏移的对象，或［退出(E)/放弃(U)］〈退出〉：

指定通过点或［退出(E)/多个(M)/放弃(U)］〈退出〉：

选择要偏移的对象，或［退出(E)/放弃(U)］〈退出〉：　　//按 Enter 键结束命令

命令行提示项说明如下。

(1) 指定偏移距离：输入偏移距离值，AutoCAD 根据此数值偏移原对象产生新对象。

(2) 通过(T)：通过指定点创建新的偏移对象。

(3) 删除(E):选择在偏移后是否删除源对象。默认在偏移后不删除源对象。

(4) 图层(L):输入偏移对象的图层选项[当前(C)/源(S)],可使新对象与源对象在不同图层,默认偏移后在同一图层。

3.6 对象的移动、旋转、比例缩放和拉伸

3.6.1 移动

"移动"命令可移动对象而不改变其方向和大小。在"修改"菜单中选择"移动"命令,或者单击"修改"工具栏中的按钮,或在命令行输入 move 命令,然后按命令行的提示,输入选项或参数,即可实现移动操作。

命令行提示如下。

命令:_move

选择对象:找到 1 个

选择对象: //按 Enter 键确定

指定基点或[位移(D)]〈位移〉:指定第二个点或〈使用第一个点作为位移〉:

命令行提示项说明如下。

(1) 指定基点,指定第二个点:在绘图区域指定两点,这两点的距离和方向代表了对象的移动距离和方向。可以使用前面已述的定点的诸多方法。

(2) 位移(D):以坐标的方式输入对象沿 X、Y 轴移动的距离,或用"距离〈角度"方式输入对象位移的距离和方向。

3.6.2 旋转

"旋转"命令可绕指定点旋转对象。在"修改"菜单中选择"旋转"命令,或者单击"修改"工具栏中的按钮,或在命令行输入 rotate 命令,然后按命令行的提示,输入选项或参数,即可实现旋转操作。

命令行提示如下。

命令:_rotate

UCS 当前的正角方向:ANGDIR=逆时针 ANGBASE=0

选择对象:找到 1 个

选择对象: //按 Enter 键确定

指定基点: //确定旋转轴心点

指定旋转角度,或[复制(C)/参照(R)]〈0〉:80 //输入正角度值,默认逆时针旋转对象

命令行提示项说明如下。

(1) 指定基点:确定旋转轴心点。

(2) 指定旋转角度:在默认情况下,输入正角度值逆时针旋转对象;输入负角度值顺时针

旋转对象。

(3) 复制(C):对象旋转到新的位置,原位置的对象还存在。

(4) 参照(R):指定某个方向作为起始参照角,然后选择一个新对象以指定原对象要旋转到的位置,也可输入新角度值来指明要旋转到的位置。

3.6.3 比例缩放

"比例缩放"命令可以使对象按一定比例改变大小。可以通过指定基点和长度(被用作基于当前图形单位的比例因子)或输入比例因子来缩放对象,也可以为对象指定当前长度和新长度。

在"修改"菜单中选择"缩放"命令,或者单击"修改"工具栏中的按钮,或在命令行输入 scale 命令,然后按命令行的提示,输入选项或参数,即可实现比例缩放对象的操作。

命令行提示如下。

命令:_scale
选择对象:找到 1 个
选择对象: //按 Enter 键确定
指定基点: //指定缩放中心,此位置不随比例缩放而改变
指定比例因子或 [复制(C)/参照(R)] 〈1.0000〉:2

命令行提示项说明如下。

(1) 选择对象:选择要缩放的对象。选择方式见前述。

(2) 指定基点:指定缩放中心点。此位置不随比例缩放而改变。

(3) 指定比例因子:输入比例因子。比例因子大于 1 时将放大对象。比例因子小于 1 时将缩小对象。

(4) 复制(C):对象放大或缩小到新的位置,原位置的对象还存在。

(5) 参照(R):输入 R 后,可输入参考长度,响应后命令行再提示"指定新的长度或 [点(P)]",可输入参考长度缩放后的新长度;若选择"点(P)",则选择两点来确定新长度。

【例 3.5】 用"参照"选项改变如图 3.19 所示图样的大小,命令行提示如下。

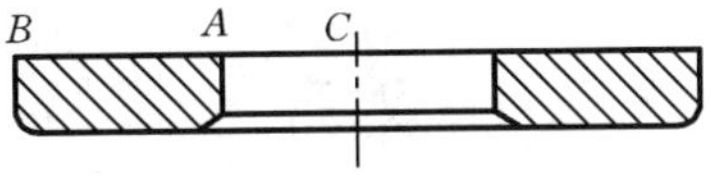

图 3.19 "比例缩放"中"参照"命令示例

命令:_scale
选择对象:指定对角点:找到 12 个
选择对象: //按 Enter 键确定
指定基点:〈对象捕捉 开〉 //单击取点 C
指定比例因子或 [复制(C)/参照(R)] 〈1.0000〉:R
指定参照长度 〈1.0000〉: //单击取点 C
指定第二点: //单击取点 A
指定新的长度或 [点(P)] 〈1.0000〉: //单击取点 B

由线段 AC 和 BC 间接设置了比例因子,被选对象将按该比例放大。"参照"选项非常有用,用它可缩放一个图形直至与另一个图形对齐。

3.6.4 拉伸

“拉伸”命令可以按确定的方向和角度延伸或缩短对象。在“修改”菜单中选择“拉伸”命令,或者单击“修改”工具栏中的按钮,或在命令行输入 stretch 命令,然后按命令行的提示,输入选项或参数,即可实现拉伸对象的操作。

命令行提示如下。

命令:_stretch
以交叉窗口或交叉多边形选择要拉伸的对象...
选择对象:指定对角点:找到 13 个 //以交叉窗口选择要拉伸的对象,如图 3.20(a)所示
选择对象: //按 Enter 键确定
指定基点或[位移(D)]〈位移〉: //在绘图处任意单击一点
指定第二个点或〈使用第一个点作为位移〉:〈正交 开〉100
//打开“正交”,输入长度 100,确定要拉伸的长度,如图 3.20(b)所示

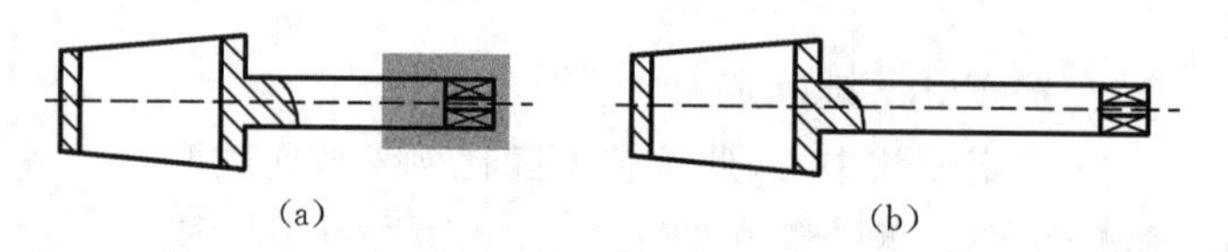

图 3.20 “拉伸”命令示例

【注意】 如果图形沿 X 或 Y 轴方向的尺寸有错误,或是要调整图形中某部分对象的位置,则可使用此命令。此命令在机械设计中调整轴上键槽、退刀槽的尺寸时非常有用。

3.7 对象的对齐、拉长、打断、修剪和延伸

3.7.1 对齐

“对齐”命令可以通过移动、旋转或倾斜对象来使某一对象与另一个对象对齐。选择“修改”菜单中“三维操作”子菜单的“对齐”命令,或在命令行输入 align 命令,然后按命令行的提示,输入选项或参数,即可实现对齐操作。

命令行提示如下。

命令:_align
选择对象:指定对角点:找到 10 个 //如图 3.21(a)所示,选择源对象
选择对象: //按 Enter 键确定
指定第一个源点: //对象捕捉第一个源点 1
指定第一个目标点: //对象捕捉第一个目标点 2
指定第二个源点: //对象捕捉第二个源点 3
指定第二个目标点: //对象捕捉第二个目标点 4

指定第三个源点或〈继续〉： //按 Enter 键确定

是否基于对齐点缩放对象？[是(Y)/否(N)]〈否〉：Y

//输入 Y，缩放源对象，结果如图 3.21 (b)所示

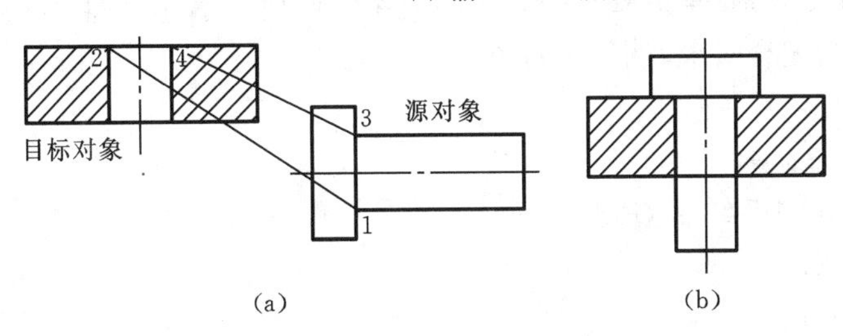

图 3.21 “对齐”命令示例

【注意】 此命令使用中，对象先对齐(移动和旋转到位)，后缩放。第一个目标点是缩放的基点，第一个和第二个源点之间的距离是参照长度，第一个和第二个目标点之间的距离是新的参照长度。此命令可作为绘图技巧来体会，灵活应用可事半功倍。

3.7.2 拉长

“拉长”命令可改变一条直线或圆弧的长度。可以改变直线、圆弧、非封闭多段线、椭圆弧和非封闭样条曲线的长度。在“修改”菜单中选择“拉长”命令，或在命令行输入 lengthen 命令，然后按命令行的提示，输入选项或参数，即可实现拉长操作。

命令行提示如下。

命令：_ lengthen

选择对象或[增量(DE)/百分数(P)/全部(T)/动态(DY)]：

命令行提示项说明如下。

(1) 选择对象：直接选择一个对象，命令行显示该对象的长度值。

(2) 增量(DE)：输入“增量”选项，命令行继续提示“输入长度增量或[角度(A)]”。默认直接输入长度值；若输入“角度”选项，则可输入角度值。输入正角度值，加长被选择的对象；输入负角度值，缩短被选择的对象。

(3) 百分数(P)：可输入改变的百分比。例如，命令行提示“输入长度百分数〈100.0000〉：”，若输入 50，则对象缩短一半。

(4) 全部(T)：输入“全部”选项，命令行继续提示“指定总长度或[角度(A)]〈1.0000〉)：”。被选择的对象若是直线，则可直接输入欲改变的确切长度；被选择的对象若是圆弧，则输入“角度”选项，可决定圆弧欲改变的夹角。

(5) 动态(DY)：输入本选项，通过动态拖曳，改变被选择对象的长度。

【注意】 改变长度可以使用多个命令来实现。例如，使用延伸和修剪，自己不妨总结一下，找出命令间的不同处。

3.7.3 打断及打断于点

“打断”命令可将一个对象的某一部分删掉，或将一个对象变成两个对象，而外观显示像一

个对象一样。在“修改”菜单中选择“打断”命令,或者单击“修改”工具栏中的按钮,或在命令行输入 break 命令,然后按命令行的提示,输入选项或参数,即可实现打断操作。

“打断于点”命令,将在单点处打断选定的对象。此命令只能打断直线、开放的多段线和圆弧,不能在一点打断闭合对象,例如圆对象。

命令行提示如下。

命令:_ break 选择对象:

指定第二个打断点 或 [第一点(F)]: F

指定第一个打断点:

指定第二个打断点:

【注意】

(1) 打断圆弧是按逆时针顺序进行的。如图 3.22(a)所示,第 1 点、第 2 点顺序选择,结果如图 3.22(b)。

(2) 输入命令,点选对象后,命令行提示“指定第二个打断点或 [第一点(F)]:”,即系统默认点选对象时的点是第一个打断点。若选择“第一点(F)”,则可以重新指定第一个打断点。

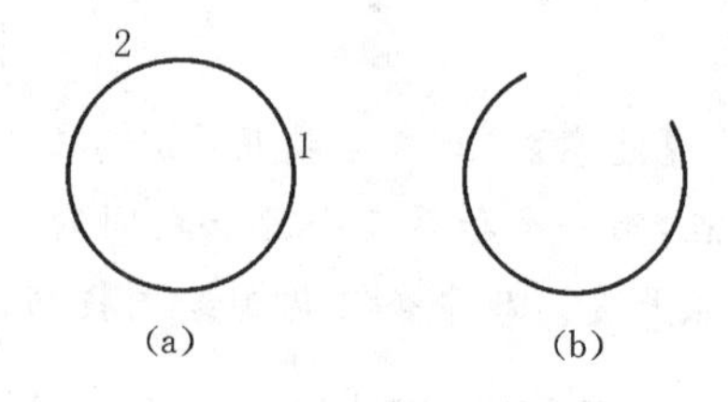

图 3.22 “打断”命令示例

(3) 当两个打断点选择为同一个点时,则将一个对象变成两个对象,而外观显示像一个对象一样。也可单击“修改”工具栏中的按钮,即可实现此操作。

3.7.4 修剪

“修剪”命令可以按选定的“剪刀”对象剪去超出“剪刀”的图线。使用一次命令可以选定多个“剪刀”对象,可以剪去多个图线。直线、弧、圆、多段线可以作为“剪刀”对象。

在“修改”菜单中选择“修剪”命令,或者单击“修改”工具栏中的按钮,或在命令行输入 trim 命令,然后按命令行的提示,输入选项或参数,即可实现修剪操作。

如图 3.23 所示,使用修剪命令,将图 3.23(a)所示图形变成图 3.23(b)所示图形。

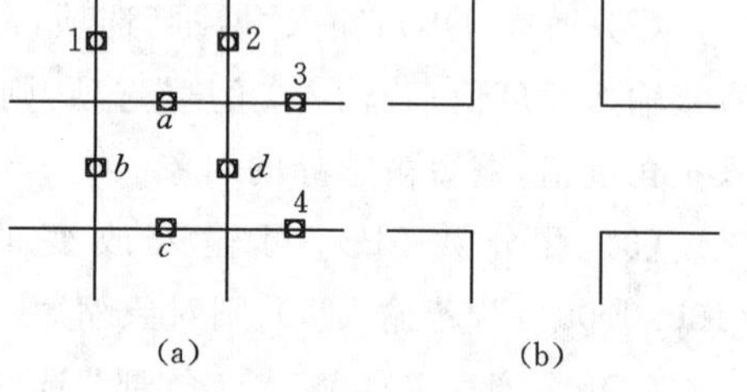

图 3.23 使用“修剪”命令示例

命令行提示如下。

命令:_ trim

当前设置:投影=UCS,边=无

选择剪切边...

选择对象或〈全部选择〉:找到 1 个 //选定“剪刀”对象 1

选择对象:找到 1 个,总计 2 个 //选定“剪刀”对象 2

选择对象:找到 1 个,总计 3 个 //选定“剪刀”对象 3

选择对象:找到 1 个,总计 4 个 //选定“剪刀”对象 4

选择对象: //按 Enter 键确定

选择要修剪的对象,或按住 Shift 键选择要延伸的对象,或

[栏选(F)/窗交(C)/投影(P)/边(E)/删除(R)/放弃(U)]: //选定被修剪的对象 *a*

选择要修剪的对象,或按住 Shift 键选择要延伸的对象,或
[栏选(F)/窗交(C)/投影(P)/边(E)/删除(R)/放弃(U)]: //选定被修剪的对象 *b*
选择要修剪的对象,或按住 Shift 键选择要延伸的对象,或
[栏选(F)/窗交(C)/投影(P)/边(E)/删除(R)/放弃(U)]: //选定被修剪的对象 *c*
选择要修剪的对象,或按住 Shift 键选择要延伸的对象,或
[栏选(F)/窗交(C)/投影(P)/边(E)/删除(R)/放弃(U)]: //选定被修剪的对象 *d*
选择要修剪的对象,或按住 Shift 键选择要延伸的对象,或
[栏选(F)/窗交(C)/投影(P)/边(E)/删除(R)/放弃(U)]: //按 Enter 键确定

【注意】

(1) 此命令选择对象的方法有多种,哪种能提高绘图效率,操作者要学会总结。如图 3.23 所示,若使用"栏选(F)"命令,则绘图效率会更高,不妨试试。

(2) 有时按操作规则操作,并未剪去图线。原因是被修剪的图线本身就是单独的对象,只要删除它即可。

3.7.5 延伸

"延伸"命令可拉长对象,使对象与作为边界的对象相接。先选择作为边界的对象,按 Enter 键后,选择要延伸的对象。

在"修改"菜单中选择"延伸"命令,或者单击"修改"工具栏中的--/按钮,或在命令行输入 extend 命令,然后按命令行的提示,输入选项或参数,即可实现延伸操作。

命令行提示如下。

命令: _ extend
当前设置:投影=UCS,边=无
选择边界的边...
选择对象或〈全部选择〉: 找到 1 个 //选择作为边界的对象
选择对象: //按 Enter 键确定
选择要延伸的对象,或按住 Shift 键选择要修剪的对象,或
[栏选(F)/窗交(C)/投影(P)/边(E)/放弃(U)]: //选择要延伸的对象
选择要延伸的对象,或按住 Shift 键选择要修剪的对象,或
[栏选(F)/窗交(C)/投影(P)/边(E)/放弃(U)]: //若还有要延伸的对象,可继续选择
选择要延伸的对象,或按住 Shift 键选择要修剪的对象,或
[栏选(F)/窗交(C)/投影(P)/边(E)/放弃(U)]: //按 Enter 键确定

命令行提示项说明如下。

(1) 栏选(F):一种选择方式,参见 3.3.1 小节。

(2) 窗交(C):一种选择方式,参见 3.3.2 小节。

(3) 投影(P):"投影"选项可以指定延伸操作的空间。对于二维图形,延伸操作在当前用户坐标平面内进行;对于三维图形,两个交叉对象投影到 *XY* 平面或当前视图平面内执行延伸操作。

(4) 边(E):"边"选项控制是否把对象延伸到隐含边界。当边界太短,延伸对象后不能与其直接相交时,就使用此选项,此时 AutoCAD 假想将边界延长,然后将延伸边伸长到与边界

相交的位置。

(5) 放弃(U):取消上一步的操作。

3.8 为对象修圆角和修倒角

3.8.1 圆角

“圆角”命令可通过一个指定半径的圆弧来光滑地连接两个对象。在“修改”菜单中选择“圆角”命令,或者单击“修改”工具栏中的按钮,或在命令行输入 fillet 命令,然后按命令行的提示,输入选项或参数,即可实现两个对象间倒圆角操作。

命令行提示如下。

命令: _fillet

当前设置:模式 = 修剪,半径 = 0.0000

选择第一个对象或[放弃(U)/多段线(P)/半径(R)/修剪(T)/多个(M)]: R //选择“半径”选项

指定圆角半径〈0.0000〉: 30 //输入半径值

选择第一个对象或[放弃(U)/多段线(P)/半径(R)/修剪(T)/多个(M)]: //选择要倒圆角的对象

选择第二个对象,或按住 Shift 键选择要应用角点的对象: //选择要倒圆角的另一个对象

命令行提示项说明如下。

(1) 放弃(U):取消上一步的操作。

(2) 多段线(P):选择此选项后,AutoCAD 对多段线每个顶点都进行倒圆角操作。

(3) 半径(R):此选项用于输入半径值。默认半径为上一次使用此命令时设置的值。初始默认半径为0。

(4) 修剪(T):用于确定倒圆角操作后是否修剪对象。图 3.24(a)所示是选择“修剪”的结果,如图3.24(b)所示是选择“不修剪”的结果。默认情形如图 3.24(a)所示。

(5) 多个(M):此选项一次可倒多组圆角。

【注意】 当圆角半径设置为0时,“圆角”命令还能自动延伸和修剪对象,直到它们相交为止。图 3.25 所示为不同的圆角半径处理前后的图形。

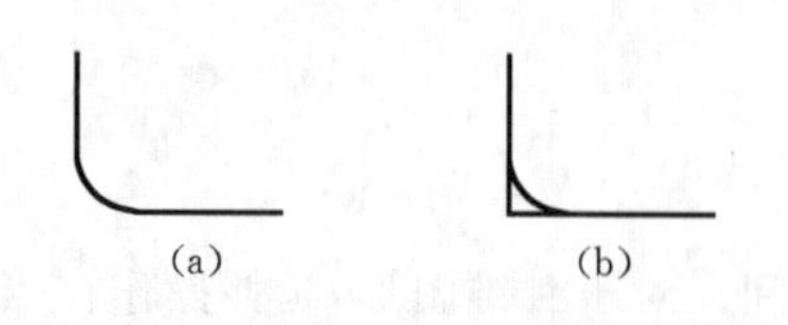

图 3.24 “圆角”命令中“修剪”选项示例

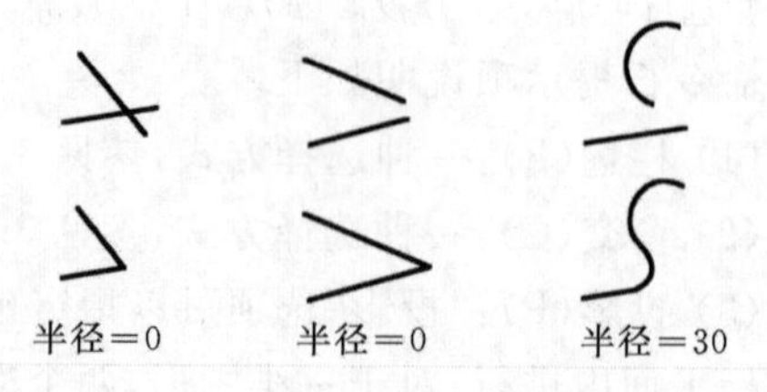

图 3.25 不同圆角半径处理前后的图形

3.8.2 倒角

“倒角”命令可对两直线或多段线作出有斜度的倒角。在“修改”菜单中选择“倒角”命令，或者单击“修改”工具栏中的按钮，或在命令行输入 chamfer 命令，然后按命令行的提示，输入选项或参数，即可实现两个对象间倒斜角操作。

命令行提示如下。

命令：_chamfer

(“修剪”模式)当前倒角距离 1 = 0.0000，距离 2 = 0.0000

选择第一条直线或[放弃(U)/多段线(P)/距离(D)/角度(A)/修剪(T)/方式(E)/多个(M)]：D

//选择“距离”选项

指定第一个倒角距离〈0.0000〉：20

指定第二个倒角距离〈20.0000〉：30

选择第一条直线或[放弃(U)/多段线(P)/距离(D)/角度(A)/修剪(T)/方式(E)/多个(M)]：

//选择要倒角的第一个对象

选择第二条直线，或按住 Shift 键选择要应用角点的直线： //选择要倒角的第二个对象

命令行提示项说明如下。

(1) 放弃(U)：取消上一步的操作。

(2) 多段线(P)：选择此选项后，AutoCAD 对多段线每个顶点都进行倒角操作。

(3) 距离(D)：用于确定倒角的距离。

(4) 角度(A)：用于确定从第一个对象引出的倒角线的角度。

(5) 修剪(T)：与“圆角”命令中的该选项相同。参见“圆角”命令。

(6) 方式(E)：用于确定是由每条线的距离来确定倒角，还是由一个距离加一个角度来确定倒角。

(7) 多个(M)：用于一次倒多组斜角。

【注意】 (1) 如“圆角”命令一样，“倒角”命令中设置两条边的距离为 0，可以自动延伸和修剪对象，直至它们相交为止，如图 3.26 所示。

(2) 如果被倒角的两个对象要在同一图层，则倒角斜线将位于该图层，否则，倒角斜线将位于当前图层上。

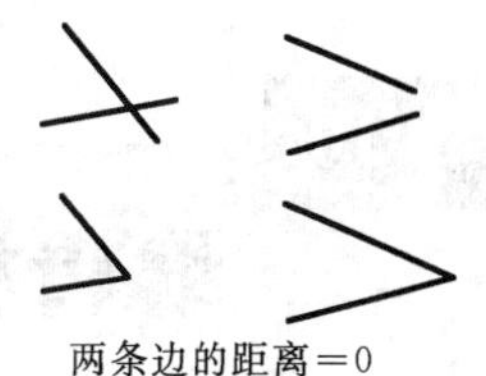

图 3.26 倒角处理前后的图形

3.9 编辑多段线

此命令可以将直线和圆弧转换为多段线、闭合和打开多段线、移动添加或删除单个顶点、在任何两个顶点之间拉直多段线、为多段线设置宽度、创建线性近似样条曲线。

在“修改”菜单中选择“对象”下的“多段线”命令，或者单击“修改Ⅱ”工具栏中的按钮，或在命令行输入 pedit 命令，然后按命令行的提示，输入选项或参数，即可实现编辑多段线。

命令行提示如下。

命令：_ pedit 选择多段线或［多条(M)］：M

选择对象：找到 1 个

选择对象：

是否将直线和圆弧转换为多段线？［是(Y)/否(N)］？〈Y〉 Y

输入选项

［闭合(C)/打开(O)/合并(J)/宽度(W)/拟合(F)/样条曲线(S)/非曲线化(D)/线型生成(L)/放弃(U)］：

命令行提示项说明如下。

(1) 闭合(C)：创建多段线的闭合线，将首尾连接，使多段线闭合。

(2) 打开(O)：使多段线打开。

(3) 合并(J)：在打开的多段线的尾端点添加直线、圆弧或多段线，并加入到多段线中，重新创建一多段线。要将对象合并至多段线，其端点必须接触。

(4) 宽度(W)：为整个多段线指定新的统一宽度。

(5) 拟合(F)：将用一条光滑曲线代替原多段线。这条光滑曲线（即拟合曲线）都由圆弧组成且经过多段线的各顶点。使用“非曲线化(D)”选项可以将拟合曲线恢复为原来的形状。

(6) 样条曲线(S)：可创建样条曲线。原多段线的顶点作为样条曲线的框架，原多段线的第一个点和最后一个点作为样条曲线的起点和终点。原多段线的顶点越密，样条曲线就越靠近原多段线。

(7) 非曲线化(D)：将拟合曲线恢复为原来的形状。

(8) 线型生成(L)：控制具有线型特性的多段线的显示方式。选择“关闭”时，则生成始末顶点处为虚线的线型。

(9) 放弃(U)：取消上一步的操作。

3.10 编辑样条曲线

在“修改”菜单中选择“对象”子菜单的“样条曲线”命令，或者单击“修改Ⅱ”工具栏中的按钮，或在命令行输入 splinedit 命令，然后按命令行的提示，输入选项或参数，即可实现编辑样条曲线。

命令行提示如下。

命令：_ splinedit

选择样条曲线：

输入选项［拟合数据(F)/闭合(C)/移动顶点(M)/精度(R)/反转(E)/放弃(U)］：F

命令行提示项说明如下。

(1) 拟合数据：编辑定义样条曲线的拟合点数据，包括修改允差。

(2) 闭合：将开放样条曲线修改为连续闭合的环。

(3) 移动顶点：将拟合点移动到新位置。

(4) 精度：通过添加、权值控制点并提高样条曲线阶数来修改样条曲线定义。

(5) 反转:修改样条曲线方向。

(6) 放弃:取消上一步的编辑操作。

3.11 编辑多线

在"修改"菜单中选择"对象"子菜单的"多线"命令,或在命令行输入 mledit 命令,然后通过弹出的对话框选择欲编辑的图案,根据命令行的提示,即可实现编辑多线。

命令行提示如下。

命令:_mledit //输入命令后弹出如图 3.27 所示的"多线编辑工具"对话框

//选择欲编辑的图案,单击"关闭"按钮

选择第一条多线: //选择要编辑的第一个多线对象

选择第二条多线: //选择要编辑的第二个多线对象

选择第一条多线 或[放弃(U)]: //按 Enter 键确定

【注意】

(1) 可以再设置多线样式来改变单个直线元素的特性,或改变多线末端封口和背景填充。

(2) 使用"多线编辑工具"对话框之前,要清楚知道欲显示的样子,这样才能正确选择编辑图案。

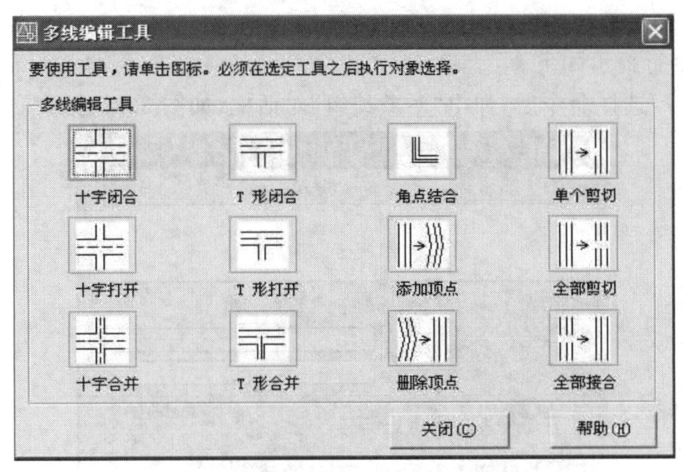

图 3.27 "多线编辑工具"对话框

3.12 编辑填充的图案

此命令可以修改填充图案和填充边界。

在“修改”菜单中选择“对象”子菜单的“图案填充”命令，或者单击“修改Ⅱ”工具栏中的按钮，或在命令行输入 hatchedit 命令，选择图案填充对象后，弹出“图案填充编辑”对话框，修改对话框中的选项或参数，即可实现填充图案的编辑。

命令行提示如下。

命令：_hatchedit

选择图案填充对象： //选择图案填充对象后，弹出“图案填充编辑”对话框

//操作选择见第2章“图案填充”命令

拾取或按 Esc 键返回到对话框或〈单击右键接受图案填充〉：

【注意】 选择图案填充对象后，弹出“图案填充编辑”对话框，此对话框与生成图案填充时的对话框相似，操作方法在第2章“图案填充”命令中已述，此处略。

3.13 编组

“编组”命令可将多个对象编成一个名称，作为一个整体进行选择和操作。创建编组和删除编组都使用此命令。在编组中可以更容易地编辑单个对象，而在块中必须先分解才能编辑。编组只能在当前图形文件中使用，而块可以与其他图形共享。

在命令行输入 group 命令，弹出“对象编组”对话框，设置对话框中的选项或参数，即可实现对象编组。

创建编组命令行提示如下。

命令：group //选择命令后，弹出“对象编组”对话框，如图3.28所示

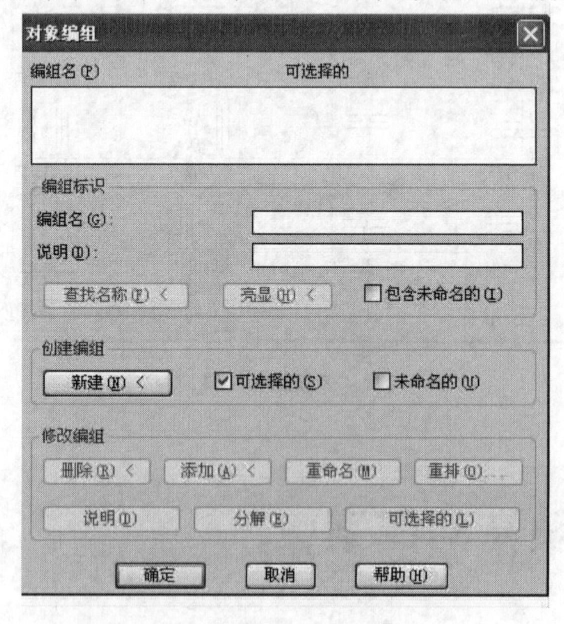

图3.28 “对象编组”对话框

//在“编组标识”下，输入编组名和说明

//在“创建编组”中，单击“新建”按钮，对话框暂时关闭，命令行继续提示

选择要编组的对象：

选择对象：指定对角点：找到 9 个

//选择要编为一组的对象，并按 Enter 键，返回到“对象编组”对话框

//单击“确定”按钮

删除编组命令行提示如下。

命令：group //选择命令后，弹出“对象编组”对话框，如图 3.28 所示

//在“编组名”文本框中，输入编组名称

//在“修改编组”中，单击“分解”按钮，然后单击“确定”按钮

【注意】 机械专业组装图的绘制中，可将每个零件编组，每个零件作为一个整体一起进行选择和编辑。

3.14 分 解

“分解”命令可将多段线、标注、图案填充或块等一个整体对象，转换为多个对象。

在“修改”菜单中选择“分解”命令，或者单击“修改”工具栏中的按钮，或在命令行输入 explode 命令，然后按命令行的提示操作，即可实现分解对象。

命令行提示如下。

命令：_ explode

选择对象：指定对角点：找到 1 个 //选择欲分解的多段线或标注或图案填充或块对象

选择对象： //按 Enter 键确定

【注意】 分解的效果对大多数对象是看不见的，可以通过“选择”操作查看。

3.15 剪切、复制和粘贴

当用户要从另一个应用程序的 AutoCAD 图形文件中使用对象时，可以先将这些对象剪切或复制到剪贴板中，然后将它们从剪贴板粘贴到文件中。

单击“标准”工具栏中的按钮可以实现对象的剪切、复制和粘贴，操作方法与 Windows 中的其他应用程序相似，此处从略。

3.16 修改对象显示顺序

当操作者绘制的对象重叠在一起时,常按其绘制顺序显示。后绘制的图形在先绘制的图形前面。可以通过以下命令修改对象显示顺序。

“工具”主菜单的“绘图次序”子菜单有五个选项:前置、后置、置于对象之上、置于对象之下、文字和标注前置。

命令行提示如下。

命令:draworder　　//改变所有对象的显示次序

命令:texttofront　　//改变图形中文字和标注的显示次序

修改对象显示顺序的步骤如下。

(1) 在“工具”主菜单的“绘图次序”子菜单中选择其中一个命令,如“置于对象之上”。

(2) 根据命令行提示,选择要更改次序的对象,然后按 Enter 键确定。

(3) 根据命令行提示,选择参照对象,然后按 Enter 键确定。

3.17 合并和反转对象

1. 合并对象

“合并”命令可以将相似的对象合并为一个对象。可以合并圆弧、椭圆弧、直线、多段线、样条曲线。

在“修改”菜单中选择“合并”命令,或者单击“修改”工具栏中的按钮,或在命令行输入 join 命令,然后根据命令行的提示,输入选项,即可实现将相似的对象合并为一个对象。

【注意】 (1)要将相似的对象与之合并的对象称为源对象。要合并的对象必须位于相同的平面上。

(2)合并两条或多条圆弧(或椭圆弧)时,将从源对象开始沿逆时针方向合并圆弧(或椭圆弧)。

2. 反转对象

将选定的直线、多段线、样条曲线和螺旋线的顶点顺序反转。

在“修改”菜单中选择“反转”命令,或者单击“修改”工具栏中的按钮,或在命令行输入 reverse 命令,然后根据命令行的提示,输入要反转的对象,即可实现将选定的对象的顶点顺序反转。

【本章小结】

本章主要介绍了 AutoCAD 的编辑命令,以及选择对象的多种方法等内容。在图例中介绍编辑技巧。

通过编辑命令的讲解，操作者应该体会到，有些图形通过编辑命令来实现比直接用绘图命令来实现要方便和快捷，常常会达到事半功倍的效果。此外，灵活正确选用选择的方式，也能提高工作效率。操作者应多练习和体会。

通常在绘图中，移动、拉伸、旋转、缩放、复制常常首选自动编辑模式来进行。对象特性管理器，用表格的方式来修改对象也给操作者提供了另一种编辑方式，这在后续的文本、尺寸标注、属性、图层的有关修改中都适用。

在平面图形的绘制中，常用的编辑命令有删除、放弃、复制、镜像、阵列、偏移、移动、旋转、比例缩放、拉伸、打断、修剪、延伸，熟练掌握这些命令需要操作者花时间练习。要注意看命令行的提示，根据命令行的提示操作下一步骤。当完成一个操作，命令行仍在提同样的问题时，要"告诉"计算机"我已完成了你的提问"，即要"回车"确定，这是初学编辑命令时要体会的。

工程图样中，一处图线的修改可能有多个命令可实现，只要结果是正确的，一般来说，选用何命令，以自己掌握的熟练程度来选用即可，没有绝对要选用哪个编辑命令的要求。

【上机练习题】

1. 使用移动、旋转、阵列、圆角、倒角、打断、比例缩放、延伸、复制等命令，将如图3.29(a)所示的图形编辑成如图 3.29 (b)所示的图形。

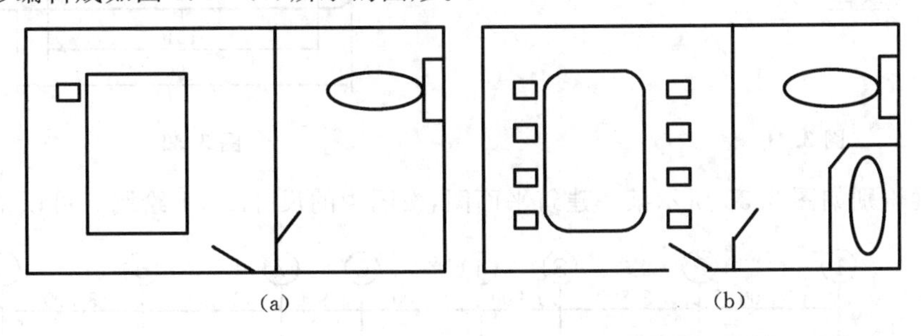

(a) (b)

图 3.29

2. 使用阵列、镜像、打断、修剪等命令，将如图3.30(a)所示的图形编辑成如图 3.30(b)所示的图形。

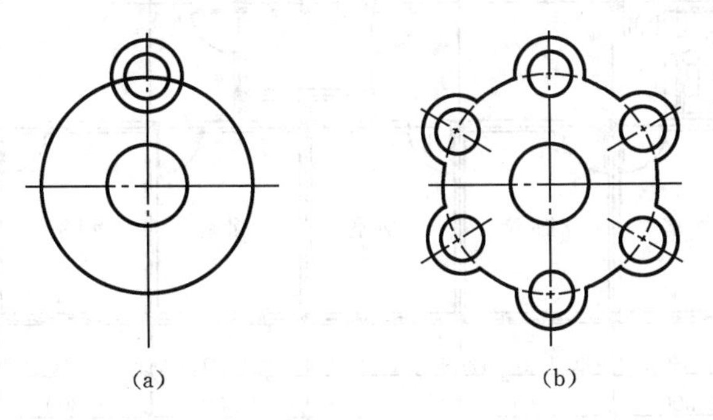

(a) (b)

图 3.30

3. 正确识别如图 3.31 所示的两个视图，按图中的尺寸 1∶1 绘制该机械零件，建议采用镜像、移动中复制、圆角、打断、延伸、偏移、拉伸、修剪等编辑命令来练习。

4. 正确识别如图 3.32 所示阀盖零件的两个视图，按图中的尺寸 1∶1 绘制。建议采用删除、放弃、镜像、阵列、偏移、拉伸、修剪等编辑命令来练习。

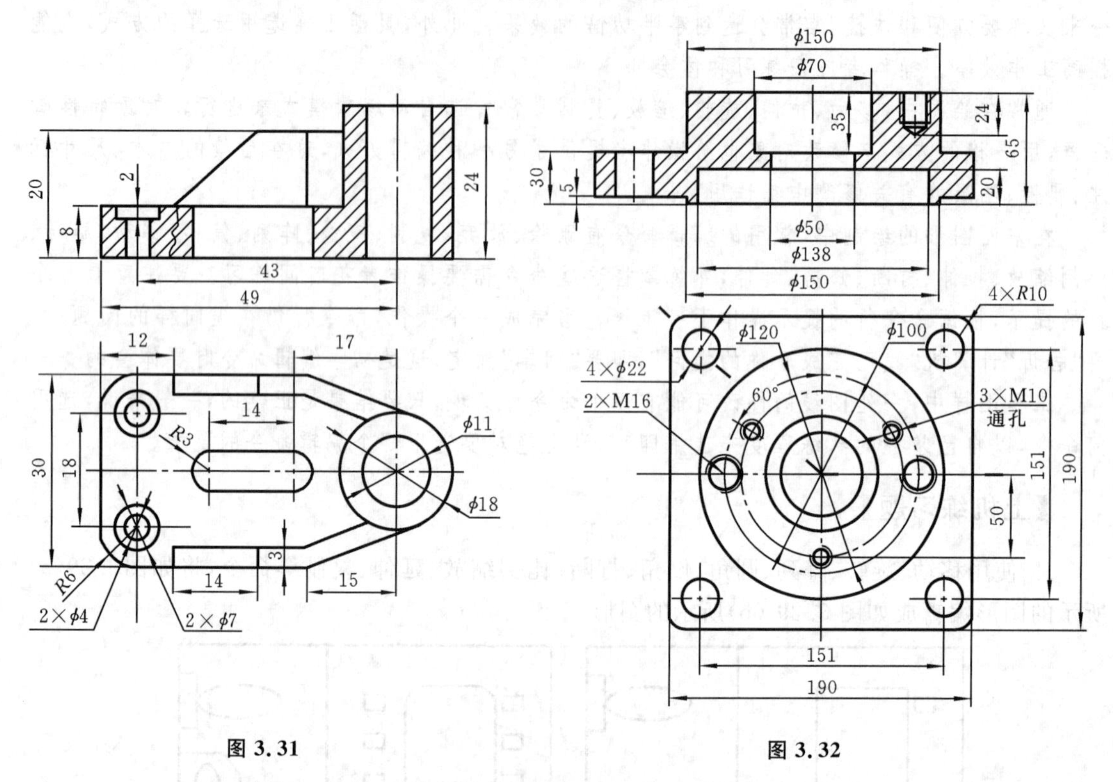

图 3.31

图 3.32

5. 正确识别如图 3.33 所示某一建筑平面图，按图中的尺寸 1∶1 绘制。可以采用所有学

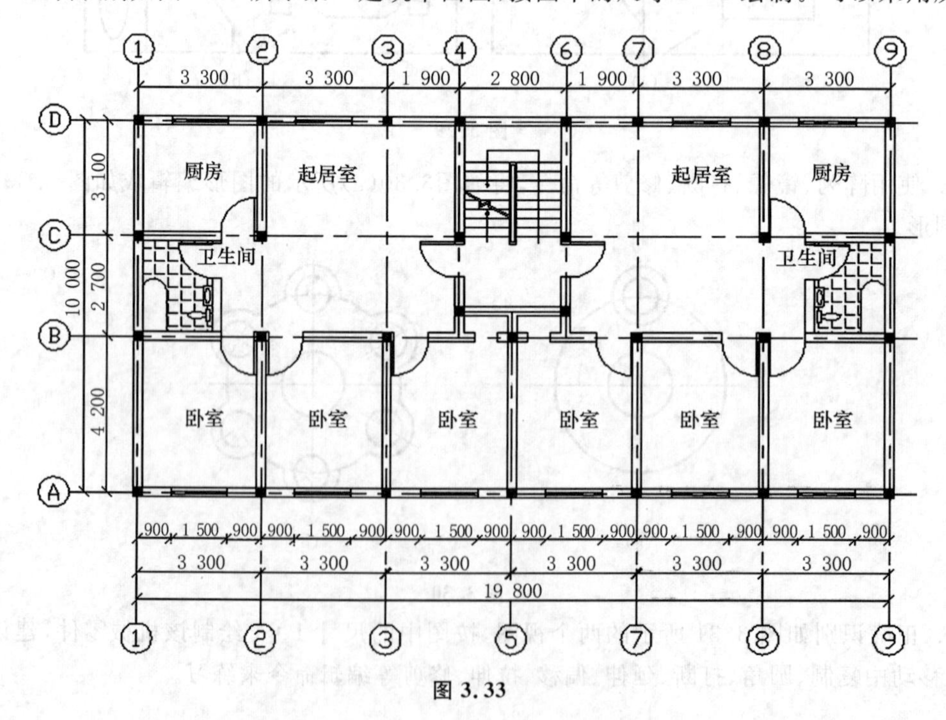

图 3.33

过的编辑命令来练习，包括多线编辑。

图中有关尺寸及其说明如下。

(1) 墙体是24墙，即墙厚为240 mm。

(2) 柱子如图3.34所示，是一个填充的矩形。

(3) 墙体上的门洞位置如图3.35所示。

(4) 左门和右门的尺寸为900 mm×45 mm，如图3.36所示。

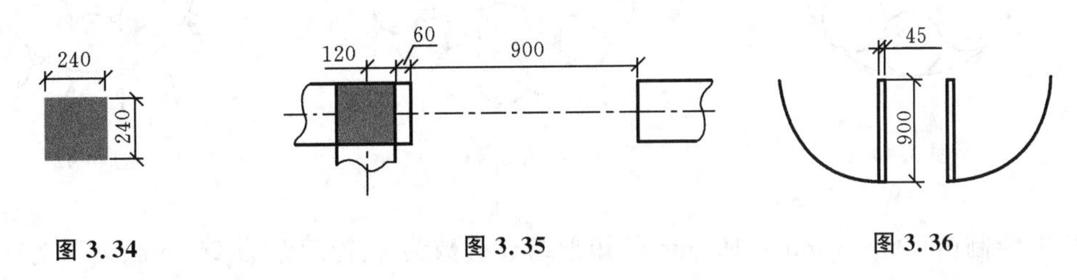

图3.34　　图3.35　　图3.36

(5) 墙体上的窗洞尺寸为1 500 mm×240 mm。

(6) 窗户的尺寸为1 500 mm×240 mm，如图3.37所示。

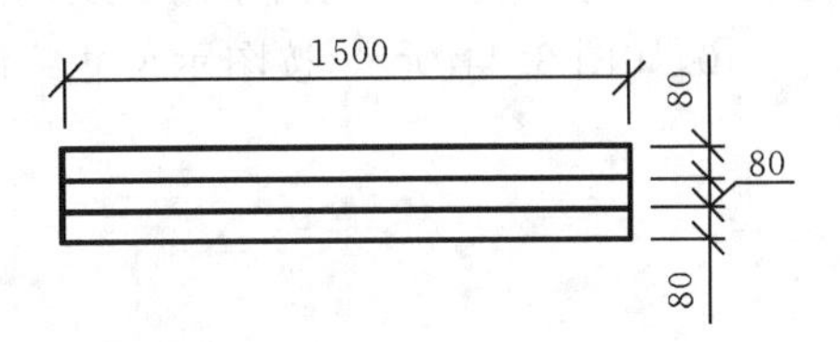

图3.37

(7) 楼梯。

① 台阶线为九条直线，线与线的间距为250 mm。

② 上下扶手的外侧矩形尺寸为200 mm×2 200 mm，外侧矩形向内偏移尺寸60 mm形成上下扶手的内侧矩形。

③ 起跑方向线的箭头宽为75 mm，箭头长为200 mm。

④ 剖断线按专业规范画法。

(8) 卫生间设施的尺寸和数量由操作者自定；地面填充地板图案。

(9) 文字和标注暂不绘制，待后续章节完成后再进行。

6. 绘制一个边长为120 mm的正18边形。将正18边形的各顶对象点连线，结果如图3.38所示。建议使用“正多边形”、“射线”、“修剪”(“栏选”选择修剪的对象)、“阵列”(选择“环形”)命令来练习。

7. 绘制如图3.39所示图形。三角形为边长为700 mm的正三角形，正三角形内有十五个半径相等的圆并与相邻边线相切。

图3.38

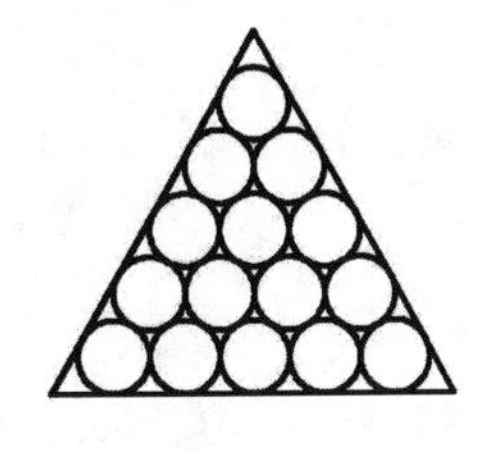

图3.39

8. 绘制半径相等、彼此相切、与外接大圆相切的八个小圆，如图 3.40 所示。再绘制与大圆外切的、半径相等的十六个小圆，如图 3.41 所示。继续编辑图形，结果如图 3.42 所示。

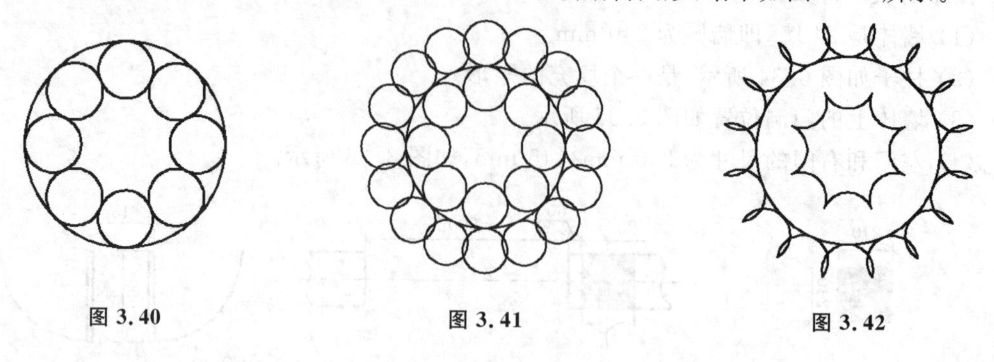

图 3.40　　图 3.41　　图 3.42

9. 绘制由尺寸 13 mm×16 mm 的矩形组成行数为 4、行间距为 25 mm、列数为 4、列间距为 30 mm 的一组图形，整个图形与水平方向的夹角为 45°，结果如图 3.43 所示。

10. 如图 3.44 所示，按图示尺寸绘制，不标注尺寸。

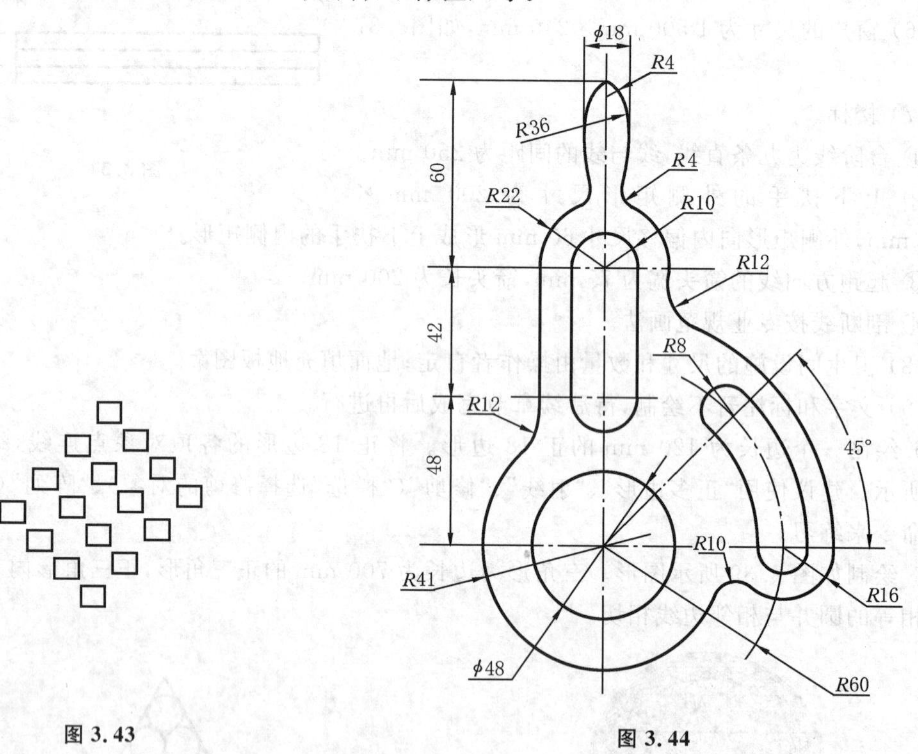

图 3.43　　图 3.44

第4章
绘图设置、图形显示控制及CAD标准

使用AutoCAD绘图时，需要随时控制显示的工作环境，所以应对绘图环境进行一定的设置，例如，对绘图单位、绘图范围进行设置。一般新建一个图形文件，实际是打开了一个模板文件，其绘图环境是默认设置的（模板文件将在第8章讲述）。也可以在“启动”对话框中设置或在图形文件中重新设置。

本章介绍绘图单位和精度的设置，图形界限、图层、对象特性的设置，图形显示控制的方法以及重画、重生成的使用。此外，还介绍CAD标准、模型空间和图纸空间、特性匹配、多视窗显示。通过实例，体会如何进行绘图时的环境设置。

4.1 绘图单位和精度的设置

绘图单位可以理解为在绘图时数据输入或显示的形式。例如,输入 2.64E+01,采用科学计数法形式进行数据的输入或显示;输入 2.64,采用十进制形式输入或显示数据;12 1/3,采用分数形式输入或显示数据。AutoCAD 对长度值和角度值有五种输入或显示的形式。

长度值格式分别为:科学、小数、工程、建筑、分数。默认为“小数”形式,即按十进制形式显示或输入数据。

角度值格式分别为:百分度、度/分/秒、弧度、勘测单位、十进制度数。默认为“十进制度数”形式。当角度使用“度/分/秒”格式时,如果命令行需要输入 30°28′26″,则应该输入 30d28′26″。

当绘制一个长度为 10 的对象时,其图形单位是什么,是毫米、厘米还是米?可由用户自己选定。通常来说,使用 1∶1 绘图。即一个图形单位的距离代表一个实际单位的大小。工程图可以默认一个图形单位是 1 mm。

精度的设置,是指显示或输入图形数据所采用的精度。可根据实际图形尺寸要求的精度以及有些对话框(如“文字样式”对话框)中参数设置的实际数值等内容来选择合适的精度。

1. 实现命令

在“格式”菜单中选择“单位”命令,或在命令行输入 units 命令,在弹出的“图形单位”对话框中进行相应选择,即可设置绘图单位和精度,如图 4.1 所示。

2. 设置角度测量的起点

在“图形单位”对话框中,单击“方向”按钮,将弹出“方向控制”对话框,如图 4.2 所示。

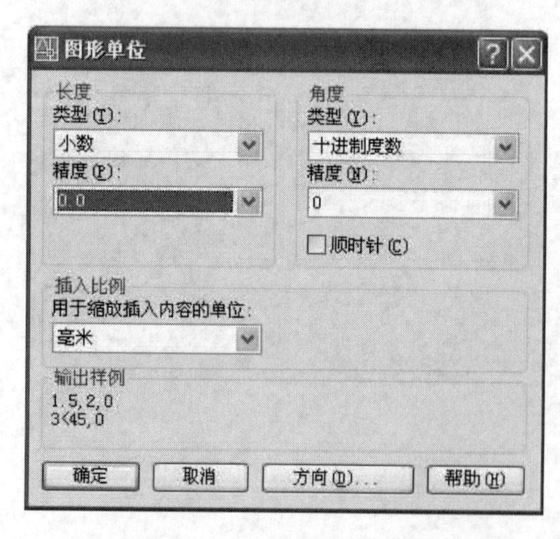

图 4.1 “图形单位”对话框

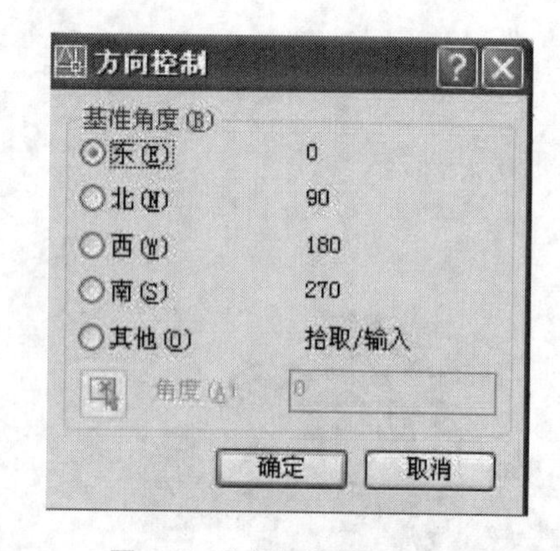

图 4.2 “方向控制”对话框

默认起点角度为 0°，朝向 3 点钟方向（正东），角度为正是逆时针方向的角度，角度为负是顺时针方向的角度。0°起点可以设置在任意位置。

【注意】 在“启动”对话框中也可设置上述项目。若打开 AutoCAD 之后即要求“启动”对话框，则需要进行如下操作设置：选择“工具”菜单的“选项”命令，在打开的“选项”对话框中选择“系统”选项卡，在“基本选项”框架中，单击“启动”选项下拉箭头，选择“显示‘启动’对话框”。

4.2 图形界限

图形界限也称绘图边界，它为用户提供了确定绘图范围的功能。理论上说，图形界限为无限大，但在实际绘图中，所绘图形可被限定在一定范围之内。例如，可以按国标中的图幅尺寸来设定图形界限，在图形界限内绘制图形。

默认的图形文件 acadiso. dwt 的图形界限是 3 号图幅 420 mm×297 mm。可更改或重新设置图形界限。

在“格式”菜单中选择“图形界限”命令，或在命令行输入 units 命令，然后根据命令行的提示，输入选项，即可设置图形界限。

命令行提示如下。

命令：'_ limits

重新设置模型空间界限：

指定左下角点或［开(ON)/关(OFF)］〈0.0000,0.0000〉：

指定右上角点〈420.0000,297.0000〉：297,210

命令行提示项说明如下。

(1) 指定左下角点：图形界限是一长方形区域，确定此长方形左下角坐标点，可用默认的点(0,0)。

(2) 指定右上角点：确定图形界限长方形区域右上角坐标点。实际图形设置可以建议使用国家标准中图幅尺寸的倍数来设置。

(3) 开(ON)：越界检查的作用。选择“开”选项时，若绘制的图形超出边界，则系统将提示“超出图形界限”，越界后的操作无效，要重新绘制图形。

(4) 关(OFF)：选择“关”选项时，若绘制的图形超出边界，则系统将不会提示，所绘图形不受图形边界的限制。此为默认选项。

显示图形界限的方式如下。

① 使用“栅格”。单击绘图界面右下部的工具栏的“栅格”按钮，即打开栅格。绘图界面上出现有规则排列的点，点所占有的范围即图形界限的范围。再单击“栅格”按钮，即关闭栅格，绘图界面上不显示点了。

② 正常绘图时，可绘制一矩形表示图形界限。绘图时栅格打开会影响绘图的视觉效果，所以一般要关闭栅格。

【注意】 有时用户在使用默认的图形界限绘图时，使用“视图缩放”功能，鼠标指针将出现带有箭头的界限图示,这就在提醒用户图形已大大超出了图形界限,已不能显示缩放。解决的办法是,调整图形界限或移动图形到图形界限内。所以,绘图时先画矩形框绘出范围,最好在框内绘图,以免在后续操作中可能出现麻烦。

4.3 图层

一个由多个零件组成的装配图,绘制起来较烦琐。若装配图中的一个零件的图线要绘出不同线型、线宽,不同零件又要区别出不同的颜色,则需要使用"图层"来管理这些图线,在对应层中绘制具有相同线型、线宽、颜色等特性的装配图。

图层就像多个大小相同的透明的电子图纸,每张纸称为一个层。每个层具有其属性(层名、线型、颜色、线宽等)。任何图形对象可分门别类地绘制在不同的图层上,而在该层上绘制的图形对象则默认采用相同的颜色、线型和线宽。图4.3所示为房屋布局图。

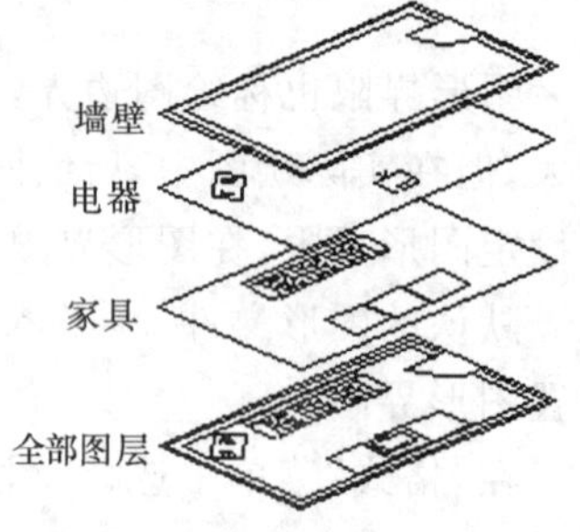

图4.3 房屋布局图

4.3.1 设置图层

设置图层可以通过"图层特性管理器"来实现。在"格式"菜单中选择"图层"命令,或者单击"图层"工具栏中的"图层特性管理器"按钮,或在命令行输入 layer 命令,在弹出的"图层特性管理器"对话框中,输入相关选项或数据,即可实现设置图层。"图层特性管理器"对话框如图4.4所示。

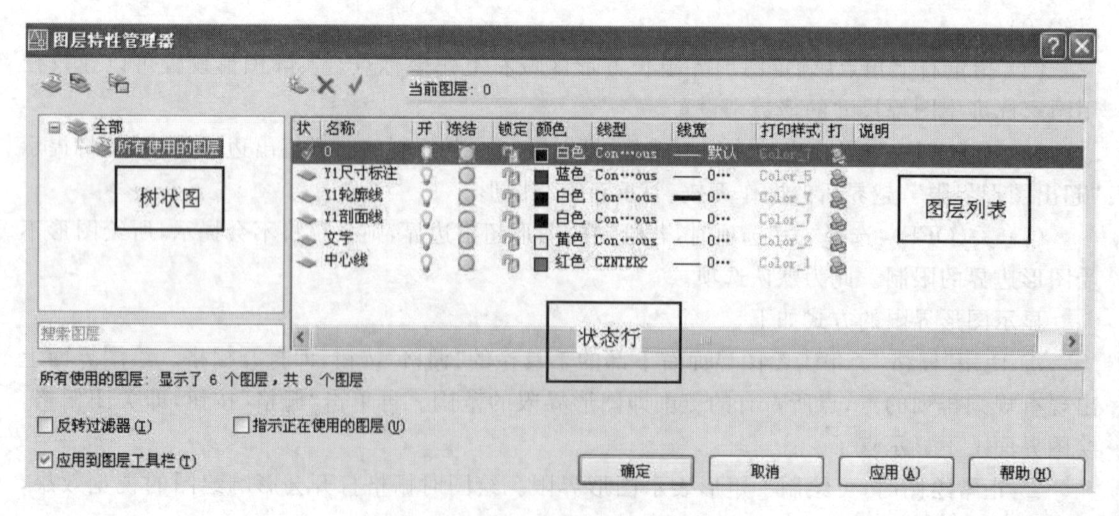

图4.4 "图层特性管理器"对话框

"图层特性管理器"对话框中显示图形的图层列表及其特性，可以添加、删除和重命名图层，修改图层特性或添加说明。图层过滤器用于控制在列表中显示哪些图层，还可用于同时对多个图层进行修改。默认有一图层为"0"层。对话框相关图标、选择和操作说明如下。

(1) 图标：新建图层。单击，中间右栏图层的详细列表中将显示名为"图层 1"的图层。该名称处于选中状态，从而用户可以直接输入一个新图层名。新图层将继承图层列表中当前选定图层的特性(颜色、开/关状态等)。AutoCAD 对分层的数量没有限制，可以创建任意多个层。每个图形都包括名为"0"的图层，不能删除或重命名图层"0"。该图层有两个用途：确保每个图形至少包括一个图层；提供与块中的控制颜色相关的特殊图层。

(2) 图标：删除图层。标记选定图层，以便进行删除。单击"应用"或"确定"按钮后，即可删除相应图层。只能删除未被参照的图层。参照图层包括图层 0 和 DEFPOINTS、包含对象(包括块定义中的对象)的图层、当前图层和依赖外部参照的图层。局部打开图形中的图层也被视为参照并且不能被删除。注意：如果处理的是共享工程中的图形或基于一系列图层标准的图形，删除图层时要特别小心。

(3) 图标：置为当前。将选定图层设置为当前图层。用户创建的对象将被放置到当前图层中。

(4) 图层列表：显示图层及其特点。说明如下。

① 状态：指示项目的类型，包括图层过滤器、所用图层、空图层或当前图层。

② 名称：显示图层或过滤器的名称。按 F2 键输入新名称。

③ 开：打开和关闭选定图层。当图层打开时，它是可见的，并且可以打印。当图层关闭时，它是不可见的，并且不能打印，即使"打印"选项是打开的。

④ 冻结：在所有视窗中冻结选定的图层。冻结图层可以加快"视图缩放"、"实时平移"和许多其他操作的运行速度，增强对象选择的性能并减少复杂图形的重生成时间。不显示、不打印、不消隐、不渲染或不重生成冻结图层上的对象。长时间不用看到的图层可以冻结。

⑤ 锁定：锁定和解锁选定图层。锁定图层上的对象无法修改。

⑥ 颜色：改变与选定图层相关联的颜色。单击颜色名可以显示"选择颜色"对话框，如图 4.5 所示。选择一种颜色，单击"确定"按钮。

⑦ 线型：修改与选定图层相关联的线型。单击线型名称可以显示"选择线型"对话框，如图 4.6 所示。单击"加载"，弹出"加载线型"对话框如图 4.7 所示，选择加载的线型，单击"确定"按钮。回到"选择线型"对话框，选择需要的线型，单击"确定"按钮。

AutoCAD 包括线型定义文件 acad.lin 和 acadiso.lin。选择哪个线型文件取决于使用英制测量系统还是公制测量系统。如果使用英制测量系统，则请使用 acad.lin 文件；如果使用公制测量系统，则请使用 acadiso.lin 文件。

⑧ 线宽：修改与选定图层相关联的线宽。单击线宽名称可以显示"线宽"对话框，如图 4.8 所示。选择需要的线宽，单击"确定"按钮。系统默认的线宽是 0.25 mm，可以选择"格式"菜单中的"线宽"命令，以改变默认线宽。

⑨打印样式：修改与选定图层相关联的打印样式。如果正在使用颜色相关打印样式

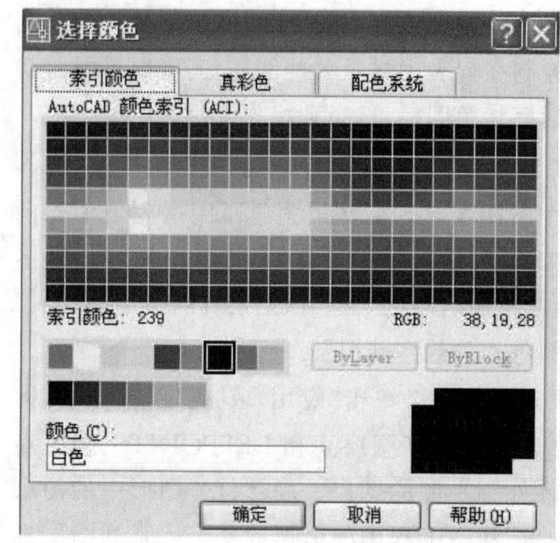

图 4.5 “选择颜色”对话框

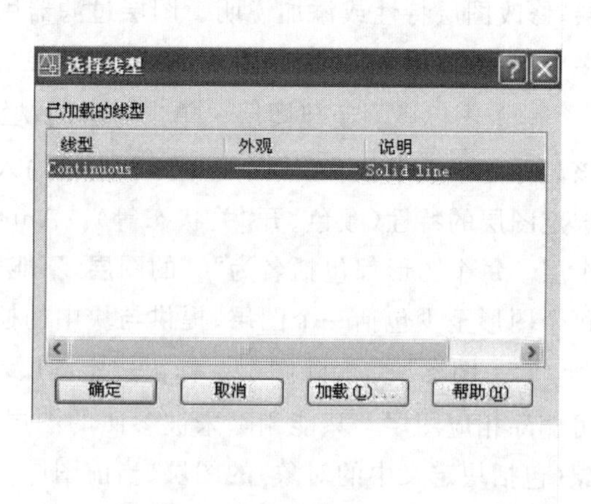

图 4.6 “选择线型”对话框

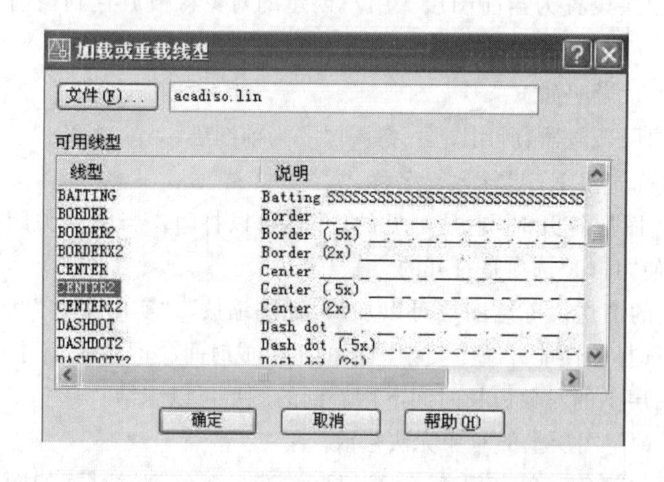

图 4.7 “加载或重载线型”对话框

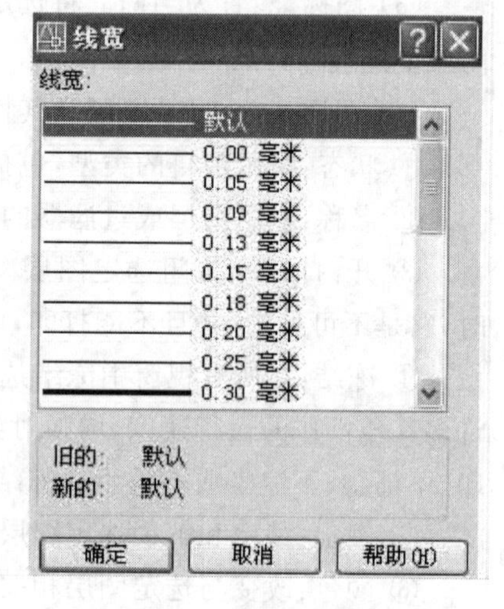

图 4.8 “线宽”对话框

(PSTYLEPOLICY 系统变量设为 1),则不能修改与图层关联的打印样式。单击打印样式可以显示“选择打印样式”对话框。

⑩ 打印:控制选定图层是否可打印。打印关闭了的图层时,该图层上的对象仍会显示出来,但该图层上的对象不会被打印。处于关闭或冻结状态的图层,均不能被打印。

⑪ 说明:(可选)说明图层或图层过滤器。

如图 4.4 所示,“图层特性管理器”对话框新建立了五个图层。

(5) 树状图:显示图形中图层和过滤器的层次结构列表。顶层节点“全部”显示图形中的所有图层。过滤器按字母顺序显示。“所有使用的图层”过滤器是只读过滤器。

(6) 图标:新特性过滤器。显示“图层过滤器特性”对话框,如图4.9所示,从中可以基于图层的名称或设置(例如,开/关、颜色或线型)来创建一个新的图层过滤器。操作顺序为:单

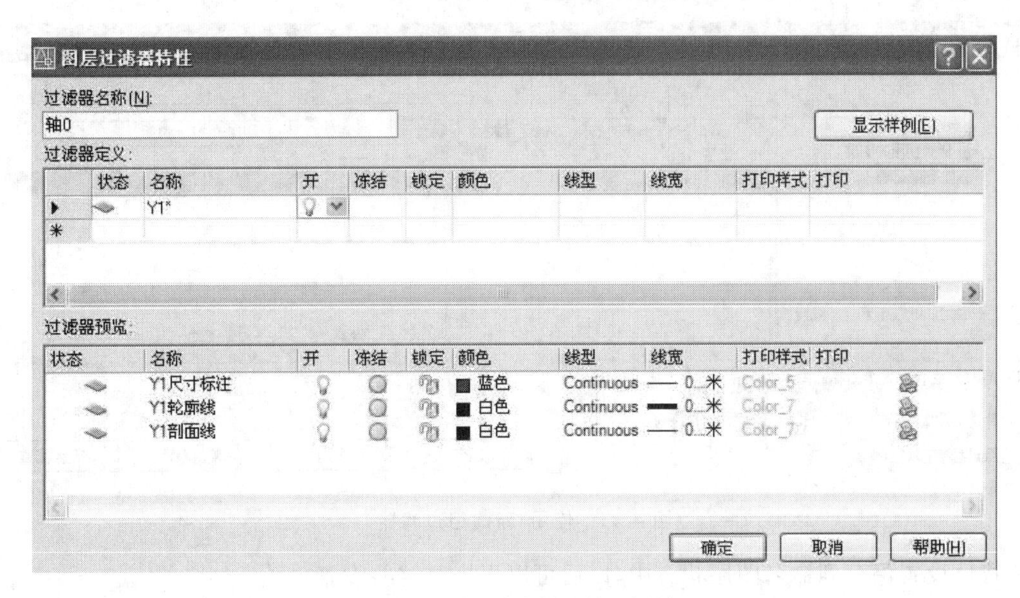

图 4.9 “图层过滤器特性”对话框

击该图标，弹出对话框，在“过滤器名称”中输入“轴 0”；在“过滤器定义”的“名称”栏单击，出现闪动的光标处输入“Y1 * ”，“过滤器预览”中自动出现选择的图层列表；单击“确定”按钮；则过滤器“轴 0”列在如图 4.10 所示“图层特性管理器”对话框的树状图中。一般有很多图层的复杂图形多要使用图层过滤器来方便管理图形。

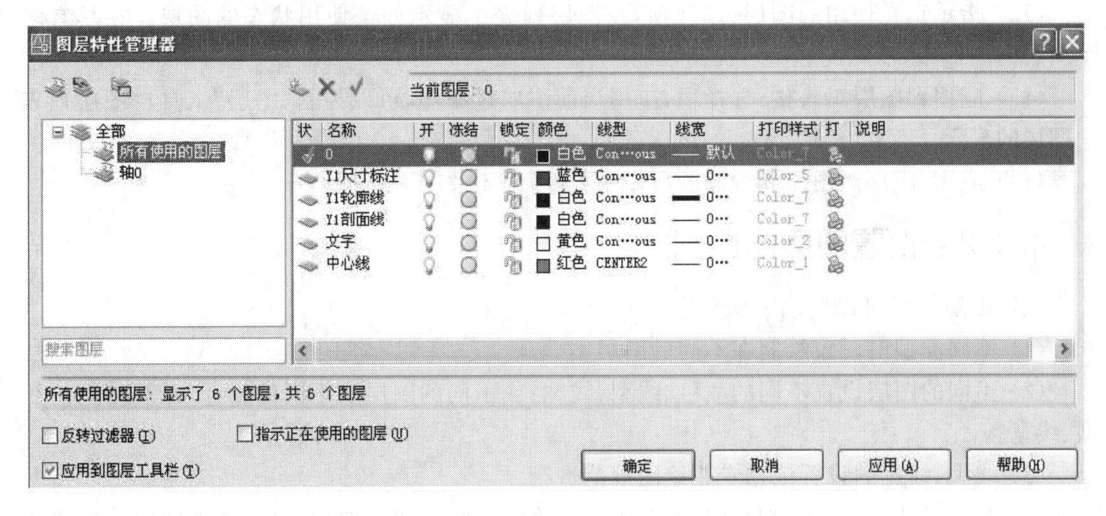

图 4.10 使用“新特性过滤器”显示“轴 0”

(7) 图标：新建组过滤器。创建一个图层过滤器，其中包含用户选定并添加到该过滤器的图层。操作顺序为：单击该图标，在左侧树状图层列表中添加了一个“组过滤器 1”；单击“所有使用的图层”或其他过滤器，右侧“图层列表”列出对应图层信息；再将需要分组过滤的图层拖曳到创建的“组过滤器 1”上即可，如图 4.11 所示。

(8) 图标：图层状态管理器。单击该图标，显示“图层状态管理器”，从中可以将图层的

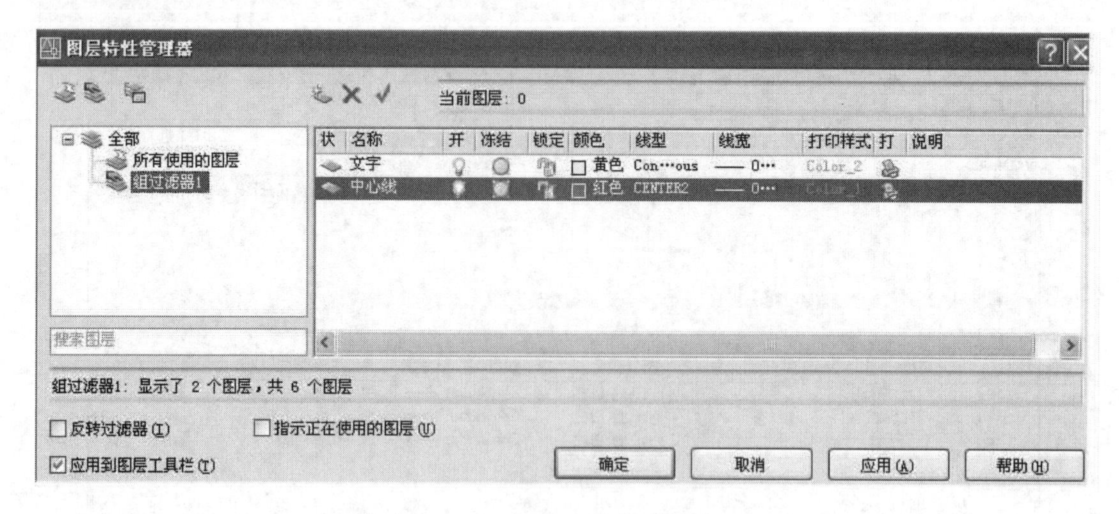

图 4.11 使用“新建组过滤器”

当前特性设置保存到命名图层状态中，以后可以再恢复这些设置。

(9) 搜索图层：输入字符时，按名称快速过滤图层列表。关闭“图层特性管理器”时并不保存此过滤器。

(10) 状态行：显示当前过滤器的名称、图层列表中所显示的图层数量和图形中全部图层的数量。

(11) 反转过滤器：选择项，显示所有不满足选定图层特性过滤器中条件的图层。

(12) 指示正在使用的图层：选择项，在图层列表中显示处于使用状态的图层。在具有多个图层的图形中，清除此选项可提高性能。

(13) 应用到图层工具栏：选择项，应用当前图层过滤器，可以控制“图层”工具栏图层列表中图层的显示。

(14) 应用：应用对图层和过滤器所做的更改，但不关闭对话框。

4.3.2 设置图层的原则

设置图层一般可以按以下原则进行。

(1) 不同类型的对象绘制在不同的图层中。

(2) 不同的图层设置不同的颜色、线型、线宽；或不同的图层有不同的颜色，而有相同的线型、线宽。

(3) 线型、线宽的设置依据专业绘图规范进行。

(4) 养成习惯，绘制新图时首先设置图层。绘图中间可随时增加图层，增加图层与创建图层的方式相同。

(5) 若当前新图形文件欲创建的图层与过去已完成的图形文件的图层大多内容相同，则可以使用“设计中心”来复制或添加已有图形文件中的图层。复制或添加方法见第 9 章 9.3 节。复制或添加已有图形文件中的图层作为新图形文件的图层，可提高绘图的效率。

如图 4.12 所示，分析图形，至少按表 4.1 所示设置六层。

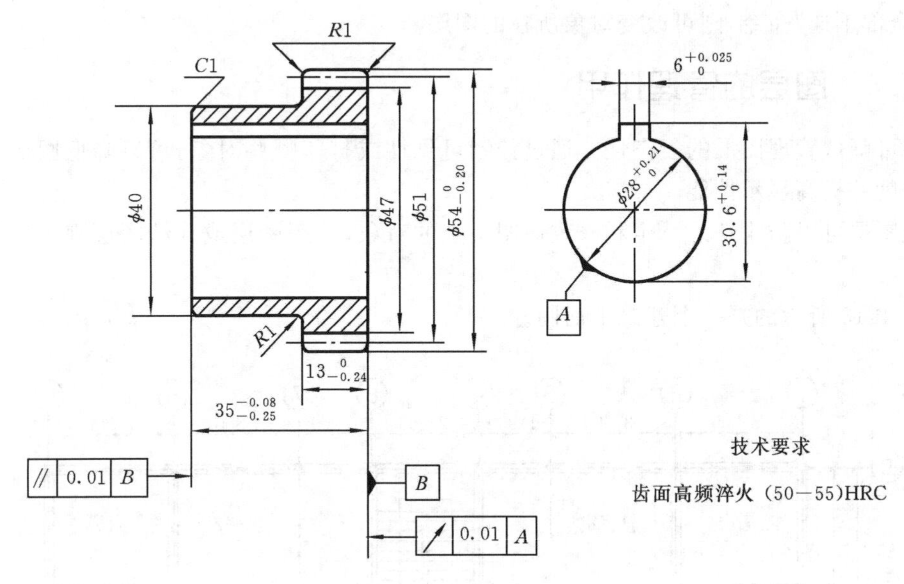

图 4.12 设置图层示例

表 4.1 图层设置

层　名	颜　色	线　型	线　宽	存放内容
中心线	红色	Center2	0.25 mm	中心线
轮廓线	白色(黑色)	Continues	0.5 mm	轮廓线
剖面线	白色(黑色)	Continues	0.25 mm	剖面线
尺寸标注	蓝色	Continues	0.25 mm	尺寸标注
文字	绿色	Continues	0.25 mm	技术要求
其他	白色	Continues	默认	其他

4.3.3 使用图层

1. 切换到当前层

切换到当前层，实现方式之一是在“图层特性管理器”中选择一个图层（注意：在空白位置上单击），单击“置为当前”图标 ✔，再单击“确定”按钮。在绘图界面的“图层”工具栏显示该图层名称和相关特性。实现方式之二是在“图层”工具栏上，单击下拉箭头，在弹出的图层列表中选择一个图层，“图层”工具栏显示该图层名称和相关特性。

在当前图层绘图。不同的图层中绘制不同类型的对象。

2. 改变对象所在的图层

在绘图过程中，如果绘制完某一图形对象后，发现该对象并没有绘制在预设的图层上，可以将对象换到对应图层中，操作步骤为：选择该图形对象，在“图层”工具栏单击下拉箭头，在弹出的图层列表中选择要转换到的图层，然后按 Esc 键或在绘图区域单击鼠标右键，在快捷菜单中选择“全部不选”命令，则可改变对象所在的图层。

4.3.4 图层的管理作用

图层可降低管理图形的复杂性。通过控制可见性或打印哪些对象，可以降低图形视觉上的复杂程度并提高显示性能。

锁定图层可以防止意外选定和修改该图层上的对象，关闭图层或冻结图层则可以使其不可见。

如图 4.13 所示的是一个建筑平面图。

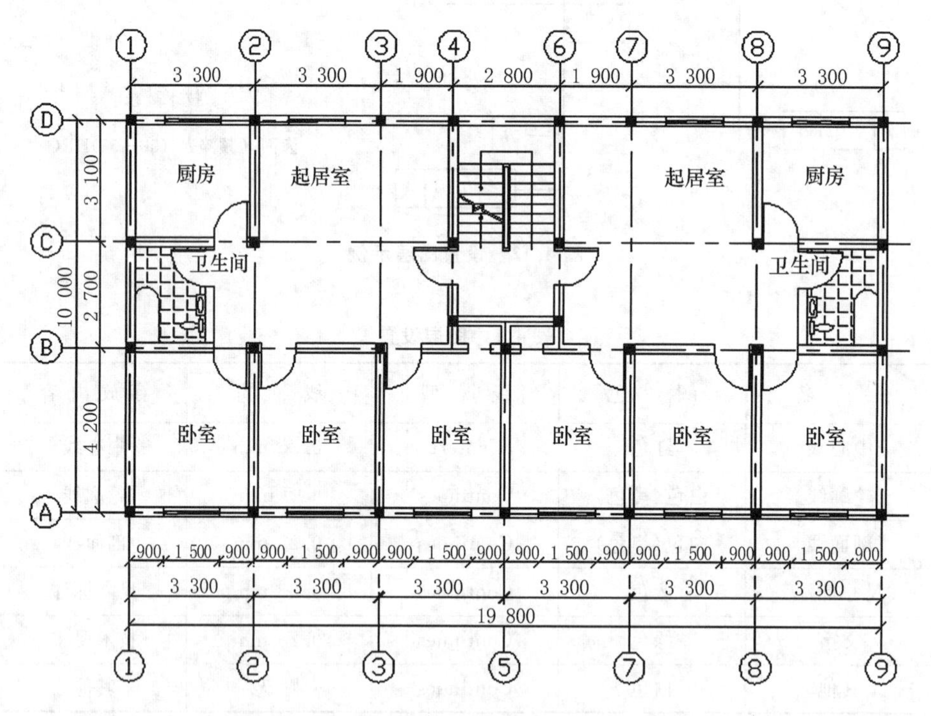

图 4.13　建筑平面图

只打开“中心线”、“尺寸标注”图层，结果如图 4.14 所示。操作步骤为：在“图层”工具栏上单击下拉箭头，在弹出的图层列表中单击“中心线”、“尺寸标注”图层之外的其他图层的图标，使之处于“关闭”状态。

若“窗户”都已绘制完成，可将“窗户”层“上锁”，即使后续绘图中有操作失误，也不会影响已完成的“窗户”层中的图形，而“上锁”层是可见层，该层的图形可为其他层提供相对尺寸之间的可见的位置关系。层“上锁”方式与层“关闭”方法相似，单击图标，使之成为。

若“文字”层绘完对象后，该层和其他对象没有什么相互位置参照关系，则可以“冻结”该层，使该层既不可见，又不可编辑。层“冻结”方法与层“关闭”方法相似，单击图标，使之成为。

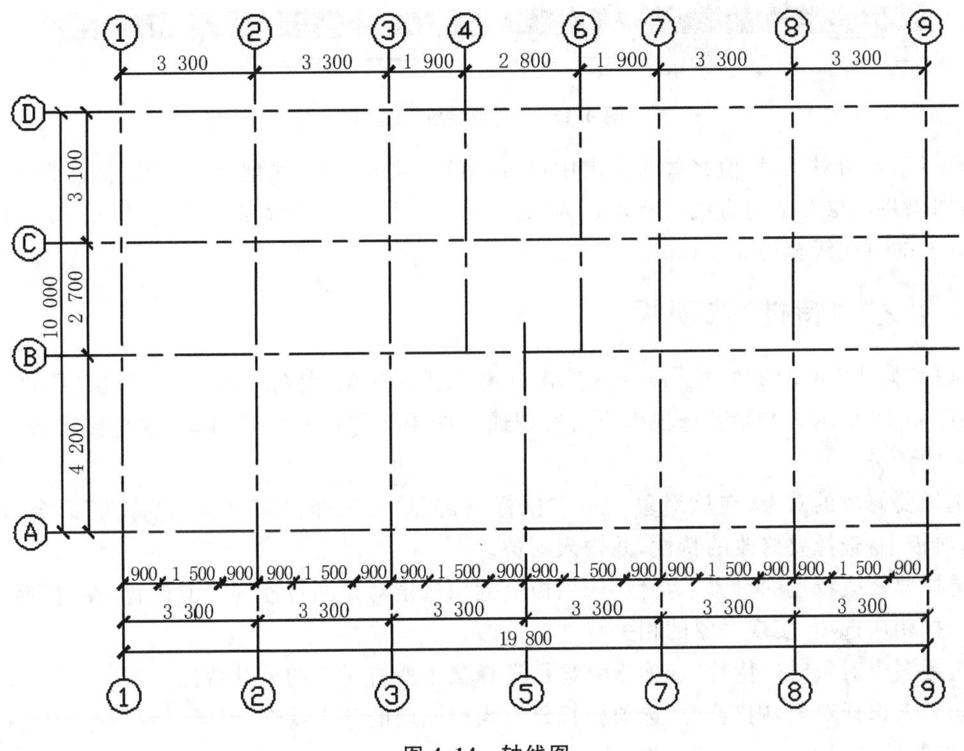

图 4.14 轴线图

4.4 对象特性

绘制的每个对象都具有特性，有些特性是基本特性，适用于多数对象。多数基本特性可以通过图层指定给对象，也可以直接指定给对象，例如，图层、颜色、线型和打印样式。

在机械专业的零件图中，尺寸标注层中会碰到同层中的对象会有不同的线宽，如剖面符号标示；绘制装配图时，一个零件层中会有多个线型和线宽情况的出现，那么可用“对象特性”功能来直接将特性值指定给相关对象。

如图 4.12 所示，绘制基准面标注符号在尺寸标注层中进行。因为尺寸标注层随层设置线宽为 0.25 mm，所以要在该层实现线宽为 0.5 mm 的线段，需要选择以下任一方式来实现。

4.4.1 “对象特性”工具栏

如图 4.15 所示，如果将“对象特性”工具栏的每一项特性值设置为“随层”，则通过图层指定给对象的颜色、线型、线宽值与在其上绘制该对象的图层的颜色、线型、线宽值相同。例如，如果在图层 0 上绘制的直线被指定了其颜色“随层”并将图层 0 颜色指定为“红色”，则直线的颜色为红色。

如果将“对象特性”工具栏的每一项特性值设置为一个特定值，则对象的颜色、线型、线宽

图 4.15 “对象特性”工具栏

值将直接指定给对象,该值将替代图层中设置的值。此时颜色、线型、线宽设置值优先级最高。例如,如果将图层 0 上的直线线宽指定为“0.5 mm”,而图层 0 默认线宽设定为“0.25 mm”,则图层 0 上的直线线宽为 0.5 mm。

4.4.2 “特性”选项板

选择“修改”菜单的“特性”命令或单击标准工具栏中的“特性”按钮,弹出“特性”选项板,如图 4.16 所示。“特性”选项板也可实现通过图层将特性指定给对象,或直接将特性指定给对象的任务。

选择要修改的对象,在该对象上单击鼠标右键,然后选择快捷菜单的“特性”命令,在“特性”选项板中,选择要修改的特性,并输入新值。

选择要修改特性的对象,“特性”选项板会列出选定对象的特性的当前设置,在“特性”选项板中选择相应选项,实现对象的相关特性的修改。

选择多个对象时,“特性”选项板只显示选择集中所有对象的公共特性。

如果未选择对象,则“特性”选项板只显示当前图层的基本特性、图层附着的打印样式表的名称、查看特性以及关于 UCS 的信息。

在其中修改图形单位、缩放线型,可通过修改“线型比例”的特性值来实现。如图 4.17 所示,选择线型为 Center2,直线 1、2 长度为 100 mm,直线 1 线型比例是 1,直线 2 线型比例是 3。

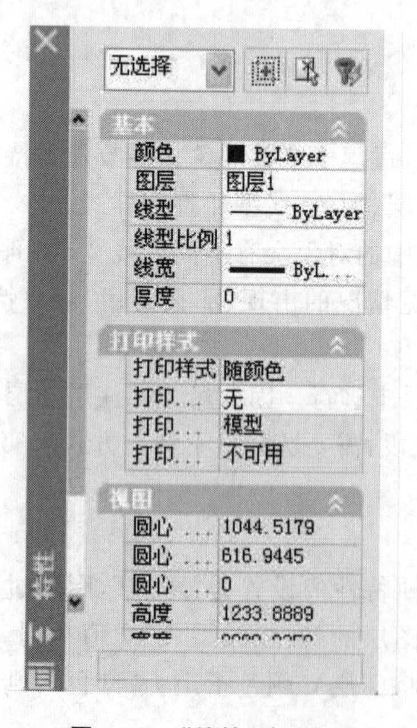

图 4.16 “特性”选项板

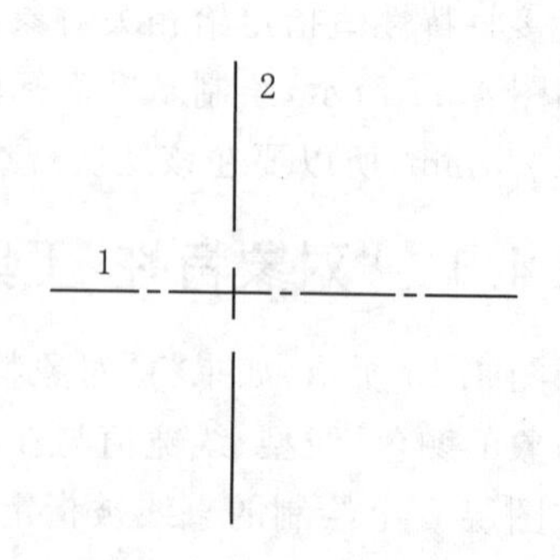

图 4.17 线型比例示例

4.4.3 “格式”菜单的“线型”、“线宽”、“颜色”命令

格式菜单中的“线型”、“线宽”、“颜色”命令可直接将特性指定给对象，还可实现缩放线型。此种方式设置对象的特性的优先级最高。

1. 线型

“线型”命令可为对象设置线型。在“格式”菜单中选择“线型”命令，弹出“线型管理器”对话框，如图 4.18 所示。

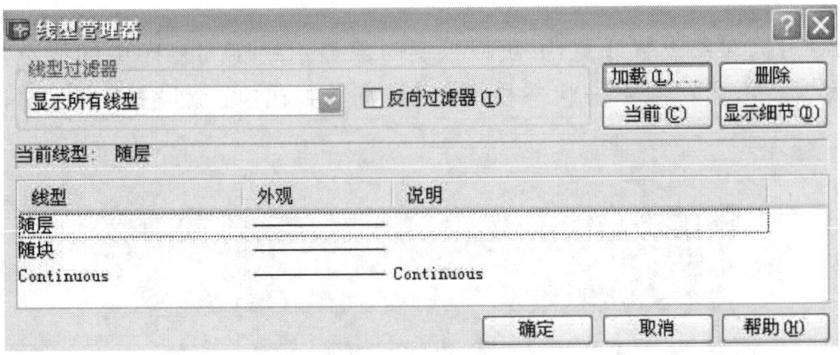

图 4.18 “线型管理器”对话框

对话框说明如下。

(1) 要加载其他线型，单击“加载”按钮，在弹出的“加载或重载线型”对话框中选择一个或按住 Ctrl 键选择多个线型，或者按住 Shift 键选择一个范围的线型。

(2) 选择一个线型并单击“当前”按钮，用该线型绘制所有的新对象。

(3) 选择“随层”选项，以指定给当前图层的线型绘制新对象。

(4) 选择“随块”选项，用当前的线型绘制新对象，直到将对象编组到块中为止。在图形中插入块时，块中的对象将采用当前的线型设置。

(5) 单击“显示细节”按钮，将列出线型详细信息，在其中可以修改线型比例，如图 4.19 所

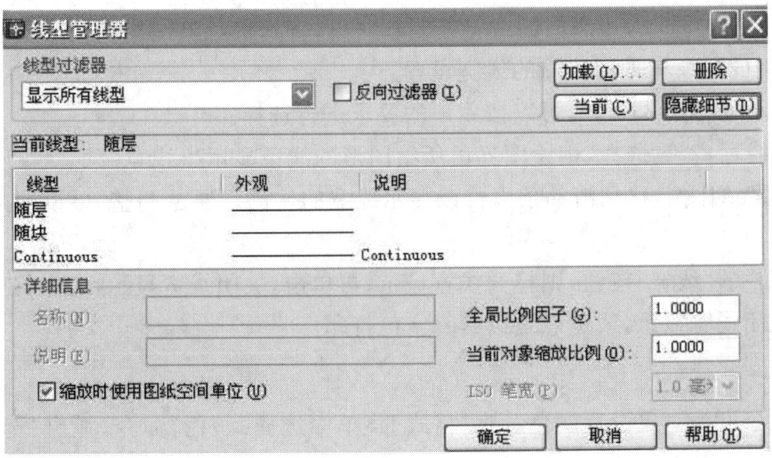

图 4.19 线型管理器详细信息示例

示。线型比例分为全局比例因子和当前对象缩放比例因子,设置或修改全局比例因子的值,图形文件中的全部线型均照这个比例显示;设置或修改当前对象缩放比例因子,则只有所选对象或将要绘制的对象的线型照这个比例显示。

此外,用“多段线”命令绘制的对象,可以指定线型图案在整条多段线中是位于每条线段的中央,还是连续跨越顶点。输入 plinegen 命令可以进行此设置。具体操作是:在命令行的提示下,输入 plinegen 命令;输入 1,使线型图案连续通过多段线的全长;输入 0,使线型图案在每个线段上置中。

2. 线宽

“线宽”命令可为对象设置线宽,并可以控制对象显示线宽和打印中的线宽。在“格式”菜单上选择“线宽”命令,或右键单击状态栏中的“线宽”,弹出“线宽设置”对话框,如图 4.20 所示。

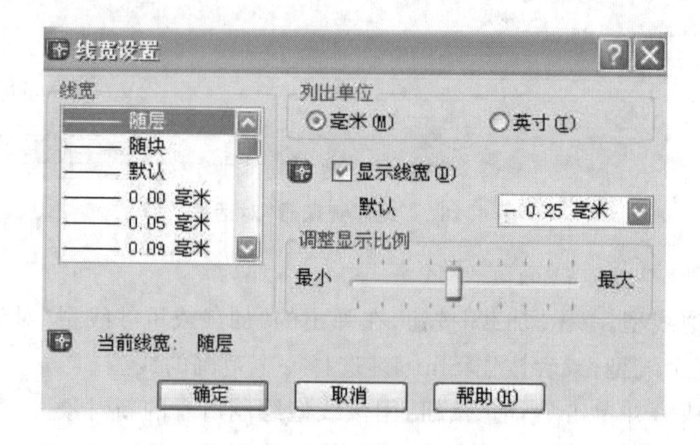

图 4.20 “线宽设置”对话框

对话框说明如下。

(1) 选择一个线宽,用该线宽绘制所有的新对象。

(2) 选择“随层”选项,以指定给当前图层的线宽绘制新对象。

(3) 选择“随块”选项,用当前的线宽绘制新对象,直到将对象编组到块中为止。在图形中插入块时,块中的对象将采用当前的线宽设置。

(4) 默认线宽为 0.25 mm,可以按用户的要求进行选择。

(5) 显示线宽,若被选择,则绘图界面所绘图形的线条显示出线宽。

(6) 调整显示比例,移动滑动条以修改显示线宽的比例。通过调整,可以明显显示出图线的不同线宽。

单击状态栏的“线宽”按钮,则打开线宽显示;再单击,关闭线宽显示,命令行中有提示。无论打开还是关闭线宽显示,线宽总是以其真实值打印。

3. 颜色

“颜色”命令可为对象设置颜色。在“格式”菜单中选择“颜色”命令,弹出“选择颜色”对话框,如图 4.21 所示。在对话框中选择所需颜色。

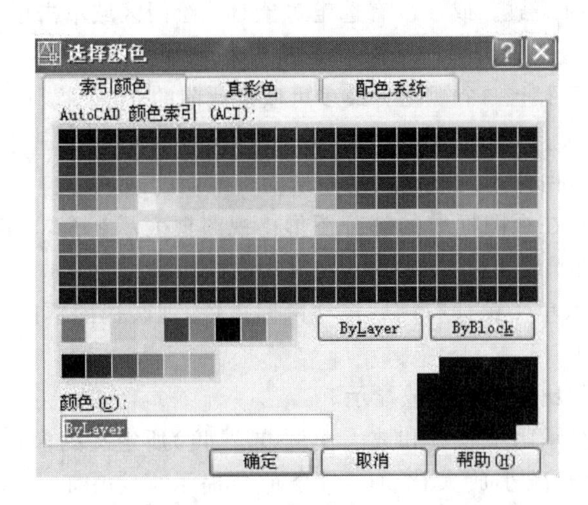

图 4.21 “选择颜色”对话框

4.5 显示控制

显示控制用来对视图进行缩放、平移等。它可以按用户的要求查看局部或整体图形的效果，可以控制图形显示并快速移动到图形的不同区域。

4.5.1 显示缩放

Zoom 缩放命令的作用类似放大镜。它不改变所绘图形的真实大小而只改变视图的比例，用来对图形中复杂的部分放大或缩小显示。

在“视图”菜单中选择“缩放”命令的下一级子命令，或者单击“缩放”工具栏中的图标按钮，或者单击“标准”工具栏中的图标按钮，如图 4.22 所示，或在命令行输入 zoom 命令，然后根据命令行的提示，输入选项，即可实现视图缩放。

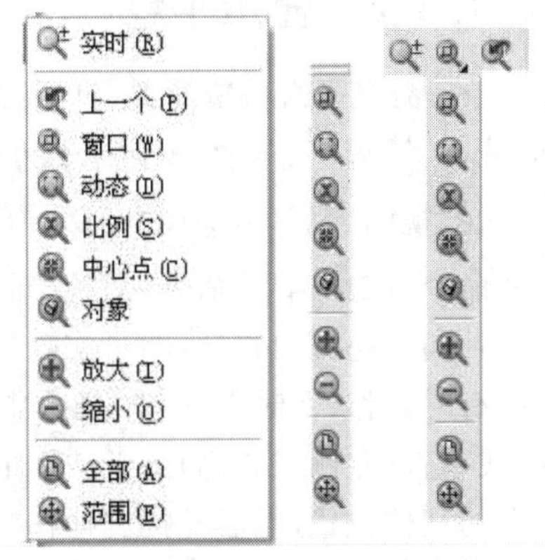

图 4.22 “视图缩放”命令的菜单、图标、图标菜单命令图示

命令行提示如下。

命令：zoom

指定窗口的角点，输入比例因子 (nX 或 nXP)，或者

[全部(A)/中心(C)/动态(D)/范围(E)/上一个(P)/比例(S)/窗口(W)/对象(O)]〈实时〉：

命令行提示项或操作方法说明如下。

(1) 实时：使用鼠标指针，可在较大于图形界限的范围内交互缩放。鼠标指针向上拖曳，光标将变为带有加号（+）的放大镜，图形放大；鼠标指针向下拖曳，光标将变为带有减号（—）的放大镜。按 Esc 或 Enter 键，或单击鼠标右键，选择

“退出”命令,则退出实时缩放。或在没有选定对象时在绘图区域单击鼠标右键,选择“缩放”命令,也可启用实时缩放。

(2) 上一个:缩放显示上一个视图。最多可恢复此前的10个视图。只能恢复视图的比例和位置,不能恢复编辑的上一个图形的内容。

(3) 窗口:缩放显示由两个角点定义的矩形窗口框定的区域。

(4) 动态:缩放显示在视图框中的部分图形。视图框表示视窗,可以改变它的大小,或在图形中移动。移动视图框或调整它的大小,将其中的图像平移或缩放,以充满整个视窗。尝试单击后移动鼠标指针,或单击鼠标右键后移动鼠标指针,观察视图框的变化规律,不难掌握动态缩放的操作。

(5) 比例:以指定的比例因子缩放显示。

(6) 中心点:缩放显示由中心点和放大比例(或高度)所定义的窗口。高度值较小时增加放大比例,高度值较大时减小放大比例。命令行会提示指定中心点,输入比例或高度〈当前值〉。

(7) 对象:缩放以便尽可能大地显示一个或多个选定的对象并使其位于绘图区域的中心。

(8) 放大:使用一次此命令图形显示放大一倍。

(9) 缩小:使用一次此命令图形显示缩小一半。

(10) 全部:缩放显示整个图形。在平面视图中,所有图形将被缩放到图形界限和当前已绘图形占据的范围两者中较大的区域中。在三维视图中,zoom命令的“全部”选项与zoom命令的“范围”选项等效。即使图形超出了图形界限也能显示所有对象。

(11) 范围:缩放以显示图形范围并使所有对象最大显示。

常用的有实时缩放、窗口缩放、上一个缩放、全部缩放。前三个缩放命令默认显示在标准工具栏中。本书的图形绘制中,掌握这四个视图缩放命令已够用了。

4.5.2 显示平移

pan命令或窗口滚动条可以移动视图的位置。pan命令,通过移动鼠标指针可进行动态平移。pan命令不改变图形中对象的位置或放大比例,只改变视图。

在“视图”菜单中选择“平移”命令的下一级子命令,或者单击“标准”工具栏中的按钮,或在命令行输入pan命令,鼠标指针形状变为手形。按住鼠标左键向某一方向拖曳,图形随鼠标指针向同一方向移动,即可实现实时平移。

有时操作“实时平移”时,在鼠标指针处出现如图4.23所示的显示,显示出水平(顶部或底部)或垂直(左侧或右侧)图纸空间的边缘处。此时要停止“实时平移”操作,将鼠标指针移动到图形的其他位置,然后再接着操作“实时平移”。或将图形对象移动到图形界限内,再做“实时平移”操作。或修改图形界限,将图形对象置于图形界限内,再做“实时平移”操作。

图4.23 “实时平移”超过图纸空间边缘时鼠标指针显示

任何时候要停止“实时平移”，按 Enter 键或 Esc 键，或在绘图区域单击鼠标右键选择“退出”命令即可。

4.5.3 鸟瞰视图

“鸟瞰视图”窗口可用来平移和缩放视图。对于复杂或大的图形，选择“视图”菜单下“鸟瞰视图”命令调出“鸟瞰视图”窗口，可准确定位所需显示的图形区域，“鸟瞰视图”功能显得很方便。

操作时，在“鸟瞰视图”窗口中会出现矩形框，框内即为将在图形窗口中显示的视图。

使用“视图框”进行平移和缩放操作时，连续单击，“视图框”分别连续出现“叉号”和“箭头”。出现“叉号”时，移动鼠标指针，可平移“视图框”操作；出现“箭头”时，移动鼠标指针，可缩放操作。要放大图形，将视图框缩小。要缩小图形，将视图框放大。

单击鼠标右键可以结束平移或缩放操作。

4.5.4 重画

在近几年的 AutoCAD 版本中，“视图”主菜单下的“重画”命令使用机会不多。以前的 AutoCAD 版本在绘图时每输入一个点，绘图窗口就会自动显示在该位置一个小的十字标记。这个小的十字标记会使绘图窗口显得混乱。这个小的十字标记只是绘图痕迹，不是具体图形对象。所以，要使用“重画”命令，来消除这些十字标记。

4.5.5 重生成

“视图”主菜单下的“重生成”命令的用法基本与“重画”命令的用法类似。它在重新显示当前窗口内的图形时，重新计算图形对象的数据，而“重画”命令无此过程。

在绘制实体或表面模型后，当修改了线框密度等参数值时，直接操作“重生成”命令，可显示线框密度修改后的当前模型。

一般操作完“重画”后要“重生成”一次。

4.6 组织图形和应用 CAD 标准

当多人共同完成一项工程时，需要统一绘图标准，可以设置一个标准文件，标准文件中的图层名、标注样式和有关元素是此工程中的标准。用标准文件来检查不符合这些标准的图形，然后修改任何不一致的特性。这些就是本节要介绍的内容。

创建标准文件，定义常用特性(如图层和文字样式)，统一图形文件。在合作环境下，许多人都致力于创建一个图形，所以标准特别有用。

以下简述创建、应用和核查 AutoCAD 图形中的标准。

4.6.1 创建 AutoCAD 图形中的标准

完成创建 AutoCAD 图形中的标准工作包括定义标准和将定义的标准保存为标准文件两个步骤。

1. 定义标准

新建一个图形文件(*.dwg),设置图层、文字样式、线型、标注样式,则完成定义标准。

2. 保存为标准文件

将定义成标准的图形文件(*.dwg)保存为扩展名为".dws"的标准文件(*.dws)。

4.6.2 应用 AutoCAD 图形中的标准

应用 AutoCAD 图形中的标准可将标准文件与一个或更多图形文件关联起来。将标准文件与当前图形相关联的操作如下。

单击"CAD 标准"工具栏中的"配置"按钮,或选择"工具"菜单的"CAD 标准"子菜单的"配置"命令,或在命令行中输入 standards 命令。在"配置标准"对话框的"标准"选项卡中,单击按钮(添加标准文件)。在"选择标准文件"对话框中,找到并选择已创建的标准文件,单击"打开"按钮。如果要使更多的其他标准文件与当前图形相关联,可重复单击按钮,选择标准文件。最后单击"确定"按钮。

在"配置标准"对话框的"标准"选项卡中,单击按钮,可以删除标准文件与当前图形相关联。

若有多个标准文件与当前图形相关联,欲更改与当前图形相关联的标准文件的次序,可以在"配置标准"对话框的"标准"选项卡中,单击或按钮,实现更改与当前图形相关联的标准文件的次序。

4.6.3 核查 AutoCAD 图形中的标准

将标准文件与图形相关联后,定期检查图形,以确保所绘图形符合标准。

这在有多人参与的一个项目中显得很重要。例如,某个设计者可能创建了新的图层,但不符合所定义的标准的图层,在这种情况下,需要识别出非标准的图层,然后对其进行修改。

1. 核查单个图形

单击"CAD 标准"工具栏中的"检查"按钮,或选择"工具"菜单的"CAD 标准"子菜单的"检查"命令,或在命令行中输入 checkstandards 命令,或在"配置标准"对话框中,单击"检查标准"按钮。在"检查标准"对话框中查看当前图形中的所有标准冲突,并给出建议的修改方法。

2. 检查多个图形

可以使用标准批处理检查器分析多个图形,然后通过 HTML 格式的报告总结找到标准冲突。此方式可查询相关网站和手册,此处从略。

4.7 模型空间和图纸空间

AutoCAD 有两种独特的图形设计环境，即模型空间和图纸空间。

一般在模型空间按 1∶1 的比例进行设计和绘图。新建的图形文件默认的空间即是模型空间。

图纸空间可以完成模型空间的全部工作，可以构造图纸和定义视图，并且图纸空间对排列视图更加灵活。"布局"选项卡提供了一个图纸空间的区域。在默认情况下，新图形最开始有两个布局选项卡，即"布局 1"和"布局 2"。

模型空间和图纸空间的切换通过单击选项卡上的"模型"或"布局 1"、"布局 2"来实现。

在布局视图窗口内双击，则布局视图窗口内的图形返回到模型空间，可以像在模型空间操作一样来操作图形。在布局视图窗口外双击，则布局视图窗口内的图形返回到图纸空间。有关通过布局来规划出图的内容参见第 13 章。

4.8 特性匹配

AutoCAD 中的"特性匹配"类似于 Word 中的"格式刷"。"特性匹配"功能可以复制对象的特性，例如，颜色、图层、线型、线型比例、线宽、打印样式和三维厚度等。

选择"修改"主菜单下的"特性匹配"命令，或单击标准工具栏中的按钮，或在命令行中输入 matchprop 命令，在默认情况下，根据命令行的提示，可以实现将所选定的第一个对象的所有可应用的特性复制到后面所选的对象上。如果在命令行的提示下使用"设置"选项，则在如图 4.24 所示"特性设置"对话框中可选择性地复制部分特性。

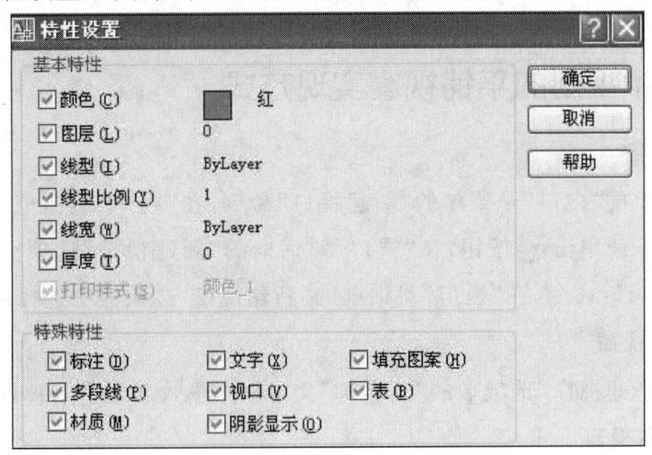

图 4.24 "特性设置"对话框

4.9 多视窗显示

AutoCAD 中的视窗也称为“视口”。在 AutoCAD 中视窗被分为两类，一类是在模型空间创建的平铺视窗，在默认情况下是一个绘图视窗；另一类是在布局空间创建的浮动视窗。

对平铺视窗而言，各视窗之间必须相邻，视窗只能为标准的矩形形状，且用户无法调整视窗边界。而对浮动视窗而言，它用来建立图形的最终布局，形状可为矩形、任意多边形或圆形等，相互之间可以重叠，并可同时打印，且用户可调整视窗边界形状。

一般来说，绘制简单图形时，只使用单一视窗，即默认的屏幕上整个绘图区域。而绘制复杂图形时，为便于同时观察图形的不同部分，屏幕上的绘图区域可划分为多个视窗。用户在一个视窗中所做的修改会立即在其他视窗中反映出来。这些视窗均可独立放大、缩小或平移，彼此之间互不干扰。

平铺视窗和浮动视窗，这两类视窗创建和使用方法基本相同，但它们的特性有区别。

此处仅介绍平铺视窗，浮动视窗请参阅“帮助”。

4.9.1 平铺视窗

在 AutoCAD 中，当用户位于模型空间时，所打开的窗口称为平铺视窗。

由于平铺视窗是通过划分当前视窗来生成的，这说明附加的视窗在尺寸上比生成它的视窗要小。对于每个视窗而言，最多可将其细分为四个子窗口，而每个子窗口又可细分，如此类推。

图层的可见性设置(包括开/关、冻结/解冻设置)对所有平铺视窗有效，不能在一个平铺视窗中关闭一个图层，而在另一个视窗里显示该层。

对于每个视窗而言，用户均可利用“视图缩放”命令或“实时平移”命令来对其进行单独显示控制，而且可利用“视图”命令来保存该视窗的视图显示。此外，用户还可将保存的视图恢复到任一选定的当前视窗中。

4.9.2 多个规则的平铺视窗实现方式

1. 创建新的视窗

选择“视图”菜单的“视口”子菜单的“新建视口”命令，在“视口”对话框的“新建视口”选项卡中选择视窗样式。或单击按钮，在“视口”对话框的“新建视口”选项卡中选择视窗样式。或在命令行输入 vports 命令，在“视口”对话框的“新建视口”选项卡中选择视窗样式。

2. 存储当前新视窗

“创建”时，在“新建视口”选项卡的“新名称”文本框中输入新视窗名称即可。

3. 删除、重命名视窗

选择“视图”菜单的“视口”子菜单的“命名视口”命令，在“视口”对话框的“命名视口”选项卡中选择已有的视窗，单击鼠标右键选择“删除”或“重命名”命令。或单击按钮，在“视口”对话框的“命名视口”选项卡中选择已有的视窗，单击鼠标右键选择“删除”或“重命名”命令。或在命令行输入命令 vports，在“视口”对话框的“命名视口”选项卡中选择已有的视窗，单击鼠标右键选择“删除”或“重命名”命令。

4. 恢复全屏幕为一个视窗

选择“视图”菜单的“视口”子菜单“新建视口”命令，在“视口”对话框的“新建视口”选项卡标准视窗中选择“单个”选项。或单击按钮，在“视口”对话框的“新建视口”选项卡标准视窗中选择“单个”选项。或在命令行输入 vports 命令，在“视口”对话框的“新建视口”选项卡标准视窗中选择“单个”选项。

在默认情况下，AutoCAD 把整个绘图区域作为单一的视区，即一个绘图窗口，用户可以通过其绘图和显示图形。

此外，也可以根据需要把作图屏幕设置成多个视窗，而每个视窗显示图形的不同部分。绘图时，多个视窗可以交互使用。这样不仅可以更清楚地描述所绘图形的区域、细节，还可以高效率地参照绘图。

4.10 综合应用实例

【例 4.1】 本例应用“多视窗显示”和“显示控制”特性。

图 4.25 所示为某工厂的管网平面图，使用三个规则平铺视窗来显示图形，为复杂图形的绘制和编辑提供方便。

操作中主要使用的命令如下。

(1) 选择“视图”菜单的“视口”子菜单的“新建视口”(vports)命令。

(2) 窗口缩放(zoom)。

(3) 实时平移(pan)。

命令行提示如下。

命令：_ vports

选项卡索引〈0〉：1 正在重生成模型。

命令：'_ zoom

指定窗口的角点，输入比例因子 (nX 或 nXP)，或者

[全部(A)/中心(C)/动态(D)/范围(E)/上一个(P)/比例(S)/窗口(W)/对象(O)]〈实时〉：_ w

指定第一个角点：指定对角点：

命令：'_ pan

按 Esc 或 Enter 键退出，或单击鼠标右键显示快捷菜单。

【例 4.2】 本例学习设置“绘图单位和精度”、“图形界限”、“图层”。

如图 4.26 所示，分析图形，确定初始绘图时的常规设置值的选取。

(1) 绘图单位和精度的设置。

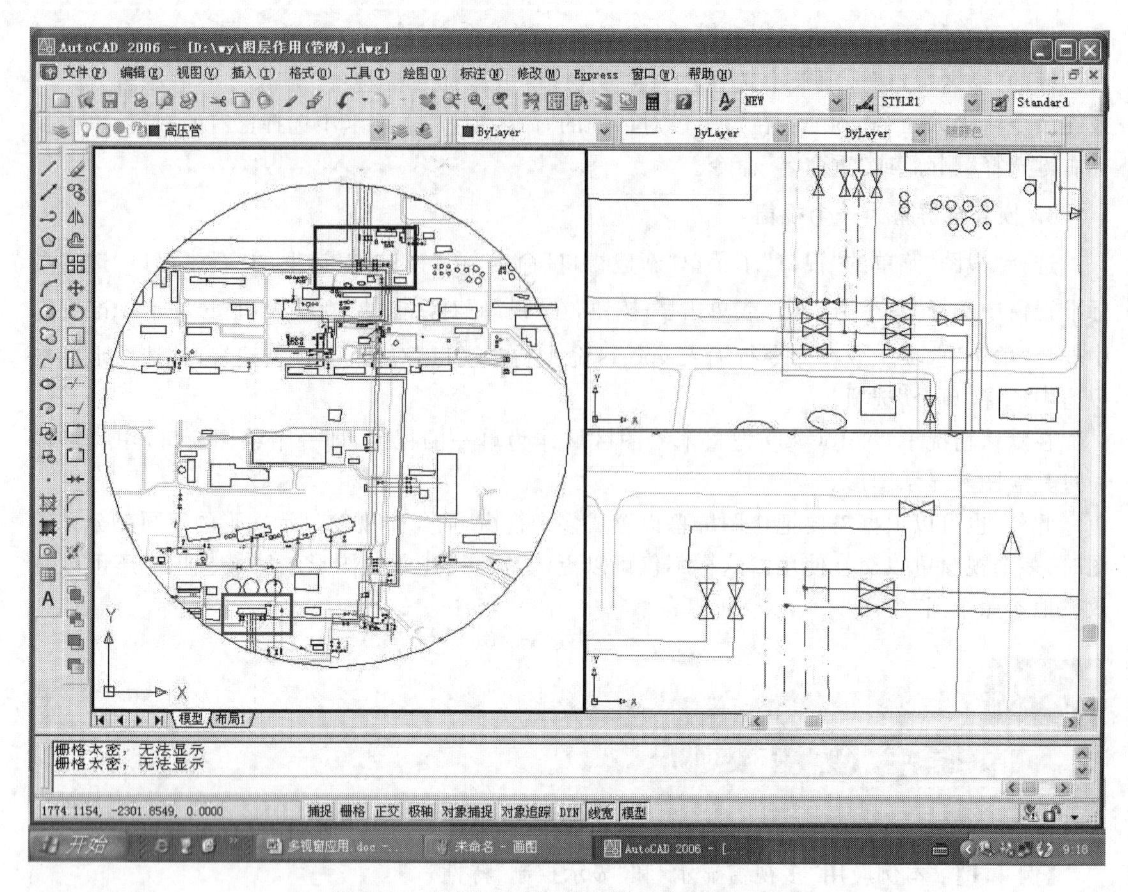

图 4.25　使用三个视窗显示某一个管网平面图

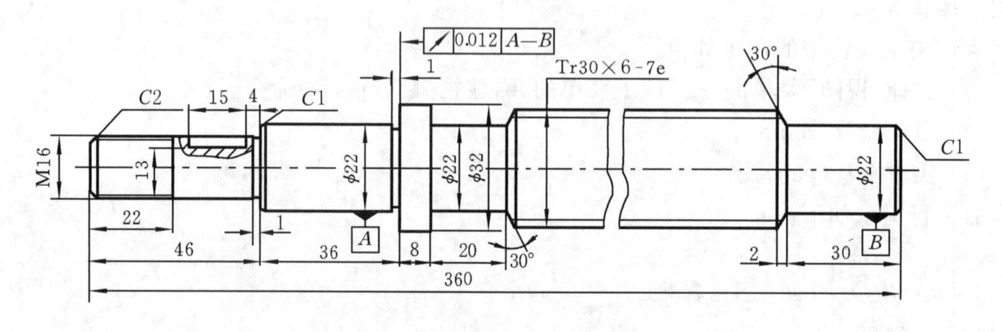

图 4.26　例 4.2 所用轴图

观察图形的标注数字，初步确定绘图长度单位类型为“小数”，即十进制数，精度选择 0.00 mm。角度类型为“十进制角数”，精度选择 0°。

用“格式”菜单下“单位”命令实现，设置如图 4.27 所示。

(2) 图形界限的设置。

计算机绘图一般按 1∶1 的比例进行。本例图形长度约220 mm，宽度32 mm，考虑尺寸标注长、宽各增加35 mm和60 mm，实际需要的绘图区域 260 mm×100 mm。结合标准图幅的尺

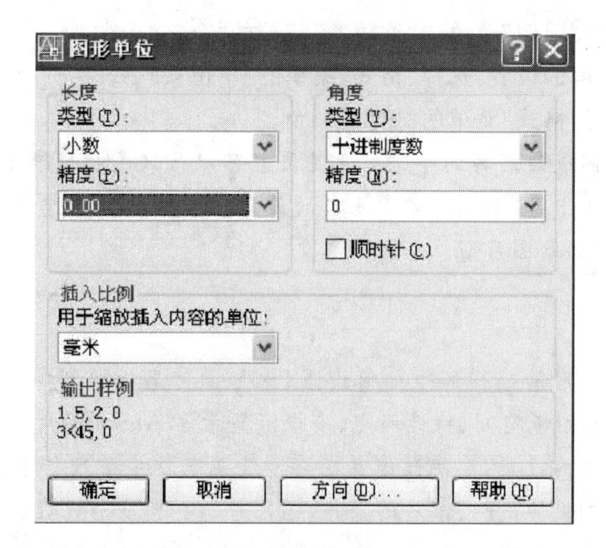

图 4.27　例 4.2 单位设置

寸,可以确定图形界限初步为 420 mm×297 mm。图形界限要比实际需要的绘图区域大一些为好。

用"格式"菜单下"图形界限"命令实现,命令行提示如下。

命令:limits

重新设置模型空间界限:

指定左下角点或 [开(ON)/关(OFF)] 〈0,0〉:　　　　//回车

指定右上角点 〈297,210〉:420,297　　　　//输入绝对坐标

【注意】 在完成图形界限的设置后,要进行一次视图的缩放,使全部图形界限在绘图屏幕范围内。

(3) 设置图层。

用"格式"菜单下"图层"命令实现。按照表 4.2 所示的要求在"图层特性管理器"中输入。

表 4.2　图层设置值

层　名	颜　色	线　型	线　宽	存放内容
中心线	红色	Center2	0.25 mm	中心线
轮廓线	白色(黑色)	Continues	0.5 mm	轮廓线
剖面线	白色(黑色)	Continues	0.25 mm	剖面线、剖断线
尺寸标注	蓝色	Continues	0.25 mm	尺寸标注
文字	绿色	Continues	0.25 mm	技术要求
其他	白色	Continues	0.25 mm	其他

(4) 总结绘图时的初始设置步骤如下。

① 设置图形界限:选择"格式"菜单的"图形界限"命令。

② 视图缩放:选择“视图”菜单的“缩放”子菜单的“全部”命令。

③ 绘图单位和精度的设置:选择“格式”菜单的“单位”命令。

④ 图层设置:选择“格式”菜单的“图层”命令。

【注意】 绘图中间或最后再调整这些设置值也可以。只是初始绘图时设置正确,会让后续绘图工作只关注画图本身,而不再考虑基本的设置问题。希望操作者重视并掌握初始绘图时设置步骤,养成良好的绘图习惯。

【本章小结】

本章主要介绍了常用的绘图环境如何设置、图形如何显示控制等内容。此外,还介绍了CAD标准、模型空间和图纸空间、特性匹配、多视窗显示等AutoCAD实用的功能。

正确进行初始绘图的设置,能使操作者在整个绘图工作中管理好所画的图形。初始绘图的设置包括图形界限的设置、视图缩放的操作、绘图单位和精度的设置、图层的设置。

图形显示控制有多种方式,可以在两个空间中使用。使用最多的且一定要掌握的就是标准工具栏中的“实时平移”、“实时缩放”、“窗口缩放”、“缩放上一个”等命令。

“特性匹配”功能可以方便实现图线特性的改变,并能正确显示。

“多视窗显示”功能在绘制复杂图形中有着重要的作用。同一图形多窗口彼此提供参照,方便实用。

“CAD标准”是近年的版本中提供的功能。多人参与完成一项工程时,需要统一绘图标准,使用此功能能使图纸更规范,管理得更好。

【上机练习题】

1. 如图4.28所示,正确识别机械图,进行绘图前的初始设置,然后绘制全图。将中心线线型选为center2,完成全图后,进行线型比例调整,使中心线型比例符合国家标准规定,并将该图作为CAD标准保存为 *.dws文件。

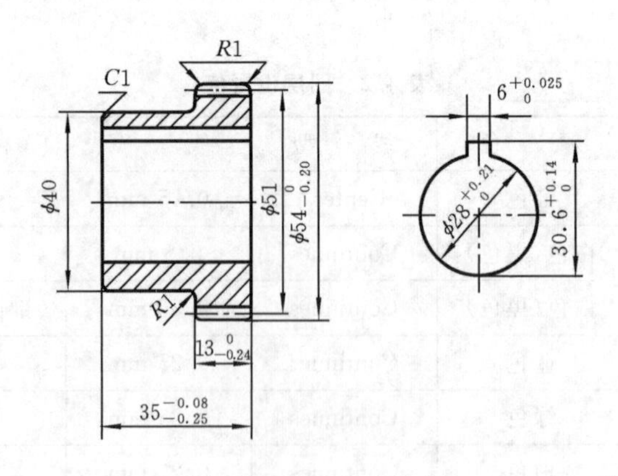

图 4.28

2. 如图4.29所示,了解建筑立面图,进行绘图前的初始设置。

3. 如图4.30所示,建立合适的绘图界限,图形必须在设置的绘图界限内,按规定尺寸绘

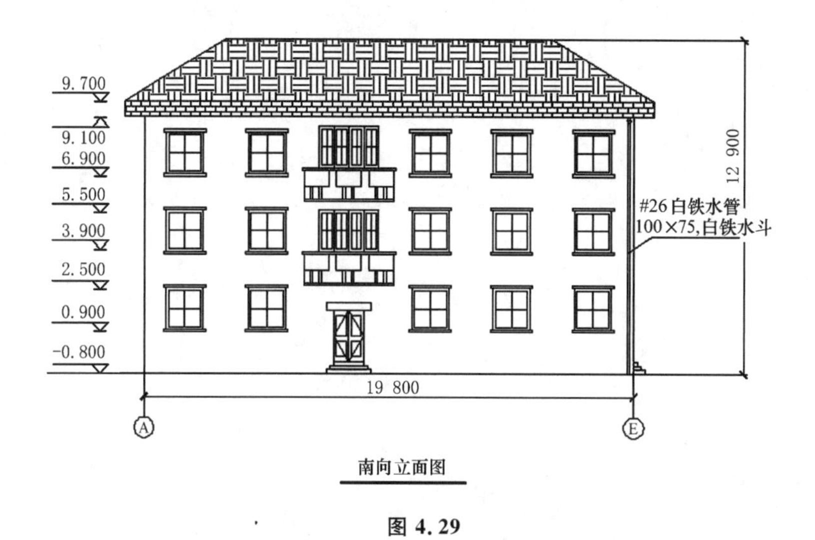

图 4.29

图,正确选择中心线线型,调整线型比例,中心线颜色为红色。

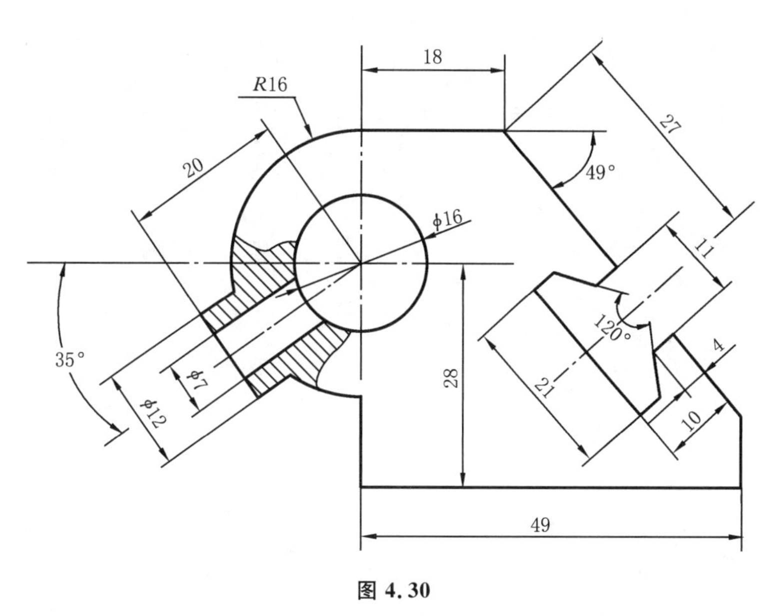

图 4.30

第5章
书写文字

AutoCAD 提供了多种创建文字的方法。输入简短的几个文字大多使用“单行文字”功能实现；输入很多分行的文字大多使用“多行文字”功能实现。输入的文字按默认的或自设置的文字样式显示。AutoCAD 能方便地修改文字。此外，还可在图中查找和替换数字和字母文字，以及检查拼写错误。

本章首先介绍如何创建文字样式，然后介绍单行文字和多行文字的实现方式，在讲解单行文字和多行文字的同时，对特殊文字和文字的对齐问题将进行讨论。此外，还介绍如何修改文字，以及查找和替换、拼写与检查的操作方法。

5.1 文字样式

国家标准规定,工程图中输入的汉字为仿宋体,数字和字母文字可垂直书写或稍倾斜书写。这样在工程图中必须设置文字样式,以确定用文字命令书写文字时文字的字体、字号、角度、方向等文字特征。

在"格式"菜单中选择"文字样式"命令,或者单击"样式"工具栏中的 按钮,或在命令行输入 style 命令,在弹出的"文字样式"对话框中,输入相关选项或数据,即可完成文字样式的设置。

命令行提示如下。

命令:style　　　//弹出"文字样式"对话框,如图 5.1 所示

//单击"新建",在"新建文字样式"对话框中输入新的样式名"工程字"

//返回到"文字样式"对话框,按工程制图的规范要求

//输入相关选项或数据,如图 5.2 所示

//单击"应用"按钮,单击"关闭"按钮,完成文字样式的设置

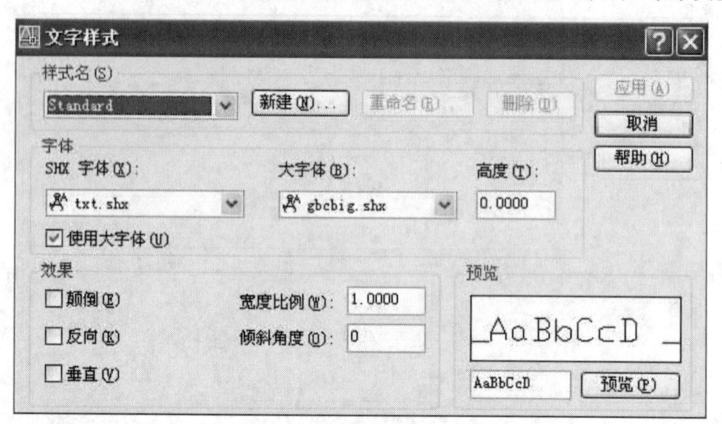

图 5.1 "文字样式"对话框

对话框有关选项或数据说明如下。

(1) 给样式取名要有特点,要让操作者一看样式名就知道当前文字样式可以书写怎样的字体。

(2) SHX 字体:Unicode 字体,选择 gbenor.shx,该样式是数字和字母的样式。在 AutoCAD 中,除了 SHX 字体以外,还可以使用 TrueType 字体。TrueType 字体总是以填充方式显示,即写出的字较粗。

(3) 大字体:用于非 ASCII 字符集的特殊形定义文件。汉字属于大字体。选择 gbcbig.shx 可书写仿宋体。

(4) 高度:设置文字高度。一般使用默认的 0 值。实际书写的文字高度在输入"文字"命

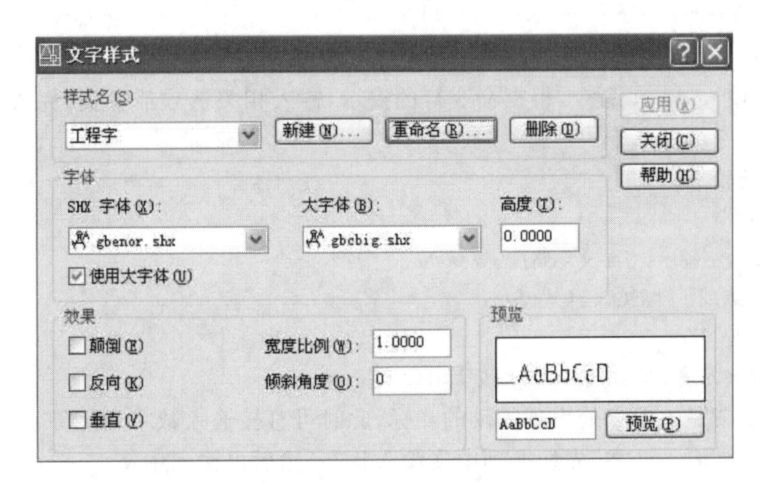

图 5.2　用于工程制图中的“文字样式”对话框

令时根据命令行的提示再输入文字高度。可以理解为，若此处的高度值不是 0，则此处设置的高度优先级最高。

(5) 宽度比例：设置文字的宽度和高度之比值。当在“字体”中选择“宋体”时，则要在此项填入 0.66，这样才能写出工程用的细长仿宋体字。

(6) 倾斜角度：表示每一字符竖直方向的夹角。默认值为 0，字符处于垂直状态；输入正角度值，所有用该样式的字符向右倾斜指定的角度；输入负角度值，所有用该样式的字符向左倾斜指定的角度。机械制图中，垂直书写的字符或稍向右倾斜的字符均可使用，可设置成默认值 0 或 10°。在轴测图中书写文字要设置此项，参见第 10 章。

(7) 反向、颠倒、垂直：分别用于设置反向文字、颠倒文字、垂直或水平文字。工程字中不选。

(8) 预览：在“预览”按钮左侧的文字样例文本框中输入一个文字字符串，然后单击“预览”按钮，可查看不同字体的效果。

5.2 文字输入

AutoCAD 提供了多种创建文字的方法，主要有“单行文字”输入和“多行文字”输入，还可从外部文件输入文字。

5.2.1 单行文字

只书写一种字体且简短的文字，可使用“单行文字”命令来输入。工程图中除“技术要求”之外，输入文字基本都可用“单行文字”命令来实现。使用单行文字创建单行或多行文字，按 Enter 键结束每行。每行文字都是独立的对象，可以分别进行移动、旋转、删除、复制、镜像或缩放等编辑操作。

在“绘图”菜单中选择“文字”子菜单的“单行文字”命令,或者单击“文字”工具栏中的 A 按钮,或在命令行输入 dtext 命令,根据命令行的提示,输入相关选项或数据,完成图形中输入文字。

命令行提示如下。

命令:_ dtext

当前文字样式:工程字 当前文字高度:5.0000

指定文字的起点或[对正(J)/样式(S)]:

指定高度〈5.0000〉:

指定文字的旋转角度〈0〉: //按 Enter 键

//在文字的起点处出现闪动的光标,此时可直接输入数字和字母

//若要输入汉字,先切换到中文输入状态,然后再输入中文

//文字输入完成后,回车两次,结束单行文字的输入

命令行提示项说明如下。

(1) 当前文字样式:显示当前正在使用的文字样式名。

(2) 当前文字高度:显示当前默认的文字高度。在命令行的后续提示中可重新改变高度。

(3) 文字的起点:默认从文字的基点开始书写,即书写的文字将“左对齐”。如图 5.3 所示,十字叉是基点,在“对象捕捉”设置中,此基点称为“插入点”。起点可以改变,在下述“对正(J)”中实现。

(4) 对正(J):设置文字的对齐方式。当选择此选项后,命令行提示为“输入选项[对齐(A)/调整(F)/中心(C)/中间(M)/右(R)/左上(TL)/中上(TC)/右上(TR)/左中(ML)/正中(MC)/右中(MR)/左下(BL)/中下(BC)/右下(BR)]:”。欲理解各选项的意思,输入一行文字“机械制图”,则此行文字有 7 条定位线,如图 5.4 所示。AutoCAD 的默认定位线是基线(B)和中心线(C),在选项中可以不写出。各选项就是定位线与定位线的交点。若选择其中一个选项,即选择了一种定位方式。

图 5.3 默认文字的基点示例

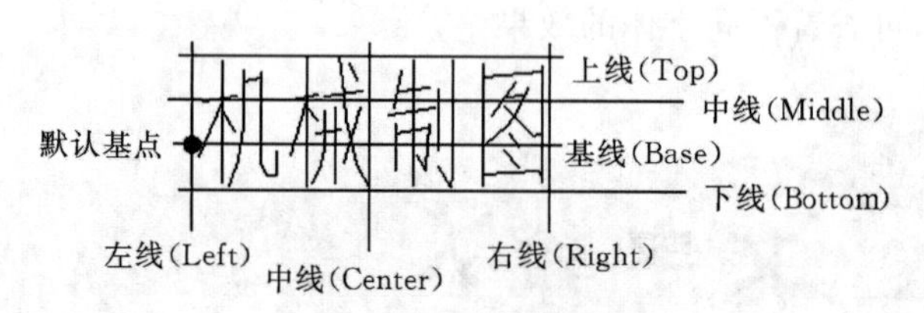

图 5.4 文字的定位线

① 选择“中间(M)”选项,即中心线(C)和中间线(M)的交点,则将要输入的一行文字将“中间对齐”排列。

② 选择“右上(TR)”选项,即上线(T)和右线(R)的交点,文字将“右对齐”排列。

③ 工程图纸中,大多用默认的起点,即书写的文字“左对齐”。但是在机械图中,有的引线标注文字要“右对齐”、粗糙度符号中书写文字也需要“右对齐”,组装图中的零件编号若写在圆圈内需要“中间对齐”,建筑图中的轴编号也需要“中间对齐”。这样考虑可减少文字的后续编辑工作。

④ 选项“对齐(A)”,要根据命令行的提示指定文本分布的起始点和终结点。当输入一行

文字后，AutoCAD 把文字压缩或扩展使其充满指定的宽度范围，文字高度按适当的比例进行变化以使文本不致被扭曲。

⑤ 选项“调整(F)”，与选项“对齐(A)”类似，只是在命令行中会提示“指定高度”。当输入一行文字后，AutoCAD 把文字压缩或扩展使其充满指定的宽度范围，文字高度等于指定的高度。

⑥ 其他选项，参照如图 5.4 所示的各线交点来定位，在此不赘述。

(5) 样式(S)：可重新选择已有的文字样式。

(6) 指定高度：重新指定文字高度。

(7) 文字的旋转角度：设置文字的旋转角度。

单行文字中特殊字符的输入方法如下。

在“单行文字”命令中，如何输入如±(公差符号)、ϕ(直径符号)、°(角度符号)等特殊字符呢？参见表 5.1，只要输入字符对应的代码即可。

表 5.1　特殊字符与对应代码对照表

特 殊 字 符	对 应 代 码	说　　明
±	%%P	公差符号
ϕ	%%C	直径符号
°	%%D	角度符号
%	%%%	百分比符号
_	%%U	下划线
—	%%O	上划线
ASCII 字符	%%nnn	nnn 为 ASCII 码的十进制值

5.2.2　多行文字

当要书写较长或较为复杂的内容，就可使用“多行文字”命令来输入。工程图中的“技术要求”可用“多行文字”命令来实现。多行文字由任意多行或段落组成，布满指定的宽度。它可以沿垂直方向无限延伸。一次“多行文字”命令创建的整个文本是一个对象，操作者只能整体进行移动、旋转、删除、复制、镜像或缩放等编辑操作。

在“绘图”菜单中选择“文字”子菜单的“多行文字”命令，或者单击“绘图”工具栏中的 **A** 按钮，或在命令行输入 mtext 命令，根据命令行的提示，指定两个对角点后，弹出“文字格式”编辑器，使用默认的或重新选择文字的样式、字体、高度等格式，输入文本，单击“确定”后，完成图形中较长或复杂文字的输入。

命令行提示如下。

命令：_mtext 当前文字样式："工程字" 当前文字高度：1.1969

指定第一角点：　　//指定多行文字书写范围的左上角点，在绘图区域单击一点

指定对角点或[高度(H)/对正(J)/行距(L)/旋转(R)/样式(S)/宽度(W)]：

　　// 指定多行文字书写范围的右上角点，在绘图区域单击另一点

　　//弹出“文字格式”编辑器，如图 5.5 所示

//在标尺下方文本输入区域闪动的光标处输入文字

//并可使用标尺上方的编辑选项随时修改文字

//确定输入无误,单击“确定”按钮

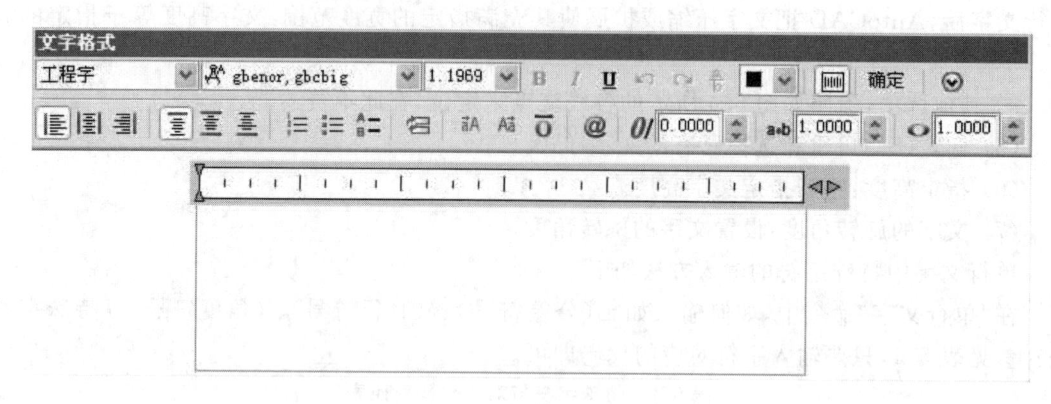

图 5.5 “文字格式”编辑器

“文字格式”编辑器说明如下。

(1) 文字样式下拉列表:列表中选择需要的文字样式。

(2) 字体下拉列表:列表中选择需要的字体。

(3) 字体高度下拉列表:列表中选择或输入需要的字体高度。一般工程字的字体高度(单位:mm)即字号,常用的字号为:1.8,2.5,3.5,5,7,10,14,20。图纸中常选用 2.5,3.5,5,7 字号。

(4) 图标 **B**:文字加粗。若选用的字体支持粗体,才可修改。操作方法与 Word 的编辑方法相同。

(5) 图标 *I*:文字为斜体。若选用的字体支持斜体,才可修改。操作方法与 Word 的编辑方法相同。

(6) 图标U:文字可修改加下划线。操作方法与 Word 的编辑方法相同。

(7) 图标 $\frac{a}{b}$:文字堆叠。工程图中书写分数和公差时使用。

① 例如,要实现输入$\frac{1}{6}$,步骤是:输入 1/6;选择 1/6(按住鼠标左键从左向右拖曳,即拖放的操作);单击堆叠图标 $\frac{a}{b}$,则实现输入$\frac{1}{6}$。

② 例如,要实现输入$^{+0.001}_{-0.006}$,步骤是:输入+0.001^-0.006;选择 +0.001^-0.006 (拖放的操作);单击堆叠图标 $\frac{a}{b}$,则实现输入$^{+0.001}_{-0.006}$。

(8) 颜色下拉列表:列表中选择需要的颜色。

(9) 标尺图标:选择是否显示标尺。

(10) 选项图标:有更多编辑选项提供给操作者选择。

(11) :文字左对齐、中间对齐、右对齐、上对齐、中央对齐、下对齐。

(12) :文字段落编号的多种形式。

(13) :插入字段。

(14) ãA Aã Ō:选择的文字全部大写或全部小写或加上划线。

(15) @:符号图标。单击之,弹出符号列表,选择需要的符号。这是“多行文字”命令中实现特殊符号输入的方式。显然比“单行文字”命令中输入特殊符号简单,因为不用记住代码,直接选择即可。此外,还可在标尺下方的文本输入框中使用右键菜单,选择“符号”命令实现特殊符号的输入。

(16) 0/ 0.0000 :文字的倾斜角度的修改。操作方法如下。

① 选择要倾斜角度的文字。

② 在显示有0.0000的文本框中输入角度值。正值,文字向右倾斜;负值,文字向左倾斜。

③ 单击“倾斜角度”图标0/。

(17) a•b 1.0000 :追踪图标,可修改字符间的间距。操作方式同上一个选项,此处略。

(18) 1.0000 :字符宽度比例的调整。操作方式同上一个选项,此处略。

(19) 标尺:显示在编辑选项之下,文本输入框上部。标示文本段落的宽度。当鼠标指针移至标尺右边界,会出现双向箭头,进行拖放的操作,可以改变段落的宽度。在标尺的底部单击鼠标右键,然后在快捷菜单上单击“设置多行文字宽度”。在对话框中,输入宽度值。

(20) 文本输入框:闪动的光标处便可输入文字。回车即换行。理论上可以沿垂直方向无限延伸。

多行文字中特殊字符的输入方法如下。

进入“文字格式”编辑器后,单击“文字格式”编辑器中@按钮,或选择快捷菜单中的“符号”命令,在列表中选择需要的符号,则实现特殊符号的输入。

5.2.3 从外部文件输入文字

AutoCAD中,可以从Windows资源管理器中拖动文件图标,或通过“文字格式”编辑器输入文本文件,将外部文件中的文字插入到图形中。

1. 拖动文件图标的方法

(1) 打开Windows资源管理器,资源管理器窗口不要最大化。

(2) 找到要插入.txt或.rtf文件的图标。

(3) 将.txt或.rtf文件图标拖到AutoCAD图形中。AutoCAD使用当前的文字样式将.txt文件作为多行文字对象插入。AutoCAD将.rtf文件作为OLE对象插入。

2. 通过“文字格式”编辑器输入文本文件的方法

(1) 输入“多行文字”命令,打开“文字格式”编辑器。

(2) 在多行文字编辑器中单击鼠标右键,选择“输入文字”命令。

(3) 在“选择文件”对话框中选择文件,单击“打开”按钮。

(4) 文字插入到多行文字编辑器中光标所在的位置,可以根据需要修改文字。

(5) 单击“确定”按钮,退出多行文字编辑器。

5.3 文字编辑

在绘图软件中输入文字,也可以把“文字”当成一个图形对象。图形对象中使用的大多数编辑命令,文字对象也可直接使用,如移动、旋转、镜像、复制等,此处不赘述。本节的“文字编辑”是指用一些方法修改文字内容、格式和特性(如比例和对齐),以及文字的查找和替换、拼写检查。

5.3.1 修改文字的方法

1. 双击文字对象

双击要修改的文字对象:如果该文字原来是用“单行文字”命令实现的,则此时文字被选中且处于编辑状态,可以重写、添加、删除文字内容;如果该文字原来是用“多行文字”命令实现的,则此时文字重新进入“文字格式”编辑器中,可以修改内容、格式和其他特性,操作方法同“多行文字”输入的一样,参见 5.2.2 小节。

2. 使用“对象特性”管理器(也称“特性”选项板)

单击标准工具栏中的“对象特性”按钮,或选择“修改”菜单中的“特性”命令,在弹出的“对象特性”管理器(也称“特性”选项板)中可修改文字内容、文字样式、对齐方式(对正)、宽度格式。

操作方法如下:

① 单击标准工具栏的“对象特性”按钮,或选择“修改”菜单中的“特性”命令;

② 弹出“特性”选项板(也称“对象特性”管理器);

③ 选择欲修改的文字对象;

④ “特性”选项板中列出该文字对象的所有数据和信息,在右栏中单击,出现闪动的光标便可更改数据和信息;出现下拉箭头,单击下拉箭头,在下拉菜单中选择要更改的选项;出现按钮,单击之,会弹出对话框或编辑器,在其中进行选择或修改。参见第 3 章“特性”选项板的内容。

3. 通过菜单命令实现文字编辑

“修改”菜单的“对象”子菜单的“文字”命令有三个子命令,分别是编辑、比例、对正。其中“编辑”命令即在命令行输入 ddedit 命令,根据命令行的提示,只能修改文字内容。“比例”命令即在命令行输入 scaletext 命令,根据命令行的提示,能缩放文字,修改文字的高度。“对正”命令即在命令行输入 justifytext 命令,根据命令行的提示,文字能重新定位。

4. 通过“文字”工具栏中编辑文字的图标命令来实现

“文字”工具栏中编辑文字的图标命令有编辑、比例、对正,如图 5.6 所示。参见上一方法,具体操作不赘述。

5. 通过命令行输入命令

(1) 在命令行输入 ddedit 命令,可修改文字的内容。

(2) 在命令行输入 properties 命令,可修改内容、文字样式、位置、方向、大小、对正等特性。

(3) 在命令行输入 scaletext 命令,缩放文字,修改文字的高度。

(4) 在命令行输入 justifytext 命令,修改文字的对齐位置。

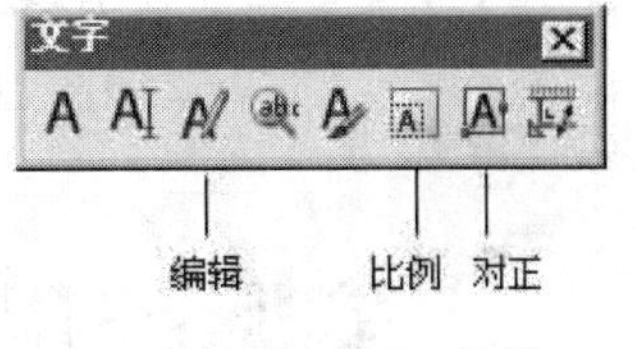

图 5.6 "文字"工具栏

6. 在选定对象上单击鼠标右键,选择快捷菜单中"特性"或"编辑"命令

在所选定的对象上单击鼠标右键,然后从菜单中选择"特性"或"编辑"命令进行修改。

5.3.2 查找和替换文字

在命令行中输入 find 命令,或选择"编辑"菜单中的"查找"命令,或单击"文字"工具栏中的按钮,都可以查找和替换文字。查找和替换的只是文字内容,而不是文字格式和文字特性。

1. 图形中查找指定文字的步骤

(1) 在命令行中输入 find 命令,或选择"编辑"菜单中的"查找"命令,或单击"文字"工具栏中的图表按钮,即输入"查找"命令。

(2) 在"查找和替换"对话框中的"查找字符串"文本框中输入要查找的文字。

(3) 在"搜索范围"中,选择"整个图形"或单击"选择对象"按钮选择一个或多个文字对象。

(4) 单击"选项"指定要包含在搜索中的文字类型,可以指定是否需要全字匹配,以及是否区分大小写。

(5) 单击"查找"按钮,"上下文"区域中将显示查找到的文字及其上下文。

(6) 单击"缩放为"按钮,缩放到图形中找到的文字处。

(7) 单击"关闭"按钮。

2. 图形中替换文字的步骤

(1) 前四步与"查找"步骤的前四步相同。

(2) 在"改为"文本框中输入文字,用来替换找到的文字。

(3) 单击"查找"按钮;"上下文"区域中将显示查找到的文字及其上下文。

(4) 若只替换已查找到的文字串,单击"替换"按钮;若要替换图中的全部对应的文字串,单击"全部改为"按钮,并且在对话框底部的状态区域中确认替换。

(5) 单击"关闭"按钮。

5.3.3 拼写检查

在"工具"菜单中选择"拼写检查"命令,或在命令行输入 spell 命令,根据命令行的提示,选择文字对象,回车后,弹出"拼写检查"对话框,在该对话框中有拼写检查结果、建议修改结果、切换不同语言的词典等内容。

该命令当前只能检查英文拼写的对错,不能检查中文。

5.4 实际使用技巧

5.4.1 “输文字不如改文字”

AutoCAD 的长期使用者有这样的体会:在用“单行文字”输入很多简短的文字时,最好的方法是先输入一处的简短的文字,然后在使用自动编辑命令中的“移动”的同时作“复制”,复制多个已输的文字,放置在要输入文字的地方,然后使用编辑命令改写为正确的内容。这样书写文字的效率较高。

如图 5.9 所示,一个简化的零件图标题栏,按“输文字不如改文字”的技巧,输入全部文字。其操作步骤如下。

(1) 使用“单行文字”命令输入一个格子中的文字,如图 5.7 所示。

<table>
<tr><td colspan="3" rowspan="2"></td><td></td><td></td><td></td><td rowspan="2"></td></tr>
<tr><td></td><td></td><td></td></tr>
<tr><td>制图</td><td></td><td></td><td colspan="4" rowspan="2"></td></tr>
<tr><td></td><td></td><td></td></tr>
</table>

图 5.7　标题栏 1

(2) 使用自动编辑方法,选择“移动”菜单中的“复制”命令,实现其他格中的文字输入,如图 5.8 所示。

<table>
<tr><td colspan="3" rowspan="2">制图</td><td>制图</td><td>制图</td><td>制图</td><td rowspan="2">制图</td></tr>
<tr><td></td><td></td><td></td></tr>
<tr><td>制图</td><td></td><td></td><td colspan="4" rowspan="2">制图</td></tr>
<tr><td>制图</td><td></td><td></td></tr>
</table>

图 5.8　标题栏 2

(3) 使用文本编辑方式,双击对象,修改格中的文字,如图 5.9 所示。

<table>
<tr><td colspan="3" rowspan="2">(图样名称)</td><td>比例</td><td>数量</td><td>材料</td><td rowspan="2">(图样代号)</td></tr>
<tr><td></td><td></td><td></td></tr>
<tr><td>制图</td><td></td><td></td><td colspan="4" rowspan="2">(学校名称)</td></tr>
<tr><td>审核</td><td></td><td></td></tr>
</table>

图 5.9　标题栏 3

命令行提示如下。

命令:_ dtext　　　　　　　　　　　　　　　　　　　//输入“单行文字”命令

当前文字样式:工程制图 当前文字高度:3.5000

指定文字的起点或［对正(J)/样式(S)］： //在要写字的格子的左下部单击
指定高度〈3.5000〉： //回车，默认文字高度为3.5
指定文字的旋转角度〈0〉： //回车，默认文字竖直放置
//要写字的格中出现闪动的光标，切换到中文输入状态，输入“制图”两字
//回车两次，结果如图5.7所示
//单击“制图”文字(选择之)，在出现蓝点的地方再单击一下，蓝点变成了红点
//“制图”文字进入“自动编辑”状态
//在绘图区域单击鼠标右键，在弹出的快捷菜单中选择“移动”命令
//再在绘图区域单击鼠标右键，在弹出的快捷菜单中选择“复制”命令
//鼠标移向要写字的格子中，在格子左下角单击。重复此操作，结果如图5.8所示
//双击要修改的“制图”文字对象，此时文字被选中且处于编辑状态
//切换到中文输入状态，输入如图5.9所示正确的文字，如“审核”，然后回车
//双击要修改的“制图”文字对象，继续同样的修改方法
//完成全部的文字修改，结果如图5.9所示

5.4.2 简单而实用的编辑方法

文字的编辑方法有很多，但最简单且实用的方法是“双击文字对象”和使用“对象特性”管理器。双击文字对象，文字便可进入编辑状态，直接修改。使用“对象特性”管理器，用表格的形式，列出可修改项，在表格的右列框中点击按钮，弹出文字原输入的状态直接改写；或在表格的右列框中直接改值。

使用“对象特性”管理器修改文字，要先选择欲修改的文字，才可以修改文字内容、格式和特性等项目。初学者要注意。

【本章小结】

本章主要介绍了如何创建文字样式、输入文字的几种方法、特殊文字如何输入、文字如何对齐，以及文字的修改方法等内容。

我国工程图中要求输入的中文字是仿宋体，字的宽高之比是2∶3；输入的数字和字母可垂直书写或稍倾斜书写。这样在工程图中必须先设置文字样式，用文字样式来规定文字特征。一般SHX字体选择gbenor.shx，大字体选择gbcbig.shx，这样可以书写仿宋体和合适的数字和字母。

工程字的字体高度(单位：mm)即字号，常用的字号为：1.8，2.5，3.5，5，7，10，14，20。图纸中常选用字号为：2.5，3.5，5，7。一般在文字样式中文字的高度设置为0，在输入文字的命令行提示中再输入具体的高度值。

本软件提供了“单行文字”、“多行文字”、“从外部文件输入文字”等多种方法输入文字。对较简短的文字行，多使用“单行文字”；对较复杂的输入项，采用“多行文字”；由于有些图纸中的技术说明很多，往往用Word或“写字板”软件先写好，然后通过外部文件的形式输入到图纸中。

在绘图软件中输入文字，也可以把“文字”当成一个图形对象。图形对象中使用的大多数

编辑命令,文字对象也可直接使用,如移动、旋转、镜像、复制等。此处有较多方法修改文字内容、格式和特性(如比例和对齐),重点掌握的是“双击”文字修改和“特性”选项板修改。

此外,AutoCAD 为图中文字的查找和替换以及拼写检查也提供了实用的命令。

【上机练习题】

1. 在 3 号图幅中,使用“单行文字”命令输入以下标题栏,如图 5.10 所示。要求文字的字体和高度满足我国工程制图规范要求。

2. 使用“多行文字”命令输入以下“技术要求”,如图 5.11 所示。要求文字的字体和高度满足我国工程制图规范要求。注意特殊文字的输入。

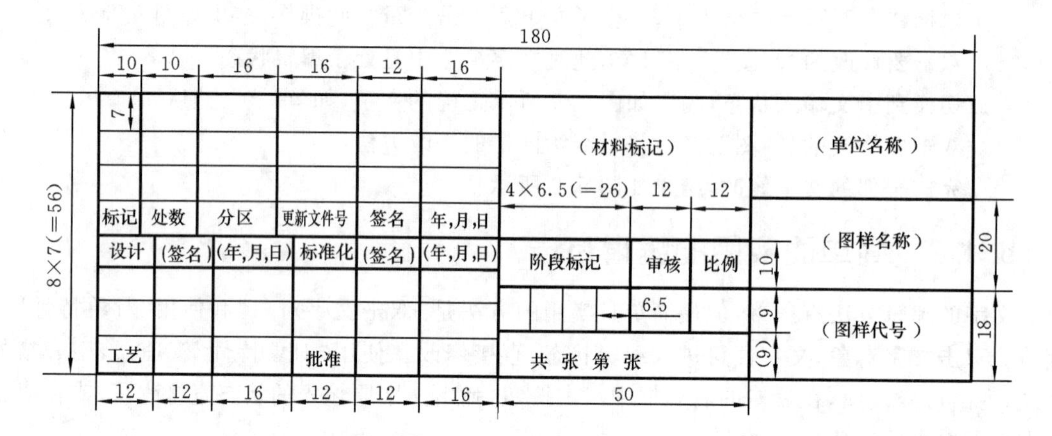

图 5.10

技术要求

1. 泵盖与齿轮间的端面间隙为 0.05～0.12 mm,间隙用垫片调节。
2. 齿轮泵用 17.6×10^5 Pa 的柴油进行压力试验,不能有渗漏。
3. 装配后齿顶圆与泵体内圆表面间隙为 0.05～0.06 mm。
4. 装配后用 60 ℃±2 ℃ 和 17.6×10^5 Pa 的柴油进行试验,当转速为 950 r/min 时,输油量不得小于 10 L/min。

图 5.11

第6章
标 注 尺 寸

标注尺寸是绘图过程中的一项重要内容。因为图形主要用来反映各对象的形状，而对象的真实大小和互相之间的位置关系只有在标注尺寸之后才能确定下来。在AutoCAD中，可以利用“标注”工具栏和“标注”菜单进行图形尺寸标注。

AutoCAD中可以设置不同的标注样式，以满足不同行业或项目标准要求。

本章将介绍通用标注样式和特殊标注样式的设置，详细讲解各种尺寸的标注方法，通过学习尺寸标注的编辑命令，知道如何修改尺寸标注。此外通过实例，掌握专业上常见的尺寸标注。

6.1 标注类型

AutoCAD 有线性标注、半径标注、直径标注、角度标注、坐标标注、对齐标注、基线或连续标注、引线标注等多种标注类型。线性标注中又有水平、垂直、旋转标注等。此外,还可标注机械专业中的尺寸公差和形位公差。图6.1所示列出了几种简单的标注类型示例。

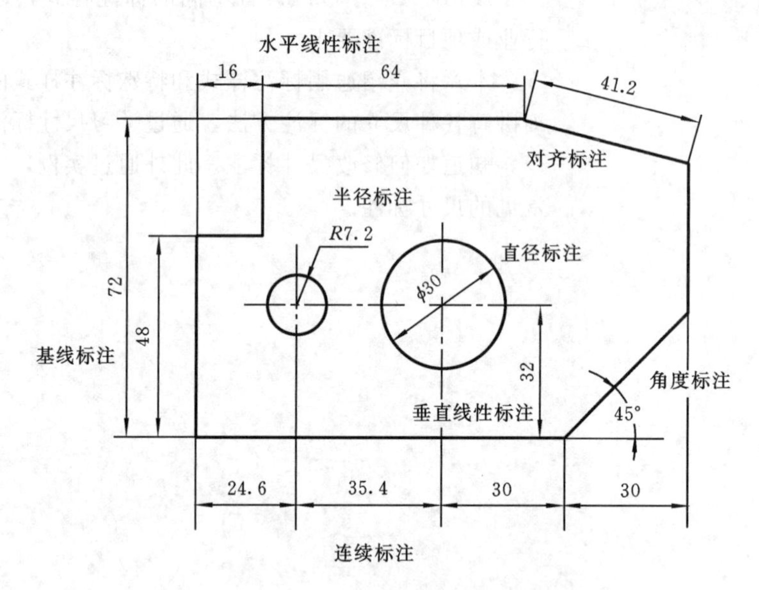

图6.1 几种简单的标注类型示例

一个完整的尺寸标注由尺寸界线、尺寸线、尺寸箭头和尺寸文本四个基本部分组成,如图6.2所示。

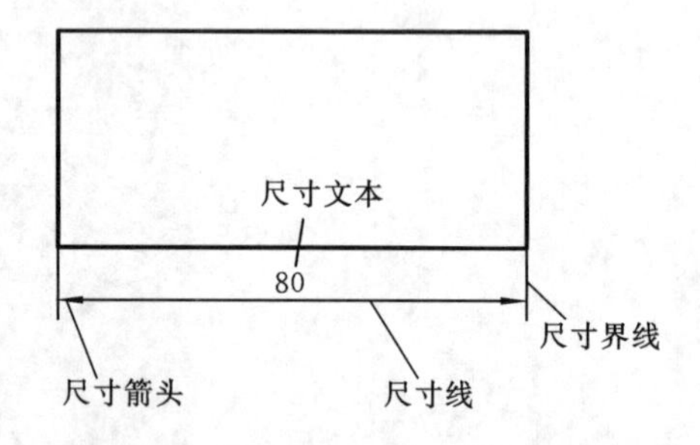

图6.2 尺寸标注的组成示例

尺寸界线:为了标注清晰,通常用尺寸界线将标注的尺寸引出被标注对象之外。有时也用对象的轮廓线或中心线代替尺寸界线。

尺寸线:尺寸线用来表示尺寸标注的范围。它一般是一条带有双箭头的单线段或带单箭头的双线段。对于角度标注,尺寸线为弧线。

尺寸箭头:尺寸箭头位于尺寸线的两端,用于标记标注的起始、终止位置。"箭头"是一个广义的概念,也可以用短划线、点或其他标记代替尺寸箭头。

尺寸文本:尺寸文本用来标记尺寸的具体值。尺寸文本可以只反映基本尺寸,可以带尺寸公差,还可以是极限尺寸。

6.2 通用标注样式的设置

标注样式主要设置尺寸界线、尺寸线、尺寸箭头、尺寸文本的相对位置和相对大小比例之间的关系。常将一张图中有相同格式的大多数尺寸标注，设置成一个通用的尺寸样式。而将少部分的特殊尺寸标注单独处理，这要用 6.4 节介绍的特殊标注样式的设置方法来实现。

在“格式”菜单中选择“标注样式”命令，或者单击“样式”工具栏中的按钮，或在命令行输入 dimstyle 命令，然后在弹出的“标注样式管理器”对话框中按专业或行业规范进行选择或输入数据，可完成尺寸样式的设置。

6.2.1 标注样式管理器

在“格式”菜单中选择“标注样式”命令，或者单击“样式”工具栏中的按钮，或在命令行输入 dimstyle 命令，回车后，会弹出“标注样式管理器”对话框，如图 6.3 所示。此对话框主要针对尺寸标注的四个基本组成，即尺寸界线、尺寸线、尺寸箭头和尺寸文本，来设置它们的相对位置和相对大小比例的值。

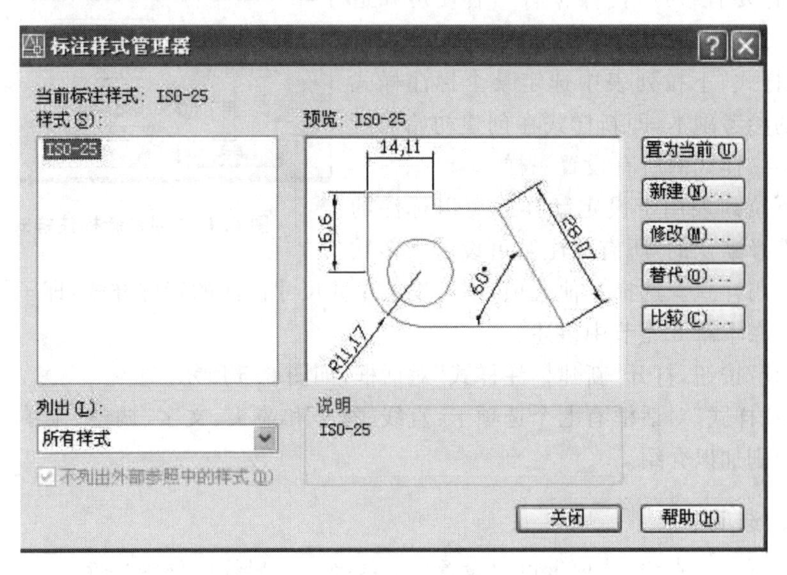

图 6.3 “标注样式管理器”对话框

图 6.3 所示对话框说明如下。

(1) 左边上部“样式”列表框：显示标注样式名。

(2) 左边下部“列出”下拉菜单：单击下拉箭头，弹出“所有样式”、“正在使用的样式”两个选项，选择其中一个，则在上部“样式”列表框中分类列出标注样式。

(3) 中间预览窗口：显示“样式”列表框中所选择的标注样式的基本情形，默认显示

AutoCAD 已有的 ISO-25 标注样式。

(4)“说明”框:对当前预览窗口的标注样式说明。

(5)“置为当前”按钮:当有多个标注样式时,在左边“样式”列表框中选择需要的标注样式,再单击此按钮,则所选择的标注样式作为当前可使用的样式。

(6)“新建”按钮:单击此按钮,新建一个标注样式。6.2.2 小节将介绍如何新建一个标注样式。

(7)“修改”按钮:单击此按钮,可以修改已有的一个标注样式。实际上仍然是 6.2.2 小节中界面内容,在此不赘述。

(8)“替代”按钮:单击此按钮,用于特殊标注样式的设置,参见 6.4 节。

(9)“比较”按钮:选择“样式”列表中要进行比较的样式,单击此按钮,将该标注样式与当前标注样式相比较,将列出比较的结果;还可单击此按钮,列出当前标注样式的所有标注设置。比较的结果有尺寸标注系统变量及其当前状态或受标注样式影响的变量等。

6.2.2 新建一个标注样式

单击如图 6.3 所示“标注样式管理器”对话框中的“新建”按钮,打开“创建新标注样式”对话框,如图6.4所示。

在该对话框的“新样式名”文本框中输入新的样式名称,名称要有特点,使操作者一看便可知道用于什么专业或行业或工程中的标注样式。

在“基础样式”下拉列表中选定某个标注样式作为新样式的参考副本,即新样式在创建初始与所选定的这个标注样式的所有设置一样。

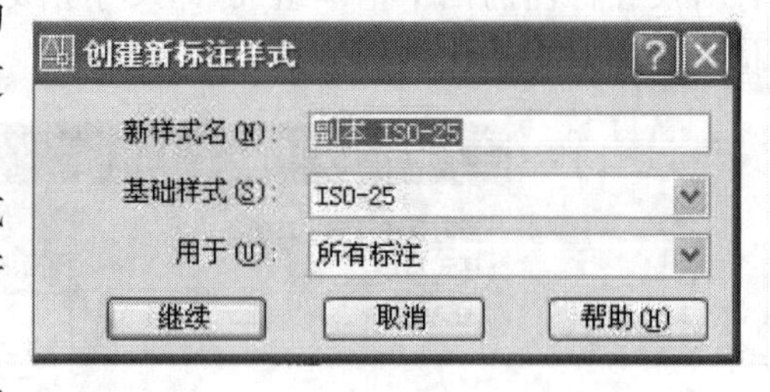

图 6.4 “创建新标注样式”对话框

“用于”下拉列表用于设定新样式可以标注的尺寸类型。选择默认的“所有标注”,可设置大多数尺寸标注的通用样式。选择其他选项,则可设置少数尺寸标注的特殊样式,即子样式。详细子样式的内容将在本章 6.4 节中讲述。

单击“继续”按钮,打开“新建标注样式”对话框,如图 6.5 所示。

“新建标注样式”对话框有七个选项卡:直线、符号和箭头、文字、调整、主单位、换算单位、公差。以下分别加以介绍。

1. “直线”选项卡

如图 6.5 所示,“直线”选项卡可以设置尺寸线及尺寸界线的外观特性。

(1) 在“尺寸线”框中,常用选项解释如下。

① 超出标记:尺寸线超出尺寸界线的长度。默认情况下,此项无效。当尺寸箭头变成 45°的短斜线时,此项有效,建筑图中常用,如图 6.6 所示。

② 基线间距:使用“基线”命令标注尺寸时,尺寸线之间的距离,如图 6.7 所示。

(2) 在“尺寸界线”框中,常用选项解释如下。

① 超出尺寸线:尺寸界线超出尺寸线的长度,如图 6.8 所示。

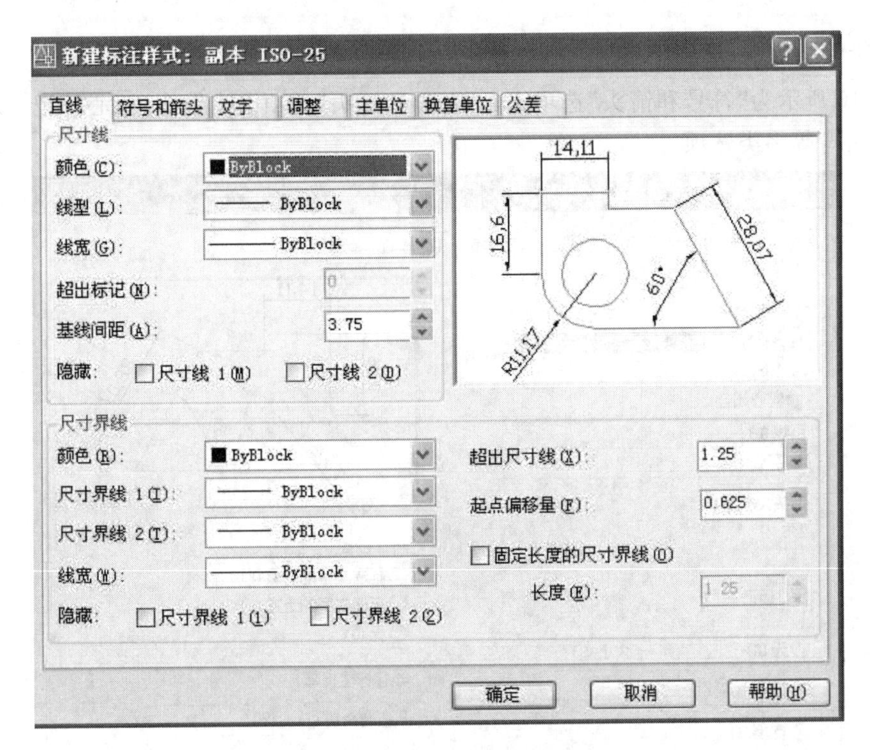

图 6.5 “新建标注样式”对话框

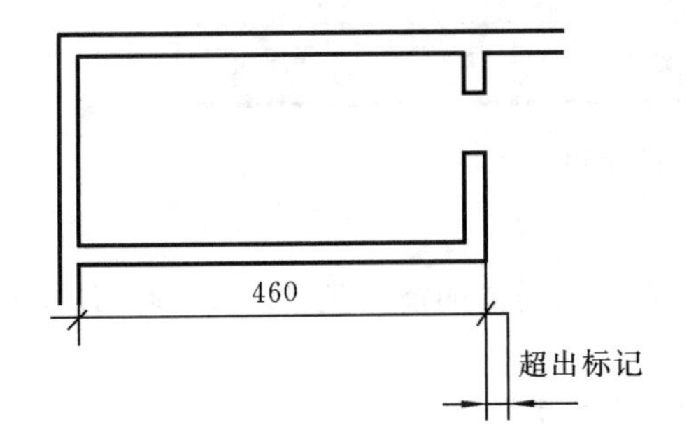

图 6.6 “超出标记”示例

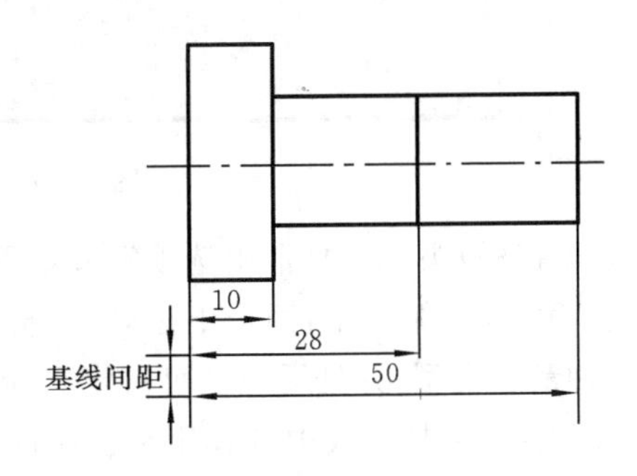

图 6.7 “基线间距”示例

② 起点偏移量：实际在图中单击确定的尺寸界线的起点（见图 6.9 所示点 a）与显示的尺寸界线的起点（见图 6.9 所示点 b）之间的距离，如图 6.9 所示。

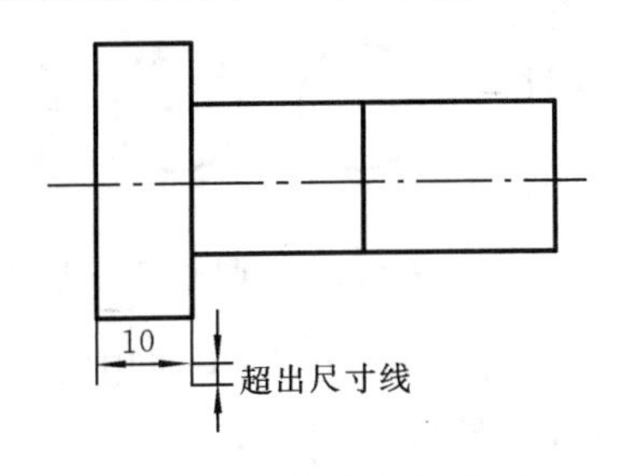

图 6.8 “超出尺寸线”示例

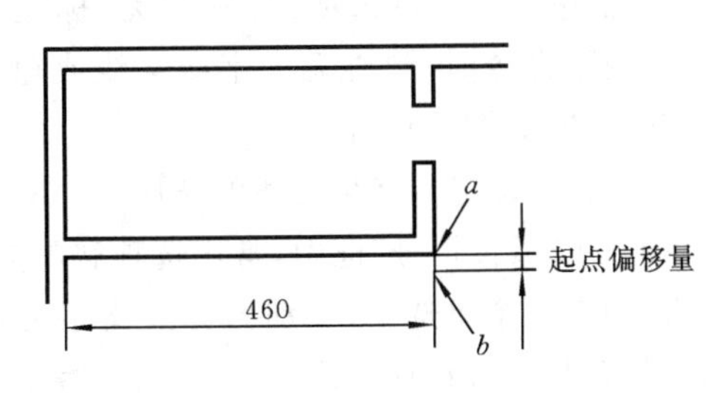

图 6.9 “起点偏移量”示例

2. “符号和箭头”选项卡

图 6.10 所示为“符号和箭头”选项卡。“符号和箭头”选项卡有箭头、圆心标记、弧长符号、半径标注折弯等多类选项。

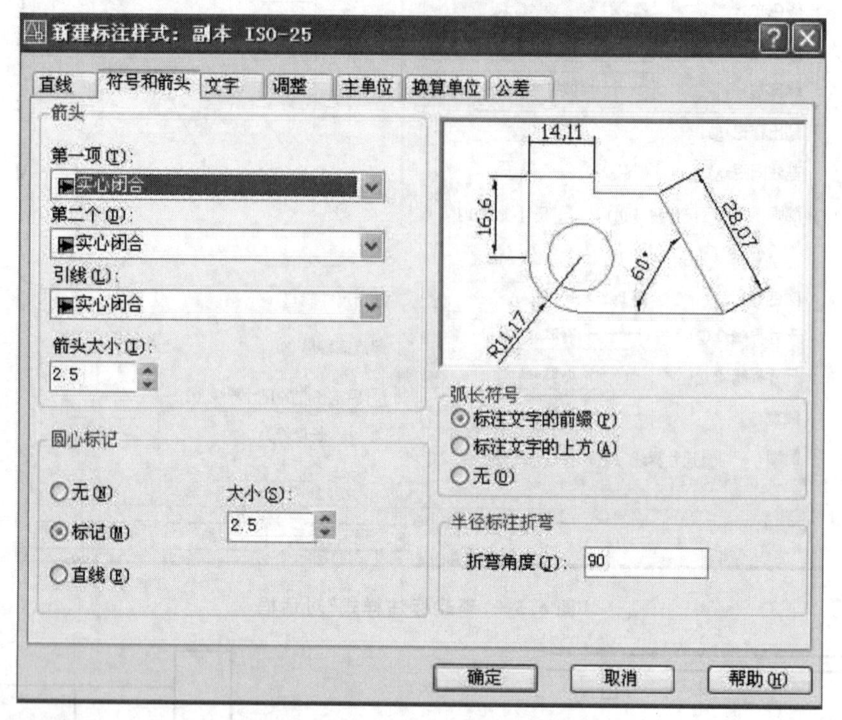

图 6.10 “符号和箭头”选项卡

(1) 在“箭头”框中,常用选项解释如下。

① 第一项、第二个:两个下拉列表,分别在其中选择所需要的箭头类型。AutoCAD 提供了 20 种箭头类型,并且用户还可自定义箭头类型。

② 引线:下拉列表中选择用于引线标注需要的箭头类型。

③ 箭头大小:输入数值,设置箭头的大小。一般一张图纸中的箭头大小与图中的字高的值一样。

(2) 在“圆心标记”框中,常用选项解释如下。

① 框中有三个单选项,分别为无、标记、直线,用于使用“圆心标记”命令时,圆心无十字交叉线或短十字交叉线或长十字交叉线,如图6.11所示。

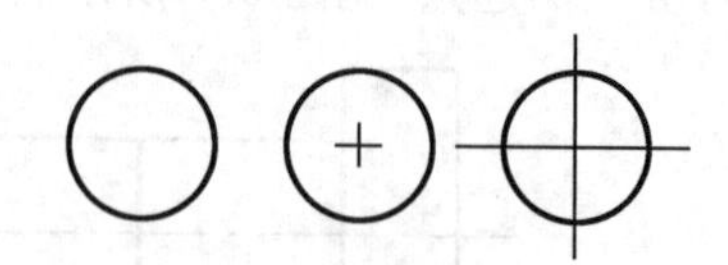

图 6.11 “圆心标记”选项示例

② 大小:设定十字交叉线的长度。

(3) 在“弧长符号”框中,常用选项解释如下。

框中有三个单选项,分别为标注文字的前缀、标注文字的上方、无,用于使用“弧长”命令时,弧长符号放置在标注文字前、标注文字上方、无该符号,如图 6.12 所示。

(4) 在“半径标注折弯”框中,常用选项解释如下。

折弯角度:设置用于使用“折弯”命令时折线的折弯角度。

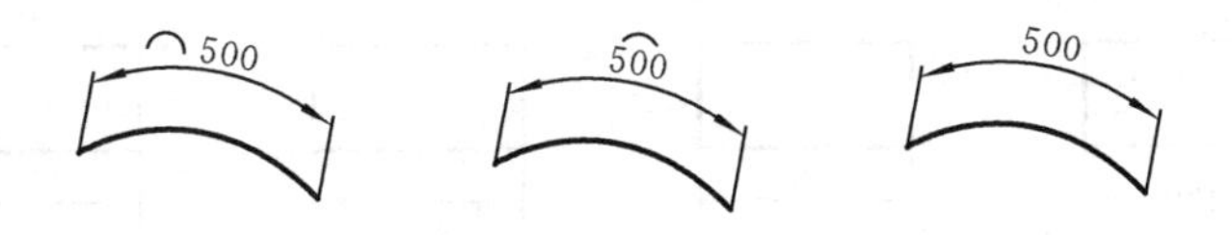

图 6.12 “弧长符号”选项示例

3. “文字”选项卡

图 6.13 所示为“文字”选项卡。“文字”选项卡有文字外观、文字位置、文字对齐等多类选项框。

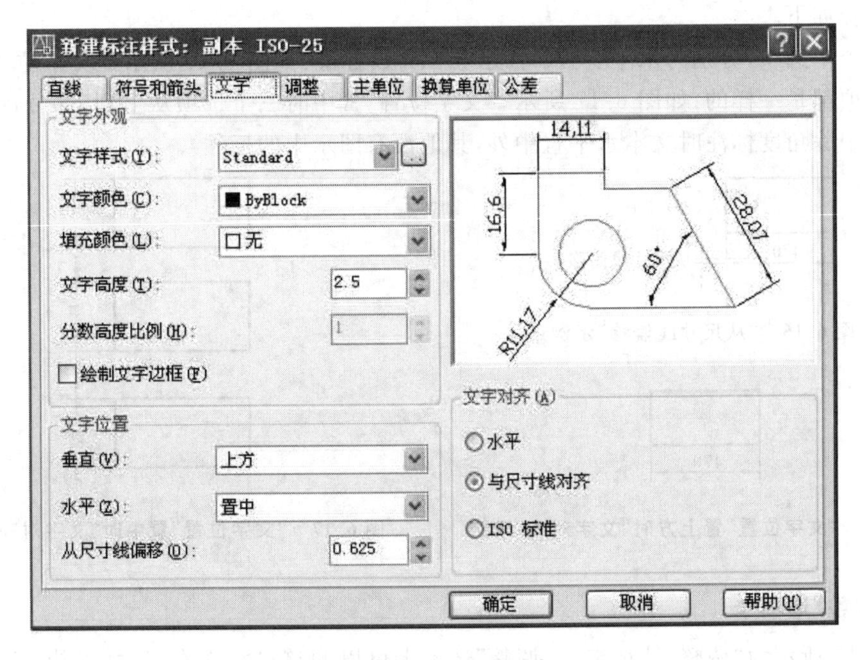

图 6.13 “文字”选项卡

(1) 在“文字外观”选项框中，可以设置文字的样式、颜色、高度和分数高度比例，以及控制是否绘制文字边框。常用选项解释如下。

① “文字样式”下拉列表：单击下拉箭头选择尺寸文本所用的样式，或单击其后的浏览按钮[...]，在打开的“文字样式”对话框中选择文字样式或新建文字样式。

② 文字高度：设置尺寸文本的高度。高度值的选取参见第 5 章中的建议值。

③ 分数高度比例：当“主单位”选项卡中“单位格式”选择“分数”时，此项有效。其值是尺寸文本中的分数文本与其他非分数文本的比值。

④ 绘制文字边框：若选中，则尺寸文本显示有边框。默认不选。

(2) 在“文字位置”选项框中，用户可以设置文字的垂直、水平位置以及距尺寸线的偏移量。常用选项解释如下。

① 垂直：下拉列表有四个选项，分别为置中、上方、外部、JIS(和上方一样)，如图 6.14 从左到右分别示出，其中 JIS 遵循日本工业标准(我国标准规范是第 2 个图示的标注)。

② 水平：下拉列表有五个选项，分别为置中、第一条尺寸界线、第二条尺寸界线、第一条尺

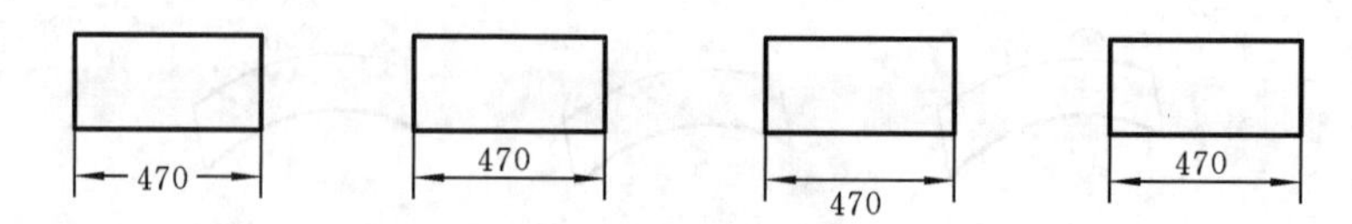

图 6.14　文字位置“垂直”选项示例

寸界线上方、第二条尺寸界线上方(我国标准规范中没有第 4 和第 5 个选项)。

③ 从尺寸线偏移:设置尺寸文本与尺寸线之间的距离。如图 6.15 所示。

(3) 在“文字对齐”选项框中,用户可以设置标注文字是保持水平还是与尺寸线平行。常用选项解释如下。

有三个单选项,分别为水平、与尺寸线对齐、ISO 标准:如图 6.16 所示,“文字位置”置上方时三个选项都是一样的;如图 6.17 所示,“文字位置”置中时三个选项从上到下分别示出(我国标准规范中除角度标注时文本水平置中外,其他没有图示中的标注)。

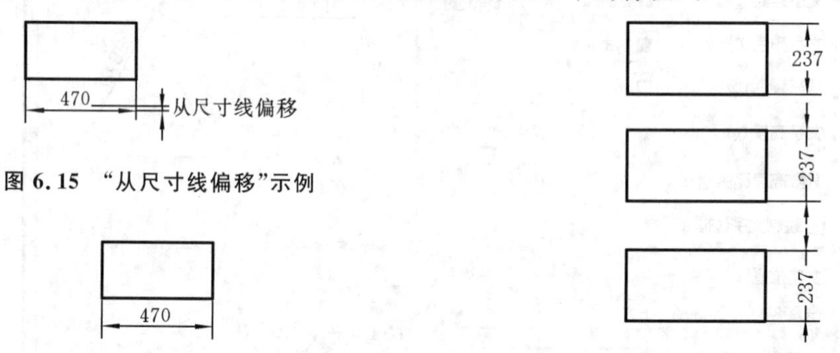

图 6.15　“从尺寸线偏移”示例

图 6.16　“文字位置”置上方时“文字对齐”示例

图 6.17　“文字位置”置中时“文字对齐”示例

4.“调整”选项卡

图 6.18 所示为“调整”选项卡。“调整”选项卡可以调整尺寸文本、尺寸界线、尺寸箭头之间的位置关系,还可使标注的四个基本组成比例放大或缩小。

(1) 在“调整选项”选项框中,可设置尺寸文本、尺寸界线、尺寸箭头之间的位置关系。

(2) 在“文字位置”选项框中,可设置尺寸文本若不在默认的位置时,选择放置的位置。

(3) 在“优化”选项框中,有两个选项,分别为手动放置文字、在尺寸界线之间绘制尺寸线。

上述三项易理解,不赘述。

(4) 在“标注特征比例”选项框中,有两个单选项,分别为使用全局比例、将标注缩放到布局。

① 使用全局比例:选择此项,并在右边的文本框中更改数字(这个数字是倍数),结果将使前面选项卡中所设置的尺寸标注的四个基本组成元素都相应地按此倍数放大或缩小。这个选项非常重要,在设置尺寸标注的四个基本组成元素时,它能将这四个基本组成元素按真实出图时的尺寸大小设置。当操作者按 1∶1 绘完图后,标注尺寸时,尺寸显示的与图形不协调,如很小,则要改变此倍数值,要输入大于 1 的值。例如,有一个房屋结构图按 1∶1 绘制,要按 1∶100的比例显示在 3 号图纸上,那么操作者在设置标注样式时,可把尺寸文本、尺寸界线、尺寸线、尺寸箭头的有关值按 3 号图纸上与图形协调的大小设置出,此时使用全局比例的倍数值

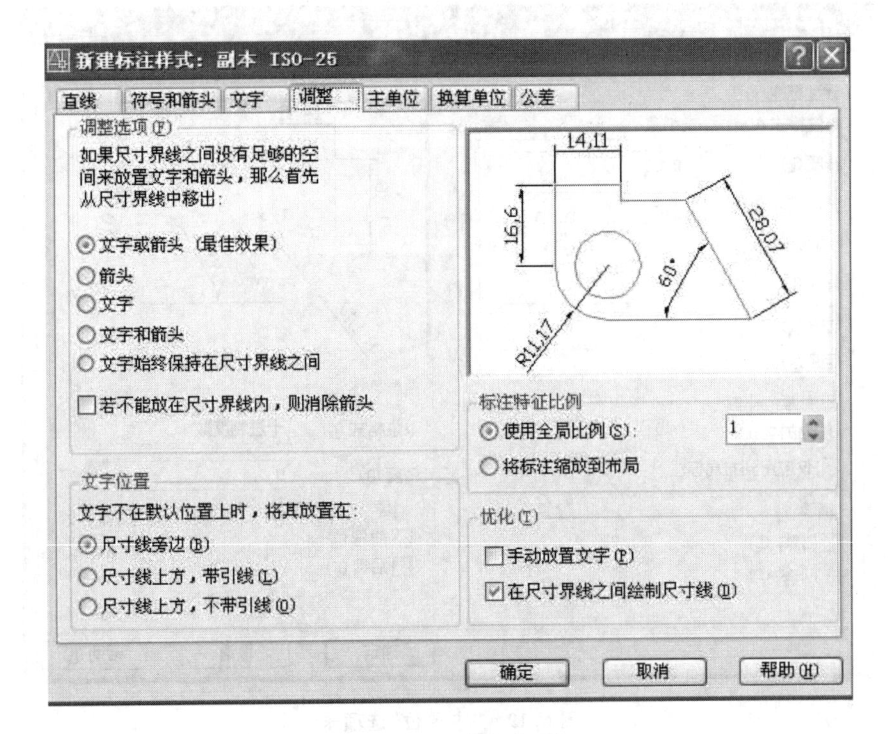

图 6.18 “调整”选项卡

输入为 100，这样在1：1的房屋结构图上图形与尺寸标注才协调。由此例可得出结论，此值是图形出图比例值之倒数。

② 将标注缩放到布局：当前尺寸标注的缩放比例是模型空间相对于图纸空间的比例。

5.“主单位”选项卡

图 6.19 所示为“主单位”选项卡。“主单位”选项卡可以设置主单位的格式与精度等属性。它有线性标注、角度标注等多个选项框。

(1) 在“线性标注”选项框中，可设置线性标注时的单位格式、精度、小数分隔符等属性。常用选项解释如下。

① 单位格式：下拉列表中可选择长度单位类型。默认“小数”，即十进制数。

② 精度：反映尺寸数字的小数点位数。

③ 分数格式：在“单位格式”下拉列表中选择“分数”类型后，该下拉列表有三个选项，分别为水平、对角、非堆叠，分别如图6.20从左到右示出。

④ 小数分隔符：在“单位格式”下拉列表中选择“小数”类型后，在下拉列表中选择小数分隔符符号，分别有逗号、句号、空格。

⑤ 前缀、后缀：在文本框中输入尺寸文本的前缀或后缀。

⑥ 比例因子：设置测量单位的缩放比例。

⑦ 前导、后续：选择之，不显示出线性尺寸数字前面或后面的“0”。如对于 0.8860：选“前导”，显示“.8860”；选“后续”，显示“0.886”。

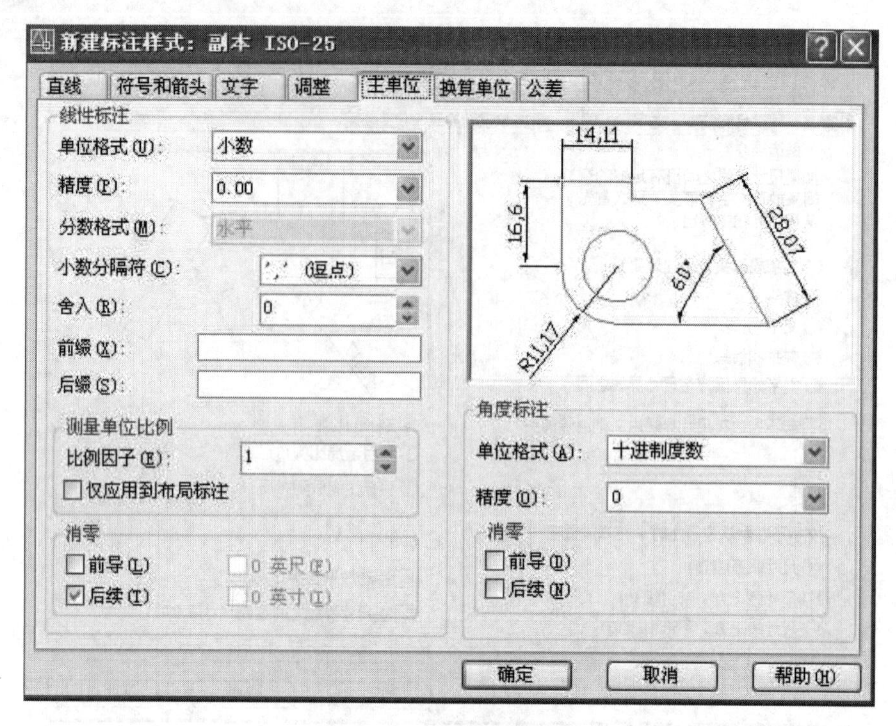

图 6.19 “主单位”选项卡

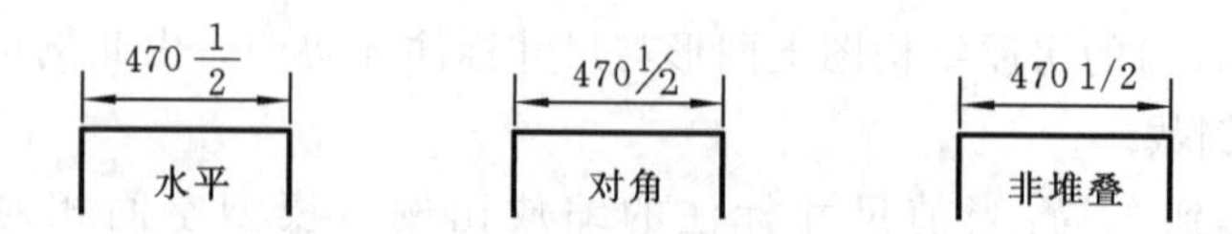

图 6.20 “分数格式”的三个选项示例

(2) 在“角度标注”选项框中,可设置角度标注时的单位格式、精度。常用选项解释如下。

① 单位格式:下拉列表中选择角度单位类型。默认为“十进制度数”。

② 前导、后续:选择之,不显示出角度尺寸数字前面或后面的“0”。

6. “换算单位”选项卡

图 6.21 所示为“换算单位”选项卡。选择“显示换算单位”选项,在标注尺寸的可以同时标注两种测量单位。“换算单位乘数”解释如下,其他选项可参见前面内容。

(1) 换算单位乘数:设定主单位与换算单位间的比例因子。例如,主单位是十进制,换算单位是英制,则比例因子是 1÷25.4,结果可填“0.039370078740”。将来标注的尺寸文本括号外的值是十进制数,括号内的值是英制数。

(2) 舍入精度:用于设定标注数值的近似规则。例如,此处输入 0.02,则 AutoCAD 将标注数字的小数部分近似到最接近 0.02 的整数倍。

7. “公差”选项卡

图 6.22 所示为“公差”选项卡,用于设置尺寸公差的标注样式。它有主单位的公差格式,还有换算单位的公差格式。当不选择“换算单位”选项卡中的“显示换算单位”选项时,则换算

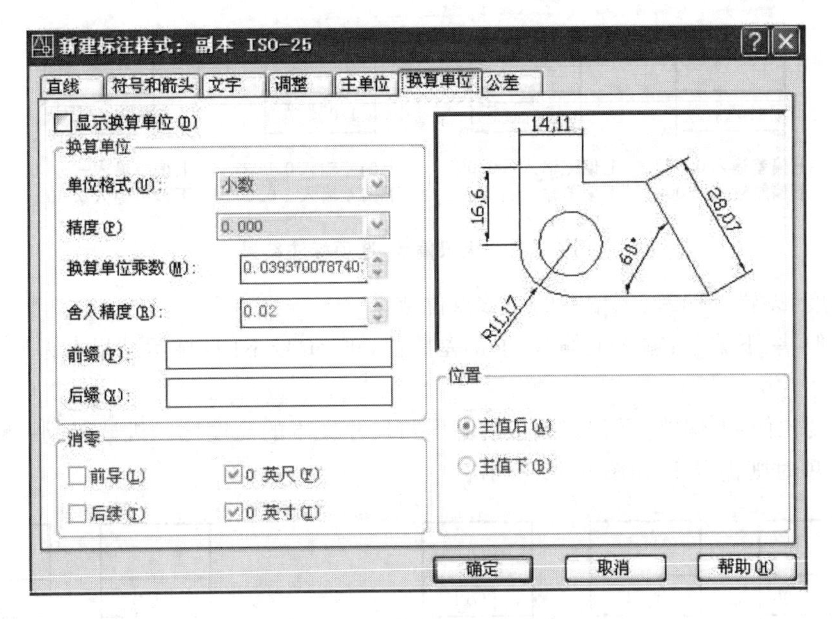

图 6.21 “换算单位”选项卡

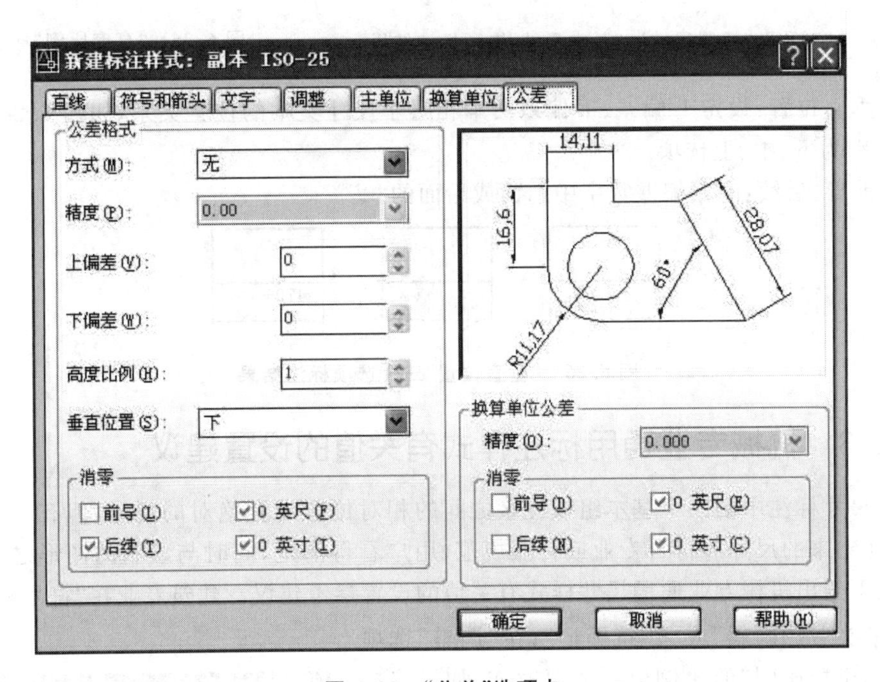

图 6.22 “公差”选项卡

单位的公差格式无效。

在“公差格式”选项框中，可以设置尺寸公差的多种表达形式。常用选项解释如下。

(1) 方式：下拉列表中有五个选项，分别为无、对称、极限偏差、极限尺寸、基本尺寸。如选择“极限偏差”选项时，上偏差、下偏差的正、负号不同，显示结果的差别如图 6.23 所示。其他选项如图 6.24 从左到右分别示出。实际标注时，选定合适的一种方式选项。

上偏差输入 0.003　下偏差输入 0.002　　上偏差输入 −0.003　下偏差输入 −0.002　　上偏差输入 0.003　下偏差输入 −0.002　　上偏差输入 −0.003　下偏差输入 0.002

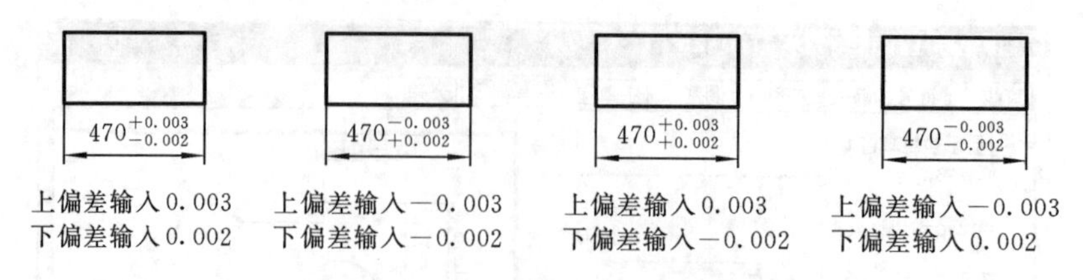

图 6.23 "极限偏差"选项标注结果

(2) 精度:设置上偏差、下偏差的小数点位数。

(3) 上偏差、下偏差:输入上偏差、下偏差数值,正、负号不同,显示结果有差别,如图 6.23 所示。

(4) 高度比例:上偏差、下偏差数值的高度与尺寸文本的高度比。机械行业一般取 0.7,而选"对称"选项时则仍取 1,如图 6.25 所示。

"对称"选项　"极限尺寸"选项　"基本尺寸"选项

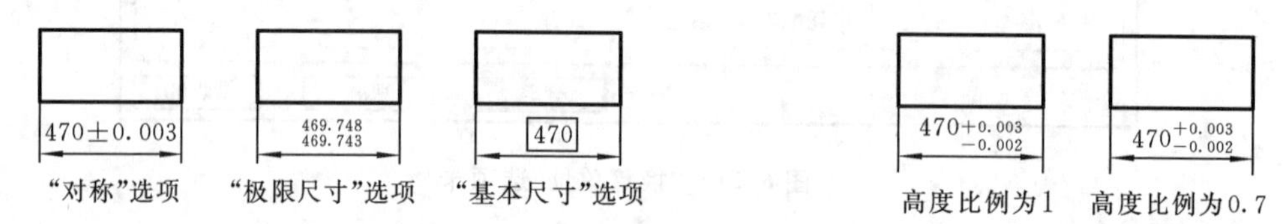

图 6.24 "对称"、"极限尺寸"、"基本尺寸"选项标注结果

高度比例为1　高度比例为0.7

图 6.25 "高度比例"标注结果

(5) 垂直位置:设定上偏差、下偏差文本相对于尺寸文本的位置关系,如图 6.26 所示,从左向右分别为下、中、上选项。

(6) 前导、后续:隐藏偏差数字中前面或后面的"0"。

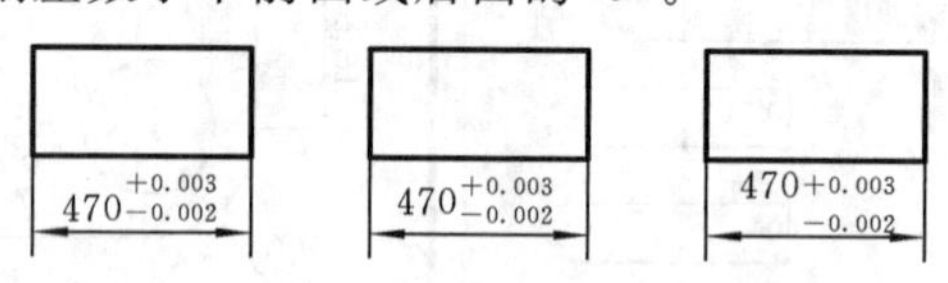

图 6.26 "垂直位置"三个选项标注结果

6.2.3 机械专业通用标注样式有关值的设置建议

设置尺寸标注中的四个基本组成元素之间的相对位置没有绝对的规定,但有一个基本原则,即标注出来的尺寸应符合专业或行业规范、用户看得清楚,同时与绘制的图形之间布置相协调。以下给出机械专业通用尺寸样式有关值的设置参考建议。建筑专业在"符号和箭头"选项卡中"箭头"选"倾斜"或"建筑标记";在"调整"选项卡中"使用全局比例"的比例值一般要改变,如果将来出图比例为 1∶100,则此处改为 100;其他选项设置与机械专业类似,不赘述。

(1) "创建新标注样式"对话框中,"新样式名"输入"机械",如图 6.27 所示。

(2) 其他要调整值的选项卡如图 6.28 至图 6.31 所示,使用默认值的选项卡不列出。

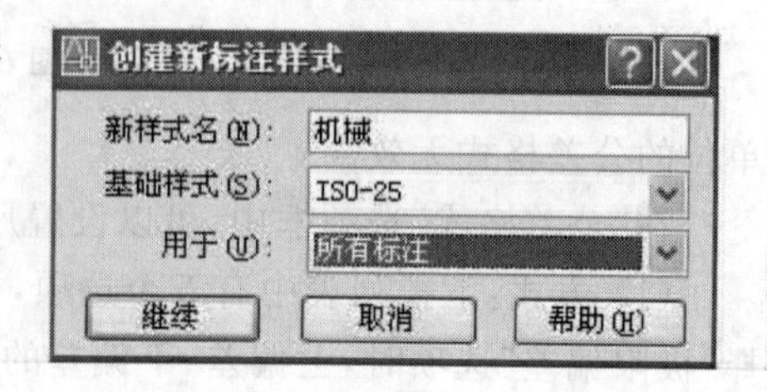

图 6.27 "创建新标注样式"对话框

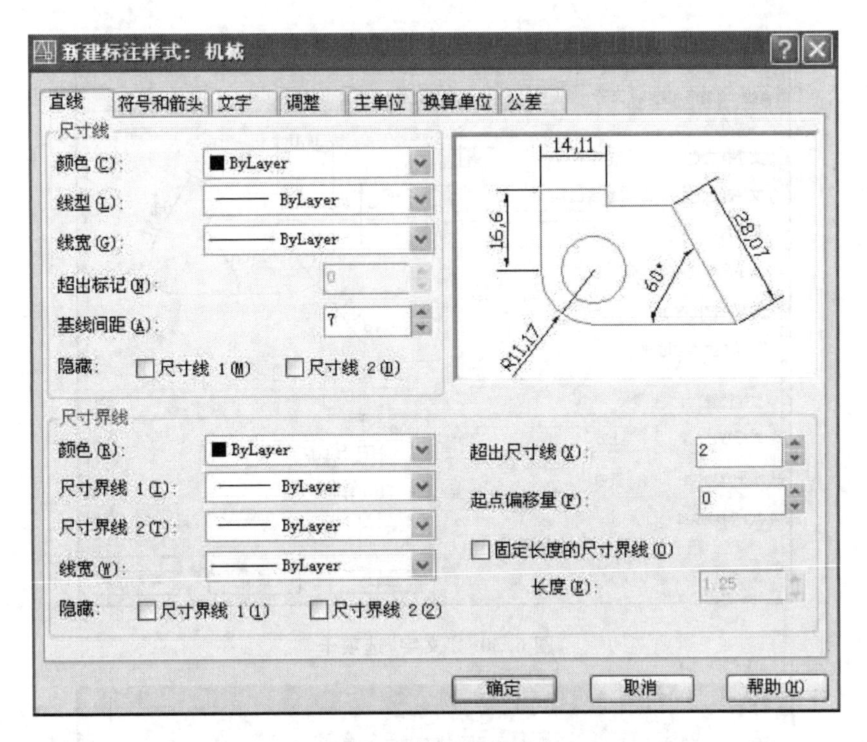

图 6.28 “直线”选项卡

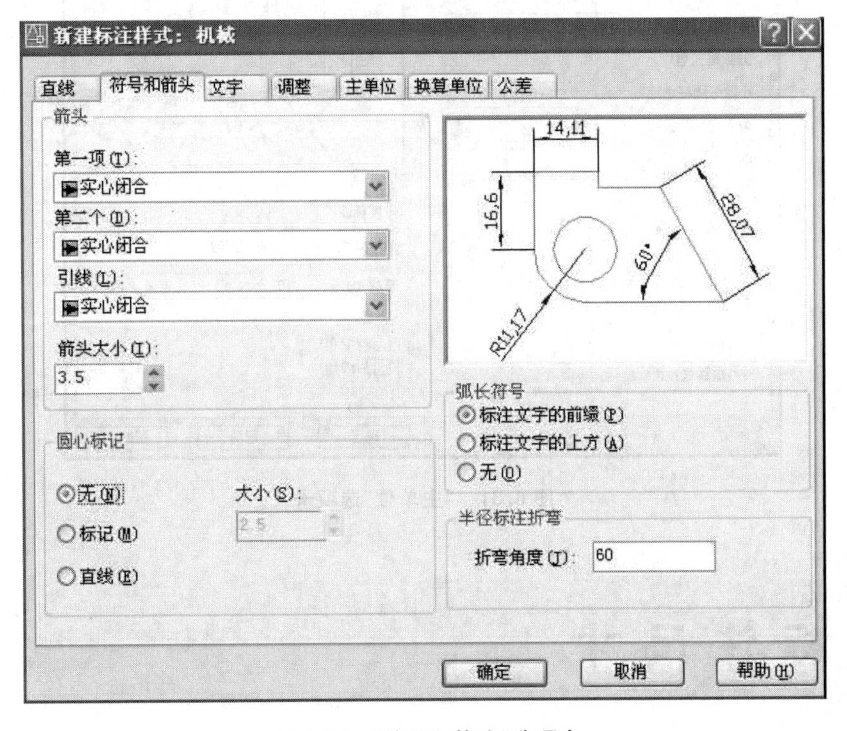

图 6.29 “符号和箭头”选项卡

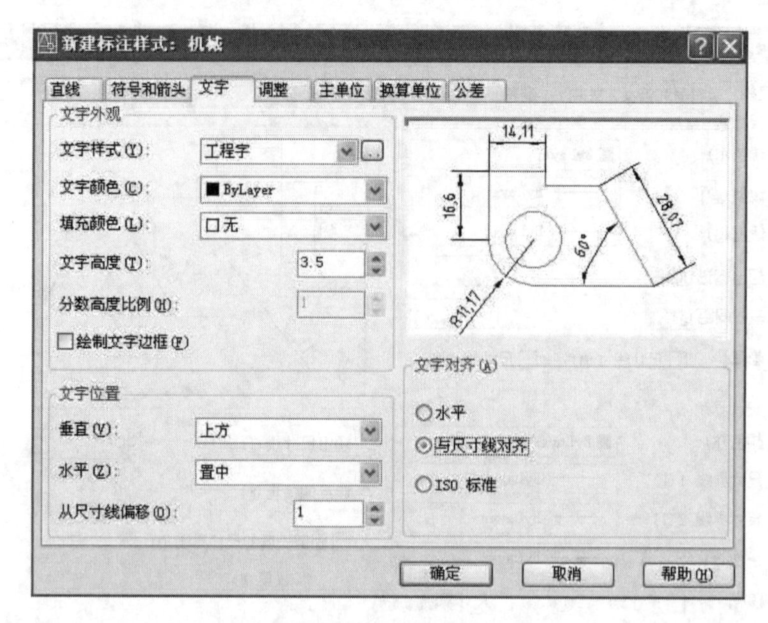

图 6.30 “文字”选项卡

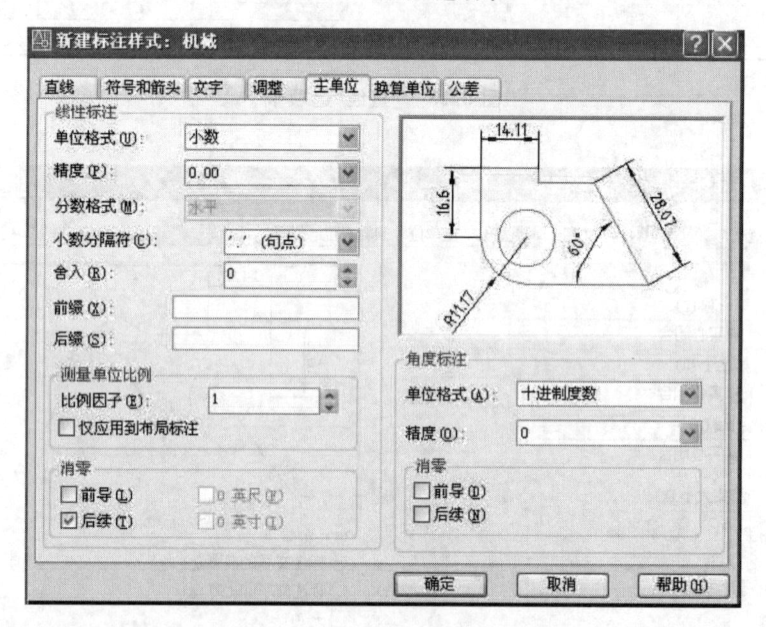

图 6.31 “主单位”选项卡

6.3 标注尺寸

标注尺寸之前的准备工作如下。

(1) 新建“尺寸标注”图层。图中所有的尺寸标注都要在此层进行，也即分类管理。

(2) 已创建好为此图设置的标注样式。标注样式中也设置好专为尺寸文本创建的文字样式。

(3) 设置“端点”、“中点”、“圆点”、“象限点”等对象捕捉点。便于标注尺寸时命令行提示“指定起点”能更快地捕捉到这些特殊点。

(4) 调出“标注”工具栏。通过图标上的图案，操作者很容易知道当前应该用哪个命令来标注相应的尺寸。

【注意】 标注尺寸的同时，图层中会自动出现“Defpoints”图层，不要删除。

以下介绍常用的尺寸标注命令。

6.3.1 长度型尺寸标注

长度型尺寸标注主要包括线性标注、对齐标注、基线标注和连续标注；线性标注又分水平和垂直、旋转标注，它们都可以标出被测对象的长度。

1. 线性标注

线性标注可以创建尺寸线水平、尺寸线垂直或尺寸线旋转一定角度的线性标注。

在“标注”菜单中选择“线性”命令，或者单击“标注”工具栏中的按钮，或在命令行输入 dimlinear 命令，然后在命令行的提示下，选择对象或输入选项或参数，就可实现线性标注。

线性标注时，可以修改尺寸文本内容、尺寸文本角度或尺寸线的角度。

命令行提示如下。

命令：_dimlinear //输入“线性”标注命令

指定第一条尺寸界线原点或〈选择对象〉：〈对象捕捉 开〉

//打开“对象捕捉”，捕捉如图 6.32 所示端点 *A*

//或按 Enter 键，选择要标注的对象，如图 6.32 所示 *AB*

指定第二条尺寸界线原点： //捕捉如图 6.32 所示端点 *B*

指定尺寸线位置或

[多行文字(M)/文字(T)/角度(A)/水平(H)/垂直(V)/旋转(R)]： //单击如图 6.32 所示点 *C*

//或使用“对象捕捉”加“对象追踪”，从点 *B* 追踪到点 *D*

//输入追踪的距离值，确定尺寸线位置

标注文字 = 470

命令行提示中有关选项或参数说明如下。

(1) 第一条尺寸界线原点：如图 6.32 所示点 *A*。

(2) 第二条尺寸界线原点：如图 6.32 所示点 *B*。

(3) 选择对象：选择要标注尺寸的对象。

(4) 尺寸线位置：可以单击图 6.32 所示点 *C*，确定尺寸线位置；也可使用“对象捕捉”加“对象追踪”，从点 *B* 追踪到点 *D*，输入追踪的距离值，确定尺寸线位置。

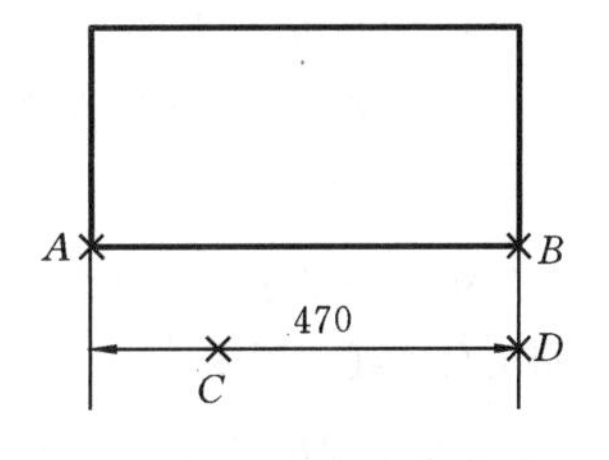

图 6.32 尺寸线位置图例

(5) 多行文字(M)：选择该选项，在“文字格式”编辑器中修改文字，然后单击“确定”按钮。如图 6.33 所示，其中的方框内部文字被选中且有闪动的光标，可像编辑文本一样编辑此数值。当前数值是 AutoCAD 自动测量生成的尺寸文本。按

Delete 键,可删除当前尺寸文本,重新输入新值,则更改了尺寸文本。将鼠标指针移动到尺寸文本前后,可以添加尺寸文本的前缀和后缀。

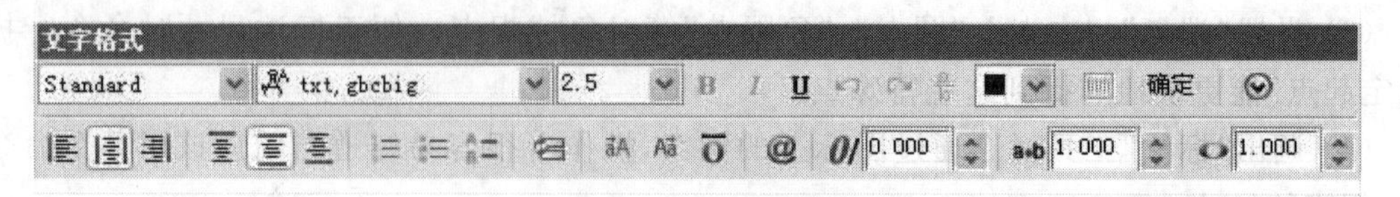

图 6.33 “文字格式”编辑器

(6) 文字(T):选择该选项,在命令行中根据命令行的提示输入新的尺寸文本。

(7) 角度(A):选择该选项,设置尺寸文本放置的角度。

(8) 水平(H)、垂直(V):标注水平或垂直的长度尺寸,可以选择该选项实现;也可以不选择该选项来实现,只要在命令行提示“指定尺寸线位置”时,水平或垂直移动鼠标指针再单击便可实现,如图 6.34 所示。

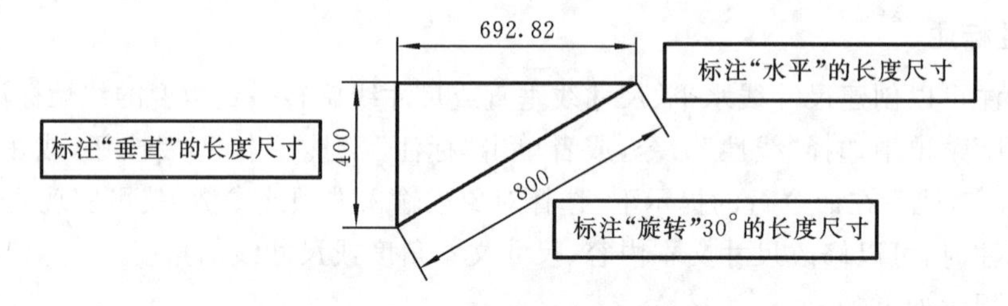

图 6.34 “线性”标注示例

(9) 旋转(R):选择该选项,可设置尺寸线倾斜的角度,如图 6.34 所示,此命令标注了一个倾斜 30°的对象的长度。

(10) 标注文字:显示 AutoCAD 自动测量的尺寸文本。

2. 对齐标注

对齐标注可使尺寸线平行于两尺寸界线原点之间的直线。

在“标注”菜单中选择“对齐”命令,或者单击“标注”工具栏中的按钮,或在命令行输入 dimaligned 命令,然后在命令行的提示下,选择对象或输入选项或参数,就可实现对齐标注。

对齐标注时,可以修改尺寸文本内容或尺寸文本角度。

命令行提示如下。

命令: _dimaligned //输入“对齐”标注命令

指定第一条尺寸界线原点或〈选择对象〉: //打开“对象捕捉”,捕捉如图 6.35 所示端点 *A*

//或按 Enter 键,选择要标注的对象如图 6.35 所示 *AB*

指定第二条尺寸界线原点: //打开“对象捕捉”,捕捉如图 6.35 所示端点 *B*

指定尺寸线位置或

[多行文字(M)/文字(T)/角度(A)]: //单击适当的尺寸线位置,或使用“对象捕捉”

//加“对象追踪”,输入追踪的距离值,确定尺寸线位置

标注文字 = 18.44

命令行提示中的选项操作与“线性标注”命令一样,此处略。

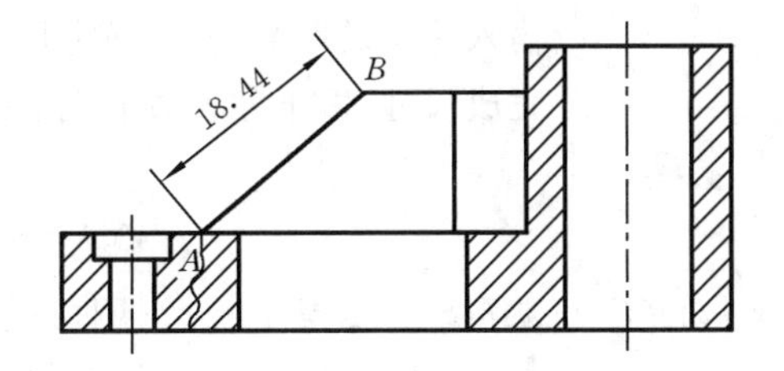

图 6.35 “对齐”标注示例

3. 基线标注和连续标注

基线标注和连续标注是一系列基于线性标注的连续标注。使用这两个命令前要先完成一个线性标注(见图 6.36(a)、(b)所示 AB),然后才能使用它们。

基线标注可以标注多个尺寸,多个尺寸有一个公用尺寸界线,多个尺寸的尺寸线彼此平行,如图 6.36(a)所示。

连续标注也可以标注多个尺寸,其中前一个尺寸标注的第二个尺寸界线是下一个标注的第一个尺寸界线,多个尺寸的尺寸线彼此相连,如图 6.36(b)所示。

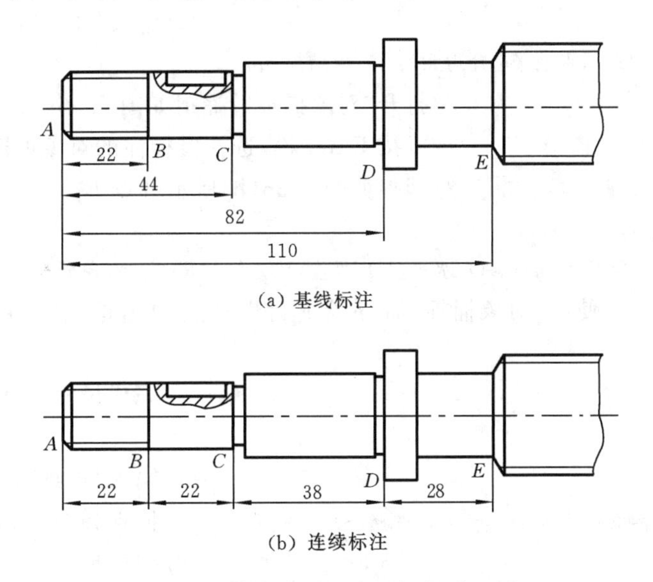

(a) 基线标注

(b) 连续标注

图 6.36 “基线”标注和“连续”标注示例

实现如图 6.36(a)所示基线标注的命令行提示如下。

命令:_ dimlinear //输入“线性”标注命令

指定第一条尺寸界线原点或〈选择对象〉:〈对象捕捉 开〉

//打开“对象捕捉”,捕捉如图 6.36(a)所示端点 A

//或按 Enter 键,选择要标注的对象,如图 6.36 中的 AB

指定第二条尺寸界线原点: //捕捉如图 6.36(a)所示端点 B

指定尺寸线位置或

[多行文字(M)/文字(T)/角度(A)/水平(H)/垂直(V)/旋转(R)]:〈对象捕捉追踪 开〉7

//使用“对象捕捉”加“对象追踪”,从点 B 追踪

//输入追踪的距离值7,确定尺寸线位置
标注文字 = 22　　//完成尺寸22的水平线性标注

命令：_dimbaseline　　//输入"基线"标注命令
指定第二条尺寸界线原点或[放弃(U)/选择(S)]〈选择〉：　　//捕捉如图6.36(a)所示端点C
标注文字 = 44　　//完成尺寸44的长度标注
指定第二条尺寸界线原点或[放弃(U)/选择(S)]〈选择〉：　　//捕捉如图6.36(a)所示端点D
标注文字 = 82　　//完成尺寸82的长度标注
指定第二条尺寸界线原点或[放弃(U)/选择(S)]〈选择〉：　　//捕捉如图6.36(a)所示端点E
标注文字 = 110　　//完成尺寸110的长度标注
指定第二条尺寸界线原点或[放弃(U)/选择(S)]〈选择〉：　　//按Enter键确定
选择基准标注：　　//按Enter键再确定

实现如图6.36(b)所示连续标注的命令行提示如下。

命令：_dimlinear　　//输入"线性"标注命令
指定第一条尺寸界线原点或〈选择对象〉：〈对象捕捉 开〉
//打开"对象捕捉",捕捉如图6.36(b)所示端点A
//或按Enter键,选择要标注的对象如图6.36(b)所示AB
指定第二条尺寸界线原点：　　//捕捉如图6.36(b)所示端点B
指定尺寸线位置或
[多行文字(M)/文字(T)/角度(A)/水平(H)/垂直(V)/旋转(R)]：〈对象捕捉追踪 开〉7
//使用"对象捕捉"加"对象追踪",从点D追踪,输入追踪的距离值7,回车确定尺寸线位置
标注文字 = 22　　//完成尺寸22的水平线性标注

命令：_dimcontinue　　//输入"连续"标注命令
指定第二条尺寸界线原点或[放弃(U)/选择(S)]〈选择〉：　　//捕捉如图6.36(b)所示端点C
标注文字 = 22　　//完成尺寸22的长度标注
指定第二条尺寸界线原点或[放弃(U)/选择(S)]〈选择〉：　　//捕捉如图6.36(b)所示端点D
标注文字 = 38　　//完成尺寸38的长度标注
指定第二条尺寸界线原点或[放弃(U)/选择(S)]〈选择〉：　　//捕捉如图6.36(b)所示端点E
标注文字 = 28　　//完成尺寸28的长度标注
指定第二条尺寸界线原点或[放弃(U)/选择(S)]〈选择〉：　　//按Enter键确定
选择基准标注：　　//按Enter键再确定

【注意】

(1) 要使"线性"标注的尺寸线布置与基线标注和连续标注的尺寸线相协调、图面均匀美观,则要将"线性"标注命令的提示"指定尺寸线位置"的设定值和"标注样式"管理器的"直线"选项卡中的"基线间距"的设定值结合起来考虑。上例的设置为同一个值7。

(2) 后续的“角度型尺寸标注”也可使用基线标注和连续标注，使用方法同理。要强调的是，使用这两个命令前也要先完成一个角度标注，然后才能使用它们，如图6.37所示，其他不赘述。

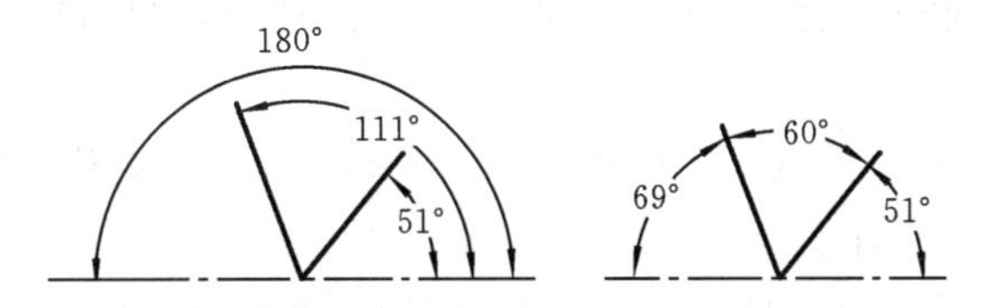

图 6.37 角度标注中使用“基线”和“连续”标注示例

6.3.2 角度型尺寸标注

角度型尺寸标注只有一个“角度”命令。它用于标注直线间的夹角、圆中一段弧的圆心角和一个弧对象的圆心角。

由于我国工程制图新规范规定标注的角度值一律应水平布置，且尽量安排在尺寸线间断的中间处，而已设置的通用标注样式针对所有的尺寸设置了“尺寸文本与尺寸线‘对齐’”和“文字位置垂直‘上方’和水平‘置中’”格式(参见图 6.30)，因此，在使用“角度”命令之前，要进行重新设置“尺寸文本与尺寸线‘平行’”和“文字位置垂直和水平均‘置中’”，这可使用 6.4 节介绍的方法(标注样式中“替代”或制作子样式)来进行设置，不要使用标注样式中的“修改”来实现。

在“标注”菜单中选择“角度”命令，或者单击“标注”工具栏中的按钮，或在命令行输入 dimangular 命令，然后在命令行的提示下，选择对象或回车输入选项，就可实现角度标注。

角度标注时，可以修改尺寸文本内容、尺寸文本角度。

命令行提示如下。

命令：_ dimangular //输入“角度”标注命令

选择圆弧、圆、直线或〈指定顶点〉： //按 Enter 键，即选择“指定顶点”

指定角的顶点：〈对象捕捉 开〉 //打开“对象捕捉”，捕捉如图 6.38 所示顶点 *A*

指定角的第一个端点： //捕捉如图 6.38 所示角的第一个端点 *B*

指定角的第二个端点： //捕捉如图 6.38 所示角的第二个端点 *C*

指定标注弧线位置或[多行文字(M)/文字(T)/角度(A)]： //单击放置标注弧线位置的合适点

标注文字 = 60d

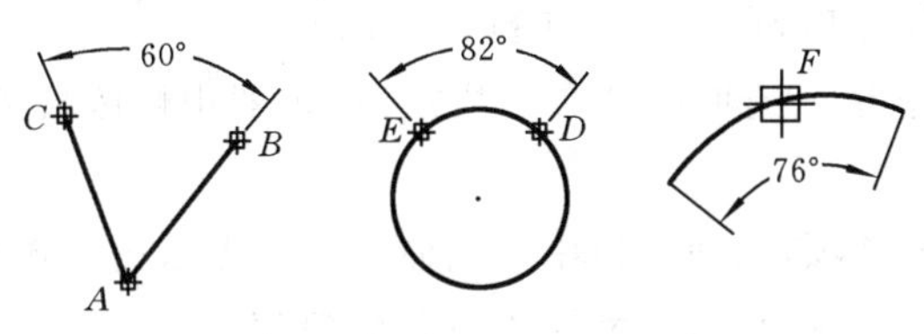

图 6.38 “角度”标注示例

命令行提示项说明如下。

(1) 选择圆弧、圆、直线：单击如图 6.38 所示直线 *AB* 对象，命令行会提示“选择第二条直线”,则可继续选择如图 6.38 所示直线 AC 对象,然后按命令行的提示将标注弧线位置放置在合适的地方,完成直线间的夹角的标注。

单击如图 6.38 所示圆对象点 D,命令行会提示“指定角的第二个端点”,则可继续单击点 E,然后按命令行的提示将标注弧线位置放置在合适的地方,完成圆中一段弧的圆心角的标注。

单击如图 6.38 所示弧对象点 F,按命令行的提示将标注弧线位置放置在合适的地方,完成一个弧对象的圆心角的标注。

(2) 多行文字(M):选择该选项,在“文字格式”编辑器中修改文字,然后单击“确定”按钮。修改文字时要注意输入特殊符号“°”。

(3) 文字(T):选择该选项,在命令行中根据命令行的提示输入新的角度值。特殊符号“°”用“%%d”输入。

(4) 角度(A):选择该选项,设置尺寸文本放置的角度。

【注意】 放置在不同侧的“标注弧线位置”,标注的角度值是不同的。

6.3.3 坐标型尺寸标注

坐标型尺寸标注用于标注坐标,只有一个“坐标”命令。

在“标注”菜单中选择“坐标”命令,或者单击“标注”工具栏中的按钮,或在命令行输入 dimordinate 命令,然后在命令行的提示下,指定点或输入选项,就可实现坐标标注。

坐标标注时,可以修改尺寸文本内容、尺寸文本角度;可以标注点的 X 坐标或 Y 坐标。

命令行提示如下。

命令:_dimordinate //输入“坐标”命令

指定点坐标: //“对象捕捉”要标注的点

指定引线端点或 [X 基准(X)/Y 基准(Y)/多行文字(M)/文字(T)/角度(A)]:

//上下移动鼠标指针到合适的位置,并单击

标注文字 = 51.88 //显示标注点的 X 坐标

命令行提示项说明如下。

(1) 指定点坐标:“对象捕捉”要标注的点。

(2) 指定引线端点:将鼠标指针移动到合适的位置,单击,确定标注引线端点。

(3) X 基准(X):选择此项,直接标注点的 X 坐标。

(4) Y 基准(Y):选择此项,直接标注点的 Y 坐标。

(5) 多行文字(M):选择该选项,在“文字格式”编辑器中修改尺寸文本,然后单击“确定”按钮。

(6) 文字(T):选择该选项,在命令行中根据命令行的提示输入新的坐标值。

(7) 角度(A):选择该选项,设置尺寸文本放置的角度。

【注意】 命令行提示“指定引线端点”时,如果相对于标注点上下移动鼠标指针,将标注点的 X 坐标;如果相对于标注点左右移动鼠标指针,将标注点的 Y 坐标;也可选择“X 基准”或“Y 基准”选项,直接标注点的 X 坐标或 Y 坐标。

6.3.4 半径、直径标注

1. 半径标注

半径标注有几种形式,如图 6.39 所示。

图 6.39 中从左向右的第三个图是半径标注的,它的尺寸文本水平放置,这要用到 6.4 节介绍的方法(标注样式中"替代"或制作子样式)来进行设置,不要使用标注样式中的"修改"来实现。方法可参见"角度"标注的有关设置说明。

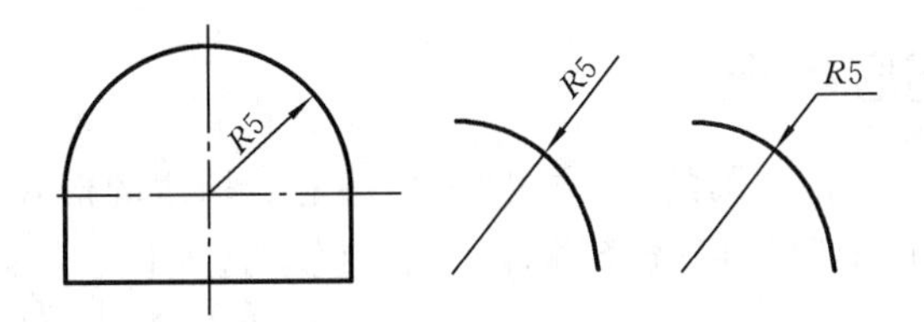

图 6.39 "半径"标注示例

在"标注"菜单中选择"半径"命令,或者单击"标注"工具栏中的按钮,或在命令行输入 dimradius 命令,然后在命令行的提示下,选择对象,输入选项,就可实现半径标注。

半径标注时,可以修改尺寸文本内容、尺寸文本角度。与前述命令修改方法相同,不赘述。

命令行提示如下。

命令:_ dimradius
选择圆弧或圆:
标注文字 = 5
指定尺寸线位置或[多行文字(M)/文字(T)/角度(A)]:

2. 直径标注

直径标注有几种形式,如图 6.40 所示。

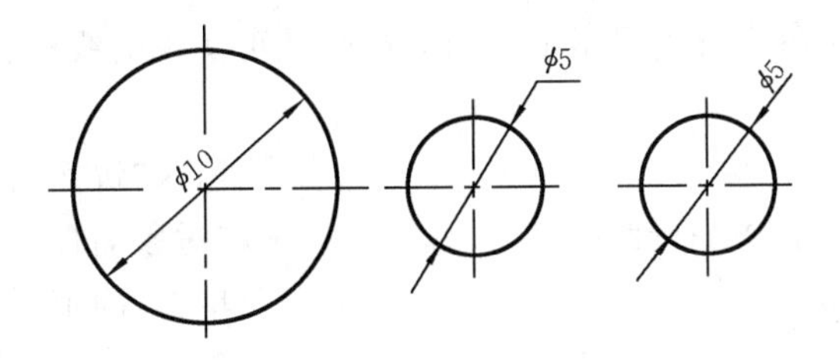

图 6.40 "直径"标注示例

图 6.40 中从左向右的第一个图的直径,要在"标注样式"的"调整"选项卡的"文字位置"选项框中选择"尺寸线上方,不带引线"选项,再使用"直径"命令标注。

第二个图的直径,要在"标注样式"的"文字"选项卡的"文字对齐"选项框中选择"水平"选项,再使用"直径"命令标注。

第三个图的直径,可以直接在已设置的通用"机械"标注样式下,使用"直径"命令标注。

由上可见,前两个图的直径标注要用到 6.4 节介绍的方法(标注样式中"替代"或制作子样式)来进行设置,建议不要使用标注样式中的"修改"来实现。

在“标注”菜单中选择“直径”命令,或者单击“标注”工具栏中的按钮,或在命令行输入 dimdiameter 命令,然后在命令行的提示下,选择对象,输入选项,就可实现直径标注。

直径标注时,可以修改尺寸文本内容、尺寸文本角度。与前述命令修改方法相同,不赘述。

命令行提示如下。

命令:_ dimdiameter
选择圆弧或圆:
标注文字 = 10
指定尺寸线位置或 [多行文字(M)/文字(T)/角度(A)]:

6.3.5 标注圆心标记

使用“圆心标记”命令可标注圆的圆心或圆弧的圆心。标注的形式在“标注样式”的“符号和箭头”选项卡中“圆心标记”里,可选择“标记”或“直线”选项设定,如图6.41所示。

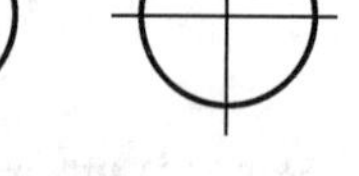

图 6.41 “圆心标记”标注示例

在“标注”菜单中选择“圆心标记”命令,或者单击“标注”工具栏中的按钮,或在命令行输入 dimcenter 命令,然后在命令行的提示下,选择对象,就可实现圆心标记。

命令行提示如下。

命令:_ dimcenter
选择圆弧或圆: //选择对象后即可实现圆心标记

6.3.6 引线标注

引线标注用于标注引线和注释,其中“引线”命令可以“设置”引线和注释的标注形式,注释可以是文本,也可以是形位公差。

在“标注”菜单中选择“快速引线”命令,或者单击“标注”工具栏中的按钮,或在命令行输入 qleader 命令,然后在命令行的提示下,选择选项,就可实现引线标注。

命令行提示如下。

命令:_ qleader //输入“快速引线”命令
指定第一个引线点或 [设置(S)]〈设置〉: //“对象捕捉”第一个引线点
指定下一点: //单击,确定引线的第二个点
指定下一点: //单击,确定第三个点
指定文字宽度〈0〉: //按 Enter 键
输入注释文字的第一行〈多行文字(M)〉: //输入要标注的注释,按 Enter 键
输入注释文字的下一行: //根据需要输入新的文字行或按 Enter 键,完成引线标注

命令行提示说明如下。

1. 设置

在命令行提示“指定第一个引线点或 [设置(S)]〈设置〉:”后,回车,则进入“引线设置”对话框,如图 6.42 所示,可以设置引线标注的形式。

“引线设置”对话框有三个选项卡:注释、引线和箭头、附着。

(1)“注释”选项卡如图 6.42 所示,有三组选项框。

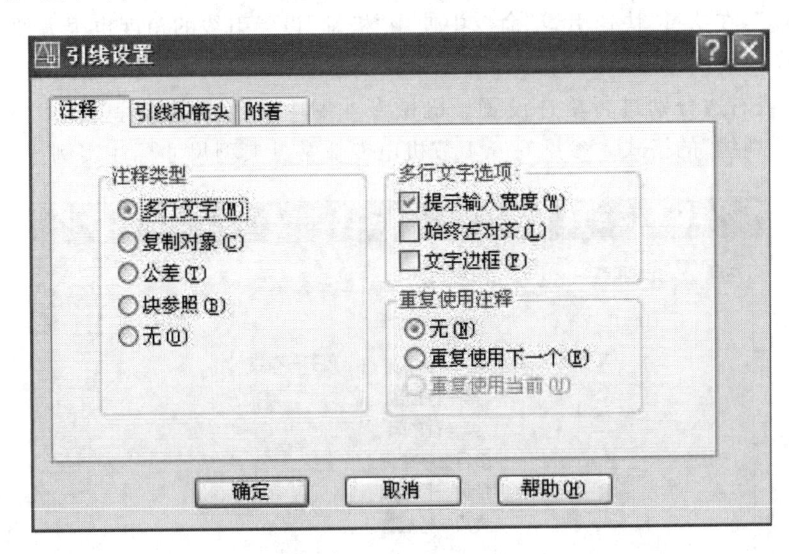

图 6.42 “注释”选项卡

① “注释类型”框用于确定标注的是文本,还是形位公差,还是块,还是无注释内容。

② “多行文字选项”框用于设置注释是多行文字时多行文字的格式。

③ “重复使用注释”框用于确定是否重复使用注释。

(2)“引线和箭头”选项卡如图 6.43 所示,有四组选项框。

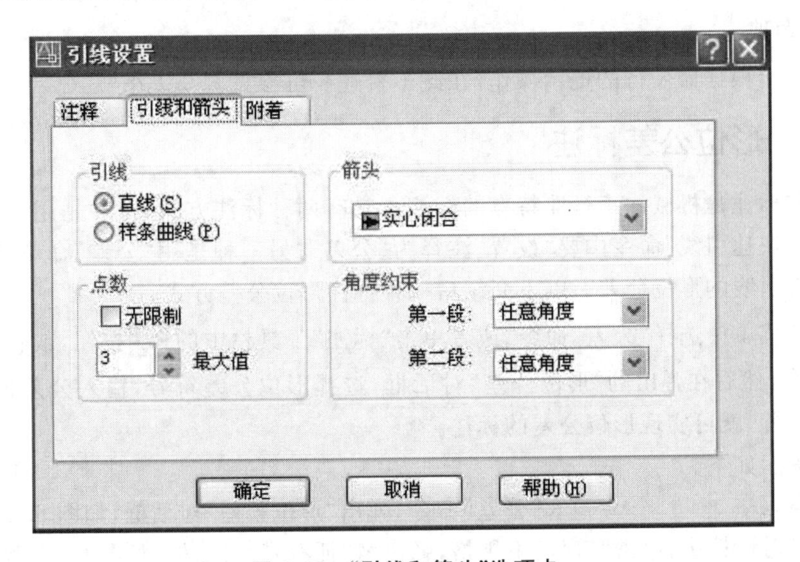

图 6.43 “引线和箭头”选项卡

① “引线”确定引线是直线还是样条曲线。

② “点数”设置引线端点数,选择“无限制”或输入一个最大数值。注意,两点确定一条线,三点确定两条线,以此类推。

③ “箭头”下拉列表选择所需第一个引线点处的箭头类型,有 20 种可供选择。

④ “角度约束”下拉列表，用于对第一条引线和第二条引线的角度进行设置；还可使用默认的“任意角度”，在执行“快速引线”命令中使用“极轴”设置引线的角度也很方便。

(3) “附着”选项卡如图6.44所示，确定多行文字注释相对于引线终点的位置。根据文字在引线的左边或右边分别进行单选设置。机械专业图中有很多引线标注的文字注释要选择“最后一行加下划线”的格式。参见6.6.1节机电专业常见典型尺寸标注实例。

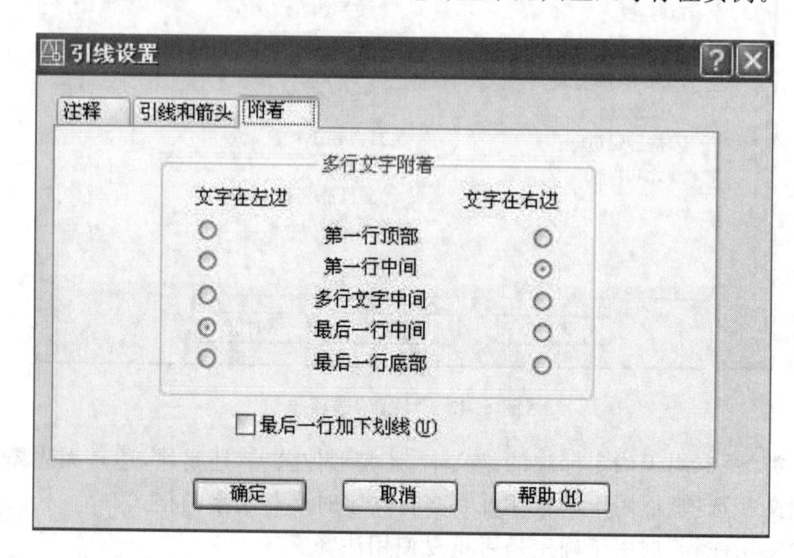

图6.44 “附着”选项卡

2. 其他选项

其他选项可根据命令行的提示操作，在此不赘述。可参见6.6.1小节。

6.3.7 形位公差标注

形位公差标注是机械加工行业特有的标注。它有两种标注方式，一种是用“快速引线”命令来标注，在“快速引线”命令中要“设置”注释为“公差”；另一种是用“公差”命令来标注，标注的结果是不带引线的形位公差。以下介绍后一种标注形位公差方式。

在“标注”菜单中选择“公差”命令，或者单击“标注”工具栏中的按钮，或在命令行输入tolerance命令，然后在弹出的“形位公差”对话框，选择形位公差符号，输入公差值，指定形位公差放置的位置，就可实现形位公差的标注。

命令行提示如下。

命令：_ tolerance //输入“公差”命令，弹出“形位公差”对话框，如图6.45所示
//“形位公差”对话框中，单击“符号”下黑格，弹出“特征符号”对话框，如图6.46所示
//“形位公差”对话框中，“公差1”、“公差2”、“基准1”、“基准2”、“基准3”下的黑格预制有符号
//单击之，弹出“附加符号”对话框，如图6.47所示
//单击所需符号，返回“形位公差”对话框中，单击“确定”按钮
输入公差位置： //指定形位公差放置的位置，完成形位公差的标注

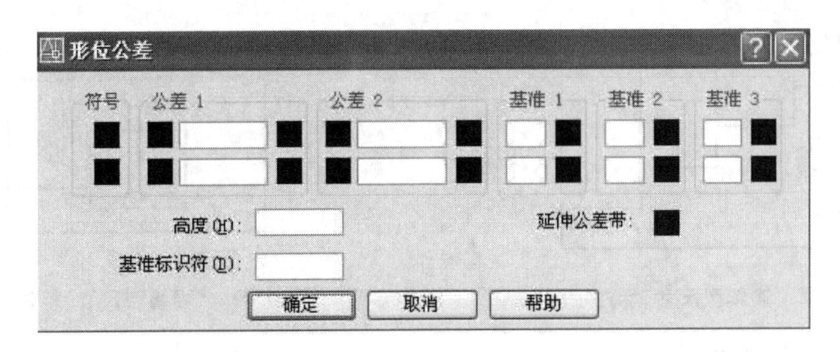

图 6.45 “形位公差”对话框

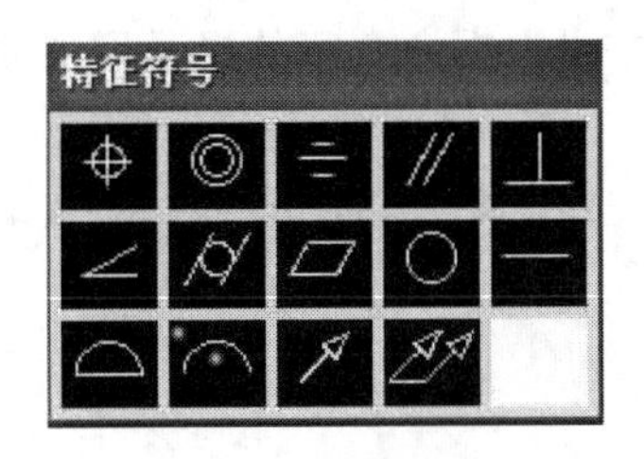

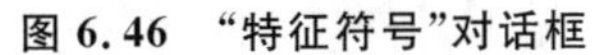

图 6.46 “特征符号”对话框

图 6.47 “附加符号”对话框

6.3.8 快速标注

“快速标注”命令可以标注多种类型的尺寸，如直径、半径、连续、基线等；可以一次选择多个标注对象，自动地对所有的对象进行标注。

在“标注”菜单中选择“快速标注”命令，或者单击“标注”工具栏中的按钮，或在命令行输入 qdim 命令，根据命令行的提示，选择选项，就可实现一次标注多个对象和多种类型的尺寸。

命令行提示如下。

命令：_ qdim //输入“快速标注”命令

关联标注优先级 = 端点

选择要标注的几何图形：找到 1 个 //选择要标注的对象

选择要标注的几何图形： //回车

指定尺寸线位置或

[连续(C)/并列(S)/基线(B)/坐标(O)/半径(R)/直径(D)/基准点(P)/编辑(E)/设置(T)]

〈半径〉： //确定合适的尺寸线位置或选择选项

命令行提示项说明如下。

(1) 连续(C)：选择该选项，可以进行连续型尺寸标注，此命令不需要先有一个线性标注。如图 6.48 所示，诸尺寸是一次命令完成的。

(2) 并列(S)：选择该选项，可以进行层叠型尺寸标注，如图 6.49 所示。

(3) 基线(B)：选择该选项，可以进行基线型尺寸标注。

(4) 坐标(O)：选择该选项，可以进行坐标型尺寸标注。

(5) 半径(R)：选择该选项，可以进行半径型尺寸标注。

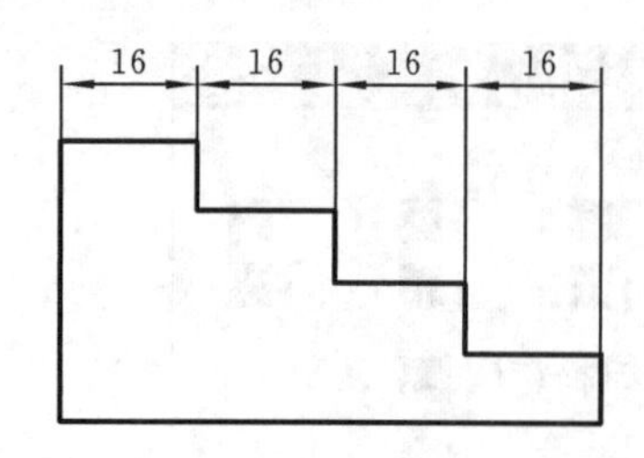

图 6.48 “连续型尺寸”标注示例

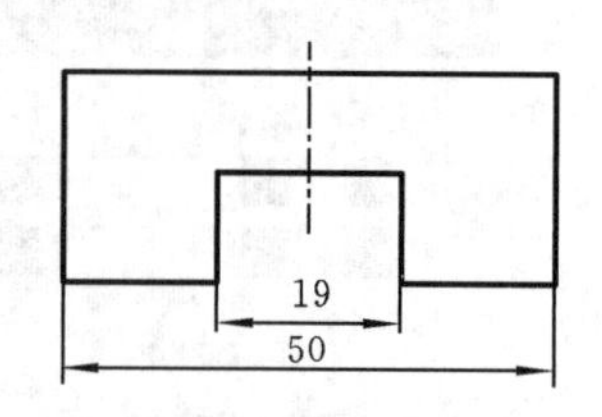

图 6.49 “层叠型尺寸”标注示例

(6) 直径(D):选择该选项,可以进行直径型尺寸标注。

(7) 基准点(P):选择该选项,可以设定基线标注的公共起始点或坐标标注的零值点。

(8) 编辑(E):选择该选项,将显示所有的标注节点,并可根据命令行的提示增加或删除标注点。

(9) 设置(T):选择该选项,命令行提示“关联标注优先级[端点(E)/交点(I)]〈端点〉:”,用于设定尺寸界线原点的默认捕捉点。

6.4 特殊标注样式的设置

如图 6.50 所示,大多数尺寸都遵循通用标注样式的格式,应用相应的命令均可标注出来,如“线性”、“快速引线”、“半径”。但是个别的尺寸,例如,图 6.50(b)中带有上下偏差的尺寸便不能直接使用前面已设置的通用尺寸标注样式来标注,对这样的少量且特殊的尺寸,就要设置特殊尺寸样式来规定其格式,再使用相应的“直径”、“线性”命令来标注。

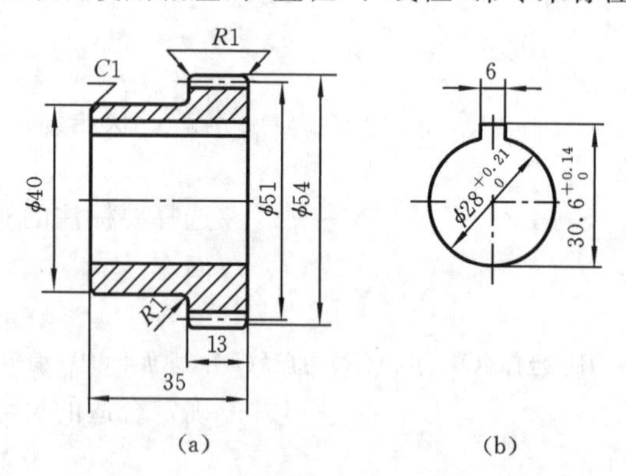

图 6.50 “齿轮零件尺寸”标注示例

设置特殊尺寸样式有以下两种方式。

一种方式是“尺寸替代”。这种方法直接进入原已设置的“通用尺寸标注样式”中,单击“替代”按钮,自动建立一个原标注样式的替代样式,在其中修改参数,用此替代样式标注特殊尺寸。完成标注特殊尺寸后,替代样式随时可删除并恢复到原标注样式格式。此种操作灵活且简单,是一种良好的标注特殊尺寸的方法。值得读者掌握。

另一种方式是建立“通用标注样式的子样式”。在“标注样式”对话框中选择已建立的标注样式作为母样式，单击“新建”按钮，在“创建新标注样式”对话框中，选择除“所有标注”之外的任一选项，如“直径标注”，自动建立一个原标注样式的子样式，在其中修改参数，标注尺寸时仍然用母样式来标注尺寸，只是针对特殊的尺寸(如“直径”)，它才以子样式的格式来标注。此种方式的缺点是，当使用同一个命令来标注两种形式的特殊尺寸时，要事先设置好两个子样式，使标注个别少量的特殊尺寸显得麻烦且容易出错。因此，此种方式只作一般学习即可。

以下介绍这两种特殊尺寸样式的设置方式。

6.4.1 尺寸替代

以图6.50所示的图形为例，创建标注线性尺寸公差($30.6^{+0.14}_{0}$)的特殊尺寸样式(即标注格式)，具体步骤如下。

(1) 在“格式”菜单中选择“标注样式”命令，或者单击“样式”工具栏中的按钮，或在命令行输入 dimstyle 命令，回车后，弹出“标注样式管理器”对话框，如图6.51所示。

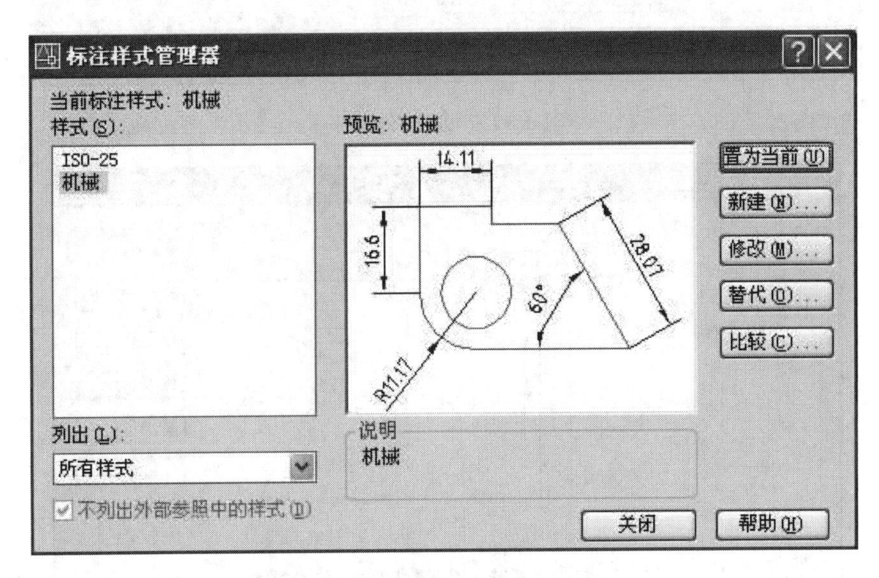

图6.51 “标注样式管理器”对话框

(2) 单击“样式”列表中的“机械”选项(已创建的通用标注样式，见6.2.3节)，单击“置为当前”按钮，单击“替代”按钮，弹出“替代当前样式:机械”对话框。

(3) 修改选项卡中与特殊尺寸有关的参数。

因为要标注的$30.6^{+0.14}_{0}$尺寸，其主单位精度为“0.1”，因此修改“主单位”选项卡“线性标注”的精度应选为“0.0”。

因为将要标注的$30.6^{+0.14}_{0}$尺寸，有上、下偏差，因此修改“公差”选项卡，如图6.52所示。

(4) 单击“确定”按钮。回到“标注样式管理器”对话框，如图6.53所示，可以看见“样式”列表中显示有“样式替代”。单击“关闭”按钮。

(5) 输入“线性”标注命令，根据命令行的提示进行操作，标注出如图6.50所示的线性尺寸公差。

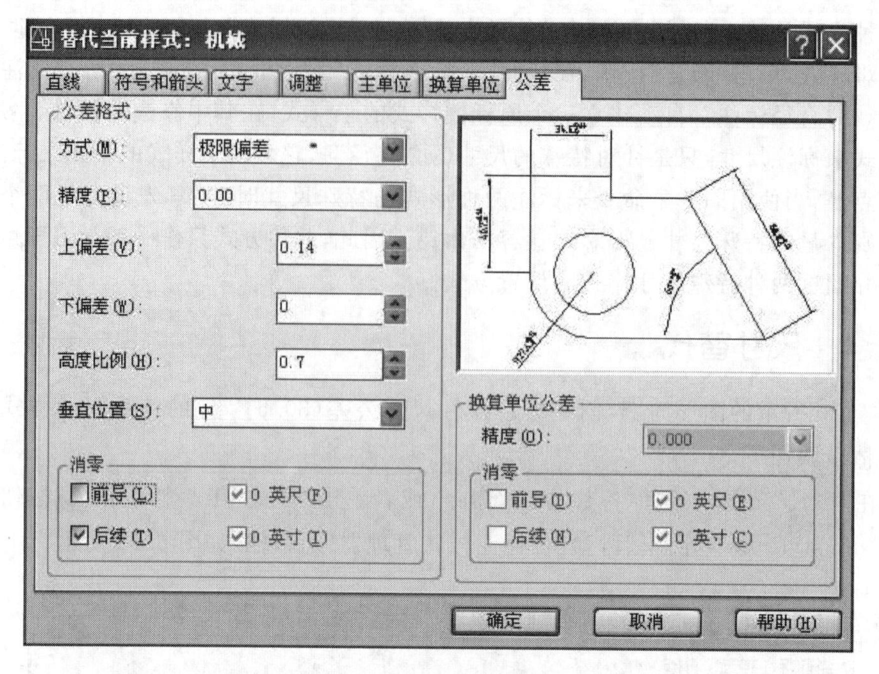

图 6.52 “公差”选项卡

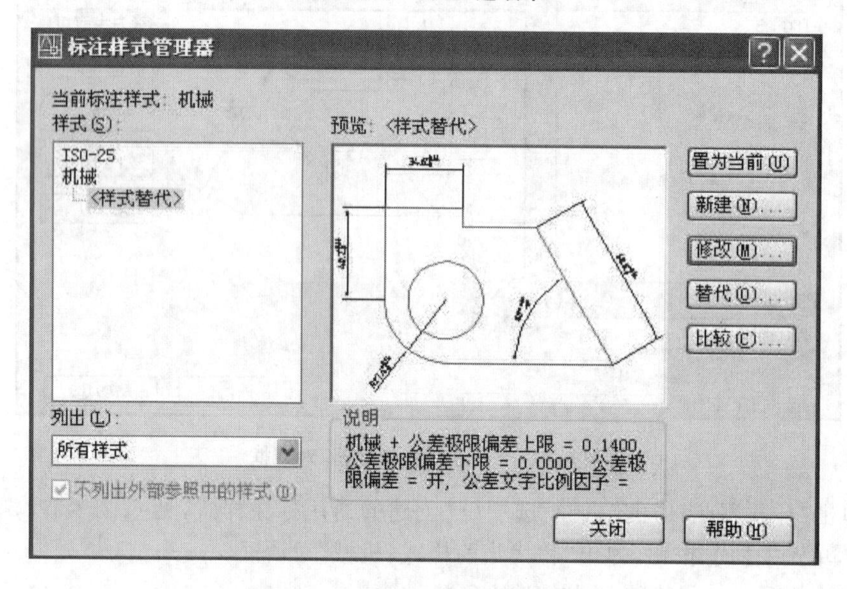

图 6.53 “标注样式管理器”对话框

【注意】 如果在“标注样式管理器”对话框中使用“修改”方式来确定特殊尺寸的格式，那么将改变所有与此样式相关联的尺寸标注，这样标注图中有关尺寸会非常麻烦，建议不使用此方法。请操作者练习比较。

6.4.2 通用标注样式的子样式

以图 6.50 所示的图形为例，创建标注直径尺寸公差($\phi28^{+0.21}_{0}$)的特殊尺寸样式(即标注格式)，具体步骤如下。

(1) 在“格式”菜单中选择“标注样式”命令，或者单击“样式”工具栏中的按钮，或在命令行输入 dimstyle 命令，回车后，弹出“标注样式管理器”对话框，如图 6.51 所示。

(2) 单击“样式”列表中的“机械”选项(已创建的通用标注样式，见 6.2.3 小节)，单击“置为当前”按钮，单击“新建”按钮，弹出“创建新标注样式”对话框，单击“用于”下拉箭头，在下拉菜单中选择“直径标注”命令，如图 6.54 所示。单击“继续”按钮。

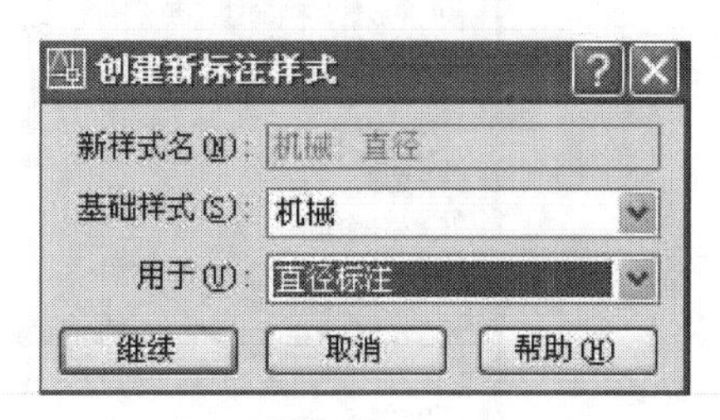

图 6.54 “创建新标注样式”对话框

(3) 弹出“新建标注样式：机械：直径”对话框，修改选项卡中与特殊尺寸有关的参数。

要标注的直径尺寸公差($\phi28^{+0.21}_{0}$)，其主单位精度为“0”，因此修改“主单位”选项卡“线性标注”的精度选为“0”。因为要标注的直径尺寸有上、下偏差，因此修改“公差”选项卡，如图6.55所示。

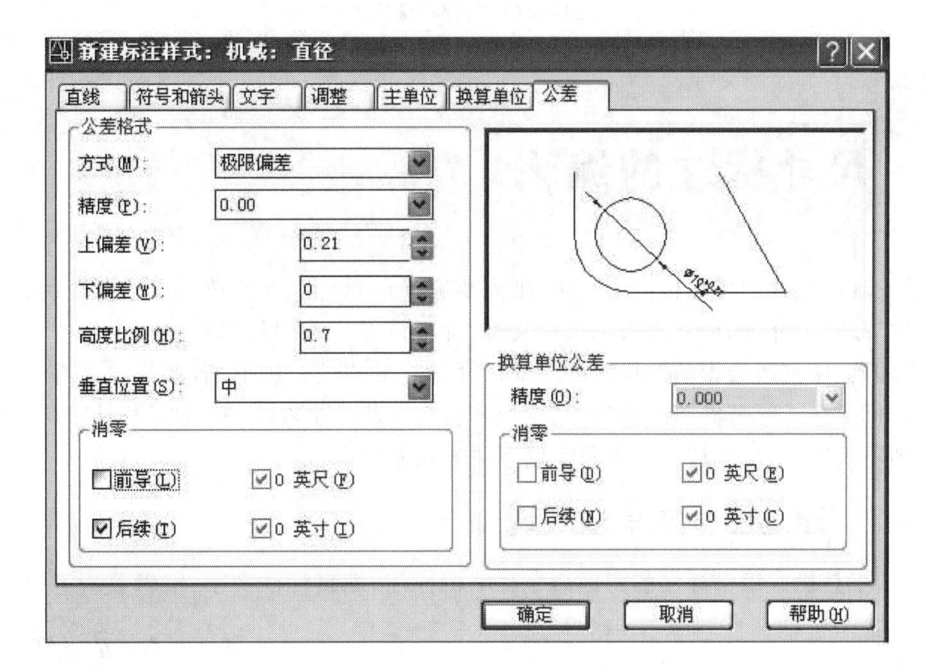

图 6.55 “公差”选项卡

要标注的直径尺寸布置在圆形内部，且有完整的尺寸线显示，因此修改“调整”选项卡，如图6.56所示。

(4) 单击“确定”按钮。回到“标注样式管理器”对话框，可以看见“样式”列表中，显示了“机械”母样式下的“直径”子样式。单击“关闭”按钮。

(5) 输入“直径”命令，根据命令行的提示，进行操作，标注出如图 6.50 所示的带有偏差值的直径尺寸。

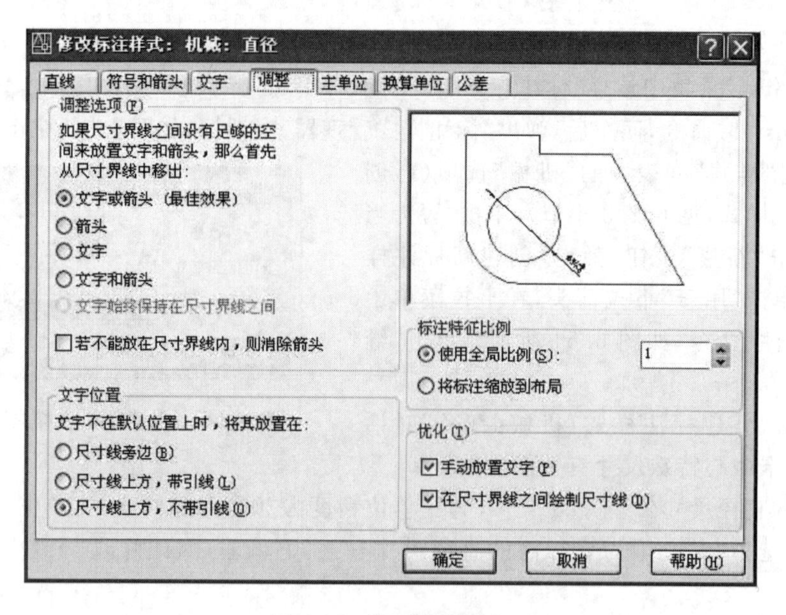

图 6.56 “调整”选项卡

6.5 尺寸标注的编辑

如果发现已完成的尺寸标注不正确，则需要删除后重标注或修改。尺寸标注的四个基本组成“尺寸界线、尺寸线、尺寸箭头和尺寸文本”都可以在“标注样式管理器”中修改。而在“标注样式管理器”中修改会影响此样式的全部尺寸标注的格式。因此，若要修改全部标注格式，就可通过“标注样式管理器”和“特性”选项板来实现。若只想修改一个尺寸标注或标注中的个别组成，则不要修改“标注样式”，而只需用下述方式来实现。

6.5.1 通过图标命令来实现

“标注”工具栏中编辑标注的图标命令有编辑标注、编辑标注文字、编辑更新等，如图6.57所示。

1. 编辑标注

此编辑命令可以将标注格式恢复到默认的通用标注样式的格式，可以修改尺寸文本数值、将尺寸文本旋转到指定的角度、将尺寸线倾斜到指定的角度。

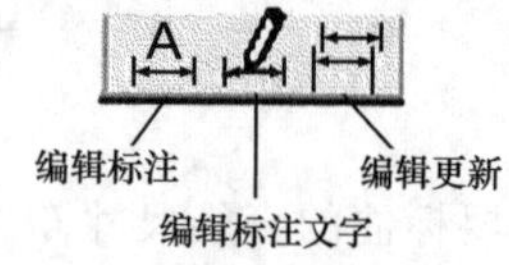

图 6.57 “编辑标注”图标命令

命令行提示如下。

命令：_ dimedit //单击“编辑标注”图标

输入标注编辑类型［默认(H)/新建(N)/旋转(R)/倾斜(O)］〈默认〉: //输入选项

选择对象:

命令行提示选项说明如下。

① 默认(H):选择此选项,选择要编辑的标注对象后,可以将这个尺寸标注对象的文字恢复到默认的通用标注样式的格式。

② 新建(N):选择此选项,选择要编辑的标注对象后,可以修改标注对象的尺寸文本数值。

③ 旋转(R):选择此选项后,根据命令行的提示输入标注文字的角度,选择要编辑的标注对象后,可以将标注对象的尺寸文本旋转到指定的角度。

④ 倾斜(O):选择此选项,选择要编辑的标注对象后,命令行继续提示"输入倾斜角度(按Enter键表示无):",输入一个角度值,回车,可以将标注对象的尺寸线倾斜到指定的角度。

2. 编辑标注文字

此编辑命令可以用于修改标注对象的尺寸文本的位置。

命令行提示如下。

命令: _ dimtedit //单击"编辑标注文字"图标

选择标注:

指定标注文字的新位置或[左(L)/右(R)/中心(C)/默认(H)/角度(A)]: //输入选项

命令行提示项说明如下。

(1) 指定标注文字的新位置:这是默认的操作,可以上下左右移动鼠标指针,实现标注对象的尺寸文本处于新的位置,同时尺寸线和尺寸界线随之延伸或平行变化。

(2) 左(L):选择此选项,可以将标注对象的尺寸文本处于尺寸线左端。

(3) 右(R):选择此选项,可以将标注对象的尺寸文本处于尺寸线右端。

(4) 中心(C):选择此选项,可以将标注对象的尺寸文本处于尺寸线中间。

(5) 默认(H):选择此选项,可以将标注对象的尺寸文本处于样式里设置的格式。

(6) 角度(A):选择此选项,可以将标注对象的尺寸文本旋转指定的角度。

3. 编辑更新

使用"编辑更新"命令,可以将"替代样式"的格式在要修改的尺寸对象上实现。

如图6.58(a)所示,该半径的标注使用的是通用"机械"样式,当把该样式作"替代",改变文字对齐方式为"水平"后,使用"编辑更新",选择半径标注对象,回车,结果如图6.58(b)所示。

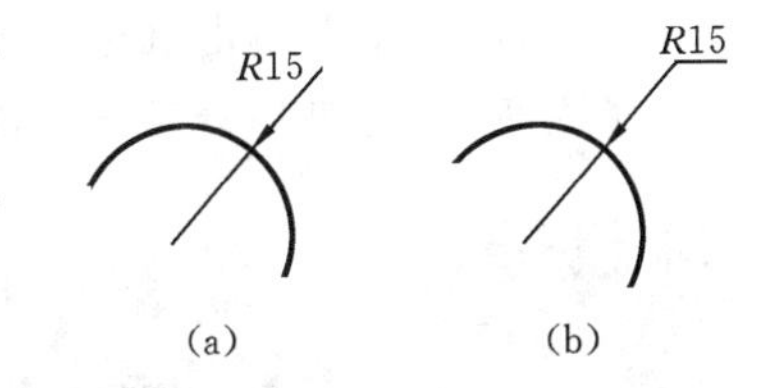

图6.58 "编辑更新"命令示例

命令行提示如下。

命令: _ dimradius //输入"半径"标注命令

选择圆弧或圆:

标注文字 = 15

指定尺寸线位置或[多行文字(M)/文字(T)/角度(A)]:

//结果如图6.58(a)所示

//在"标注样式管理器"中单击"替代",在"文字"选项卡中

//选择文字"水平"对齐,单击"确定",单击"关闭"

//单击"编辑更新"图标命令,命令行继续提示

命令:_ -dimstyle
当前标注样式:机械
当前标注替代:
DIMTIH 开
DIMTOH 开
输入标注样式选项
[保存(S)/恢复(R)/状态(ST)/变量(V)/应用(A)/?]〈恢复〉:_ apply
选择对象:找到 1 个 //选择图 6.58(a)所示的半径尺寸标注对象
选择对象: //回车,结果如图 6.58(b)所示

6.5.2 通过菜单命令编辑尺寸标注

"标注"菜单中的"倾斜"、"对齐文字"、"更新",分别对应图标命令"编辑标注"中的"倾斜"选项、编辑标注文字、编辑更新,操作方式同 6.5.1 小节。

6.5.3 通过命令行输入命令

(1) 通过命令行输入 dimedit 命令,对应图标命令"编辑标注"。
(2) 通过命令行输入 dimtedit 命令,对应图标命令"编辑标注文字"。

6.5.4 通过快捷菜单输入命令

在选定对象上单击鼠标右键,在"标注文字位置"的下一级菜单中选择"在尺寸线上"、"置中"、"默认位置"、"单独移动文字"、"与引线一起移动"或"与尺寸线一起移动",可以修改文字位置。

在选定对象上单击鼠标右键,在"精度"菜单中选择具体精度,可以改变标注文字的小数点位数。

在选定对象上单击鼠标右键,在"标注样式"菜单中列出了所有的样式,选择其中的样式,所选尺寸标注的格式按此样式显示。

在选定对象上单击鼠标右键,选择"翻转箭头"菜单,则选定的标注对象的箭头转 180°。

【注意】 使用快捷菜单修改标注很有实际应用价值,应该掌握。

6.6 综合实例

6.6.1 机电专业常见典型尺寸标注实例

1. 倒角的引线标注

如图 6.59 所示,标注 2×45°倒角。

命令行提示和操作步骤如下。

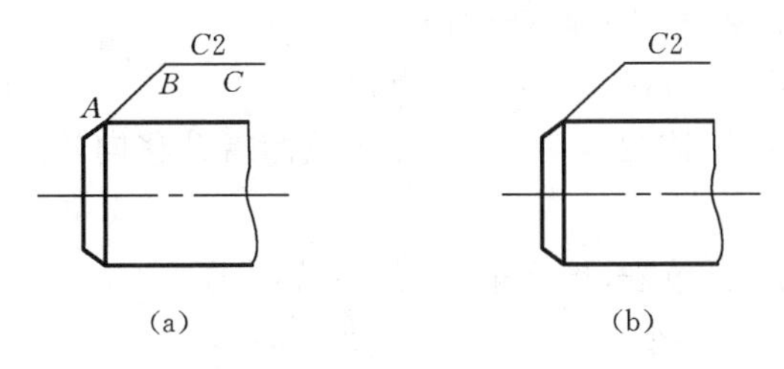

图 6.59 “倒角”标注示例

命令：_ qleader //输入“快速引线”命令

指定第一个引线点或[设置(S)]〈设置〉：S //右键选择“设置”或键盘输入 S

//弹出“引线设置”对话框，依图形修改相应选项卡如图 6.60、图 6.61 所示

//单击“确定”按钮

指定第一个引线点或[设置(S)]〈设置〉：〈对象捕捉 开〉

//打开“对象捕捉”，捕捉端点 A，确定了引线第一个点

指定下一点：〈极轴 开〉 //打开“极轴”，设置极轴角为 45°，光标移向

//合适的位置点 B，出现 45°的追踪线后，单击确定引线第二个点

指定下一点：〈正交 开〉 //打开“正交”，鼠标指针移向右方，在点 C 处单击，确定引线第三个点

指定文字宽度〈0〉： //按 Enter 键

输入注释文字的第一行〈多行文字(M)〉： //按 Enter 键

//弹出“文字格式”对话框，在闪动的光标处输入 C2 或 2×45°

//单击“文字格式”对话框中的“确定”按钮

//倒角标注完毕。如果注释位置不合适，可选择注释

//打开“正交”，使用“移动”命令，将注释移动到合适处

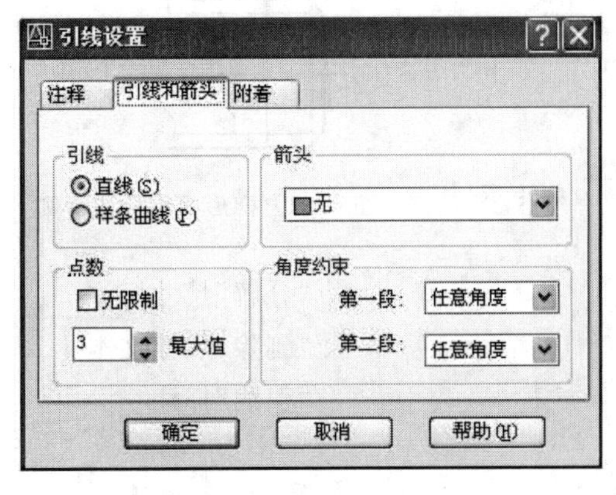

图 6.60 “引线和箭头”选项卡

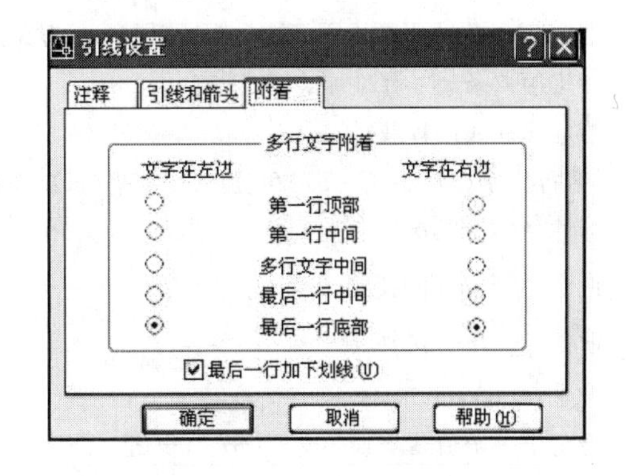

图 6.61 “附着”选项卡

2. 尺寸文本加前缀的标注

如图 6.62 所示，标注加前缀直径符号 ϕ 的尺寸。

命令行提示和操作步骤如下。

命令：_ dimlinear　　　　//输入“线性”标注命令

指定第一条尺寸界线原点或〈选择对象〉:〈对象捕捉 开〉

//打开“对象捕捉”,设置捕捉点为“最近点”,鼠标指针移向轮廓线的位置点 A

//出现“最近点”提示后,单击,确定第一条尺寸界线原点

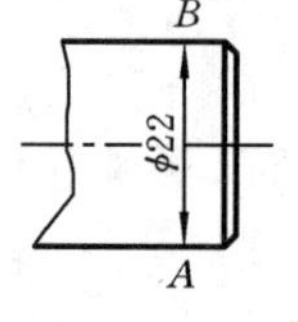

图 6.62　“加前缀的尺寸”标注示例

指定第二条尺寸界线原点:〈正交 开〉

//打开“正交”,光标移向上方轮廓线的位置点 B

//出现“最近点”提示后,单击,确定第二条尺寸界线原点

指定尺寸线位置或

[多行文字(M)/文字(T)/角度(A)/水平(H)/垂直(V)/旋转(R)]: M

//右键选择“多行文字”或键盘输入 M 后,回车

指定尺寸线位置或

[多行文字(M)/文字(T)/角度(A)/水平(H)/垂直(V)/旋转(R)]:

//弹出“文字格式”对话框,单击“符号”按钮,在列表中选择“直径”

//单击“文字格式”对话框中的“确定”按钮,光标移动到合适的尺寸线放置位置单击

标注文字 = 22　　　　//尺寸文本加前缀的标注完成

3. 尺寸文本全部修改或加前缀后缀的尺寸标注

图 6.63 所示为梯形螺纹标注示例。这是一个公称直径为 40 mm,导程为 14 mm,螺距为 7 mm,左旋的双线梯形螺纹。尺寸文本要全部修改。可以使用“线性”加“快速引线”标注命令来实现,也可以作“尺寸替代”,使用“线性”标注命令来实现。前一种方式的命令行提示和操作步骤如下。

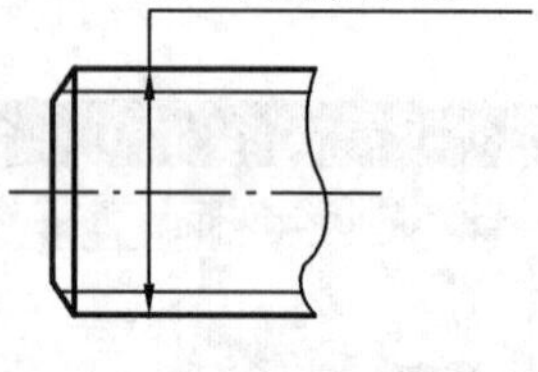

图 6.63　梯形螺纹标注示例

命令：_ dimlinear　　　　//标注“线性”尺寸

指定第一条尺寸界线原点或〈选择对象〉:〈对象捕捉 开〉

指定第二条尺寸界线原点:〈正交 开〉

指定尺寸线位置或

[多行文字(M)/文字(T)/角度(A)/水平(H)/垂直(V)/旋转(R)]:

标注文字 = 40

命令：_ explode 找到 1 个　　　　//“分解”尺寸标注

命令：_ erase 找到 1 个　　　　//“删除”尺寸文本

命令：_ qleader　　　　//“引线”标注

指定第一个引线点或 [设置(S)]〈设置〉: S

指定第一个引线点或 [设置(S)]〈设置〉:〈对象捕捉 开〉

指定下一点:〈正交 开〉

指定下一点:

指定文字宽度〈0〉:

输入注释文字的第一行〈多行文字(M)〉:

//回车,在“文字格式”中输入“Tr40×14(P7)LH”,单击“确定”按钮

4. 尺寸文本加边框线的标注

图 6.64 所示为标注零件图中的基本尺寸。尺寸文本要加边框线。

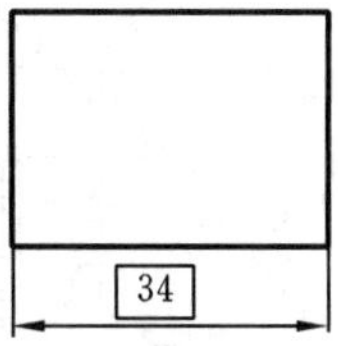

命令行提示和操作步骤如下。

34

图 6.64 "尺寸文本加边框"标注示例

命令:'_dimstyle //在"格式"菜单中选择"标注样式"命令
//或者单击"样式"工具栏中的按钮
//或在命令行输入 dimstyle 命令,回车,弹出"标注样式管理器"对话框
//单击"样式"中的"机械",单击"置为当前",单击"替代"
//弹出"替代当前样式:机械"对话框,选择"文字"选项卡中的"文字外观"
//框架里的"绘制文字边框"选项,单击"确定"按钮
//回到"标注样式管理器"对话框,单击"关闭"按钮

命令:_dimlinear //输入"线性"标注命令

指定第一条尺寸界线原点或〈选择对象〉:

指定第二条尺寸界线原点:

指定尺寸线位置或

[多行文字(M)/文字(T)/角度(A)/水平(H)/垂直(V)/旋转(R)]:

标注文字 = 34 //完成尺寸文本加边框线的标注

5. 标注角度

我国制图规范中对角度的标注有特殊的要求,不是通用样式的格式,参见 6.3.2 小节和 6.4.1小节来标注角度。使用"尺寸替代"设置特殊样式,使用"角度"命令标注角度。此处不赘述。

6. 标注尺寸公差

标注尺寸公差前面已介绍,参见 6.4.1 小节,此处不赘述。

7. 标注形位公差

参见 6.3.7 小节,此处不赘述。

【注意】 实际图形中的标注是丰富多样的,有时使用了上述方法标注和修改却并不满足专业规范要求。操作者就要分析图形,灵活使用标注命令。可以标注一个接近的,然后使用"分解"命令,再进行"移动"、"复制"、"旋转"、"拉伸"、"删除"等编辑,达到专业或行业标准要求的外观样子即可。最极端的情况是使用"直线"命令画尺寸线和尺寸界线,使用"多段线"命令画箭头,使用"文字"命令书写尺寸文本,但是尽可能不要这样使用。

6.6.2 建筑专业典型尺寸标注实例

如图 6.65 所示,使用"快速标注"中的"连续"命令,标注平面图的连续尺寸。操作步骤略。

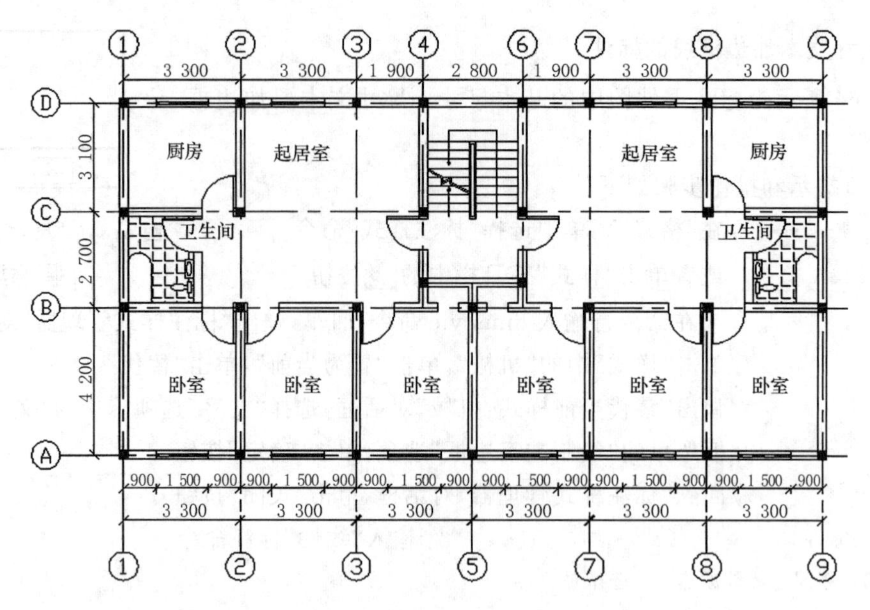

图 6.65 “建筑专业典型尺寸”标注示例

【本章小结】

本章介绍了通用标注样式和特殊标注样式的设置，详细讲解了各种尺寸的标注方法，同时对尺寸标注的编辑命令也作了全面的叙述。本章实例很多，目的是要掌握专业上常见的尺寸标注。

尺寸标注是图纸的一个重要的组成部分，而且变化很多。需要操作者了解专业或行业制图规范，认真分析图形，反复练习。

标注样式主要设置尺寸界线、尺寸线、尺寸箭头、尺寸文本的相对位置和相对大小比例之间的关系。一般常将一张图中有相同格式的大多数尺寸标注，设置一个通用的尺寸样式。而将少部分的特殊尺寸标注使用“尺寸替代”来单独处理。

标注尺寸之前要新建“尺寸标注”图层，创建好标注样式，调出“标注”工具栏，这样做，标注工作的管理、格式、需要的标注命令都准备好了，因此会提高我们的绘图工作效率，使我们有养成良好的绘图习惯。

常用的尺寸标注命令有很多，但有一个共同的方法，也是反复强调的——看命令行的提示。

编辑标注的方法也有不少，但是通过快捷菜单的方法值得掌握。

实际标注对象需要“标注”命令、编辑标注命令和“替代”结合使用，才能实现各种类型、各种外观的尺寸标注。多练、多体会，便可灵活选用命令。

【上机练习题】

1. 新建一图形文件，按国标规范，绘制如图 6.66 所示轴图，读懂图形并标注尺寸。

2. 新建五个图形文件，分别完成如图 6.67、图 6.68、图 6.69、图 6.70、图 6.71 所示的图形绘制。要求绘图线、标注尺寸、书写文字。文字样式、文字大小、尺寸样式等设置符合专业规范。

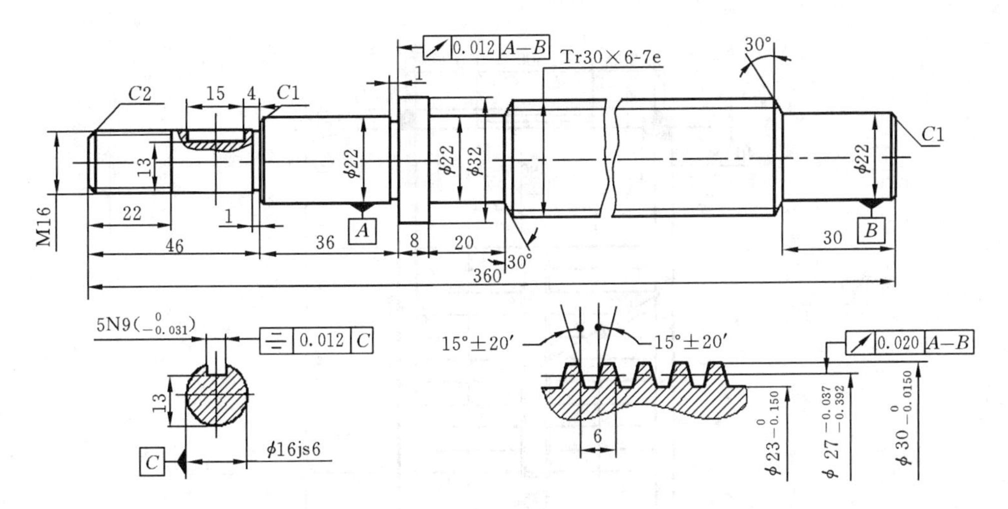

图6.66

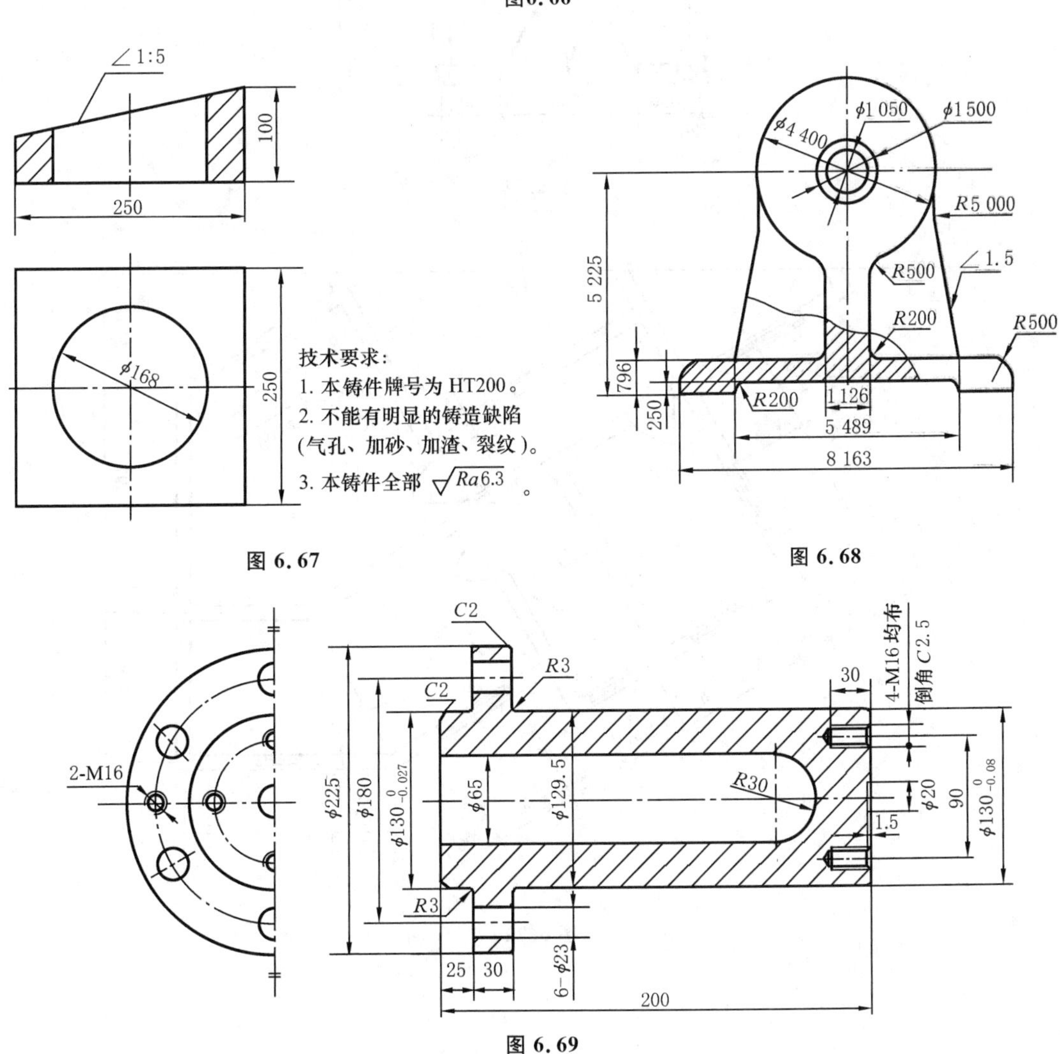

图 6.67

图 6.68

图 6.69

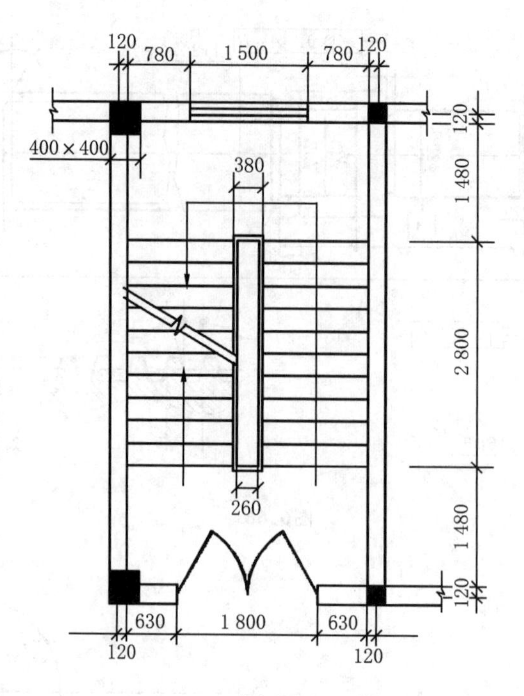
120
780
1 500
780
120
400×400
380
260
120
1 480
2 800
1 480
120
630
1 800
630
120
120

图 6.70

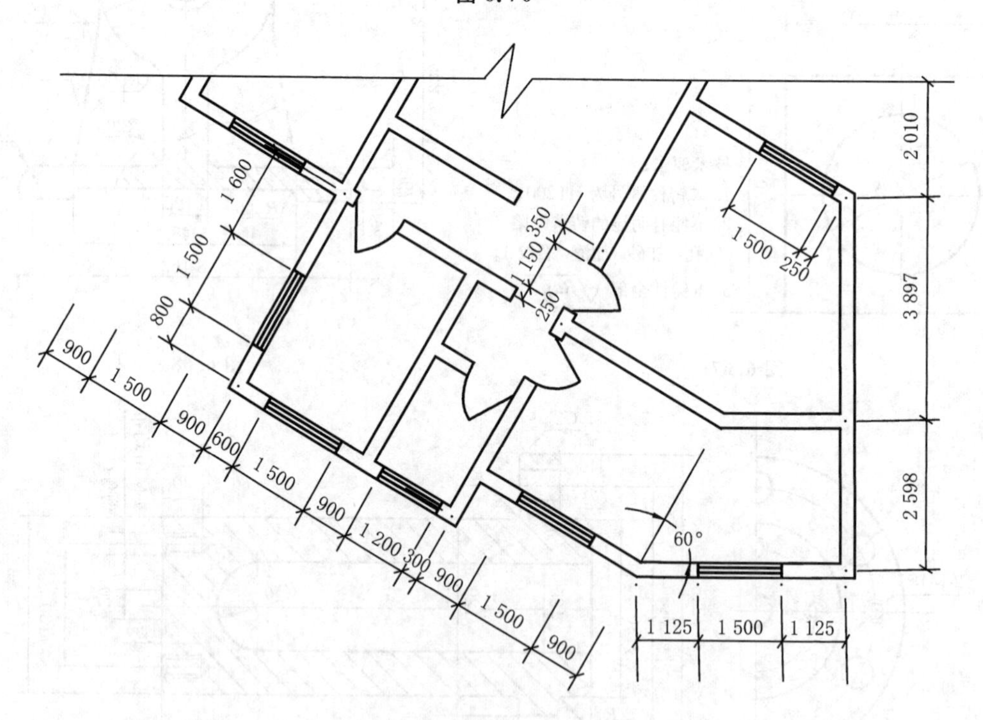
2 010
3 897
2 598
1 600
1 500
800
1 150
350
250
1 500
250
900
1 500
900
600
1 500
900
1 200
300
900
1 500
900
60°
1 125
1 500
1 125

图 6.71

第 7 章
图块及外部参照

在工程图中，总有些重复的图形，例如，机械图中的标准零件、建筑图中的门窗等标准图形。如果把这类图形定义为图块，那么在需要时可以使用，而不必重复绘制。此外，图形中的文本信息也可定义为属性，当使用图块时，属性可随操作者的要求而改变。这对工程图形中的某些形状相同、只是文本有差异的图形（例如，机械装配图中的零件编号、建筑图中的标高标注、图纸上的标题栏等）很有意义。使用图块，可以减少绘图的时间，提高绘图效率。

本章主要介绍属性的定义、图块的创建方法、图块的保存、图块的插入使用以及图块的编辑，最后简介外部参照的概念及使用。

7.1 图　块

图块是由一个对象或多个对象组合并创建成的一个单独的对象。这一个对象或多个对象可以全部是图形对象,也可以是非图形对象。非图形对象外观显示为文字信息,在图块中称为属性。一般可理解为:图块 ＝ 图形 ＋ 属性。属性要单独定义,图块要用命令来创建。以下分别从定义属性、创建图块、插入使用图块、保存图块几方面来介绍图块。

7.1.1 图块的属性

1. 属性的概念

图块中的非图形对象信息称为属性。属性是图块的一个组成部分,属性是用指定名字标识的一组文本,作为属性具体内容的这组文本称为属性值。

一般图形中可变的文本定义为属性,不变的文本仍绘作文本对象。当使用带属性的图块时,系统会提示操作者输入新的属性值。

2. 定义图块的属性

在"绘图"菜单中选择"块"子菜单的"定义属性"命令,在弹出的"属性定义"对话框中输入选项或参数,实现定义属性。"属性定义"对话框如图 7.1 所示。

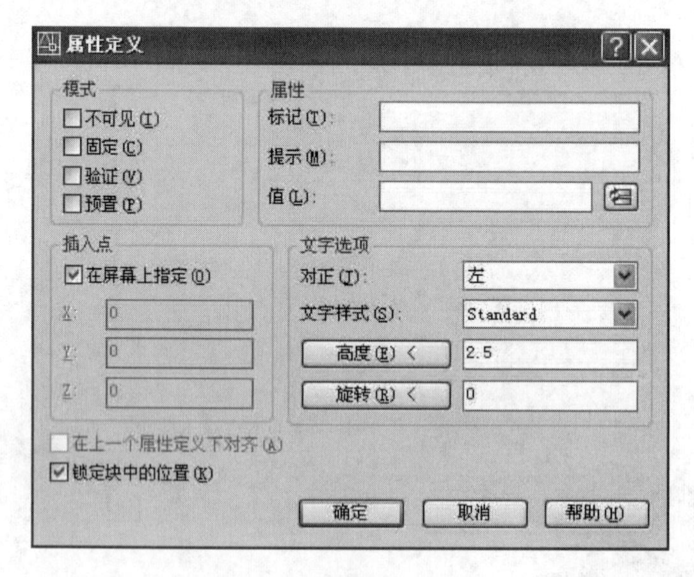

图 7.1 "属性定义"对话框

"属性定义"对话框说明如下。

(1)"模式"选项框:有四个选项,确定属性的模式。"不可见"所定义的属性在图中不可见;"固定"所定义属性的属性值在图中不变,是固定的信息;"验证"在使用图块时系统提示操作者验证属性值的正确性;“预置”在使用图块时属性值是定义时设置的默认值。这四个选项可都不选择。建议不选择这四个选项。

(2)“属性”选项框:有“标记”、“提示”、“值”三项内容。“标记”可以理解为给所定义的属性取一个名字;“提示”用于在使用图块时系统与操作者之间的交互提示;“值”是属性的默认内容,也称默认的属性值。

(3)“插入点”选项框:确定属性放在图形中的位置。可以输入坐标,也可以在绘图区域中指定。

(4)“文字选项”选项框:确定属性的文字内容的外观,包括对齐方式、文字样式、文字高度和旋转角度。

(5)“在上一个属性定义下对齐”勾选栏:有两个或两个以上的属性,如果要以对正方式排列,可选择此项。

【例 7.1】 将如图 7.2 所示的简单标题栏中的空格区定义为属性。

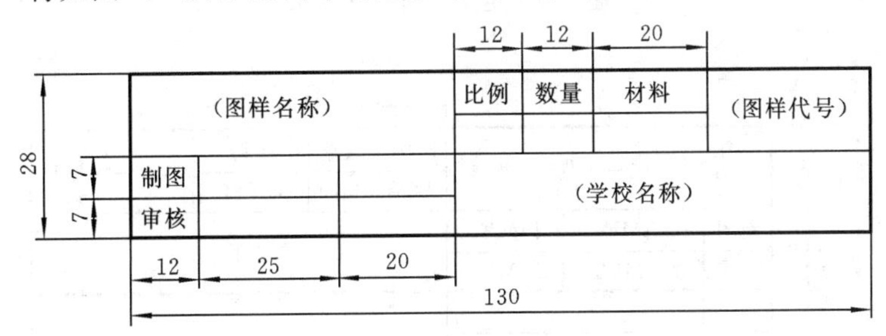

图 7.2 简单标题栏

命令行提示和操作步骤如下。

命令:_attdef //输入“定义属性”命令,弹出“属性定义”对话框

//按如图 7.3 所示填写对话框

//单击“确定”按钮,命令行继续提示

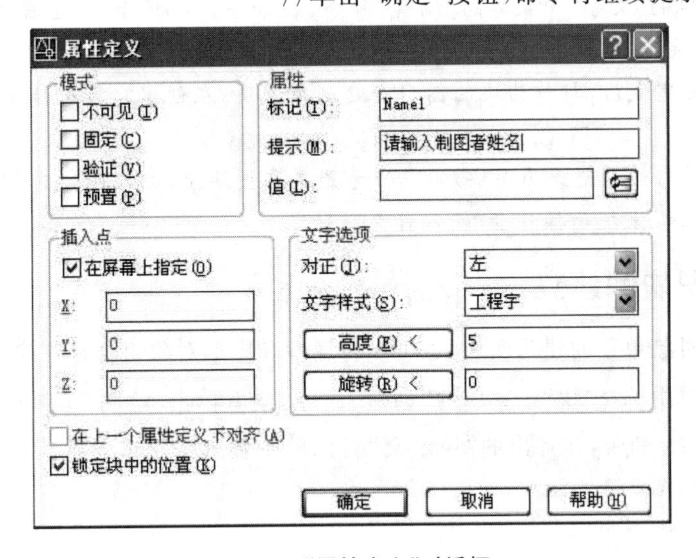

图 7.3 “属性定义”对话框

指定起点:〈对象捕捉追踪 开〉　　//在如图 7.2 所示"制图"右侧空格的左下角单击
　　//确定属性的起点
正在恢复执行 ATTDEF 命令。　　//结果如图 7.4 所示
　　//重复执行"定义属性"命令,如上方法定义其他属性,结果如图 7.5 所示

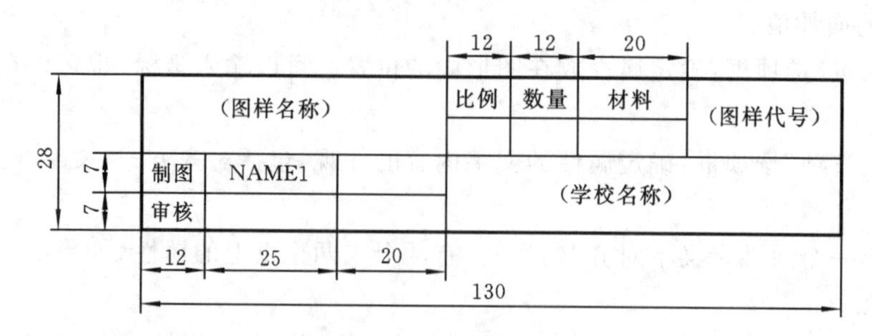

图 7.4　定义一个属性图示

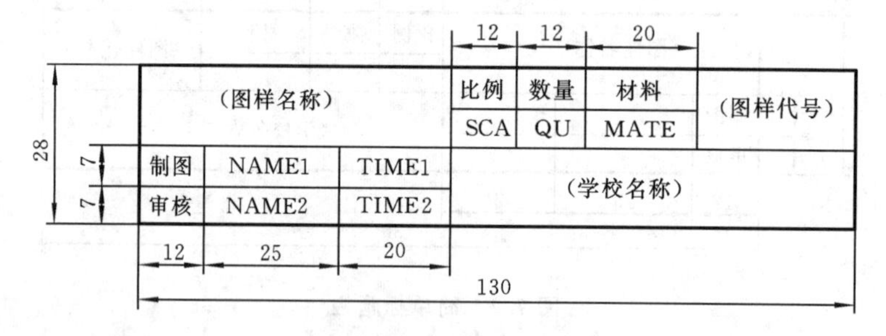

图 7.5　定义七个属性图示

【注意】

(1) 属性定义完成后,尚未创建成图块,还可以修改属性定义。方法是:在"修改"菜单中选择"对象"子菜单的"文字"子菜单的"编辑"命令,在命令行的提示下,选择要编辑的属性,在弹出的"编辑属性定义"对话框中,重新输入属性标记、提示和默认值,然后单击"确定"按钮。

(2) 属性定义完成后,与作为块的图形一起创建图块,在创建时将属性当作一个对象来选择。

(3) 属性与图形组合创建为图块后,属性才附着在图块上,插入图块时都将在命令行中用定义属性时的"提示"来提示操作者"输入什么数值"。

7.1.2 图块的建立

可以将图形对象单独创建为图块,也可以将属性和图形对象组合在一起创建图块。

在"绘图"菜单中选择"块"子菜单的"创建"命令,或者单击"绘图"工具栏中的按钮,或在命令行输入 block 命令,在弹出的"块定义"对话框中输入选项或参数,就可实现创建图块。"块定义"对话框如图 7.6 所示。

"块定义"对话框说明如下。

(1) 名称:为创建的图块取名。

(2) 基点：确定图块的基点，即插入点。可以输入坐标，也可以单击“拾取点”按钮，在绘图区域利用“对象捕捉”指定图块的基点。

(3) 对象：单击“选择对象”按钮，返回到绘图区域选择要定义为图块的对象，回车后返回“块定义”对话框。选择“保留”选项，则所选择作为图块的对象可以在当前图形文件中按原图保留；选择“转换为块”选项，则所选择作为图块的对象可以在当前图形文件中作为图块保留；选择“删除”选项，则所选择作为图块的对象在当前图形文件中删除。

无论定义为图块的对象是否存留在当前图形文件中，它都已保存在内存中了。

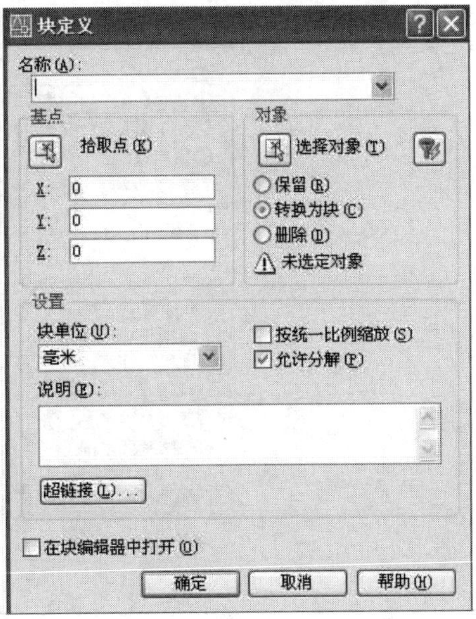

图 7.6 “块定义”对话框

【例 7.2】 将前述如图 7.5 所示图形及属性创建成图块。

命令行提示和操作步骤如下。

命令：_ block //输入“创建”命令，弹出“块定义”对话框

//在“名称”框中输入：简单标题栏

//单击“拾取点”按钮，命令行继续提示

指定插入基点： //在绘图区域利用“对象捕捉”捕捉标题栏的一个端点

//返回到“块定义”对话框，单击“选择对象”按钮

//返回到绘图区域，命令行继续提示

选择对象： //选择标题栏图线、文字及属性

指定对角点：找到 29 个

选择对象： //回车，返回“块定义”对话框，选择“删除”选项，单击“确定”按钮

//结果，创建了图块，图块保存在内存中，且当前图形文件中标题栏已删除

7.1.3 图块的保存

创建图块时，图块保存在内存中。如果要长久保存，且可被其他图形文件使用，则要保存到外存中，即要创建用作块的图形文件。

有两种创建图形文件的方法：其一是使用“保存”(save)或“另存为”(save as)创建并保存整个图形文件；其二是使用“输出”(export)或“写块”(wblock)从当前图形中创建选定的对象，然后保存到新图形中。使用任一方法创建一个普通的图形文件，它都可以作为块插入到任何其他图形文件中。建议使用“写块”(wblock)的方法保存图块。

“写块”(wblock)的步骤如下。

(1) 在命令行输入 wblock 命令，回车后，弹出“写块”对话框，如图 7.7 所示。

(2) 选择“源”框架中的“块”选项，单击其右侧的下拉箭头，在弹出的列表中选择已创建的图块名称。

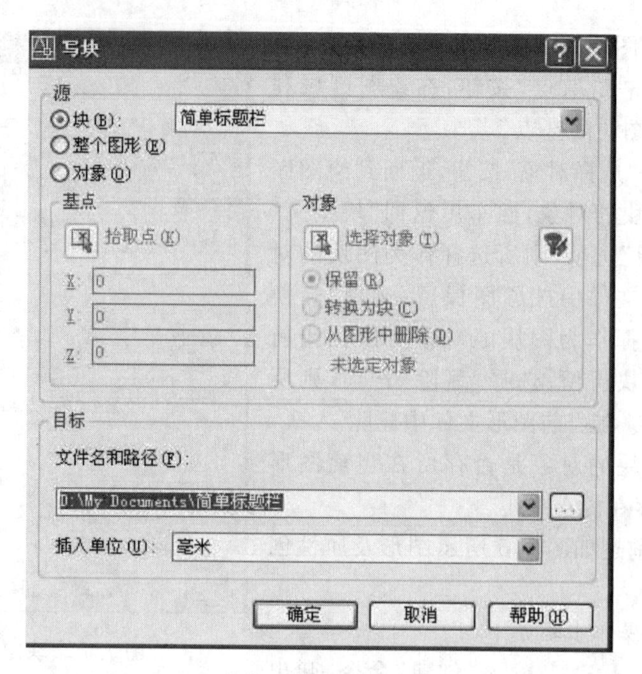

图 7.7 “写块”对话框

(3) 在“目标”框架中单击“浏览”按钮[...],在弹出的“浏览图形文件”对话框中选择保存路径,为将保存的图块取名,单击“保存”按钮。返回到“写块”对话框,“文件名和路径”栏显示图块的保存路径和图块名称。

(4) 单击“确定”按钮。

“写块”对话框的其他选项说明如下。

(1) 选择“源”框架中的“对象”选项,对“基点”、“对象”进行定义,相当于“创建”图块的操作,参照7.1.2小节。

(2) 选择“源”框架中的“整个图形”选项,操作与选择“源”中的“块”选项一样。它是把当前整个图形保存为图形文件。

(3) 保存在外存中的图块是一个图形文件,文件后缀仍然是“.dwg”。

7.1.4 图块的插入

创建图块的目的是为了使用图块。在“插入”菜单中选择“块”命令,或者单击“绘图”工具栏中的按钮,或在命令行输入 insert 命令,在弹出的“插入”对话框中确定图块插入到图形中的状态,单击“确定”按钮后,根据命令行的提示,就可实现插入图块。如果图块中有属性,则命令行会提示输入对应属性的属性值。

以前面介绍的已保存的带有属性的“简单标题栏”图块为例,插入图块的命令行提示和步骤如下。

命令:_insert //输入“插入”菜单中的“块”命令

//弹出“插入”对话框,单击“浏览”按钮

//在“选择图形文件”对话框中选择要插入的图形文件,单击“打开”按钮

//返回到"插入"对话框，如图7.8所示选择选项，单击"确定"按钮，命令行继续提示

指定块的插入点： //在绘图区域单击，命令行继续提示

请输入制图者姓名：于美菲 //输入姓名

请输入审核者姓名：栾小力 //输入姓名

请输入制图者签名时间：2007/3/5 //输入时间

请输入审核者签名时间：2007/3/8 //输入时间

请输入绘图比例：1∶2 //输入绘图比例

请输入零件数量：6 //输入数值

请输入零件材料名称：A3 //输入材料代号，结果如图7.9所示

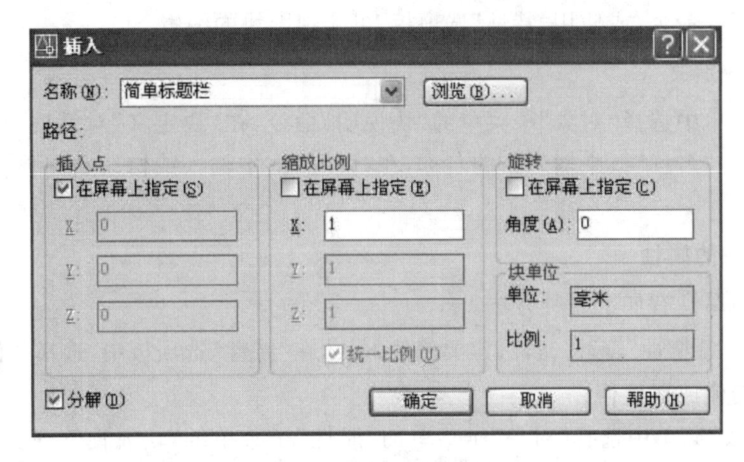

图7.8 "插入"对话框

<table>
<tr><td colspan="3" rowspan="2">（图样名称）</td><td>比例</td><td>数量</td><td>材料</td><td rowspan="2">（图样代号）</td></tr>
<tr><td>1∶2</td><td>6</td><td>A3</td></tr>
<tr><td>制图</td><td>于美菲</td><td>2007/3/5</td><td colspan="4" rowspan="2">（学校名称）</td></tr>
<tr><td>审核</td><td>栾小力</td><td>2007/3/8</td></tr>
</table>

图7.9 插入图块后结果图示

"插入"对话框有关选项说明如下。

(1) "插入"对话框的"名称"框中，可以单击下拉箭头从块定义列表中选择名称，也可单击"浏览"按钮，在"选择图形文件"对话框中选择要插入的图形文件。

(2) 若使用鼠标指针指定插入点、比例和旋转角度，选择"在屏幕上指定"；否则，在"插入点"、"缩放比例"和"旋转"框中分别输入值。

(3) 若要将块中的对象作为单独的对象而不是单个块插入，选择"分解"命令。

【注意】

(1) 除了创建的图块可通过"插入"使用外，图形文件也可作为图块插入。将一个完整的图形文件插入到其他图形中时，图形信息将作为图块定义复制到当前图形中。图块插入的这个功能，也是图形输出中图纸布局的一个方式，参见第13章。

(2) 可以从Windows资源管理器或任一文件夹中，通过拖放图形文件至绘图区域来插入

图块。

(3) 选择“工具”菜单中的“设计中心”命令,通过设计中心也可插入图块。将要插入的图形文件或块拖放到当前图形中;或双击之;或在树状图中单击包含该块原来所在图形文件的文件夹,在内容区域(右侧),在该图形文件上单击鼠标右键,在快捷菜单中选择“插入为块”命令,在“插入”对话框中,单击“确定”按钮。

7.1.5 图块的编辑

AutoCAD中,可以修改图块定义、修改图块的属性、或修改已插入图形中的图块。

选择“修改”菜单“对象”子菜单的“属性”、“块说明”、“文字”等命令,或者选择“修改Ⅱ”工具栏中的相应图标命令,或使用“特性”选项板,可实现图块的编辑。

1. 修改图块定义

在“修改”菜单中选择“对象”子菜单的“块说明”命令,在“块定义”对话框的“名称”框中选择要修改的块,在“名称”框中输入新的名称,在“说明”框中输入或修改新图形文件的说明,单击“确定”按钮。

2. 修改图块的属性

修改图块的属性有如下五种方法。

(1) 单击“对象特性”按钮,选定要修改的块,在“特性”选项板中,选择并修改 X 和 Y 的位置、比例、旋转值或属性值。

(2) 在“修改”菜单中选择“对象”子菜单的“属性”子菜单的“块属性管理器”命令。在“块属性管理器”中,从“块”列表中选择一个块;或者单击“选择块”并在绘图区域中选择一个块。在属性列表中可修改属性的提示顺序,还可删除属性。在属性列表中双击要编辑的属性,或者选择该属性并单击“编辑”,在“编辑属性”对话框中,可修改属性定义和属性值,然后单击“确定”按钮。

(3) 双击要修改的属性,弹出“增强属性管理器”,在其中可修改属性定义和属性值。

(4) 在“修改”菜单中选择“对象”子菜单的“属性”子菜单的“单个”命令,在绘图区域中选择要编辑的块,弹出“增强属性管理器”,在其中可修改属性定义和属性值。

(5) 在“修改”菜单中选择“对象”子菜单的“属性”子菜单的“全局”命令,通过命令行的提示,可以逐个或一次修改全部属性定义和属性值。

3. 修改已插入图形中的图块

单击“对象特性”按钮,选定要修改的块,在“特性”选项板中,选择并修改 X 和 Y 的位置、比例、旋转值或属性值。

4. 分解图块,分别修改所分解的对象

选择“修改”菜单中的“分解”命令,图块将分解为它的组成对象,对每个对象使用第3章讲述的编辑命令分别进行修改。

5. 删除块定义

在“文件”菜单中选择“绘图实用程序”子菜单的“清理”命令,弹出“清理”对话框,树状图显示可以清理的名称。要清理图块，选择“块”，选择“查看能清理的项目”或选择“查看不能清理的项目”，依提示单击“清理”按钮，或者单击“关闭”按钮。

大多数修改图块主要是修改属性值，建议使用上述标题2的方法(3)，双击要修改的属性，弹出“增强属性管理器”，在其中可修改。

7.1.6 控制块中的颜色、线型、线宽特性

插入块时，块中对象的颜色、线型和线宽通常要继承当前插入层的颜色、线型和线宽特性，还可以保留其原设置而忽略图形中的当前设置。

1. 继承当前插入层的特性

要实现这种情况，要在0层创建图块，“对象特性”工具栏中的“颜色”、“线型”、“线宽”设置为“随层”。

2. 不继承当前插入层的特性，仍保持创建图块时对象的颜色、线型、线宽特性

要实现这种情况，在创建图块时，为块定义中每个对象单独设置颜色、线型和线宽特性：创建这些对象时，不要使用“随块”或“随层”颜色、线型和线宽设置。

【建议】 绘制工程图形时，在0层创建图块，“对象特性”设置为“随层”，这样图块插入到其他图形文件中后，其颜色、线型、线宽特性以插入的当前层的特性显示。

7.1.7 图块应用实例

【例7.3】 将粗糙度符号创建成图块。

粗糙度在每个零件图中均要标注。粗糙度符号使用频繁，且形状比例均相同，只是粗糙度等级不同，因此可以将粗糙度符号定义成图块，将其中的粗糙度等级数值定义为属性。保存在外存中。该图块可以在当前图形中使用，也可以被其他零件图使用，使用中可以改变其大小、放置的方向和放置的位置。

如图7.10所示，使用本章所学的方法标注粗糙度。

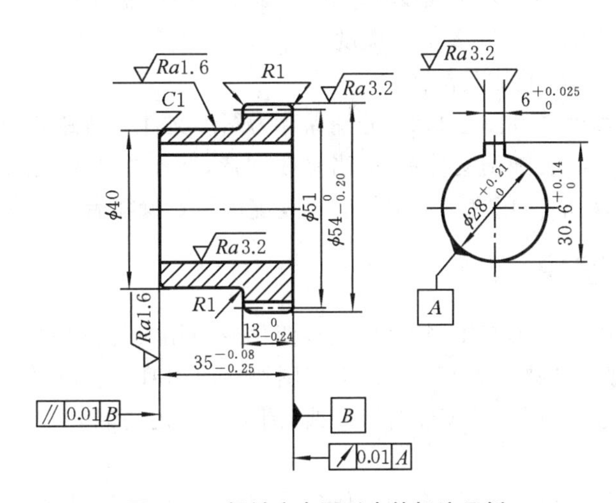

图7.10 粗糙度在图形中的标注示例

具体步骤如下。

(1) 绘图$\sqrt{Ra}$。使用“直线”和“多行文字”命令。

(2) 定义属性 CCD。选择“绘图”菜单中“块”子菜单的“定义属性”命令，弹出“属性定义”对话框，在“标记”中填入 CCD；在“提示”中输入“请输入粗糙度等级值”；选择插入点“在屏幕上指定”；文字对齐为“左”；高度为“2.5”；旋转为“0”。单击“确定”按钮。

根据命令行的继续提示，指定起点，在图$\sqrt{Ra}$ 中小点处单击，确定属性的起点，结果为$\sqrt{Ra\text{CCD}}$。

(3) 创建图块$\sqrt{Ra\text{CCD}}$。选择“绘图”菜单中“块”子菜单的“创建”命令，或者单击“绘图”工具栏中的按钮，或通过命令行输入 block 命令。

弹出“块定义”对话框，在“名称”框中输入“粗糙度”；单击“拾取点”按钮，命令行继续提示，指定插入基点，捕捉“端点”即图$\sqrt{Ra\text{CCD}}$中的小黑点；返回到“块定义”对话框；单击“选择对象”按钮，在绘图区域，选择对象$\sqrt{Ra\text{CCD}}$，即选择第一步创建的图形$\sqrt{Ra}$ 和第二步定义的属性 CCD，回车，返回“块定义”对话框；选择“删除”选项，单击“确定”，创建了图块$\sqrt{Ra\text{CCD}}$，图块保存在内存中，且当前图形文件中$\sqrt{Ra\text{CCD}}$图形已删除。

(4) 保存“粗糙度”图块。通过命令行输入 wblock 命令，回车后，弹出“写块”对话框，选择“源”框架中的“块”选项，单击其右侧的下拉箭头，在弹出的列表中选择已创建的“粗糙度”图块名称。在“目标”下单击“浏览”按钮[...]，在弹出的“浏览图形文件”对话框中选择保存路径、为将保存的图块取名“加工图用粗糙度”，单击“保存”按钮。返回到“写块”对话框，“文件名和路径”栏显示图块的保存路径和图块名称。单击“确定”按钮。

(5) 插入“粗糙度”图块。输入“插入”菜单下“块”命令，弹出“插入”对话框，单击“浏览”按钮，在“选择图形文件”对话框中找到要插入的图形文件“加工图用粗糙度.dwg”，单击“打开”按钮，返回到“插入”对话框。选择插入点“在屏幕上指定”、旋转“在屏幕上指定”，单击“确定”按钮。命令行继续提示，指定块的插入点，在绘图区域设置对象捕捉“最近点”，鼠标指针在要标注的轮廓线或尺寸界线上停留，当出现提示“最近点”后单击。命令行继续提示，输入旋转角度 90°。命令行继续提示“请输入粗糙度等级值”，输入 1.6，结果在相应位置上显示$\sqrt{Ra1.6}$。

(6) 重复第五步，标注其他位置的粗糙度。

【例 7.4】 将零件图拼装成装配图。

将组成装配图的每个零件图绘制好，分别保存为图形文件。新建装配图文件，将每个零件图作为图块插入到新建的装配图文件中，适当修改图形，标注主要装配尺寸、零件编号编写零件清单，这样就通过图块的使用将零件图拼装成装配图了。操作者不妨一试。

7.1.8 动态图块

普通块在插入使用时仅具有比例缩放、旋转变化或使用具体的编辑命令使图形整体一起变化的特性，它所体现的是整体的概念。而动态图块在使用时，既可整体变化，也可局部变化，变化时按预先定义的数据进行，数据随时可修改，图形则随之更新，且不必使用具体的编辑命令，具有灵活性和智能性。

定义动态块时，通过分析现有图形的几何参数和应用变化，对图形进行合适的参数设置和动作设置，使参数与动作关联，从而成为动态块。操作时，通过自定义编辑点或自定义特性来操作动态块参照中的几何图形，可以轻松地更改图形中的动态块参照。这样，在动态块参照的实际应用时，就可实现根据设计需要在位调整块，而不用再寻找另一个块来插入或重新创建块。

1. 动态块的参数和动作

若将几何图形定义为动态块，需定义该图形的一个或多个参数和动作。所谓参数，是图形中的自定义特性，常指图形的位置、距离和角度。所谓动作，是图形的整体或局部将如何移动或改变。图形中定义了参数和动作后，必须将这些动作与参数相关联，从而实现动态块的定义。外观上动态块不显示其所包含的参数和动作，仅在块编辑器中显示。而单击动态块参照将显示出所自定义的编辑点，从而显示动态块参照外观。

2. 动态块的编辑点及参数、动作、编辑点的关系

参数添加到动态块定义中后，编辑点将添加到该参数所定义的图形上。编辑点是用于操作块参照的参数部分。添加到动态块中的参数类型决定了添加的编辑点类型。每种参数类型仅支持特定类型的动作。如表7.1所示，显示了参数类型、参数说明、编辑点类型和可与每个参数相关联的动作类型之间的关系。

表7.1 参数、参数说明、编辑点和相关联的动作间的关系表

参数类型	参数说明	编辑点类型		可与参数关联的动作（参数支持的动作）
点	在图形中定义一个 X 和 Y 位置。在块编辑器中，外观类似于坐标标注	■	标准	移动、拉伸
线性	可显示出两个固定点之间的距离。约束编辑点沿预置角度的移动。在块编辑器中，外观类似于对齐标注	▶	线性	移动、缩放、拉伸、阵列
极轴	可显示出两个固定点之间的距离并显示角度值。可以使用编辑点和“特性”选项板来共同更改距离值和角度值。在块编辑器中，外观类似于对齐标注	■	标准	移动、缩放、拉伸、极轴拉伸、阵列
XY	可显示出距参数基点的 X 距离和 Y 距离。在块编辑器中，显示为一对标注（水平标注和垂直标注）	■	标准	移动、缩放、拉伸、阵列
旋转	可定义角度。在块编辑器中，显示为一个圆	●	旋转	旋转
翻转	翻转对象。在块编辑器中，显示为一条投影线。可以围绕这条投影线翻转对象。将显示一个值，该值显示出了块参照是否已被翻转	➡	翻转	翻转
对齐	可定义 X 和 Y 位置以及一个角度。对齐参数总是应用于整个块，并且无需与任何动作相关联。对齐参数允许块参照自动围绕一个点旋转，以便与图形中的另一对象对齐。对齐参数会影响块参照的旋转特性。在块编辑器中，外观类似于对齐线	▶	对齐	无（此动作隐含在参数中）

续表

参数类型	参 数 说 明	编辑点类型		可与参数关联的动作(参数支持的动作)
可见性	可控制对象在块中的可见性。可见性参数总是应用于整个块,并且无需与任何动作相关联。在图形中单击编辑点可以显示块参照中所有可见性状态的列表。在块编辑器中,显示为带有关联编辑点的文字		查寻	无(此动作时隐含的,并且受可见性状态的控制)
查寻	定义一个可以指定或设置为计算用户定义的列表或表中的值的自定义特性。该参数可以与单个查寻编辑点相关联。在块参照中单击该编辑点可以显示可用值的列表。在块编辑器中,显示为带有关联编辑点的文字		查寻	查寻
基点	在动态块参照中相对于该块中的几何图形定义一个基点。无法与任何动作相关联,但可以归属于某个动作的选择集。在块编辑器中,显示为带有十字光标的圆		标准	无

3. 块编辑器

单击“工具”主菜单中“块编辑器”按钮,块编辑器如图7.11所示。

块编辑器是一个专门的编写区域。通过“块编写选项板”来添加参数和动作,使图形成为动态块,如图7.12所示。

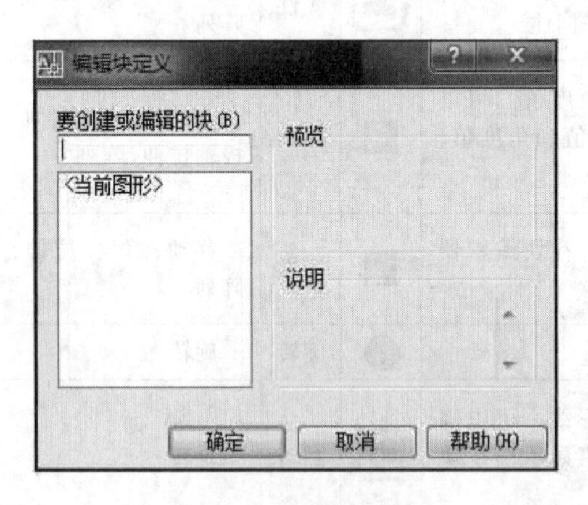

图7.11 块编辑器

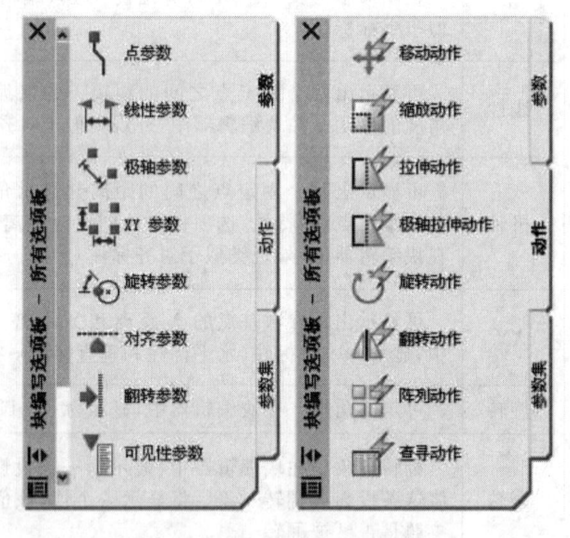

图7.12 块编写选项板

通过指定几何图形的位置、距离和角度,参数可定义动态块的自定义特性。动作定义了在图形中操作动态块参照时,该块参照中的几何图形将如何移动或更改。向图形中添加动作后,必须将这些动作与参数相关联,并且通常情况下要与几何图形相关联。向块定义中添加参数后,会自动向块中添加自定义编辑点和特性。使用这些自定义编辑点和特性可以操作图形中的块参照。

4. 简单实例说明动态块原理

如图 7.13 所示，将该图形添加简单的参数和动作，创建一个动态图块，在实际设计中动态块参照可以旋转和移动。用此简单实例来阐明动态块原理。

使用块编辑器，选择上述图形。在“块编写”选项板的“参数”选项卡中选择“点参数”，向图形添加点参数，其标签是“位置”。选择“旋转参数”，向图形添加旋转参数，其标签是“角度”。在“块编写”选项板的“动作”选项卡中选择“移动动作”，选择已添加的点参数，向图形添加动作，其动作标识显示为闪电图标和“移动”文字，则移动动作与点参数关联起来了。同理，从“动作”选项卡上选择“旋转动作”，向图形添加旋转动作，其动作标识显示为闪电图标和“旋转 1”文字，并将关联到图形的旋转参数，如图 7.14 所示。

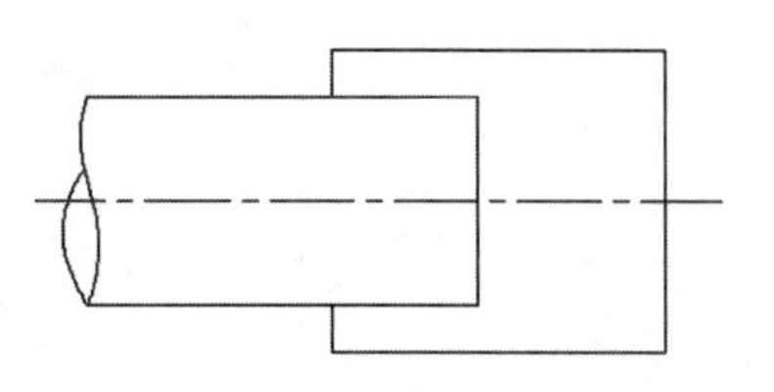

图 7.13　欲创建的一个可旋转和移动的动态块

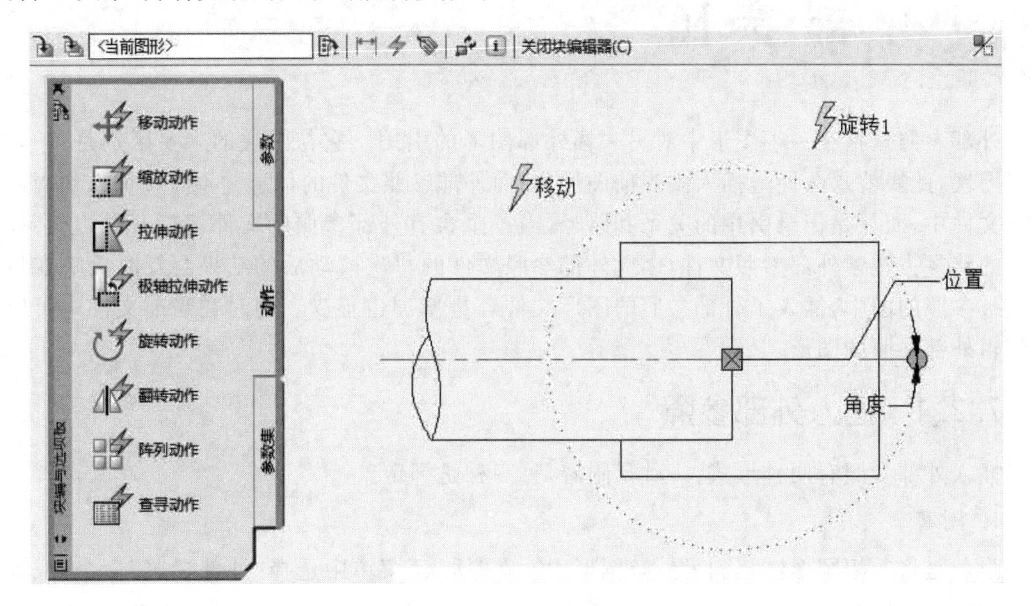

图 7.14　定义参数和动作

在块编辑器界面左上角保存已设置好的参数和动作的图形，并取图块名，即创建了一个动态块，关闭块编辑器。

单击“插入”菜单中的“块”按钮，选择所创建的动态块名，如普通图块一样进行插入操作。选择该动态块参照，将显示自定义编辑点，使用这些编辑点(图示红点)进行拖放操作，便实现了动态移动图形和动态旋转图形，如图 7.15 所示。

此外，还可设置图形的拉伸、阵列、缩放、翻转、对齐、可见性以及查寻表的参数和动作。

使用动态块进行绘图和机械设计，提供了一种设计和绘图的新方式。其优势在于，通过设置一次性的参数和动作，达到设计和绘图的智能化。操作中，只要操作编辑点，不再使用软件的编辑命令，便实现图形尺寸的改变、图形位置的改变和增减图形的变化。动态图块的功能为设计工作提供了高效率的工具。详细操作参见相关文献。

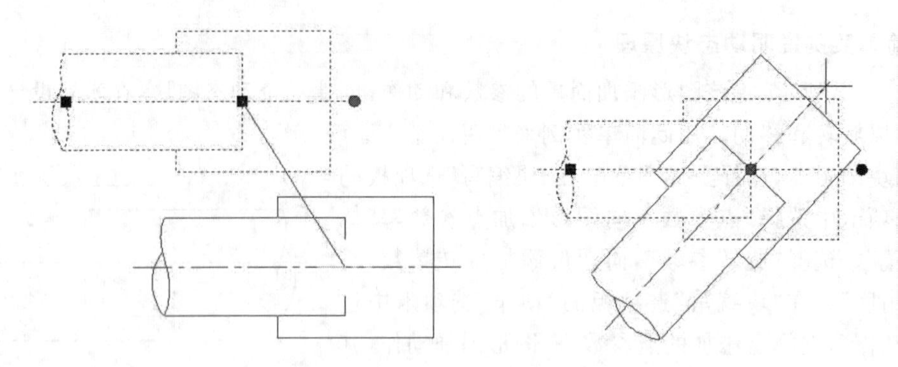

图7.15　动态块参照的移动和旋转实现

7.2 外部参照

外部参照是指在一幅图形中对另一幅外部图形的引用。它与图块的主要区别是:一旦插入了图块,此块就永久性地插入到当前图形中;而外部参照文件的信息并不直接加入到当前的图形文件中,而只是记录引用的关系和路径,当一个含有外部参照的文件被打开时,它会按照记录的路径去搜索外部参照文件,因此外部参照文件的每次改动后的结果会及时反映在最后一次被参照的图中,插入了外部参照的图形文件容量增加也很少。同时在当前文件中可以直接编辑外部参照的图形。

7.2.1　插入外部参照

插入外部参照有两种形式:一种是附着,另一种是绑定。

1. 附着

附着是将一幅图形链接到另一幅图形中。在“插入”菜单中选择“外部参照”命令,或者单击“参照”工具栏中的按钮,或在命令行输入 xattach 命令,在弹出的“选择参照文件”对话框中选择图形文件,单击“打开”按钮后,弹出“外部参照”对话框,如图7.16所示。在“外部参照”对话框中选择参照类型,其他的选项选择与“插入”图块的对话框相同,单击“确定”按钮后,其操作也与“插入”图块的操作相同,参见7.1.4小节,这样就实现了在当前图形中插入外部参照图形。

“外部参照”对话框有关选项说明如下。

(1) 附加型:选择此项,且该外部参照嵌套在其他外部参照中,那么新图形文件插入其他外部参照时,显示出来该嵌套的外部参照。即A是附加型外部参照,且被B引用,而C又引用B,则C中A也显示出来。附加型不支持循环嵌套。

(2) 覆盖型:选择此项,外部参照嵌套在其他外部参照中时,不能显示出来。即A是覆盖型外部参照,且被B引用,而C又引用B,则C中A不显示出来。覆盖型支持循环嵌套。

【注意】 操作者在网络环境下通过外部参照共享数据,可采用覆盖型的外部参照,这样就

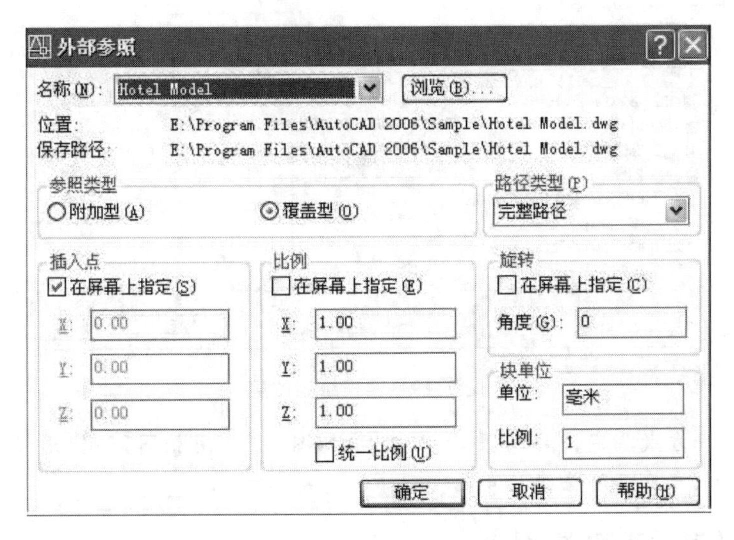

图 7.16 “外部参照”对话框

不必考虑图形之间的相互嵌套关系。

2. 绑定

绑定也是插入，主要是将外部参照文件的图层、标注样式、线型等内容永久地加入到当前图形文件中，使之成为当前图形文件中的一部分。

单击“参照”工具栏中的按钮，或在命令行输入 xbind 命令，弹出的“外部参照绑定”对话框，如图 7.17 所示。在“外部参照绑定”对话框中选择绑定内容，如某一图层，选择之，如图 7.18 所示。单击“添加”按钮，右侧列出所要永久地加入到当前图形文件中的内容，单击“确定”按钮，则该内容绑定到当前图形中，如图 7.19 所示。

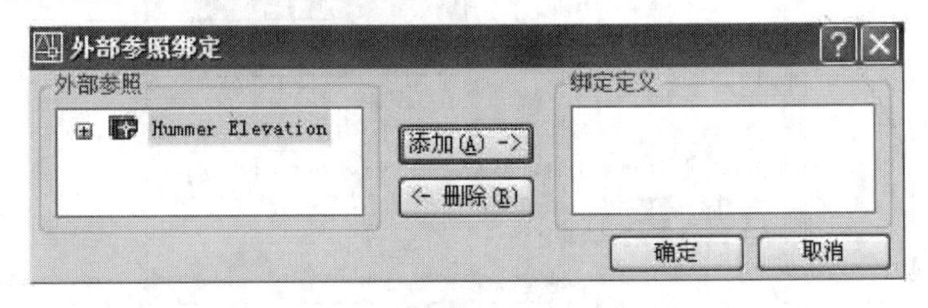

图 7.17 “外部参照绑定”对话框

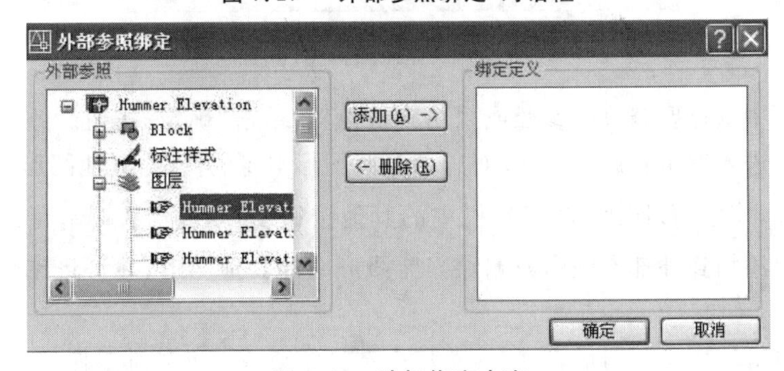

图 7.18 选择绑定内容

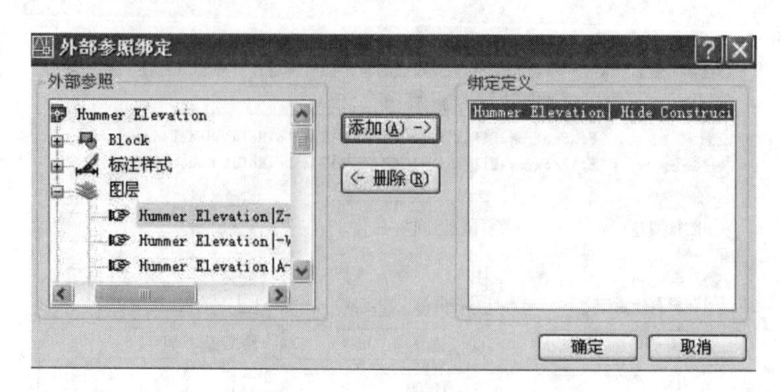

图 7.19 实现绑定图层

【注意】 此种方式绑定图层与设计中心"添加图层"作用相同,而使用设计中心"添加图层"的方法要简单,参见第9章设计中心。

7.2.2 编辑外部参照

在当前图形中可以直接编辑外部参照图形,即编辑外部参照图形文件时不需要再去打开原始文件了。

单击"参照编辑"工具栏中的"在位编辑参照"按钮,或在命令行输入 refedit 命令,弹出"参照编辑"对话框,如图 7.20 所示。

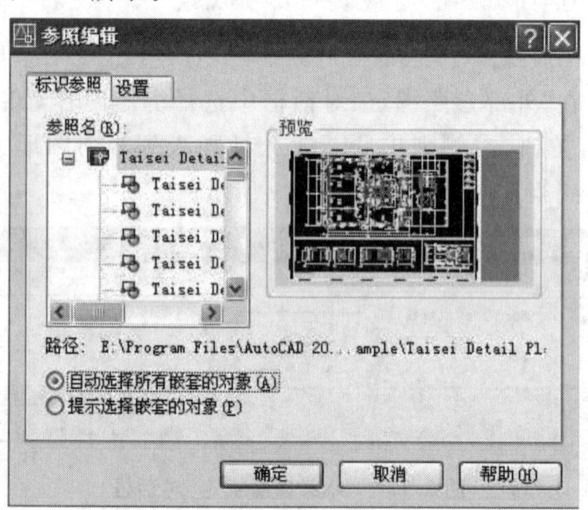

图 7.20 "参照编辑"对话框

在"参照名"中选择要修改的参照或采用默认设置,单击"确定"按钮。此时选定的参照将作为一个工作集进入编辑状态,可完成对外部参照图形本身的修改,其他图形将不能进行任何编辑操作。此外,使用"参照编辑"工具栏中的其他按钮,可以将当前图形中的其他图形对象添加到外部参照中或删除当前图形中的其他图形,并可将编辑结果放弃或保存。

鼠标右键单击外部参照图形,在快捷菜单中选择结束或放弃外部参照编辑,退出选定参照的编辑状态。

7.2.3 外部参照管理器

"外部参照管理器"可管理当前图形中的所有外部参照图形。它也可以实现上述"附着"和"绑定"的操作。在"插入"菜单中选择"外部参照管理器"命令,或者单击"参照"工具栏中的按钮,或在命令行输入 xref 命令,弹出"外部参照管理器"对话框,如图7.21所示,中间列出外部参照图形文件名。

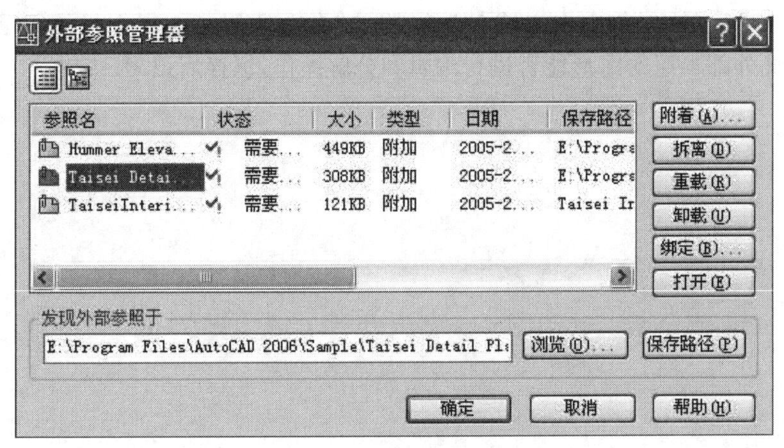

图 7.21 "外部参照管理器"对话框

"外部参照管理器"对话框说明如下。

(1)"附着"按钮:单击之,操作同 7.2.1 小节中的"附着",实现将参照图形插入到当前图形文件中。

(2)"拆离"按钮:单击之,删除当前文件中不需要的外部参照图形。

(3)"重载"按钮:外部参照图形若有修改,在列表中选择之,单击"重载"按钮,当前文件中重载该外部参照图形。

(4)"卸载"按钮:列表中选择要卸载的外部参照,单击"卸载"按钮,外部参照从当前文件中移走,但保留路径,当需要再参照时,单击"重载"按钮。

(5)"绑定"按钮:单击之,操作同 7.2.1 小节中的"绑定",实现将参照图形中的某些内容永久地插入到当前图形文件中。

(6)"打开"按钮:列表中选择要打开的外部参照,单击"打开"按钮,在图纸空间打开外部参照图形文件。

【本章小结】

图块和外部参照是重复利用图形对象的两种方式,从事设计工作的人员,掌握它们的使用方法,能减少绘图时间,提高绘图效率。

图块是图形和非图形信息组合在一起的一个整体、一个对象。图块中的非图形信息称为属性。属性与图形共同创建成图块后,可随图块的使用而改变其显示的内容。这在实际应用中非常有意义。

本章详细地介绍了图块中的属性定义、图块的创建、图块的使用、图块的保存等内容。简要地介绍了外部参照的插入、编辑和管理方式。

【上机练习题】

1. 绘制 A3 图幅,将第 5 章的上机练习题 1 的标题栏放入其中,选择标题栏中的空格处定义属性,将全部图形创建为图块,图块名"A3 图纸",保存在外存中,留待后续出图用。

2. 将建筑专业的标高符号创建为图块,保存到外存中。

3. 新建一图形文件,使用"外部参照"的"附着"命令调用第 3 章上机练习题 5 的图形文件,并实验对此外部参照的图形能否进行编辑和分解操作,保存后退出。

第8章
绘制完整二维图形

前面分别介绍了二维图形的绘制和编辑、书写文字、尺寸标注等内容，通过每一章的上机练习，已熟悉了相关命令的使用。本章主要是从实际工作角度，总结归纳绘制一个完整的二维图形的基本步骤，为将来从事设计和绘图工作打下扎实的基础。

8.1 绘图的一般原则

绘图的一般原则如下。

(1) 开始绘图前的初始设置:设置绘图界限、视图缩放-全部缩放、设置单位、设置图层。

(2) 绘图比例的确定:始终使用1∶1的比例绘图。图形输出时,再设置出图的比例。

(3) 图层设置:为不同类型的图形对象设置不同的图层、颜色、线型和线宽。

(4) 操作者注意:交互式操作,随时注意命令提示行,根据提示决定下一步的操作;减少误操作,提高绘图效率;随时保存。

(5) 工具按钮的使用:精确绘图时,正确选用"对象捕捉"、"对象追踪"、"正交"、"极轴"等工具按钮。

(6) 图框、标题栏的绘制建议:不要将图形和图框、标题栏绘制在一幅图中,可以在布局图形时,将图框、标题栏按块插入、修改属性,然后打印出图。

(7) 设置一个图形样板文件(*.dwt):常用的设置如图层、捕捉、标注样式、文字样式等内容设置在一个图形样板文件(*.dwt)中,绘制新图时使用样板开始绘图。

8.2 制作绘图样板

8.2.1 绘图样板的概念

工程中的不同图形文件的通用内容不必反复设置或绘制,可制作成该工程的绘图样板。新建文件时,调出样板文件绘图即可,这样不仅可提高绘图效率,并且可将同一工程的图纸有关内容设置一致。

8.2.2 制作绘图样板的步骤

制作一个绘图样板,它的绘图范围是297 mm×210 mm,使用十进制、精度为0.0 mm的绘图单位,它建有"轮廓线"、"中心线"、"尺寸标注"三层图层,可书写的汉字字体是仿宋体,标注尺寸的格式符合我国制图标准,如果使用"栅格"、"捕捉",它可精确定位0.5 mm。具体样板的制作过程如下。

1. 新建图形文件

选择"文件"菜单中的"新建"命令,弹出"选择样板"对话框,系统自动选择了一个预置的样板文件"acadiso.dwt",单击"打开",创建了一个文件名默认是drawing*、图形界限为420 mm×297 mm的图形文件。

2. 设置绘图范围

选择“格式”菜单中的“图形界限”命令。键盘输入“0,0”,回车;键盘输入“297,210”,回车。命令行提示如下。

命令:_limits

重新设置模型空间界限:

指定左下角点或[开(ON)/关(OFF)]〈0.0000,0.0000〉:

指定右上角点〈420.0000,297.0000〉:297,210

3. 视图缩放

将所设置的绘图范围全部显示在屏幕大小的范围内。选择“视图”菜单中的“缩放”下一级子菜单“全部”命令,或单击“缩放”工具栏中的“全部”按钮。

4. 设置绘图单位

选择“格式”菜单中的“单位”命令,在弹出的“图形单位”对话框中,选择选项和输入参数如图8.1所示。

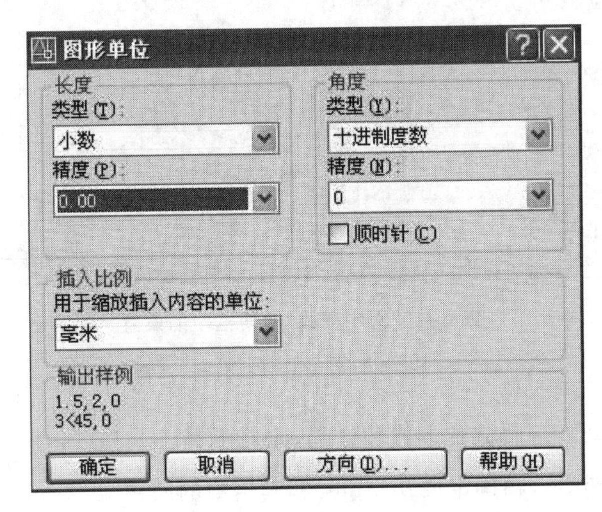

图8.1 “图形单位”对话框

5. 设置图层

选择“格式”菜单中的“图层”命令,或单击“图层特性管理器”按钮,在弹出的对话框中,单击“新建”按钮,创建三个图层,它们的图层名、颜色、线型如图8.2所示,“轮廓线”层的线宽为0.5 mm,“中心线”、“尺寸标注”层的线宽为0.25 mm。单击“确定”按钮。

状	名称	开	冻结	锁定	颜色	线型	线宽	打印样式	打	说明
	0				白色	Con…ous	—— 默认	Color_7		
	尺寸标注				黄色	Con…ous	—— 0…	Color_2		
	轮廓线				白色	Con…ous	—— 0…	Color_7		
	中心线				红色	CENTER2	—— 0…	Color_1		

图8.2 图层设置

6. “对象特性”的设置

“对象特性”的颜色、线型、线宽设置为默认如图 8.3 所示。

图 8.3 “对象特性”工具栏中的设置

7. 设置文字样式

选择“格式”菜单中的“文字样式”命令,或单击“文字”工具栏中的按钮,在弹出的“文字样式”对话框中选择选项和输入参数如图 8.4 所示。

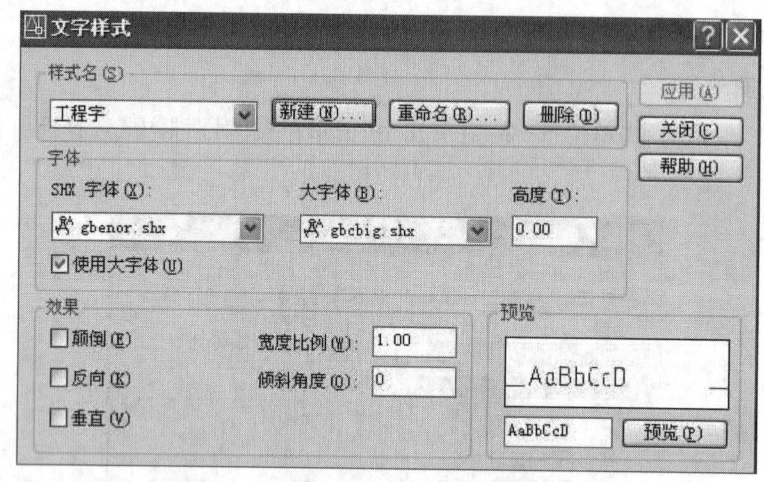

图 8.4 “文字样式”对话框中的设置

8. 设置标注样式

第 6 章介绍了设置标注样式的方式和过程,此处不赘述。

9. 使用“栅格”“捕捉”,精确定位 0.5 mm 和其倍数的距离

右键单击状态栏中的“捕捉”,在弹出的菜单中选择“设置”,在“捕捉和栅格”选项卡中,修改“栅格 X 轴间距”为 0.5、“栅格 Y 轴间距”为 0.5,修改“捕捉 X 轴间距”为 0.5、“捕捉 Y 轴间距”为 0.5,单击“确定”按钮。单击状态栏中的“捕捉”,使“捕捉”打开。

10. 存储为样板文件(*.dwt)

选择“文件”菜单中的“另存为”命令,弹出“图形另存为”对话框。在该对话框中,选择“文件类型”为“AutoCAD 图形样板(*.dwt)”;“保存于”文本框中出现“Template”文件夹,或另选择保存位置;在“文件名”处输入“*工程样板”;单击“保存”按钮。在弹出的“样板说明”对话框中输入该样板有关的说明文字,单击“确定”按钮。在绘图界面的标题栏上显示当前文件的存储位置、文件名、文件类型。

11. 关闭当前已建立的样板文件

选择“文件”菜单中的“关闭”命令,或单击绘图界面右上角的“关闭”按钮,则关闭当前已建立的样板文件。

8.3 调用样板文件

建立了样本文件以后，就可以随时打开样板文件。绘制新图实际上就是在样板文件的基础上添加新的内容，具体步骤如下。

1. 打开样板文件

选择“文件”菜单中的“打开”命令，或单击常用工具栏上的按钮，弹出“选择文件”对话框，在该对话框中，选择“文件类型”为“AutoCAD 图形样板(＊.dwt)”；“保存于”文本框中选择保存路径，如“Template”文件夹；在该路径下的文件列表中选择所需的样板文件名，如“＊工程样板”；“文件名”处显示“＊工程样板.dwt”；单击“打开”按钮。

2. 样板文件转换成图形文件

选择“文件”菜单下“另存为”菜单命令，弹出“图形另存为”对话框。在该对话框中，选择“文件类型”为“AutoCAD 2004 图形(＊.dwg)”；“保存于”文本框中选择新图形将要保存的位置，或新建文件夹，如“D:\项目 1\”；在“文件名”处输入“项目 1 工程图”；单击“保存”按钮。在绘图界面的标题栏上显示当前文件的存储位置、文件名、文件类型，如“D:\项目 1\项目 1 工程图.dwg”。这样样板文件中的全部设置均已继承，可以在当前图形文件中添加新图了。

由于本书篇幅有限，下列各例命令行提示不再列出。

8.4 机电专业典型图形绘图步骤实例

绘制如图 8.5 所示齿轮零件图，并布置在 4 号图纸中出图。

绘图步骤如下。

(1) 设置机械图绘图样板。

参见 8.2.2 小节操作过程。

(2) 调用机械图绘图样板。

参见 8.3 节。图形文件另存为“齿轮零件.dwg”；除了已有的“轮廓线”、“中心线”、“尺寸标注”图层外，再增加“剖面线”、“文本”、“图框标题栏”、“表格”图层，设置不同的图层使用不同的颜色、线型皆为 Continuous、线宽皆为 0.25 mm，参见 8.2.2 小节“设置图层”步骤。

(3) 绘制中心线、定位线。

如图 8.6 所示，使用“直线”命令画直线 1、4、5；使用“偏移”命令画直线 2、3，使用“自动编辑”中的“拉伸”命令调整直线 2、3 的长度；使用“特性”命令调整线型比例。

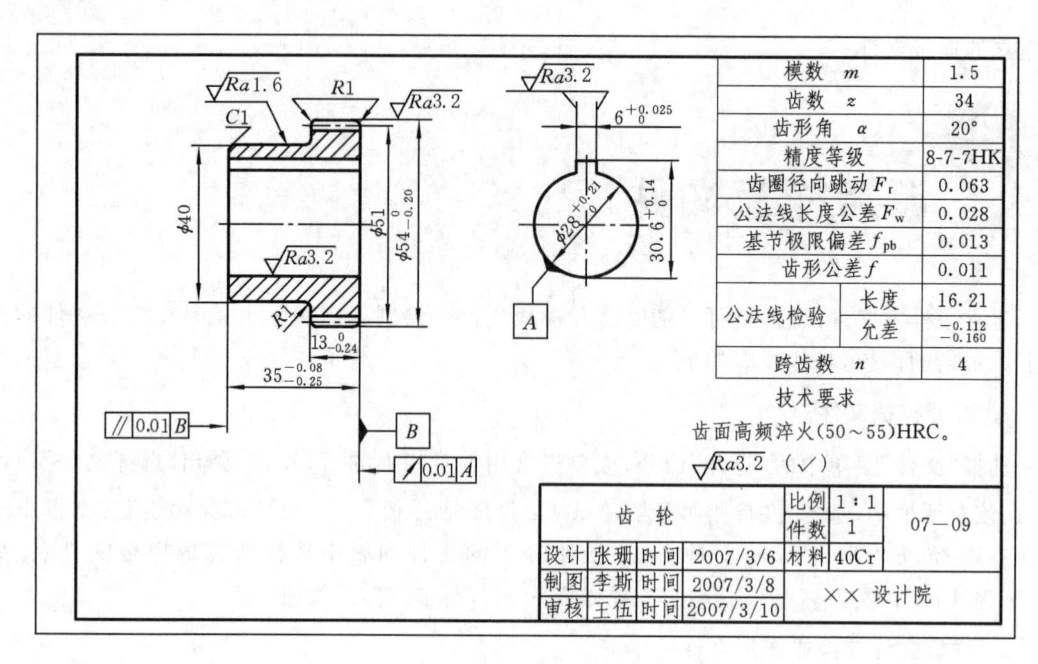

图 8.5　齿轮零件图

(4) 绘制轮廓线。

轮廓线间的尺寸如图 8.7 所示。使用“直线”、“圆”、“偏移”、“倒角”、“圆角”、“修剪”、“延伸”命令绘图。注意视图间的对应关系,理解虚线间的对应关系。

(5) 修剪多余的线段。

(6) 画剖面线。

使用“填充图案”命令,选择 ANAI31 图案,结果如图 8.8 所示。

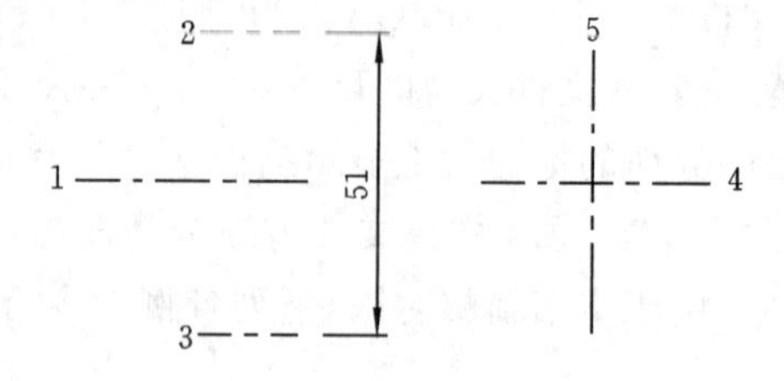

图 8.6　画中心线、定位线

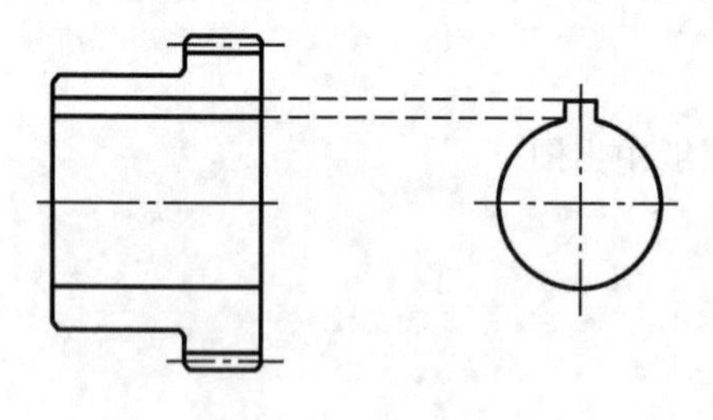

图 8.7　画轮廓线

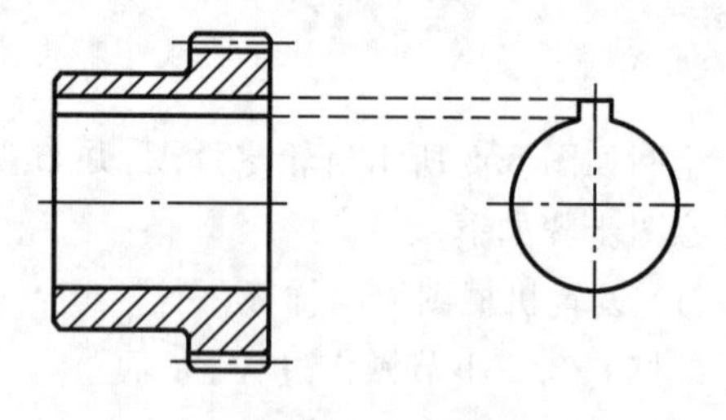

图 8.8　画剖面线

(7) 补画图线并整理图形。

(8) 标注尺寸。

建立通用尺寸标注样式,标注通用尺寸如图 8.9 所示。

使用通用尺寸标注样式中的尺寸“替代”标注特殊尺寸,即尺寸公差,参见第 6 章 6.4 节的使用方法,结果如图 8.10 所示。

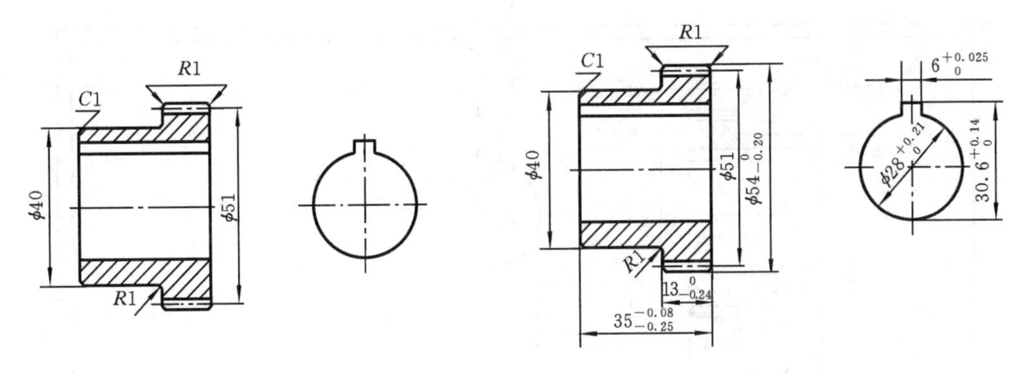

图 8.9 通用尺寸标注 图 8.10 尺寸公差的标注

形位公差的标注可以使用“快速引线”标注命令，也可使用“公差”标注命令。粗糙度符号作为图块插入到该图中，参见第 7 章的使用方法，标注尺寸结果如图 8.11 所示。

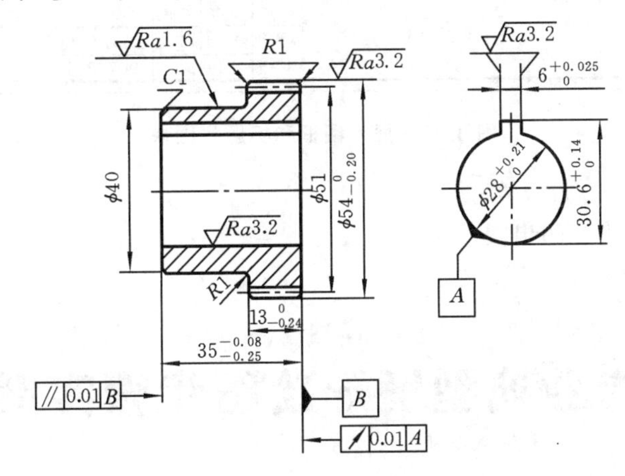

图 8.11 形位公差、粗糙度和基准面标注

(9) 插入图框和标题栏图块。

将标题栏中的文字作为属性来处理，将 4 号图幅和标题栏整体在 0 层制作成图块；制作成图块之前，将粗实线用对象特性的“线宽”来实现。图块保存在外存中。

将此图块插入本图对应图层中，根据命令行的提示，输入属性的属性值，调整图形，结果如图 8.12 所示。

(10) 绘制表格、填写技术参数，书写技术说明。

使用“表格”命令，绘制表格、填写技术参数。或使用“直线”加“偏移”命令绘制表格，使用“单行文字”命令在表格中填写技术参数。使用“多行文字”命令书写技术要求。

(11) 整理图形。

调整中心线、定位线的长度，一般这些线超出轮廓线 2～4 mm，不宜过长，可使用“打断”、“拉伸”等命令实现。

尺寸线不能穿过文字，将穿过的部分线段“打断”或“修剪”。

图中的文字字号宜采用 2～3 种，不宜过多；文字布置均匀；尺寸标注均匀、美观、协调。结果如图 8.5 所示。

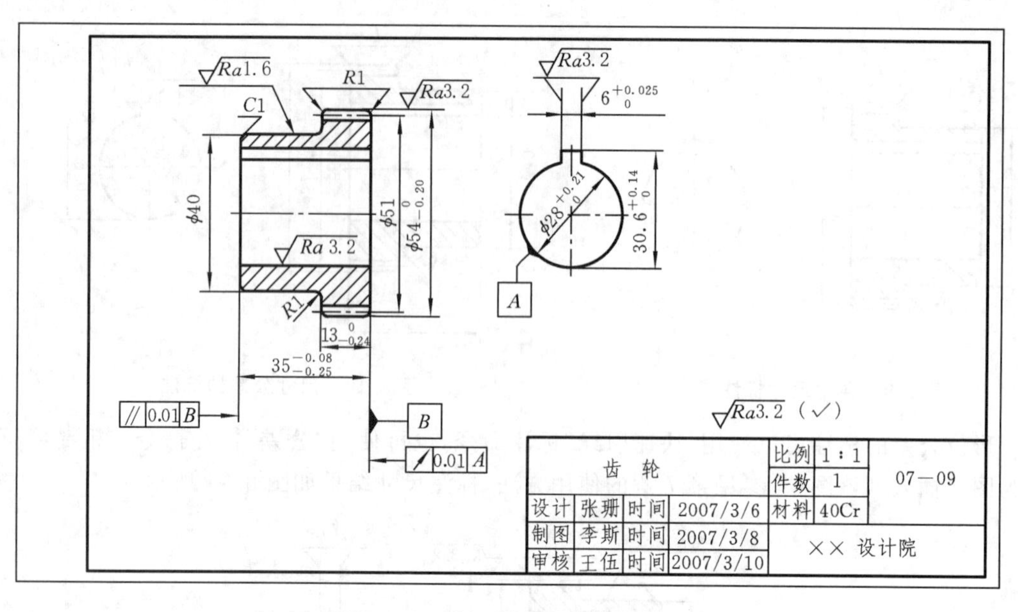

图 8.12 插入图框和标题栏图块

(12) 打印出图。

使用第 13 章的方法打印出图。

8.5 建筑专业典型图形绘图步骤实例

建筑专业的典型图形主要有平面图、立面图、剖面图、基础图、电器图和给排水工程图等，无论哪种图形，都要符合国家和行业绘图规范要求，这方面的内容可以参见《建筑制图》。本章 8.4 节使用的命令在此均会使用。此外，这些图形中有的图线要使用一些特殊的命令。

此部分将介绍建筑专业特殊图线使用的命令，一般建筑图形绘制的步骤，以及平面图、立面图、剖面图、基础图、电器图和给排水工程图的图示。操作者可根据图示，选择所介绍的命令，正确绘出。

8.5.1 建筑专业特殊图线所使用的命令

1. 墙体

使用“多线”、“多线编辑”命令。

2. 混凝土、沙石等的填充图案

钢筋混凝土——ANSI31 代表钢筋，TRIANG 代表石子且角度输入 45°，AR-SAND 代表沙子，三个图案分别填充在一个区域。或 SACNCR 代表钢筋和石子且要增大比例，AR-SAND 代表沙子，两个图案分别填充在一个区域。

混凝土——TRIANG 代表石子且角度输入 45°，AR-SAND 代表沙子，两个图案分别填充。

素混凝土——AR-CONC，用于楼层地板填充的图案。

灰土——AR-SAND，散水的填充图案。

防水砂浆、砌砖——ANSI37 图案，且要增大比例，例如，防潮层的填充。

8.5.2 一般建筑图形绘制步骤

以图 4.13 建筑平面图为例。

1. 设置图形界限

设置图形界限为 29 700 mm×21 000 mm。

2. 视图缩放

全部缩放。

3. 设置单位精度

设置单位精度为 0.0 mm。

4. 设置图层

设置图层或使用设计中心复制已有图形中的图层。图层名称、颜色、线型、线宽的设置建议如表 8.1 所示。

表 8.1 图层名称、颜色、线型、线宽的设置建议

序号	图层名称	颜色	线型	线宽
1	轴线	红	Center2	默认或 0.25 mm
2	墙体	白或黑	Continuous	0.5 mm
3	柱子	紫	Continuous	默认或 0.25 mm
4	门	黄	Continuous	默认或 0.25 mm
5	窗户	蓝	Continuous	默认或 0.25 mm
6	楼梯	青	Continuous	默认或 0.25 mm
7	文本	40(橘红)	Continuous	默认或 0.25 mm
8	尺寸标注	绿	Continuous	默认或 0.25 mm
9	室内布置	黄	Continuous	默认或 0.25 mm
10	卫生间地砖	45(棕)	Continuous	默认或 0.25 mm
11	图框、标题栏	默认色	Continuous	默认或 0.25 mm
12	辅助线	默认色	Continuous	默认或 0.25 mm

5. 绘制轴线

使用“直线”、“特性”、“偏移”、“拉伸”、“延伸”、“修剪”等命令。其中“特性”命令用于修改点画线的线型比例，线型比例输入“100”。“偏移”命令用于画平行线。

6. 画墙体

使用“多线”、“多线编辑”、“分解”、“修剪”等命令，其中“多线”命令：若使用系统默认的多线样式,则“多线”命令中“比例”改为240,对正选择“无”;若自设置多线样式“偏移”为120、-120,则“多线”命令中“比例”改为1,对正仍然选择“无”。

尽可能使用“多线编辑”来处理墙体之间的连接处,个别的地方才选择“分解”、“修剪”来处理。

7. 画柱子

使用“矩形”、“图案填充”,自动编辑“移动”中的“复制”或“阵列”、“镜像”等命令。填充图案是Solid。

8. 画门

在“墙体”层绘门洞,在“门”层绘左门、右门。使用“偏移”命令、对象转换图层的操作,使用“修剪”、“镜像”命令,自动编辑“移动”中的“复制”、“旋转”中的“复制”命令。

9. 画窗户

在“墙体”层绘窗洞,在“窗户”层绘窗户。使用“偏移”命令、对象转换图层的操作,使用“修剪”命令,使用“矩形”、“分解”、“点——定数等分”、“直线”、自动编辑“移动”中的“复制”命令。

10. 画楼梯

关闭“柱子”层,绘制台阶线、上下扶手、起跑方向线、剖断线。使用“直线”、“阵列”、“矩形”、“偏移”、“修剪”、“多段线”等命令。画剖断线时极轴角可设置为30°,对象捕捉追踪设置为“用所有极轴角设置追踪”。

11. 写文本

设置书写工程用汉字的文字样式,使用“单行文字”命令写文本。文字样式中SHX字体选择“gbenor.shx”,大字体选择“gbcbig.shx”。“单行文字”命令提示中文字高度输入“350”或“500”,即将来以1∶100的比例出图时,文字高度为3.5 mm或5 mm。还会用到“阵列”、“镜像”、自动编辑“移动”中的“复制”命令。

12. 标注尺寸

创建建筑专业用的标注样式,主要是尺寸箭头要选择“建筑标记”或“倾斜”,在“调整”选项卡中标注特征比例“使用全局比例”输入“100”,即将来以1∶100的比例出图。

使用“线性”、“连续”标注命令。标注时尺寸线不能穿过文本,即要使用“打断”命令。轴号标注使用“圆”、“单行文字”、“阵列”等命令。

13. 画室内布置

画室内的基本设施使用“直线”、“圆”、“圆弧”、“椭圆”、“修剪”、“矩形”、“镜像”等命令。

14. 画卫生间地砖

画卫生间地砖使用“图案填充”命令,图案是ANGLE,比例为50。

15. 画图框、标题栏

绘制4号图图框和相关标题栏,切换到0层后,文字作为属性处理,制作成图块,保存到外存,并删除该图。

16. 整理图形

调整轴线的长度、文字的位置，可使用“打断”、“拉伸”、“移动”等命令实现。

尺寸线不能穿过文字，将穿过的部分线段“打断”或“修剪”。

图中的文字字号宜采用2～3种，不宜过多；文字布置均匀；尺寸标注均匀、美观、协调。结果如图4.13所示。

17. 打印出图

使用第13章的方法打印出图。

8.5.3 建筑立面图、剖面图、基础图、电器图和给排水工程图图示

以下列出建筑立面图、剖面图、基础图、电器图和给排水工程图，由图中分析，可以看到这些图形均由“直线”、“矩形”、“图案填充”、“圆”、“圆弧”、“文字”等基本命令来创建，其作图步骤基本与上述步骤相同。因此，仅列出典型图样，使大家对建筑专业图的绘制有所了解。

1. 立面图

立面图如图8.13所示。

图8.13 立面图

2. 剖面图

剖面图如图8.14所示。

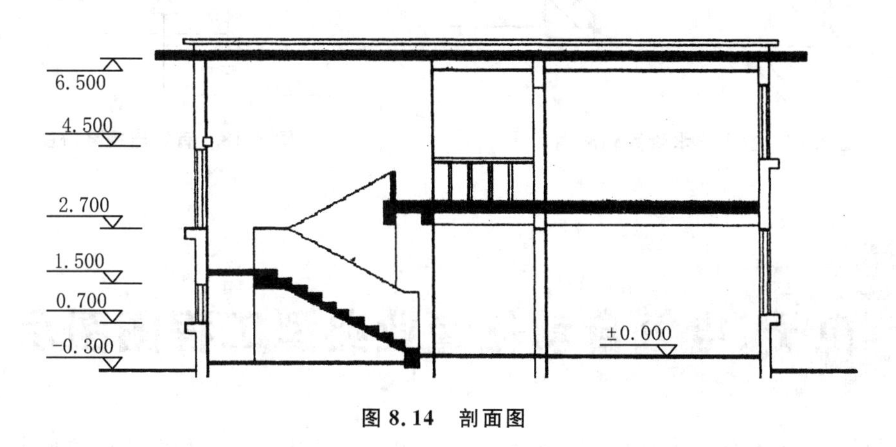

图8.14 剖面图

3. 基础图

基础图如图 8.15、图 8.16 所示。

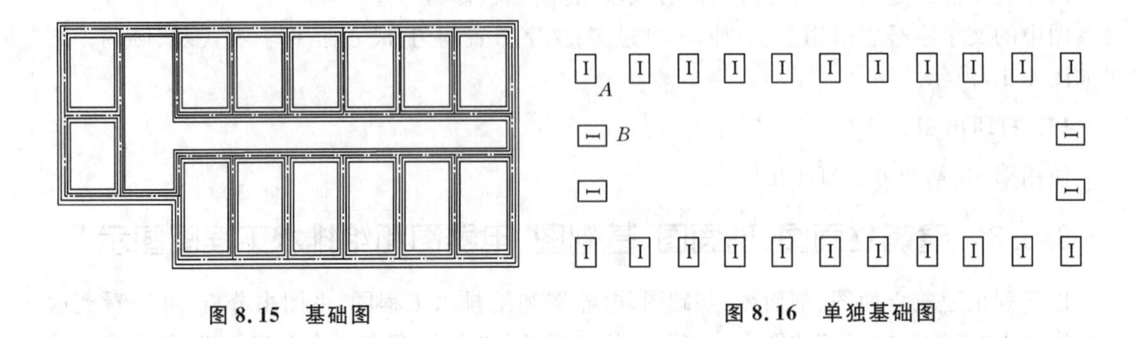

图 8.15　基础图　　　图 8.16　单独基础图

4. 给排水工程图

给排水工程图如图 8.17 所示。

5. 有线电视系统图

有线电视系统图如图 8.18 所示。

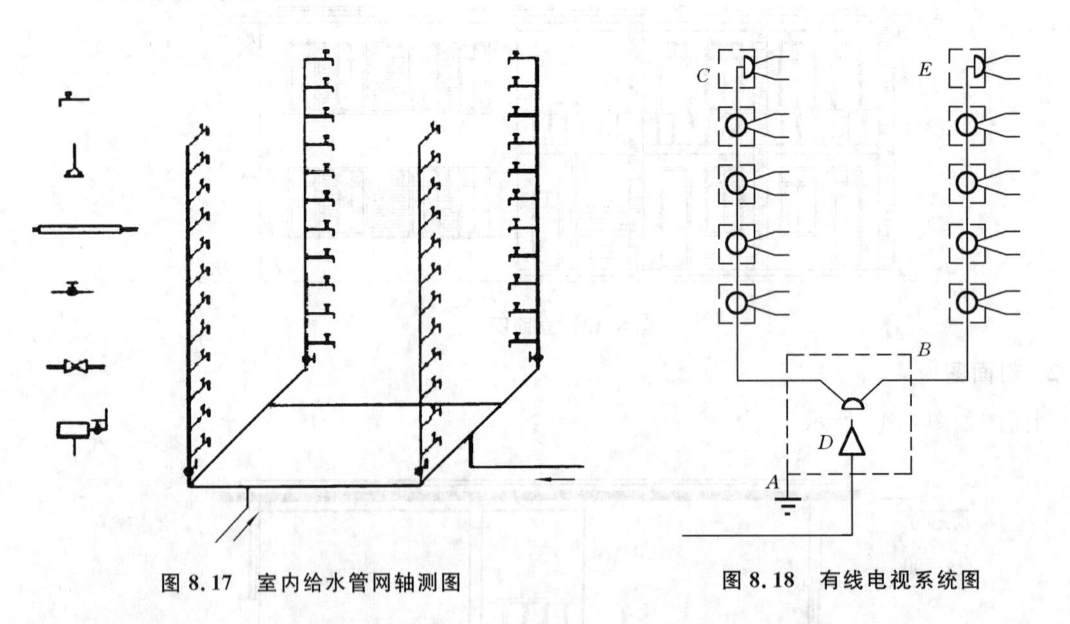

图 8.17　室内给水管网轴测图　　　图 8.18　有线电视系统图

8.6 电子、电气自动化专业典型工程图图示

相对机械专业和建筑专业的图形而言,电子、电气自动化专业工程图要简单得多。以下是

局部的电路图、逻辑图，由图中可以分析看到这些图形也是由“直线”、“矩形”、“多段线”、“修订云线”、“圆弧”、“文字”等基本命令来创建的。由于容易绘制，此处列出图样，使大家对电子、电气等专业图形有初步的认识。

1. 电路图

电路图(局部)如图 8.19 所示。

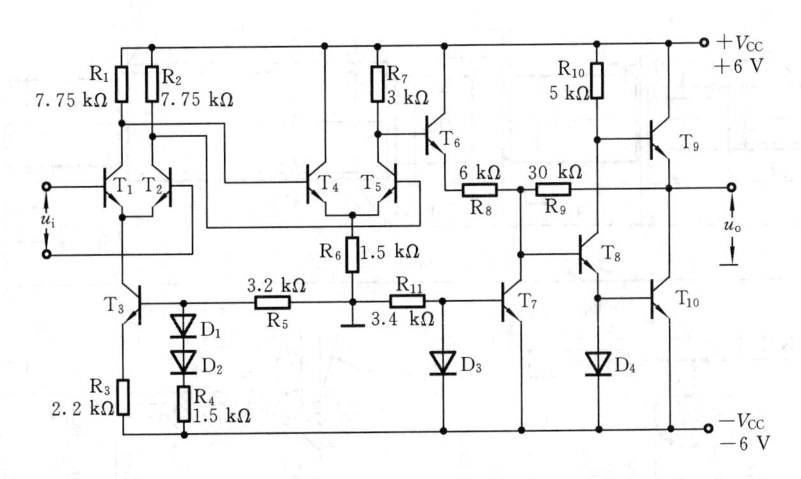

图 8.19 局部电路图

2. 逻辑图

逻辑图(局部)如图 8.20 所示。

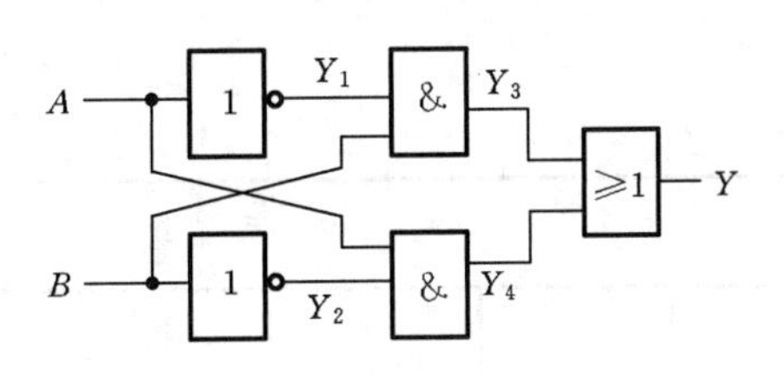

图 8.20 局部逻辑图

【本章小结】

本章主要介绍了机械、建筑、电子、电气自动化等专业在实际绘图工作中的基本步骤和应该遵循的基本原则等内容。通过实例，可以体会到 AutoCAD 只是一个工具，真正重点和难点在于绘图的规范、标准以及相关的专业知识。

一般绘图都包括以下几个步骤：设置绘图范围、调整视图的缩放、设置单位、设置图层，然后开始绘图。绘图的步骤一般就是手工绘图时的步骤，先画定位线、中心线、轴线，然后绘线、圆、标尺寸、写文字等。

对反复使用的一些设置制作一个模板文件(或使用下一章的设计中心的知识)，来调用这些设置，其目的是提高绘图效率。

注意“随时保存”，否则前功尽弃。

【上机练习题】

1. 按绘图步骤绘制如图 8.21 所示轴图,并将轴图布置在 3 号图幅中。

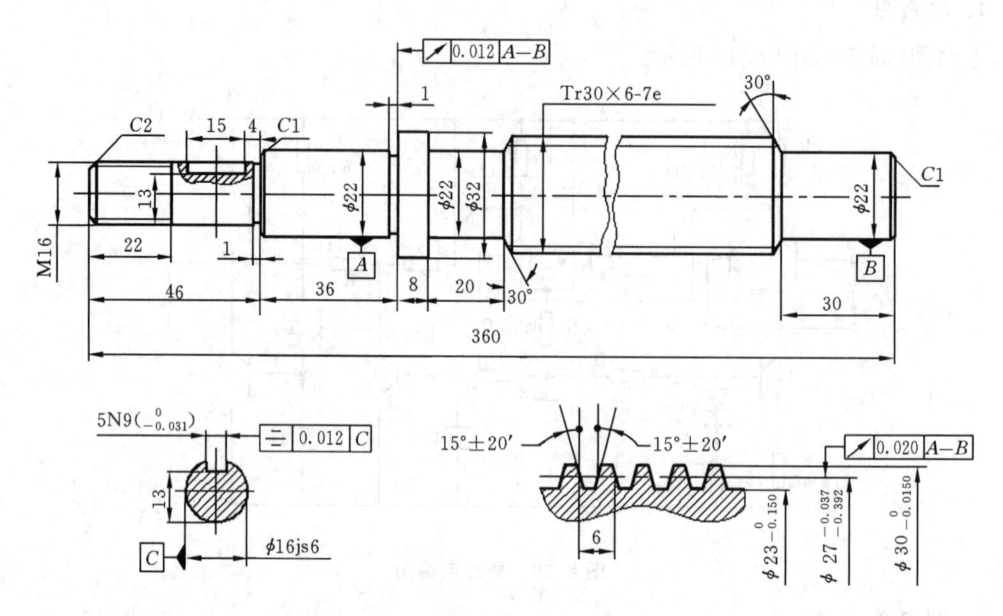

图 8.21

2. 按绘图步骤绘制如图 8.22 所示配电系统图。

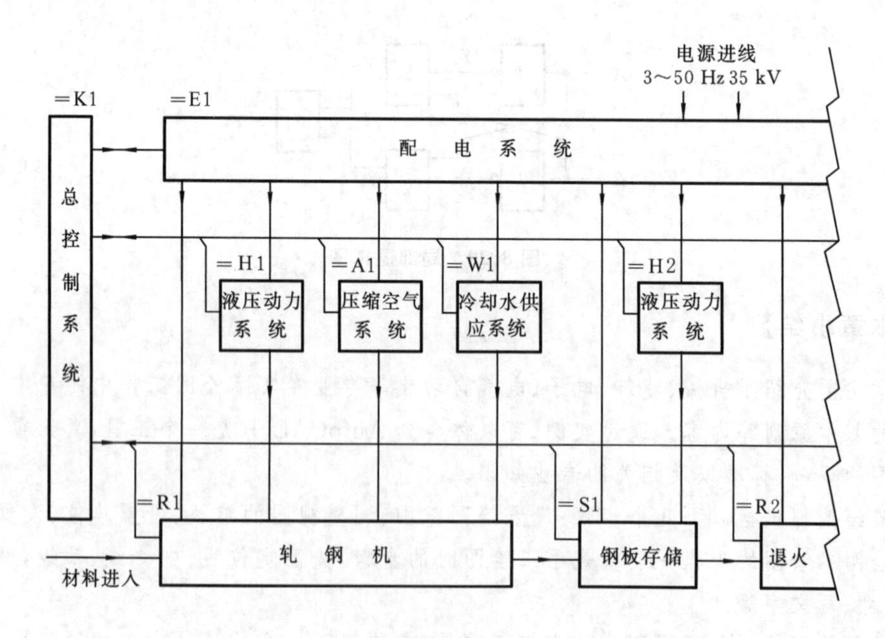

图 8.22

3. 按绘图步骤绘制如图 8.23 所示图形，并与技术要求一起布置在 4 号图纸中。

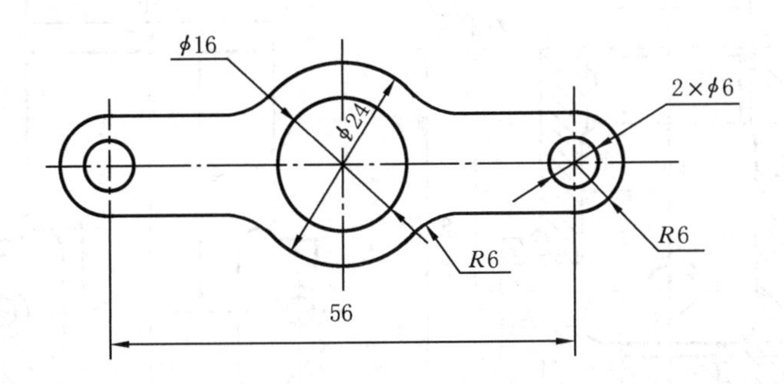

技术要求：
1. 本产品材料为 Q235；
2. 表面镀锌；
3. 不能有飞边、毛刺。

图 8.23

4. 按绘图步骤绘制如图 8.24 所示图形。

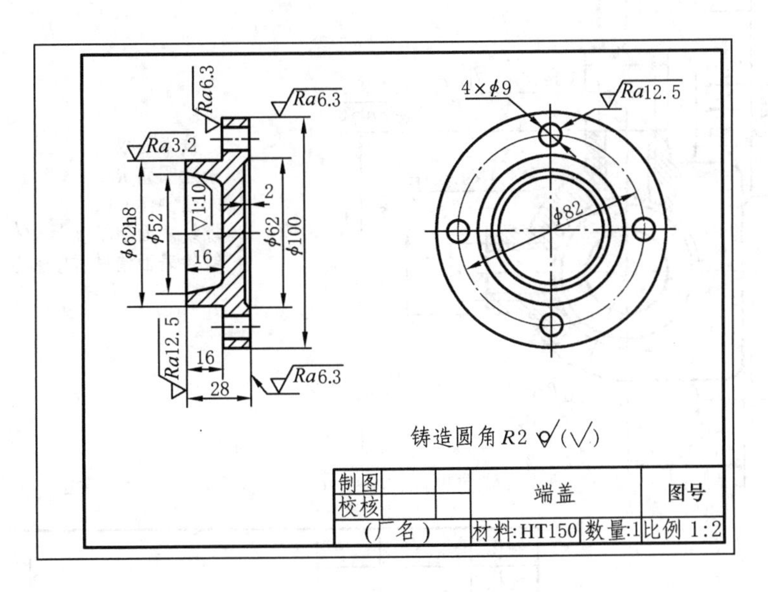

图 8.24

5. 按绘图步骤绘制如图 8.25 所示图形，并布置在 2 号图纸中。

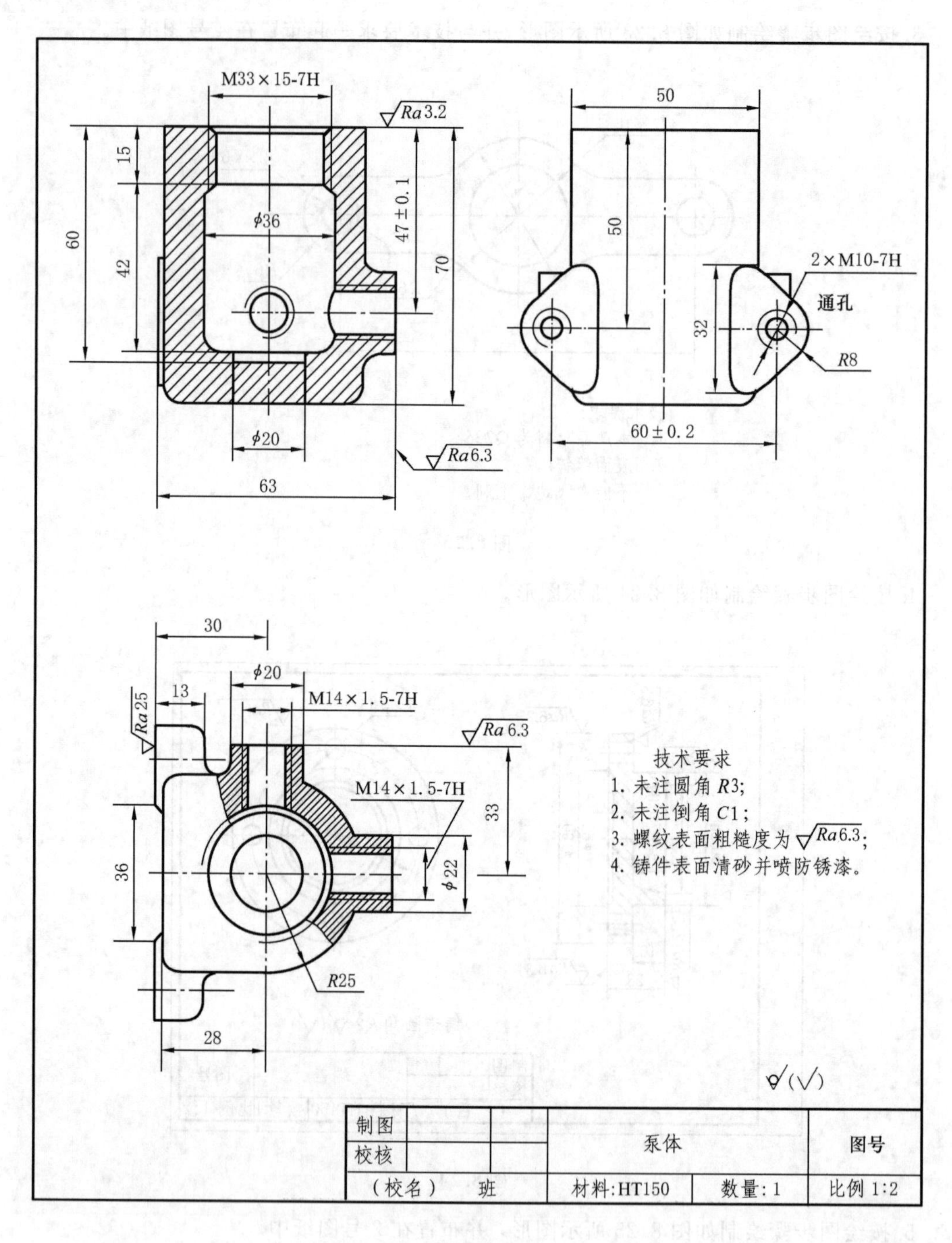
M33×15-7H
Ra 3.2
15
60
42
ϕ36
47±0.1
70
ϕ20
Ra 6.3
63
50
50
2×M10-7H
通孔
32
R8
60±0.2
30
ϕ20
Ra 25
13
M14×1.5-7H
Ra 6.3
M14×1.5-7H
33
36
ϕ22
R25
28
技术要求
1. 未注圆角 R3;
2. 未注倒角 C1;
3. 螺纹表面粗糙度为 Ra 6.3;
4. 铸件表面清砂并喷防锈漆。
制图
校核
泵体
图号
(校名)
班
材料:HT150
数量:1
比例 1:2

图 8.25

第9章
设 计 中 心

设计中心（design center）是 AutoCAD 提供的强大的图形资源管理器，它有以下功能。

（1）浏览操作者使用的计算机及网络上的图形资源。

（2）在当前图形文件中添加资源里已有的图形内容，包括添加图层、文字样式、标注样式、布局、图块等，省去了在当前图形文件中的创建过程。

（3）更新设计中心“块定义”。

（4）将常用图形添加到“工具选项板”中。

（5）同时打开的多个图形文件之间拖动任何内容实现复制和粘贴，而简化了绘图过程。

（6）在新窗口中打开图形文件。

（7）标记常使用的内容。

（8）插入块。

本章主要介绍设计中心的使用方法和实际应用。

9.1 窗口介绍

选择"工具"菜单中的"设计中心"命令,或单击标准工具栏上按钮,或在命令行输入 adcenter 命令,打开"设计中心"窗口,如图 9.1 所示。

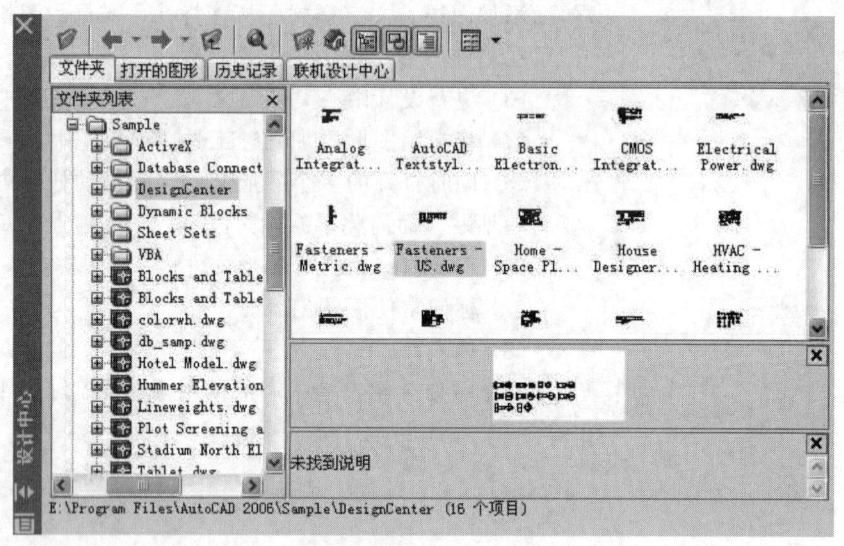

图 9.1 "设计中心"窗口

9.1.1 "设计中心"窗口的结构

"设计中心"窗口分为两部分,左边为树状图,右边为内容区。可以在树状图中浏览内容的源,在内容区显示内容。在内容区的下面有两个窗口,一个是预览窗口,一个是说明窗口,它们分别用于显示所选定图形、块、填充图案或外部参照的预览和说明。窗口顶部的工具栏提供若干选项和操作。

9.1.2 "设计中心"窗口的操作方式

1. 调整设计中心的大小

拖动内容区和树状图之间的滚动条,或者像拖动其他窗口那样拖动它的一边。

2. 固定设计中心

如果要固定设计中心,可将其拖至 AutoCAD 窗口右侧或左侧的固定区域上,直至捕捉到固定位置。也可以通过双击"设计中心"窗口标题栏将其固定。

3. 浮动设计中心

如果要浮动设计中心,可将其拖动工具栏上方的区域,使设计中心远离固定区域。拖动时按住 Ctrl 键可以防止窗口固定。

4. 显示快捷菜单

标题栏上单击鼠标右键，显示快捷菜单，有几个选项可供选择。

9.1.3 “设计中心”工具栏

“设计中心”工具栏控制树状图和内容区中信息的浏览和显示。它有 11 个按钮，如图 9.2 所示。

图 9.2 “设计中心”工具栏

(1) 加载：单击该按钮，弹出“加载”对话框，选择图形文件，单击“打开”，则将该图形位置显示在树状图中。

(2) 上一页：单击箭头，树状图回复到上一次显示的状态；单击下拉箭头，显示上一次状态图形位置。

(3) 下一页：与“上一页”的操作相反。

(4) 上一级：单击该按钮，树状图回到所选文件的上一级文件夹中，或上一级磁盘中。

(5) 搜索：在计算机或网络上查询图形、图层、样式、线型等内容。

(6) 收藏夹：将常用的图形位置放入收藏夹中。

(7) 主页：单击该按钮，树状图迅速定位在安装目录下\Sample\Design Center。

(8) 树状图切换：单击该按钮，在图 9.1 和只显示内容区窗口中切换。

(9) 预览：单击该按钮，在是否显示“预览”窗口中切换。

(10) 说明：单击该按钮，在是否显示“说明”窗口中切换。

(11) 视图：单击该按钮，在弹出的菜单中选择内容区显示方式。有四种方式：大图标、小图标、列表、详细信息。

9.1.4 “设计中心”窗口选项卡

“设计中心”窗口有四个选项卡。

1. “文件夹”选项卡

如图 9.1 所示，列出本地和网络驱动器的层次结构。

2. “打开的图形”选项卡

如图 9.3 所示，显示当前已打开图形的项目。

3. “历史记录”选项卡

如图 9.4 所示，显示“设计中心”中以前打开的文件列表。

4. “联机设计中心”选项卡

如图 9.5 所示，提供“联机设计中心” Web 页中的内容，包括块、符号库、制造商内容和联机目录。

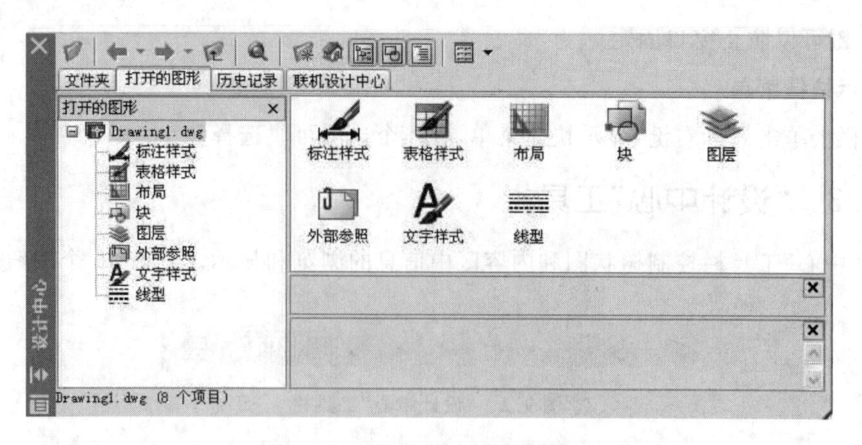

图 9.3 “打开的图形”选项卡

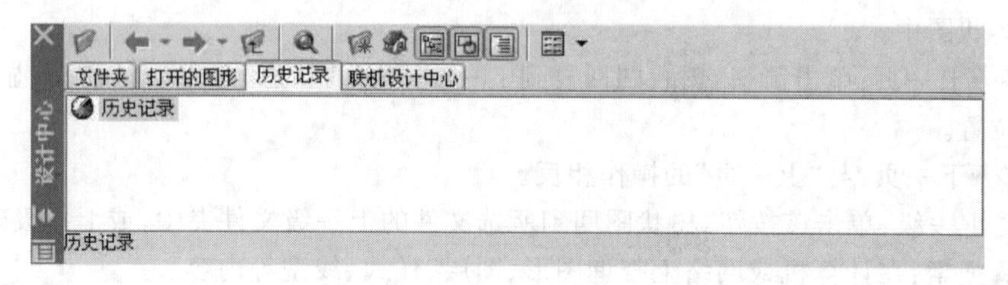

图 9.4 “历史记录”选项卡

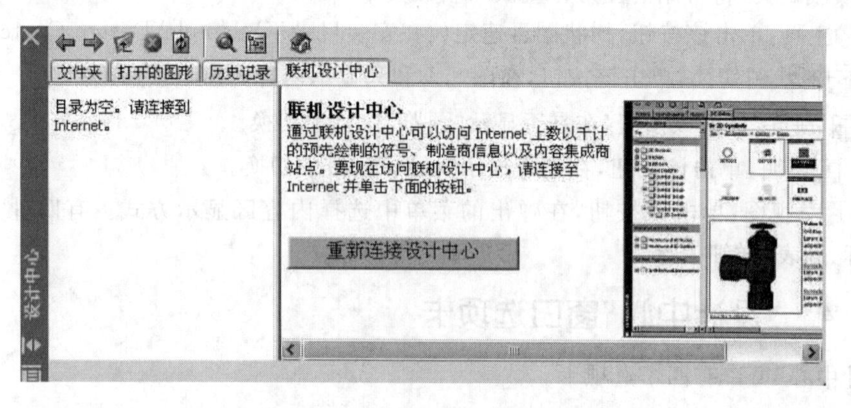

图 9.5 “联机设计中心”选项卡

9.2 设计中心的使用

“设计中心”是一个图形资源管理器，其主要功能叙述如下。

9.2.1 浏览或查找图形资源

“设计中心”窗口左侧的树状图和四个设计中心选项卡可以帮助操作者查找内容并浏览文

件名、主要图形特征，例如，图层数目、文字样式、图形的缩略图等。

打开“设计中心”，如图 9.1 所示。

(1) 单击“文件夹”选项卡，可以浏览和查找内容。

① 单击树状图中的项目，在内容区中显示其内容。

② 单击加号（+）或减号（−）可以显示或隐藏层次结构中的其他层次。

③ 双击某个项目可以显示其下一层次的内容。

④ 在树状图中单击鼠标右键将显示带有若干相关选项的快捷菜单。

(2) 单击“打开的图形”选项卡，可以查找内容。

单击某个图形文件，然后单击列表中的一个定义表可以将图形文件的内容加载到内容区中。

(3) 单击“历史记录”选项卡，可以查找内容。

双击列表中的某个图形文件，可以在“文件夹”选项卡中的树状视图中定位此图形文件并将其内容加载到内容区中。

(4) 单击“联机设计中心”选项卡，可以查找 Web 页中的内容。

9.2.2 添加内容

通过设计中心，可以在“设计中心”窗口右侧对显示的内容进行操作。双击内容区上的项目可以按层次顺序显示详细信息。例如，双击图形图像将显示若干图标，包括代表块的图标。双击“块”图标将显示图形中每个块的图像。

使用以下方法可以在内容区中向当前图形添加内容。

(1) 将某个项目拖动到某个图形的图形区，按照默认设置(如果有)将其插入。

(2) 在内容区中的某个项目上单击鼠标右键，将显示包含若干选项的快捷菜单。

(3) 双击块将显示“插入”对话框，双击图案填充将显示“边界图案填充”对话框。可以预览图形内容(例如，内容区中的图形、外部参照或块等)，还可以显示文字说明。

9.2.3 更新图块定义

与外部参照不同，当更改块定义的源文件时，包含此块的图形的块定义并不会自动更新。通过设计中心，可以决定是否更新当前图形中的块定义。块定义的源文件可以是图形文件或符号库图形文件中的嵌套块。

在内容区中的块或图形文件上单击鼠标右键，然后在快捷菜单中选择“仅重定义”或“插入并重定义”命令，可以更新选定的块。

9.2.4 将设计中心中的项目添加到“工具选项板”中

通过设计中心，可以将设计中心中的图形、块和图案填充添加到当前的工具选项板中。

(1) 在设计中心的内容区，可以将一个或多个项目拖动到当前的工具选项板中。

(2) 在设计中心树状图中，可以单击鼠标右键并从快捷菜单中创建当前文件夹、图形文件或块图标的新的工具选项板。

向工具选项板中添加图形时，如果将它们拖动到当前图形中，那么被拖动的图形将作为块被插入。

9.2.5 打开图形

通过设计中心,可以使用以下方法在内容区中打开图形:使用快捷菜单、拖动图形时按下Ctrl键或将图形图标拖至绘图区域的图形区以外的任何地方。图形名被添加到设计中心历史记录表中,以便在将来的任务中快速访问。

在设计中心中打开图形的步骤如下。

(1) 选择“工具”菜单中的“设计中心”命令。

(2) 在设计中心中,执行以下操作之一。

① 在设计中心内容区中的图形图标上单击鼠标右键,选择快捷菜单中的“在应用程序窗口中打开”命令。

② 按住Ctrl键的同时将图形图标从设计中心内容区拖动到绘图区域。

③ 将图形图标从设计中心内容区拖动到应用程序窗口绘图区域以外的任何位置(如果将图形图标拖动到绘图区域中,将在当前图形中创建块)。

9.2.6 标记经常使用的内容

设计中心提供了一种方法,可以帮助用户快速找到需要经常访问的内容。树状图和内容区有激活“收藏夹”文件夹的选项。“收藏夹”文件夹可能包含指向本地、网络驱动器和Internet地址的快捷方式。选定图形、文件夹或其他类型的内容并选择“添加到收藏夹”时,即可在“收藏夹”文件夹中添加指向此项目的快捷方式。原始文件或文件夹实际上并未移动,事实上,您创建的所有快捷方式都存储在“收藏夹”文件夹中。可以使用Windows“资源管理器”移动、复制或删除保存在“收藏夹”文件夹中的快捷方式。

9.2.7 插入图块

通过设计中心,可以从当前图形或其他图形中插入块。拖放块名以快速放置。双击块名以指定块的精确位置、旋转角度和比例。

在使用其他命令的过程中,不能向图形中添加块。每次只能插入或附着一个块。

9.3 应用实例

9.3.1 复制图层

【例9.1】 创建一个新的图形文件“练习九.dwg”,通过“设计中心”查找到原已完成的图形“轴.dwg”,将“轴.dwg”图形中的“轮廓线”、“中心线”、“剖面线”三个图层的设置复制到新的图形文件“练习九.dwg”中。

操作步骤如下。

(1) 单击 AutoCAD 界面上的“新建”图标，在“选择样板”对话框中单击“打开”，创建一个新的图形文件。单击“保存”图标，在“图形另存为”对话框中，选择保存位置，输入文件名为“练习九”。

(2) 单击“设计中心”图标，或单击“工具”菜单下的“设计中心”命令，弹出“设计中心”，如图 9.1 所示。

(3) 在“设计中心”窗口的左边树状图中找到“轴.dwg”图形文件位置，单击文件名并单击加号（+），文件名下部和右边内容区显示该图形的内容。单击文件名下部内容“图层”，内容区显示该图形的所有图层名称，如图 9.6 所示。

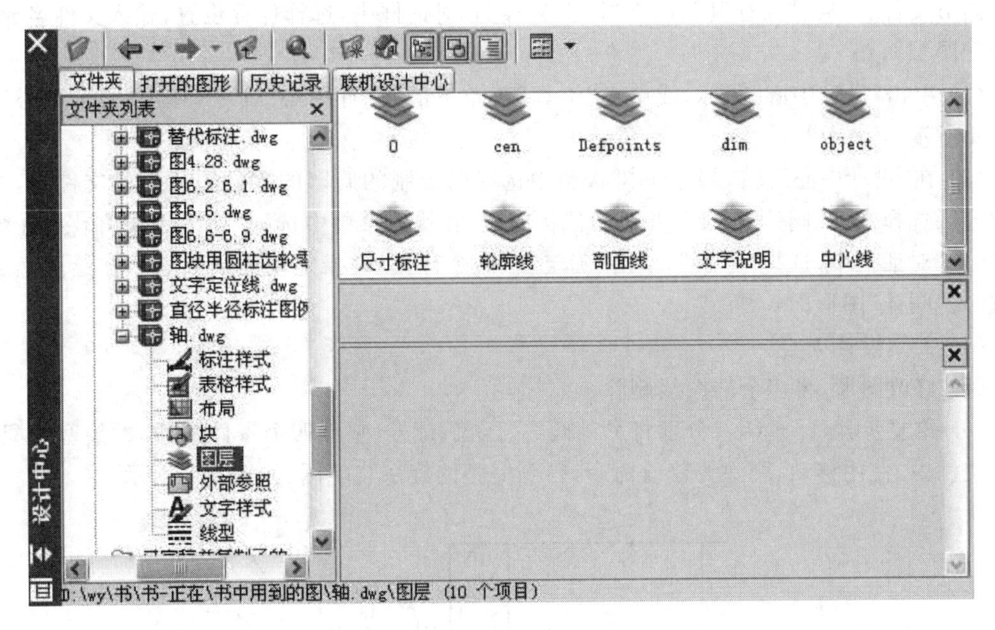

图 9.6　选择文件后“设计中心”示例

(4) 在内容区按着 Ctrl 键的同时，单击“轮廓线”、“中心线”、“剖面线”三个图层，即选择它们，然后在选择的图层上单击鼠标右键，在弹出的快捷菜单中选择“添加图层”命令。

(5) 关闭“设计中心”。

(6) 回到新的图形文件“练习九.dwg”中，单击“图层”工具栏下拉箭头，可以看到，新图形文件中已有“轮廓线”、“中心线”、“剖面线”三个图层了，如图 9.7 所示。图层复制的操作完成。

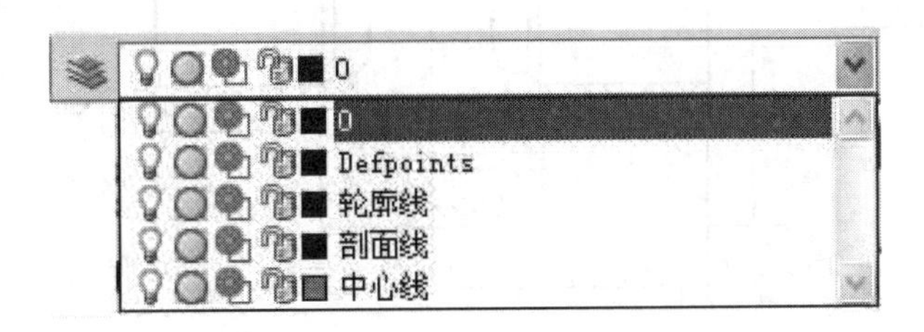

图 9.7　“图层”工具栏下拉列表示例

【注意】 同理，可复制已有的“文字样式”、“标注样式”、“打印样式”等。图形之间有一些相同的设置,不必重新设置,只要像上述这样操作可减少设计工作量,提高绘图效率。

9.3.2 多个零件图组装成装配图

装配图的完成有多种方式,使用“设计中心”完成装配图,不失为一个好方式。

【例 9.2】 组成旋塞的阀体、阀芯、压盖、螺钉、垫圈五个零件图已绘制完成(图形见本章上机练习题 2),使用“设计中心”拼画出装配图。

操作步骤如下。

(1) 单击 AutoCAD 界面上的“新建”图标,在“选择样板”对话框中单击“打开”,创建一个新的图形文件。单击“保存”图标,在“图形另存为”对话框中,选择保存位置,输入文件名为“旋塞装配图”。

(2) 单击“设计中心”图标,或单击“工具”菜单下的“设计中心”命令,弹出“设计中心”,如图 9.1 所示。

(3) 在“设计中心”窗口的左边树状图中选择已绘制的旋塞的零件图所在的文件夹,在右边内容区选择文件“阀体.dwg”,并单击鼠标右键,在快捷菜单中选择“插入为块”命令;在弹出的“插入”对话框中,选择“分解”,单击“确定”。命令行提示“指定块的插入点”,在绘图区域单击,插入“阀体”图形。

(4) 关闭设计中心。

(5) 修改图形,将多余的图线删除。

(6) 重复步骤(2)~(5),分别将另外阀芯、压盖、螺栓、垫圈四个零件图插入“旋塞装配图”图形文件中,使用移动、删除等修改命令,得到完整的旋塞装配图,如图 9.8 所示。

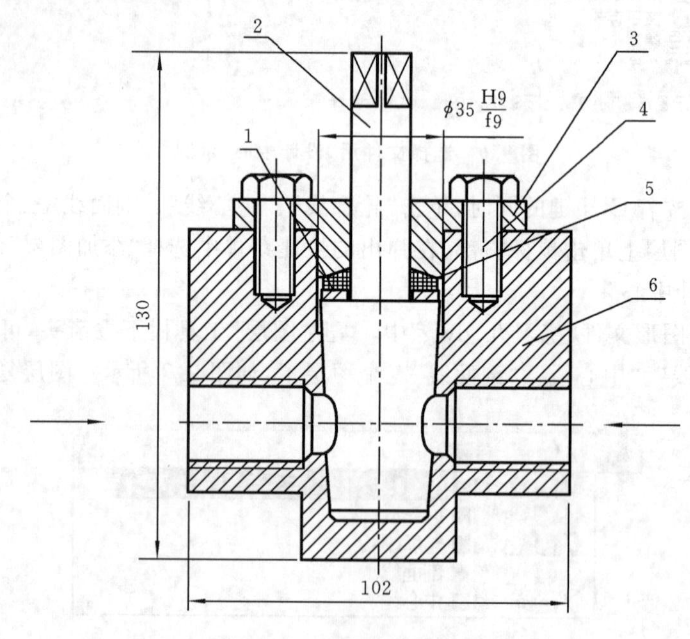

图 9.8 旋塞装配图示例

【注意】 这是绘制装配图的一种方式。装配图还可通过“绘图”和“编辑”直接绘制。

9.3.3 将AutoCAD提供的标准图形资源加入到“工具选项板”上

AutoCAD提供了一些机械和建筑专业的标准图形资源，在安装目录下Sample\Design Center\可查到。把其中的图形资源加入到“工具选项板”上，可以方便随时快速使用。

具体步骤如下。

(1) 打开“设计中心”。

(2) 在左边树状图中查到安装目录下\Sample\Design Center\。

(3) 单击“DesignCenter”文件夹前的加号（+），树状图列出“DesignCenter”文件夹中的所有图形文件。

(4) 选择需要添加的标准图形文件，如“Fsteners-Metric. dwg”文件。

(5) 在其上单击鼠标右键，在快捷菜单中选择“创建工具选项板”命令。

(6) 此时“工具选项板”中增加了“Fsteners-Metric. dwg”文件中的对象，实现了将AutoCAD提供的标准图形资源加入到“工具选项板”，如图9.9所示。

(7) 可直接将“工具选项板”上的图形拖到当前图形中使用。这些图形以图块的形式存在，可以使用“分解”命令，将其分解。

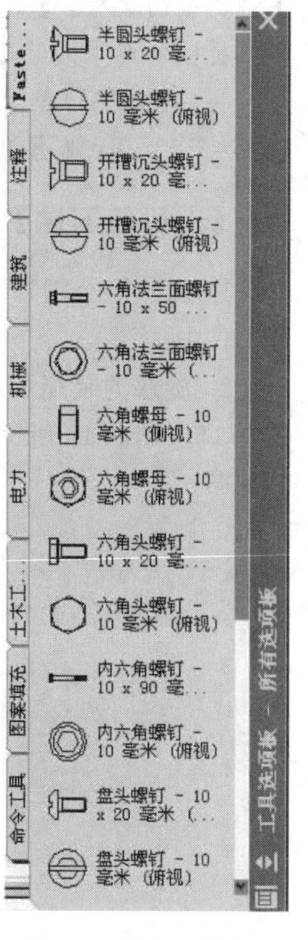

图9.9 添加了更多资源的“工具选项板”

9.3.4 将网上资源、本地资源加入到“工具选项板”

“设计中心”不仅可将AutoCAD提供的专业标准图形资源加入到“工具选项板”，而且可将网上资源、本地资源加入到“工具选项板”。

具体步骤如下。

(1) 网上下载所需的图形文件，存储在本机上。

(2) 打开本机的“资源管理器”，“复制”需要加入到“工具选项板”上的下载的或本地的图形文件，将它们“粘贴”到安装目录下\Sample\DesignCenter\中的“DesignCenter”文件夹中。

(3) 按9.3.3节的第四、五步操作，可实现将网上资源、本地资源加入到“工具选项板”上。

【注意】 此方式很有用。网上有丰富的图形，尤其是标准图形，通过这种方式，均可被自己使用，减少了设计绘图时间，提高了绘图效率。

【本章小结】

设计中心是绘图中非常有用的帮手，它能浏览操作者使用的计算机以及网络上的图形资源；在当前图形文件中添加资源里已有的图形内容，包括添加图层、文字样式、标注样式、布局、图块等，省去了在当前图形文件中的创建过程；更新设计中心“块定义”；将常用图形添加到“工具选项板”中；同时打开的多个图形文件之间拖动任何内容实现复制和粘贴；在新窗口中打开图形文件；标记常使用的内容；插入块，等等。这些为提高绘图效率，绘图准确，简化设计工作起着很重要的作用。建议操作者实际工作中掌握并常使用之。

任何一张工程图纸上,均会有图层、文字样式、标注样式,如果每一次设计都设置,或制作多种类型的模板,还是很烦琐。如果使用“设计中心”复制,则效率会大大提高。

机械制图中的装配图,使用“设计中心”来完成,也不失为一个好方式。

将 AutoCAD 提供的标准图形资源、将网上资源、本地资源通过“设计中心”加入到“工具选项板”上,为我们提供了绘图的捷径。

【上机练习题】

1. 新建一个图形文件,将原已完成的图形中的所有图层、文字样式、标注样式复制到新图形文件中。

2. 旋塞的装配示意图如图 9.10 所示,旋塞的阀体、阀芯、压盖、螺栓、垫圈五个零件图如图 9.11~图 9.15 所示。认真识图,绘制各零件图,然后按照 9.3.2 小节的方法,完成旋塞的装配图。

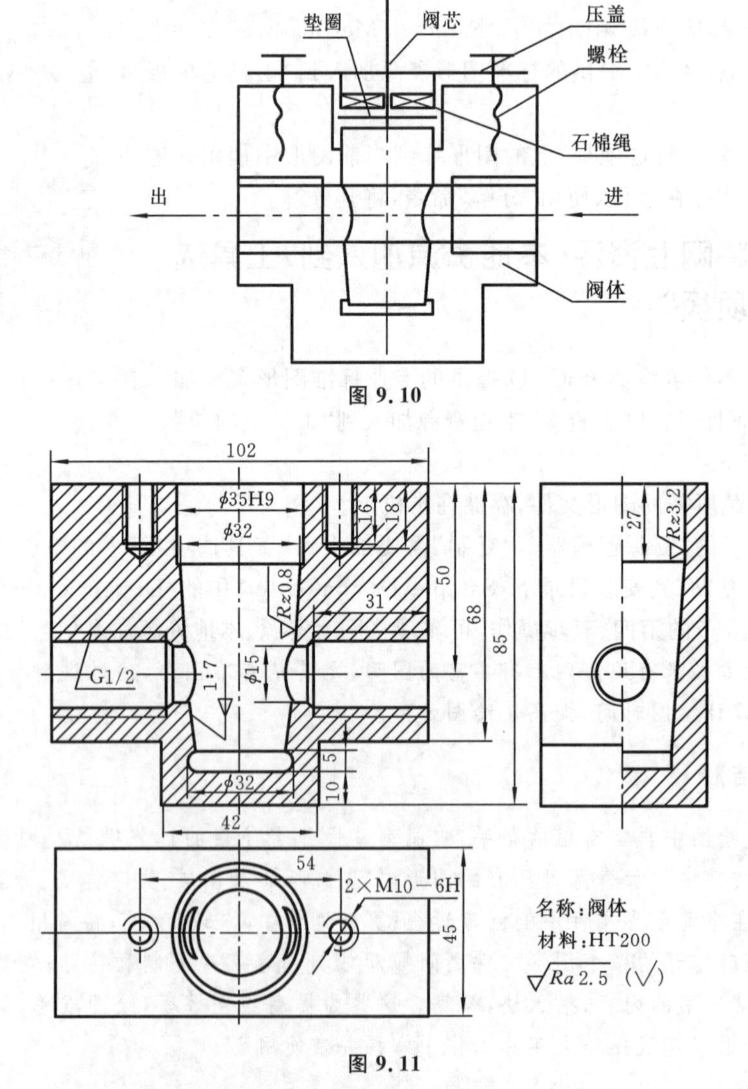

图 9.10

图 9.11

名称：压盖
材料：Q235
Ra 2.5 (√)

图 9.12

名称：螺钉
材料：Q235
Ra 2.5 (√)

图 9.13

名称：垫圈
材料：Q235
Ra 2.5 (√)

图 9.14

名称：阀芯
材料：45号钢
Rz6.3 (√)

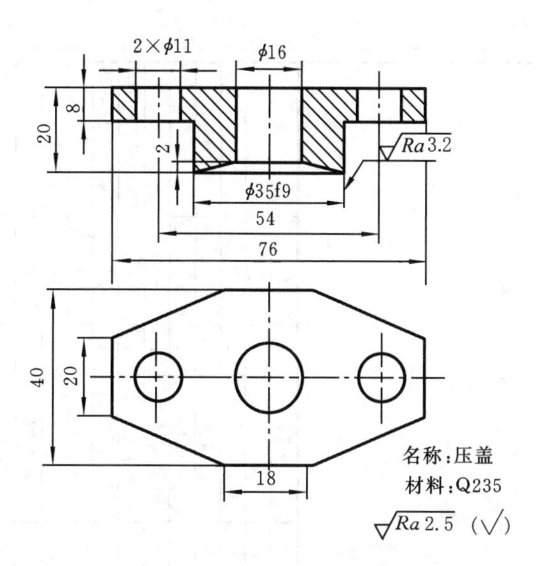

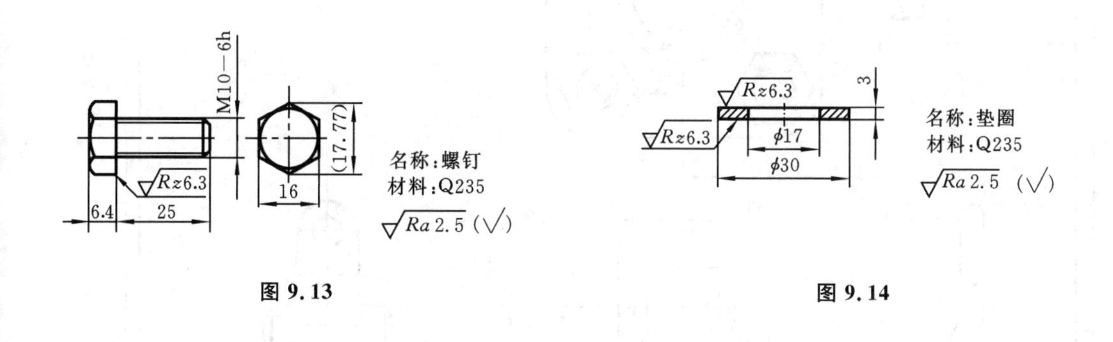

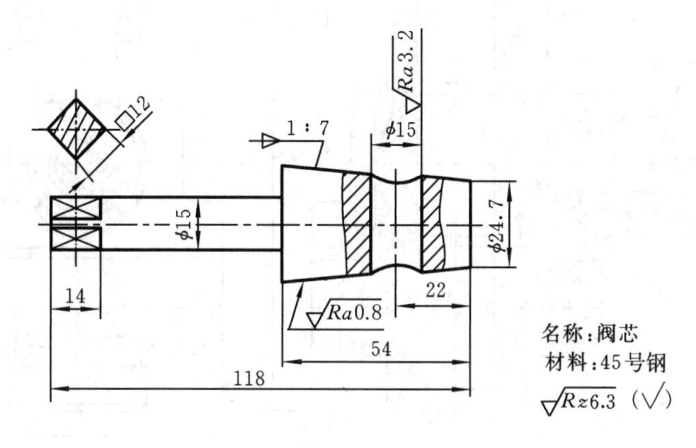

图 9.15

3. 如图 9.16 所示，自选图纸幅面，布置球阀装配图。

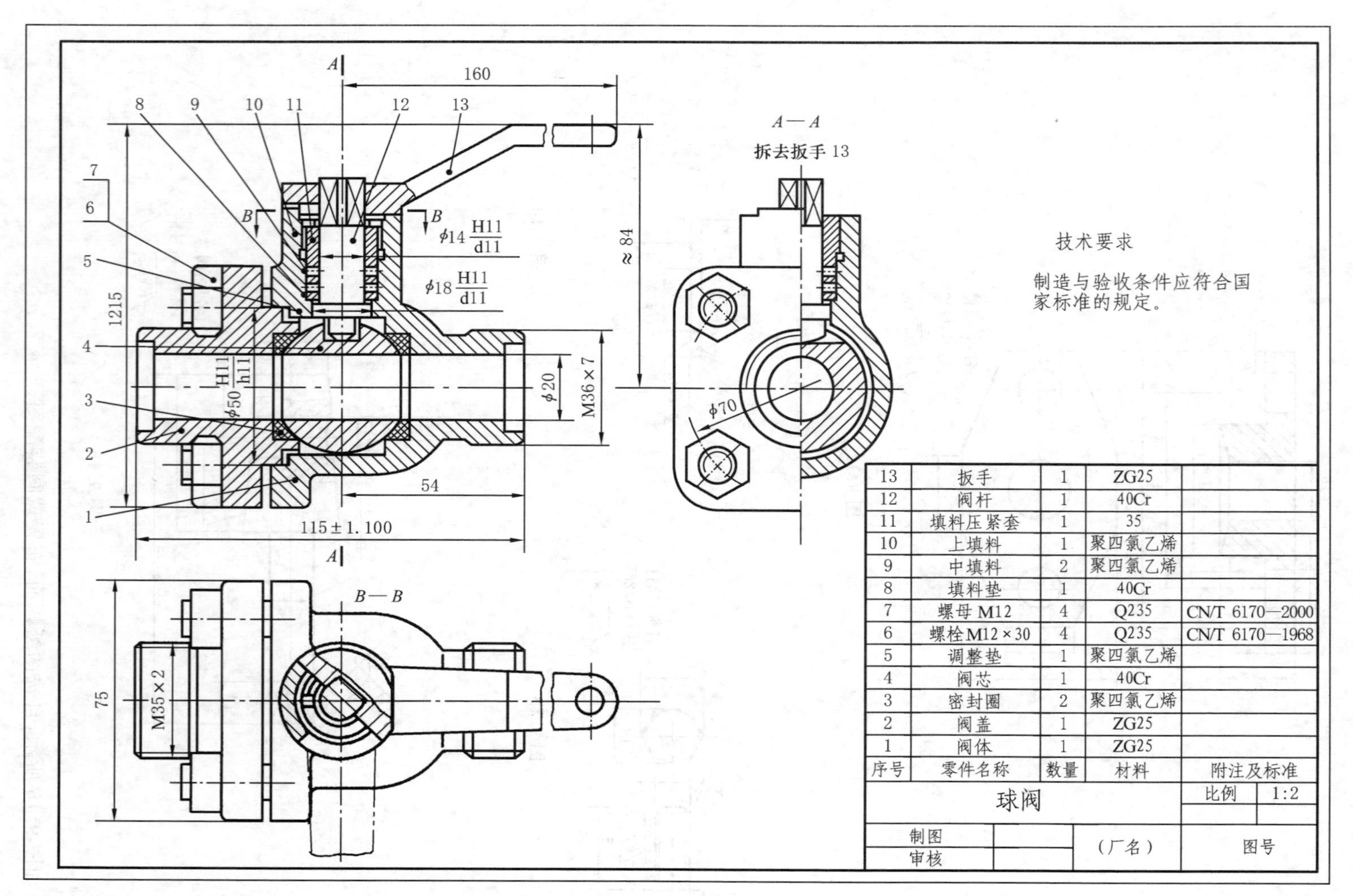

序号	零件名称	数量	材料	附注及标准
13	扳手	1	ZG25	
12	阀杆	1	40Cr	
11	填料压紧套	1	35	
10	上填料	1	聚四氯乙烯	
9	中填料	2	聚四氯乙烯	
8	填料垫	1	40Cr	
7	螺母 M12	4	Q235	CN/T 6170—2000
6	螺栓 M12×30	4	Q235	CN/T 6170—1968
5	调整垫	1	聚四氯乙烯	
4	阀芯	1	40Cr	
3	密封圈	2	聚四氯乙烯	
2	阀盖	1	ZG25	
1	阀体	1	ZG25	

球阀			比例	1:2
制图		(厂名)	图号	
审核				

图 9.16

第10章
绘制轴测图

在工程制图中用正投影法绘制的视图可以准确地表达物体的形状和大小，且作图方便，如图10.1所示。但是平面图需要通过一定的学习和培养才能够掌握，且缺乏立体感。轴测图具有较强的立体感，它是立体图形的单面投影图，在此投影上同时反映物体长、宽、高三个方向的形状，但它不能从不同角度观察。轴测图不是真正的三维对象，它只是二维对象，用二维对象表现三维图形。

本章将介绍如何将 AutoCAD 切换到绘轴测图的状态，以及绘制轴测图的方法。

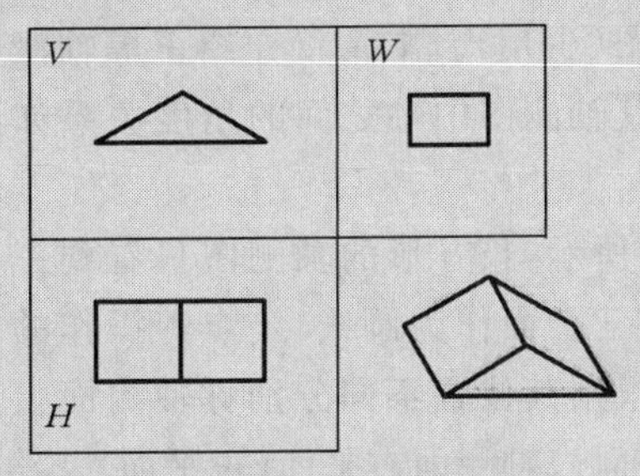

图10.1　正投影法图示

10.1 轴测图、轴测面的定义

轴测图的形成如图10.2所示,物体放在空间直角坐标系 XYZ 中,按照投影方向 S 进行平行投影,投影方向 S 不平行于任何一个坐标平面,这样在投影面 P 上的视图是轴测图。

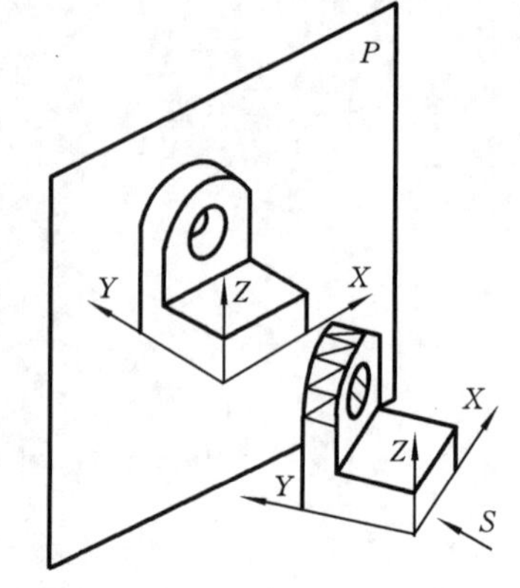

图 10.2 轴测图形成图示

轴测图分两类,一类是正轴测图,即投影方向 S 与轴测投影面 P 垂直;另一类是斜轴测图,即投影方向 S 与轴测投影面 P 不垂直。这两类轴测图又分别分为三种,正(或斜)等轴测图($p=q=r$),正(或斜)二轴测图($p=r=2q$),正(或斜)三轴测图(少用)。本章仅介绍正等轴测图,本课程简称轴测图。其轴测图中轴之间的角度关系如图10.3所示。

如图10.4所示,长方形的轴测图只看到三个平面,为便于绘图,将这三个面作为画线、定点等操作的基准平面,称为轴测面。根据其位置不同分别称轴测面上平面、轴测面左平面(侧平面)、轴测面右平面(正平面)。绘制轴测图上的图线要切换到对应平面上来进行。

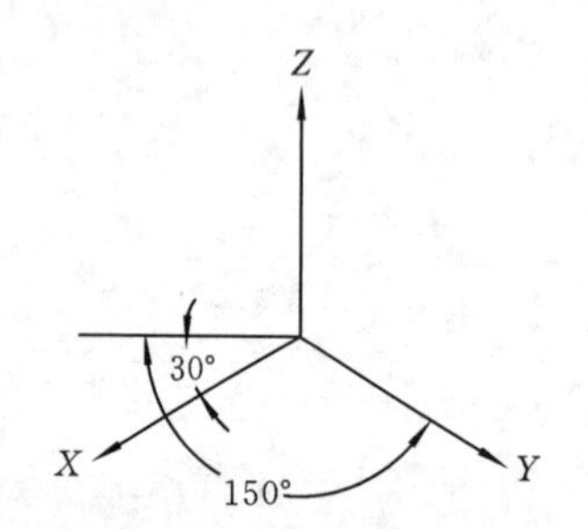

图 10.3 轴测图三轴间角度图示

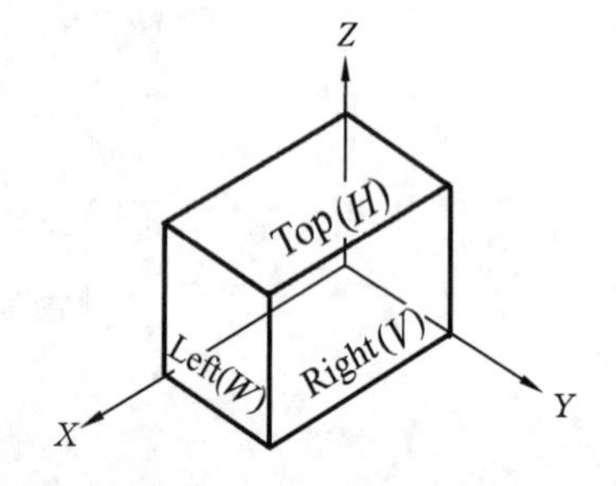

图 10.4 轴测面图示

10.2 轴测模式的设置与切换

10.2.1 轴测模式的设置

AutoCAD 的默认绘图模式是标准模式,如果要绘轴测图,则要进行轴测模式的设置。通过在“工具”菜单下选择“草图设置”命令，弹出“草图设置”对话框，选择“捕捉和栅格”选项卡，在其中的“捕捉类型和样式”框架中选择“等轴测捕捉”，如图 10.5 所示，单击“确定”按钮，完成轴测模式的设置。

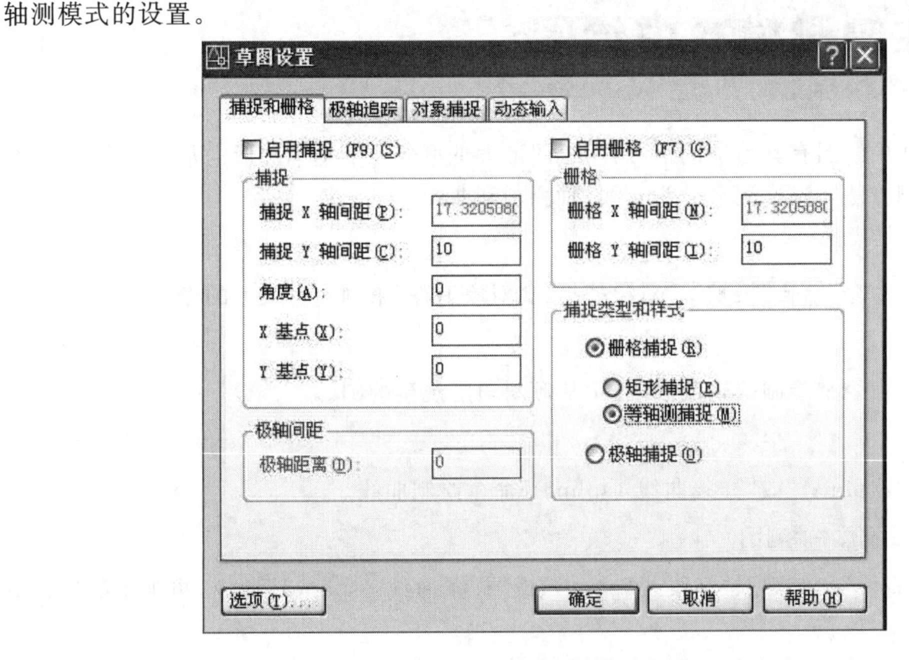

图 10.5 “草图设置”对话框

完成轴测模式的设置后，十字光标、栅格、捕捉都会自动地调整到与当前指定的轴测面一致。

10.2.2 轴测模式与标准模式的切换

在“草图设置”对话框的“捕捉和栅格”选项卡中，选择“捕捉类型和样式”框架中的“等轴测捕捉”，就是轴测模式；选择“矩形捕捉”就是标准模式，该模式为默认状态。

10.3 轴测面的切换方法

任何时候绘图者只能选择一个轴测面作为当前工作面，然后在该平面上作图。

轴测面的切换方法有以下三种：

① 键盘按键 Ctrl+E；

② 键盘按键 F5；

③ 命令行输入 isoplane 命令。

Ctrl+E 或 F5 均是按顺时针方向切换，左 Left(*W*)(侧平面)、Top(*H*)(上平面)、Right(*V*)(正平面)。输入 isoplane 命令是根据命令行提示选择选项实现切换。

10.4 在轴测模式中绘图

在轴测模式中绘图有其特殊的地方,所绘图形大抵可分几个基本图形的基本组成,要学会基本图形的绘制方法。基本图形分为直线、轴测圆和曲线。

1. 绘直线

使用“直线”命令,结合“极轴”、“对象捕捉”、“对象追踪”来确定直线上的点。

2. 绘圆

使用“椭圆”命令来绘制等轴测圆,表示从倾斜角度观察的圆。

3. 画曲线

使用“多段线(pline)”或“样条曲线 (spline)”命令绘制曲线。

4. 画模拟三维体(轴测图)

使用上述“直线”、“椭圆”、“多段线(pline)”或“样条曲线 (spline)”命令,再加上编辑命令来实现。

【例 10.1】 绘制一个带有圆孔的长方体。

操作步骤如下。

(1) 切换到轴测模式。

在“工具”菜单下选择“草图设置”命令,弹出“草图设置”对话框,选择“捕捉和栅格”选项卡,在其中的“捕捉类型和样式”框架中选择“等轴测捕捉”,如图10.5所示,单击“确定”按钮,完成轴测模式的设置。

(2) 切换轴测面。

单击键盘上的功能键 F5,切换到上平面。

(3) 在上平面,使用“直线”命令,打开“正交”,画如图10.6(a)所示图形。

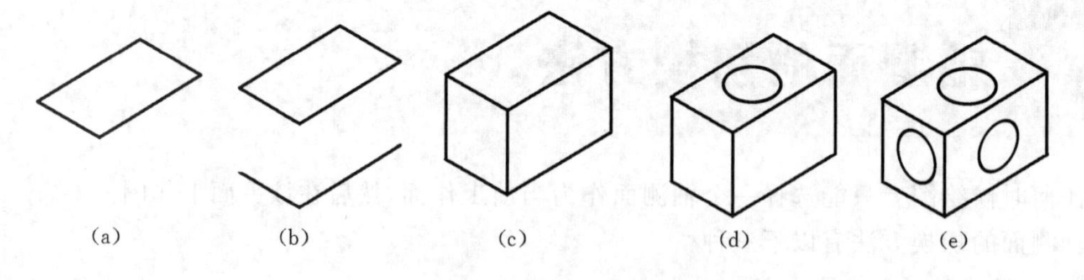

图 10.6 “草图设置”对话框

(4) 切换轴测面。按 F5 键,切换到右平面。

(5) 进入自动编辑状态,将其中的两条线作“移动”中“复制”操作,结果如图 10.6(b)所示。

(6) 继续在右平面,使用“直线”命令,打开“对象捕捉”,捕捉“端点”,将端点连线,如图10.6(c)所示三条线。

(7) 切换轴测面。连续按 F5 键,看命令行的提示,切换到上平面。

(8) 画上平面的圆。使用"椭圆"命令,命令行提示如下。

命令:_ellipse //输入"椭圆"命令

指定椭圆轴的端点或[圆弧(A)/中心点(C)/等轴测圆(I)]:I //选择"等轴测圆(I)"选项

指定等轴测圆的圆心: //在上平面上单击

指定等轴测圆的半径或[直径(D)]: //输入一个数值或在上平面上另一处单击

//结果如图 10.6(d)所示

(9) 切换轴测面,连续按 F5 键,看命令行的提示,切换到右平面,重复第(8)步,画出右平面的圆。同理,画出左平面的圆。结果如图 10.6(e)所示。

10.5 在轴测模式中书写文字

为了使某个轴测面中的文本看起来像是在该轴测面内,就必须根据各轴测面的位置特点将文字倾斜某一个角度值,以使它们的外观与轴测图看起来能体现出立体感。图 10.4 所示为各轴测面上的文本图示。

10.5.1 轴测图上书写文本的规律

(1) 设置文字样式中的倾斜角。通常设置的内容和操作方法与 5.1 节的一样,而轴测图中的文字样式的特殊性在倾斜角的设置,其规律是文本逆时针倾斜输入负值角度,文本顺时针倾斜输入正值角度,如图10.7所示。

图 10.7 轴测图文字样式倾斜角图示

(2) 使用"单行文字"输入文字时,命令行提示"指定文字的旋转角度",需要输入具体的角度值;或"多行文字"命令输入文字时,命令行会在"指定对角点"提示的同时显示"旋转角"选项,选择之,输入具体的角度值。因此,轴测图上使用"文字"命令,其旋转角的输入规律是,文本逆时针旋转输入正值角度,文本顺时针旋转输入负值角度。如图 10.8 所示。

指定高度 <20.0000>:
指定文字的旋转角度 <30>:
输入文字: ABCD

ABCD 30° 0°

图 10.8 轴测图文字样式倾斜角图示

10.5.2 实例图示

在不同的轴测面上书写文字,结合文字样式中的倾斜角设置、“文字”命令中旋转角的输入,综合考虑来实现。由于设置文字样式和输入文字的方式在第5章已介绍,此处不列出命令行提示和操作步骤。只列出三个平面上的文字样式的倾斜角设置值和“文字”命令中旋转角的输入值,以及轴侧面上的文字外观,如图10.9所示。

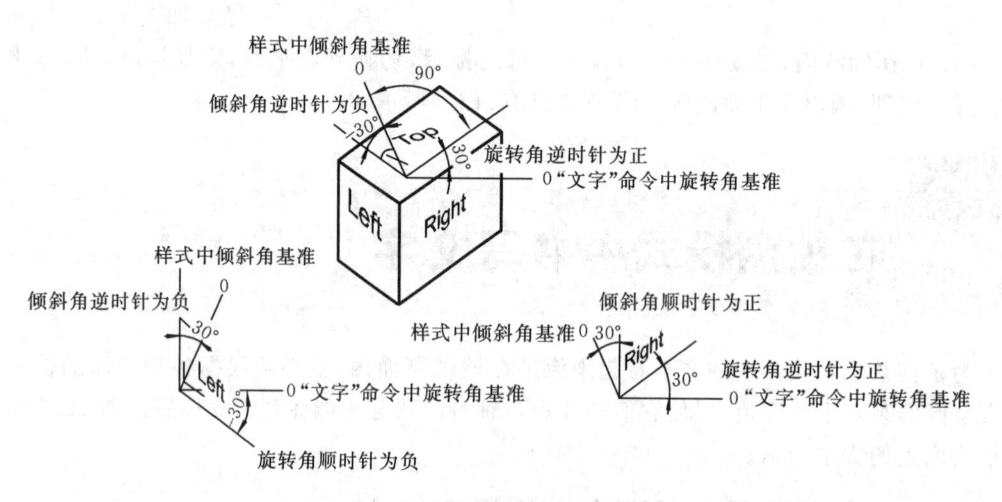

图10.9 三个轴测面上文本倾斜角、旋转角、文字外观图示

【注意】 在切换到每一个轴测面进行书写文字时,首先应该按对应的倾斜角设定相应的文字样式,即每一个轴测面设置一个文字样式,然后在对应的轴测面上书写文字。

10.6 在轴测模式中标注尺寸

在轴测模式中标注尺寸分两步:第一步是使用“标注”菜单下的“对齐”标注命令在对应面上将尺寸标注出来;第二步是使用“标注”菜单下的“倾斜”命令,调整尺寸界线,使尺寸界线与轴测轴平行。四个基本组成通过倾斜放在对应面上,并与图形形状协调一致。具体实例如下。

1. 标注对应面上尺寸

【例10.2】 在上平面标注尺寸,命令行提示如下。

//F5 切换到上平面

命令:_dimaligned //输入“对齐”标注

指定第一条尺寸界线原点或〈选择对象〉:

指定第二条尺寸界线原点:

指定尺寸线位置或

[多行文字(M)/文字(T)/角度(A)]:

标注文字 = 60 //结果如图 10.10(a)所示的尺寸(60)

同理在右平面标注尺寸(45)、左平面标注尺寸(30),结果如图 10.10(a)所示。

2. 编辑对应面上的标注

【例 10.3】 编辑上平面的标注,命令行提示如下。

命令:_dimedit //输入"标注"菜单下的"倾斜"

输入标注编辑类型[默认(H)/新建(N)/旋转(R)/倾斜(O)]〈默认〉:_o

选择对象:找到 1 个 //选择尺寸(60)

选择对象: //回车

输入倾斜角度(按 Enter 键 表示无):-30 //输入倾斜角度-30°

同理编辑右平面的尺寸标注(45)、左平面的尺寸标注(30),结果如图 10.10(b)所示。

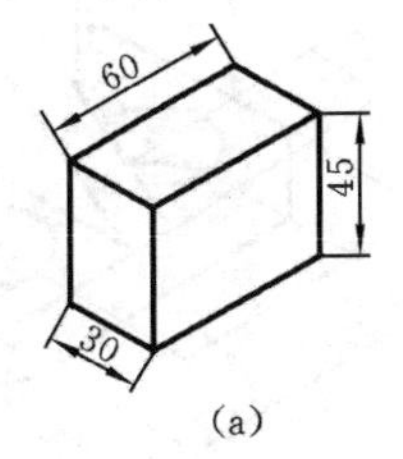

(a)

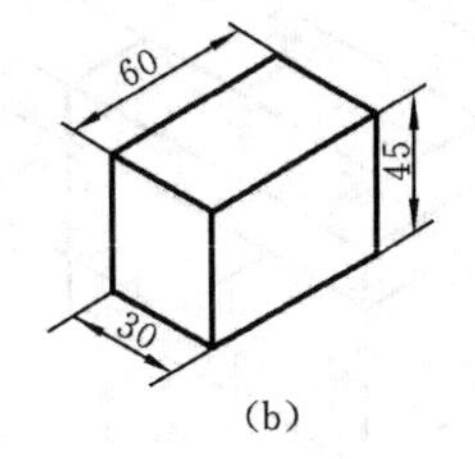

(b)

图 10.10 轴测面上标注尺寸图

显然,调整尺寸界线与轴测轴平行,需要输入倾斜角。倾斜角输入的规律如下。

(1) 调整左平面(侧平面)的尺寸元素:顺时针调整,倾斜角为-30°;逆时针调整,倾斜角为 30°。(与系统默认的角度正负一致)

(2) 调整上平面(水平面)的尺寸元素:顺时针调整,倾斜角为 30°;逆时针调整,倾斜角为-30°。(与系统默认的角度正负不一致,特殊性)

(3) 调整右平面(正平面)的尺寸元素:顺时针调整,倾斜角为-30°;逆时针调整,倾斜角为 30°。(与系统默认的角度正负一致)

【本章小结】

用 AutoCAD 表达的轴测图可以反映物体的立体感,但它不是真正意义上的三维图形。它还是一个平面图形,只是用三个面来反映它在一个投影方向上的形状。

AutoCAD 通过"工具"菜单中的"草图设置"命令,在"捕捉和栅格"选项卡中可以设置 AutoCAD 的绘制轴测图的模式,在此模式下,可实现轴测面的切换。具体绘制轴测图时,要切换到对应的轴测面上进行。

一般来说,绘制直线时结合"极轴"、"对象捕捉"、"对象追踪"来定位直线上的点;绘制圆时使用"椭圆"命令中的"等轴测圆"选项来完成;绘制曲线时使用"多段线"或"样条曲线"命令实现;绘制各种呈现立体感的复杂图样时,就结合上述"直线"、"圆"、"曲线"的绘制方法再加上平面编辑命令来实现。

绘轴测图过程中,为准确确定图形上的位置点,常要将"极轴"打开,设置增量角度为 30°,这样就能很容易地沿三个轴测轴线方向进行追踪定位,这样可以提高绘图效率。

本章仅介绍了如何绘制正等轴测图,此外还介绍了轴测图中书写文字和标注尺寸的方法。

其他类型的轴测图,其规范画法与上述正等轴测图类似,由于篇幅有限,在此不赘述。其他有关轴测图的更多内容,操作者若感兴趣,可参阅专业制图教材。

【上机练习题】

1. 绘制轴测图如图 10.11、图 10.12 所示,并标注尺寸。

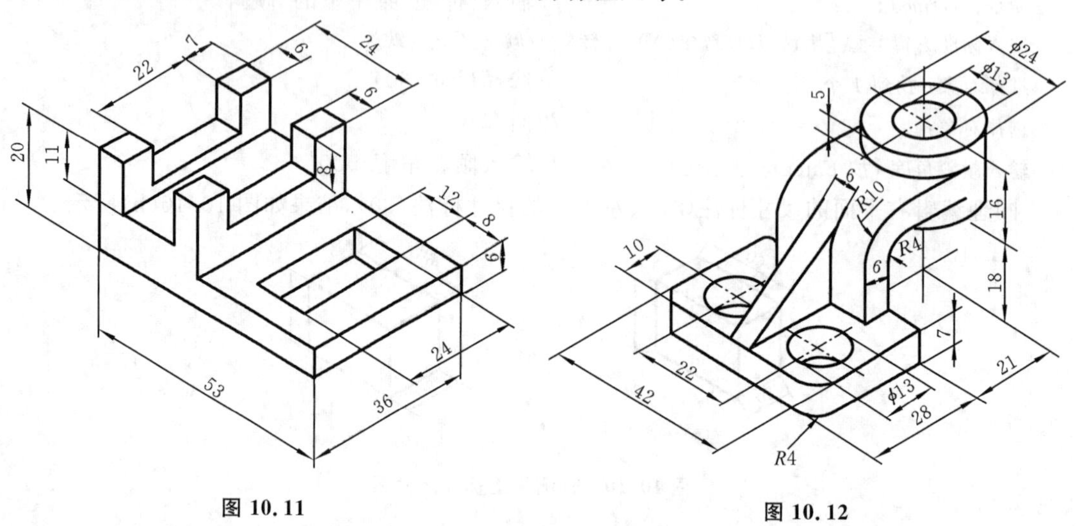

图 10.11

图 10.12

2. 识别三视图,如图 10.13、图 10.14 所示,画出立体的正等轴测图。

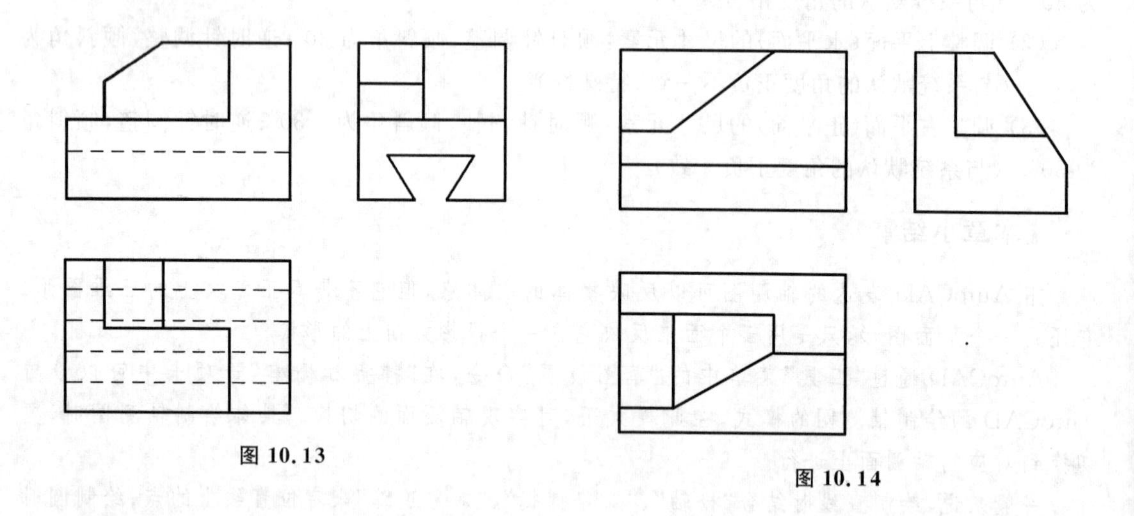

图 10.13

图 10.14

第 11 章
三 维 图 形

11

三维图形在机械和建筑专业中有很广泛的应用。数控加工技术的基础工作需要三维图形，建筑项目的方案设计也需要三维图形。通过三维图形可以自动生成二维视图（第 12 章介绍），可以输出模型和创建动画，可以进行工程分析和提取工艺数据等。本章将介绍三维图形的绘制和编辑命令。

本章首先介绍用户坐标系的使用，三维图形的静态、动态以及效果的观察方式；然后分类讲解三维实体、三维表面的创建方法和编辑方法；最后介绍三维图形的渲染操作。

11.1 三维图形的分类

AutoCAD 将三维图形分为三类:三维实体、三维表面、三维线框。每种三维图形都有其创建和编辑方法。如图 11.1 从左到右分别示出三种类型的三维图形。本节介绍它们的特点和用途。

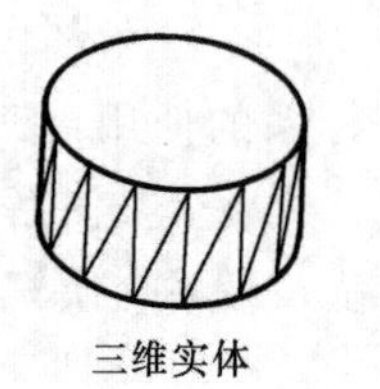

三维实体

三维表面

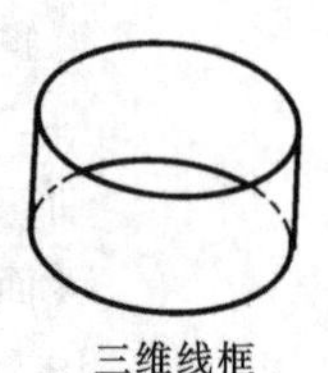

三维线框

图 11.1　三维图形的类型

11.1.1　三维实体

三维实体可以理解为一个内部有材料填实的三维物体。三维实体表示整个对象的体积,实体的信息最完整、歧义最少,它包含体、面、线、点的信息。复杂实体图形容易构造和编辑。还可以分析实体的质量特性(体积、惯性矩、重心等)。可以输出实体对象的数据,供数控机床使用或进行 FEM(有限元法)分析。或者将实体分解为网格和线框对象。ISOLINES 系统变量控制用于显示线框弯曲部分的素线数目。FACETRES 系统变量可调整着色和消隐对象的平滑度。三维实体在数控加工、工程初步方案设计、工业设计、广告设计、三维动画等领域有着广泛的应用。

三维实体的绘制命令都用于画基本的实体图形,如长方体、圆锥体、圆柱体、球体、圆环体和楔体等。还可以通过沿路径拉伸二维对象或者绕轴旋转二维对象来创建三维实体。以这些方式创建实体之后,可以通过"并集"、"交集"、"差集"或"剖切"来创建更复杂的组合实体图形。

11.1.2　三维表面

三维表面图形可以理解为是一个表面有材料、无厚度、内部为空心的三维物体。它包含面、线、点的信息。可以输出表面对象的表面积、生成两表面的交线,供数控机床使用。一般三维表面特别适合于构造复杂的曲面三维图形,如人体器官、地形地貌、模具、汽车、飞机等不规则的复杂图形。

三维表面的绘制命令用于创建以下三维图形:长方体、圆锥体、下半球面、上半球面、网格、棱锥面、球体、圆环和楔体等。也可以通过二维对象,使用"旋转曲面"、"边界曲面"等命令绘制更加复杂的三维表面图形。

创建三维表面图形的过程与创建三维实体图形的过程相似。

11.1.3 三维线框

三维线框图形可以理解为一个有框架的、表面无材料、内部为空心的三维物体。它只包含线、点的信息。

三维线框图形用二维绘图命令来绘制,绘图方式简单。但是线框图形只显示全部图形的棱线,对于复杂图形来说,棱线太多,难以读懂图,而且歧义很多。此外,因为它没有体和面的信息,因此不能供数控机床使用,也不能“着色”和“渲染”。一般绘三维图形时,此种方式只作为辅助线来使用。

总之,三维实体是最容易绘制的三维图形类型。通过创建以下基本三维形状的方法来创建三维对象:长方体、圆锥体、圆柱体、球体、楔体和圆环体实体。然后对这些形状进行合并,找出它们差集或交集(重叠)部分,结合起来生成更为复杂的实体。也可以将二维对象沿路径延伸或绕轴旋转来创建三维实体,一般规则图形或由规则图形编辑后生成的复杂图形都用此方法来创建。数控加工模拟可使用该图形。

三维表面用于创建复杂的三维图形,它使用多边形网格来定义镶嵌面。由于网格面是平面的,因此网格只能近似于曲面。数控加工模拟可使用该图形。

三维线框创建方式容易实现,但它只有线和点的特点,没有面和体的特点。数控加工模拟不能用此种方式创建的图形。

采用不同的方法来构造三维图形,它们的编辑方法对不同类型的模型产生的效果不一样,因此建议不要混合使用这些方法。不同的类型之间只能进行有限的转换,可以从实体到表面或从表面到线框,但不能从线框转换到表面,或从表面转换到实体。

以下介绍三维实体和三维表面的绘制方法,由于三维线框图形在实际使用中意义不大,因此不讲述三维线框的绘制方法。

11.2 观察三维图形的方式

使用相关命令绘出的三维图形只显示出一个方向的观察结果,要继续绘制或观察三维图形的各个方向的图形,就要灵活使用观察三维图形的方法。观察三维图形的方法有多种,前述的“视图缩放”可以放大缩小图形,下面的方式可以静态、动态方式观察,以及观察图形的各种效果。

11.2.1 静态方式观察——视图

选择“视图”菜单下的“三维视图”命令,或从“视图”工具栏中的十个视图方向来观察图形,如图 11.2 所示。这种观察是静态观察。十个视图方向为:俯视、仰视、左视、右视、主视、后视、西南等轴测、东南等轴测、东北等轴测、西北等轴测。这些方向是以相对于世界坐标系(WCS)设定的。单击图标,当前图形观察方向就改变。

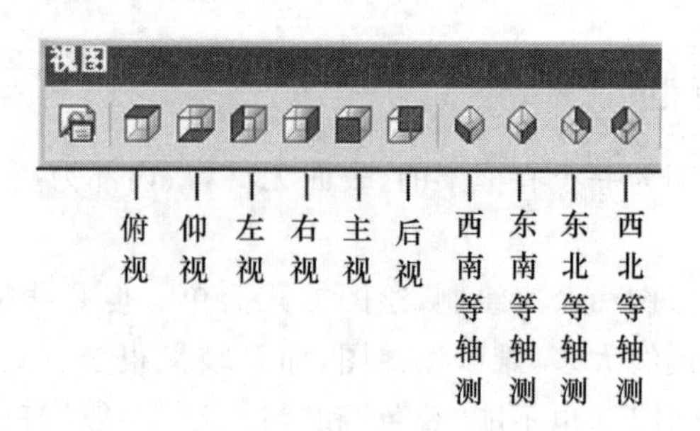

图 11.2 “视图”工具栏

11.2.2 动态方式观察——三维动态观察器

使用“三维动态观察器”可以动态方式观察三维图形。调出工具栏“三维动态观察器”,如图 11.3 所示。

它主要有三维平移、三维缩放、三维动态观察器、三维连续观察、三维旋转、三维调整距离、三维调整裁剪平面、启用/关闭前向裁剪、启用/关闭后向裁剪等动态观察图形的方式。其中最常用的是“三维动态观察器”按钮,后续操作步骤中提到“三维动态观察器”就是指这个命令。

图 11.3 “三维动态观察器”工具栏

单击“三维动态观察器”按钮,则在要观察的图形周围有一个带有四个小圆的大圆,它好似一个转盘。鼠标指针移到大圆内部,按下鼠标左键不松手移动,可从图形周围的不同点观察整个图形或图形中的任何对象。鼠标指针移到大圆外部,按下鼠标左键拖曳,则图形绕大圆中心转动。

11.2.3 效果的观察——视觉样式

选择“视图”菜单中的“视觉样式”命令,或单击“视觉样式”工具栏上图标按钮来观察图形,“视觉样式”工具栏如图 11.4 所示。

“视觉样式”工具栏中常用的是“三维线框”、“三维隐藏”、“概念视觉”三种工具。

(1)“三维线框”:单击此图标,三维实体图形变为用直线和曲线表示边界的三维视图中的对象,并且三维图形的所有线框都将显示出来。

(2)“三维隐藏”:单击此图标,显示用线框表示的三维视图中的对象,同时消隐表示后向面的线。

(3)“概念视觉”:单击此图标,对三维视图中的对象进行着色,同时对多边形表面之间的边缘进行平滑处理。这使对象的外观显得较为平滑而且更为逼真。

此外,还可使用多视窗来观察和显示图形。多视窗内容参见 4.9 节。

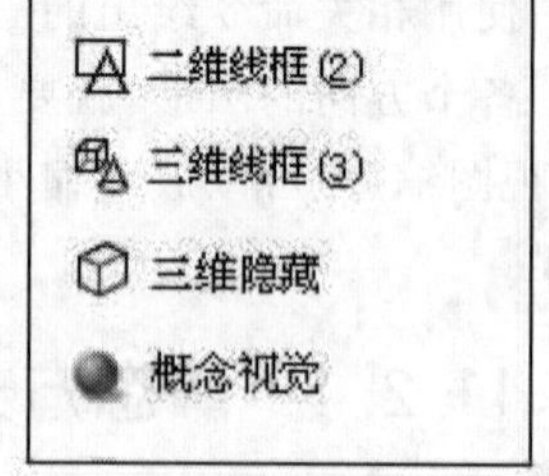

图 11.4 “着色”工具栏

11.3 建立用户坐标系 UCS

AutoCAD 有两种坐标系：一种是称为世界坐标系（WCS）的固定坐标系；另一种是称为用户坐标系（UCS）的可移动坐标系。

11.3.1 右手定则判断三维坐标系中的方向

应用右手定则可以判断三维坐标系中三个轴的方向，即如果大拇指指向 X 轴的正方向，食指指向 Y 轴的正方向，则中指所指示的方向即 Z 轴的正方向。通过旋转手，可以看到 X、Y 和 Z 轴如何随着 UCS 的改变而旋转。

还可以使用右手定则确定三维空间中绕坐标轴旋转的正方向：将右手拇指指向轴的正方向，卷曲其余四指，右手四指所指示的方向即轴的正旋转方向。

11.3.2 世界坐标系

世界坐标系是一个固定的坐标系，X 轴是水平的，Y 轴是与 X 轴垂直的，Z 轴垂直于 XY 平面。原点是 X 轴和 Y 轴的交点（0,0）。在世界坐标系中绘制三维图形需要将每一点的坐标计算好，非常不方便。因此，绘制三维图形时，常使用可移动的用户坐标系。操作者使用用户坐标系时，可将原点放在任何位置，坐标轴可以倾斜任意角度，在哪里绘图坐标就移向哪里，这样可使绘制三维图形变得简单。

11.3.3 建立用户坐标系

建立用户坐标系可以使用菜单、工具图标或命令行输入命令来实现。常用的方式是调出“UCS”工具栏，如图 11.5 所示。“UCS”工具栏每个按钮说明如下。

图 11.5 “UCS”工具栏

（1）UCS：单击此按钮，命令行提示如下。

命令：_ucs

*当前 UCS 名称：*世界**

输入选项

[新建(N)/移动(M)/正交(G)/上一个(P)/恢复(R)/保存(S)/删除(D)/应用(A)/? /世界(W)]

〈世界〉:

命令行提示项说明如下。

➢ 当前 UCS 名称：*世界*：说明当前坐标系是世界坐标系。

➢ 新建(N)：选择该选项，命令行提示：

指定新 UCS 的原点或[Z 轴(ZA)/三点(3) /对象(OB)/面(F)/视图(V)/X/Y/Z]〈0,0,0〉:

① 指定新 UCS 的原点:选择该选项或“对象捕捉”或输入一个坐标,重新定原点,相当于移动了 UCS。

② Z 轴(ZA):选择该选项,根据命令行的提示,指定坐标原点和 *Z* 轴上的一点,就可确定 *Z* 轴方向,从而确定新的 UCS。

③ 三点(3):选择该选项,根据命令行的提示,指定坐标原点、*X* 轴上的一点、*Y* 轴上的一点,从而确定新的 UCS。

④ 对象(OB):选择该选项,根据命令行的“选择对齐 UCS 的对象:”提示,选择对象后,新的 UCS 的 *X* 轴与选择的对象对齐。

⑤ 面(F):选择该选项,根据命令行的提示,选择实体对象的一个面,根据图上显示的 UCS,操作者可以切换实体的面或改变 *X* 轴、*Y* 轴方向;回车接受图上显示的 UCS。

⑥ 视图(V):选择该选项,使新的 UCS 的 *XY* 面垂直于图形观察方向。

⑦ X、Y、Z:选择这三个选项的任一项,可将当前的 UCS 绕 *X* 或 *Y* 或 *Z* 轴旋转指定的角度。默认为 90°。

⑧〈0,0,0〉:默认的 UCS 的原点,可直接回车。

➢ 移动(M):选择该选项,命令行提示:

指定新原点或[Z 向深度(Z)]:

默认指定新原点;若选择“Z 向深度(Z)”,则 UCS 沿 *Z* 轴方向平移。

➢ 正交(G):选择该选项,命令行提示:

输入选项[俯视(T)/仰视(B)/主视(F)/后视(BA)/左视(L)/右视(R)]〈俯视〉:

选择一个选项,则选择了一个投影坐标系作为新的 UCS。

➢ 上一个(P):选择该选项,返回上一个 UCS。

➢ 恢复(R):选择该选项,调用保存的 UCS,使之成为新的 UCS。

➢ 保存(S):选择该选项,命名、存储当前的 UCS。

➢ 删除(D):选择该选项,删除已经存储的 UCS。

➢ 应用(A):选择该选项,将 UCS 应用于选择的视区或全部视区。

➢ ?:选择该选项,显示已经存储的 UCS 名称。

➢ 世界(W):选择该选项,返回到 WCS。

(2) 命名 UCS:单击此按钮,弹出“UCS”对话框,在“命名 UCS”选项卡中列出“世界”、“上一个”和通过“保存”方式命名存储的 UCS 名称,可在其中选择一项作为当前的 UCS。

(3) 上一个 UCS:单击此按钮,返回上一个 UCS。

(4) 世界:单击此按钮,返回到 WCS。

(5) 对象:单击此按钮,根据命令行的“选择对齐 UCS 的对象:”提示,选择对象后,新的 UCS 的 *X* 轴与选择的对象对齐。

(6) 面 UCS:单击此按钮,根据命令行的提示,选择实体对象的一个面,根据图上显示的 UCS,操作者可以切换实体的面或改变 *X* 轴 *Y* 轴方向;回车接受图上显示的 UCS。

(7) 视图:单击此按钮,使新的 UCS 的 *XY* 面垂直于图形观察方向。

(8) 原点：单击此按钮或“对象捕捉”或输入一个坐标，重新定原点，相当于移动了UCS。

(9) Z 轴矢量：单击此按钮，根据命令行的提示，指定坐标原点和 Z 轴上的一点，就可确定 Z 轴方向，从而确定新的 UCS。

(10) 3 点：单击此按钮，根据命令行的提示，指定坐标原点、X 轴上的一点、Y 轴上的一点，从而确定新的 UCS。

(11) X：单击此按钮，将当前的 UCS 绕 X 轴旋转指定的角度。

(12) Y：单击此按钮，将当前的 UCS 绕 Y 轴旋转指定的角度。

(13) Z：单击此按钮，将当前的 UCS 绕 Z 轴旋转指定的角度。

(14) 应用：单击此按钮，将 UCS 应用于选择的视区或全部视区。

WCS 和 UCS 常常是重合的，即它们的轴和原点完全重叠在一起。无论如何重新定向UCS，都可以使用 UCS 命令的“世界”选项使其与 WCS 重合，即单击“世界”按钮，将 UCS 返回到 WCS。

【例 11.1】 移动 UCS，定义新的原点。

如图 11.6 所示，将原点从点 A 移到点 B。操作步骤如下。

(1) 单击“UCS”工具栏中的“UCS”按钮，在命令行提示中选择“新建 UCS”选项，然后选择“原点”命令，或者直接单击“原点”按钮。

(2) 打开“对象捕捉”，捕捉端点 B，则新的 UCS 原点在点 B，即移动了 UCS。

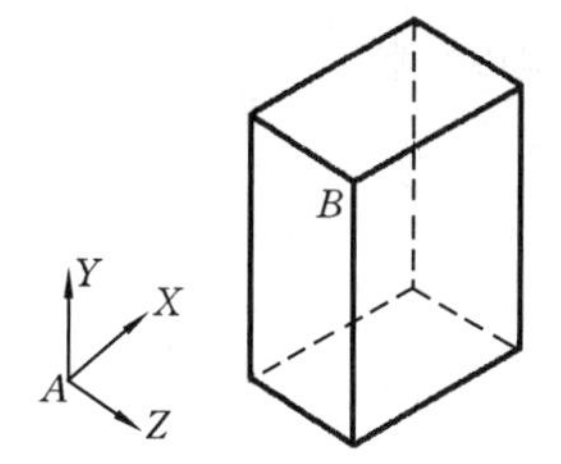

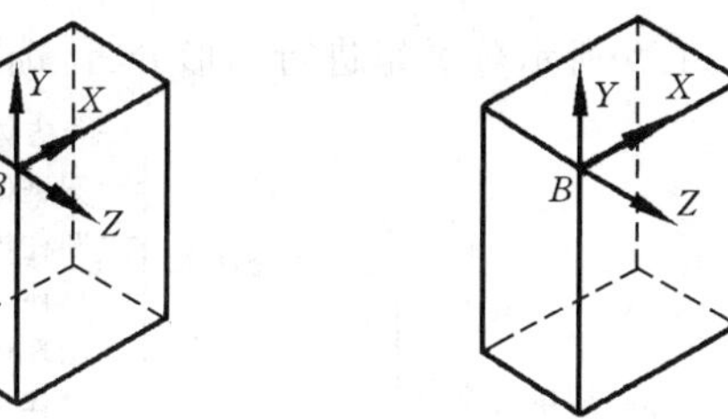

图 11.6 移动 UCS 示例

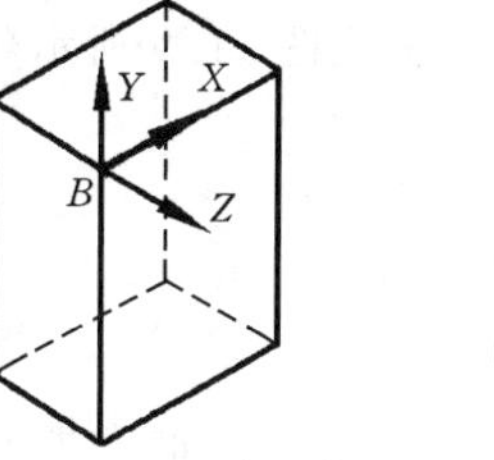

图 11.7 旋转 UCS 示例

【例 11.2】 绕当前 UCS 的任意轴旋转当前 UCS。

如图 11.7 所示，将 XZ 绕 Y 轴转 90°，即将 X 轴转到 Z 轴处，操作步骤如下。

(1) 单击“UCS”工具栏中的“Y”命令。

(2) 命令行提示：“指定绕 Y 轴的旋转角度〈90〉：”，输入“－90”，回车。

【例 11.3】 使用“3 点”方式，改变 UCS。

如图 11.8 所示，新的 UCS 的坐标原点在点 C，X 轴在 CD 线上，Y 轴在 CE 线上。操作步骤如下。

(1) 单击“UCS”工具栏中的“3 点”命令。

(2) 命令行提示：“指定新原点〈0,0,0〉：”，打开“对象捕捉”，捕捉端点 C。

(3) 命令行继续提示：“在正 X 轴范围上指定点”，对象捕捉端点 D。

(4) 命令行继续提示:"在 UCS XY 平面的正 Y 轴范围上指定点",对象捕捉端点 E。

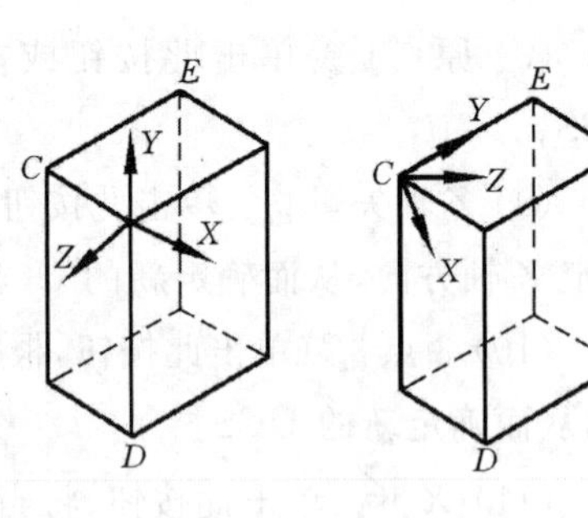

图 11.8 "3点"命令确定 UCS 示例

【例 11.4】 恢复到初始的且显示 XY 平面的 WCS。

操作步骤如下。

(1) 单击"UCS"工具栏中的"世界"按钮。

(2) 单击"视图"工具栏中的"俯视"或"仰视"按钮。

【例 11.5】 保存 UCS。

操作步骤如下。

(1) 单击"UCS"工具栏中的"命名 UCS"按钮。

(2) 弹出"UCS"对话框,在"命名 UCS"选项卡中,新的 UCS 在 UCS 列表中显示为"未命名"。

(3) 选择"未命名",并输入一个新名称。或选择"未命名",然后单击鼠标右键并从快捷菜单中选择"重命名"。单击"确定"按钮。

【注意】 改变坐标系方法太多,将常用的掌握即可。常用的有"UCS"中的"移动"、"上一个 UCS"、"世界"、"3点"、"X"、"Y"、"Z"、"原点"。

11.4 三维实体的绘制

三维实体可根据图 11.9 所示分类来进行图形分析,选择命令,正确绘制。

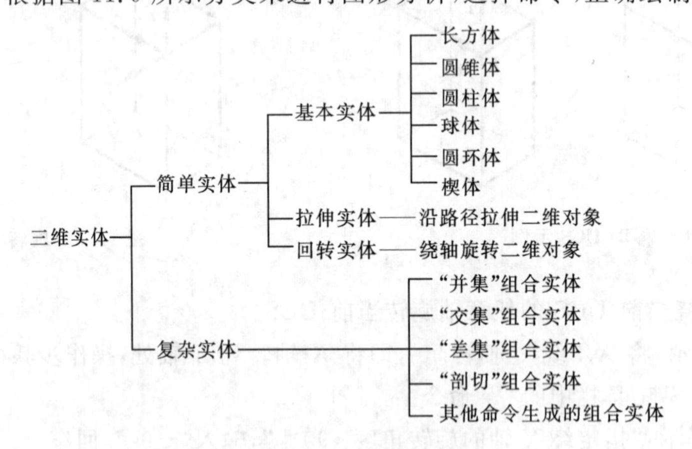

图 11.9 三维实体的分类

11.4.1 绘制简单实体

简单实体分为基本实体、拉伸实体和回转实体三类。

1. 基本实体

基本实体指长方体、球体、圆柱体、圆锥体、楔体和圆环体等。在"绘图"菜单中选择"建模"

命令子菜单的相关命令，或者单击“建模”工具栏中的对应按钮，或在命令行输入命令，然后按命令行的提示，输入选项或参数，就可实现创建基本实体。

1）长方体

单击工具栏(box)按钮可创建长方体。长方体的长度和宽度组成的底面在当前坐标系的 *XY* 平面上。如图 11.10 所示，绘制长度为 300 mm、宽度为 200 mm、高度为 100 mm 的长方体。

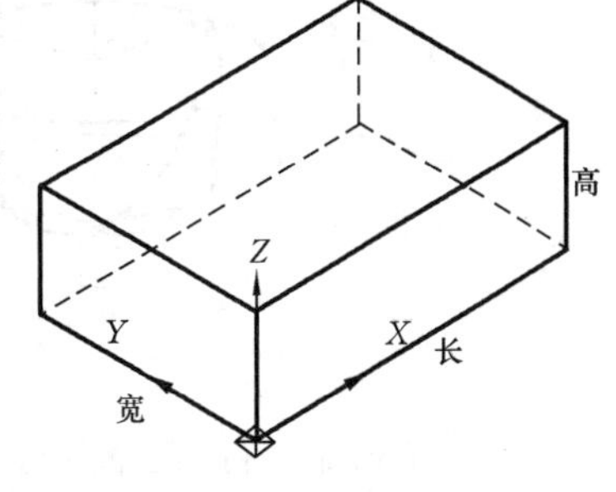

图 11.10　绘长方体示例

命令行提示如下。

//单击“视图”工具栏中的“西南等轴测”按钮，设定观察三维图形的方向

命令：_box

指定长方体的角点或［中心点(CE)］〈0,0,0〉：

//回车，默认长方体的一个角点坐标为(0,0,0)；或在绘图区域单击

指定角点或［立方体(C)/长度(L)］：L

//在绘图区域单击右键选择“长度”或命令行输入 L 命令后，回车

指定长度：300　　//命令行输入 300 后，回车

指定宽度：200　　//命令行输入 200 后，回车

指定高度：100　　//命令行输入 100 后，回车

命令行提示项说明如下。

(1) 角点：长方体有八个角点，指定一角点后，可以指定对角点画长方体。

(2) 中心点(CE)：选择该选项，指定长方体的体中心点，即对角点连线的交点。

(3) 立方体(C)：选择该选项，可以画立方体。

(4) 长度(L)：选择该选项，命令行会提示输入长方体的长、宽、高。

2）球体

单击工具栏(sphere)按钮可创建球体。根据命令行的提示输入半径或直径值。

命令行提示如下。

命令：_sphere

当前线框密度：ISOLINES＝4

指定球体球心〈0,0,0〉：　　//回车，默认球体球心坐标为(0,0,0)；或在绘图区域单击

指定球体半径或［直径(D)］：100　　//命令行输入半径值 100 或直径值“[200]”后，回车

默认的绘图结果如图 11.11(a)所示。显然，球体线框的密度太小，看不出是球体图形。因此要增大球体的线框密度。

调整线框密度的操作步骤如下。

(1) 按下 F2 键，展开命令行，即打开“文本窗口”；

(2) 通过“文本窗口”右侧的滚动条，查询“球体”命令的绘制过程中的提示，可以看到“当前线框密度：ISOLINES＝4”；

(3) 鼠标指针选择“ISOLINES”，按下“Ctrl＋C”键，即“复制”ISOLINES；

(4) 按下 F2 键，关闭“文本窗口”；

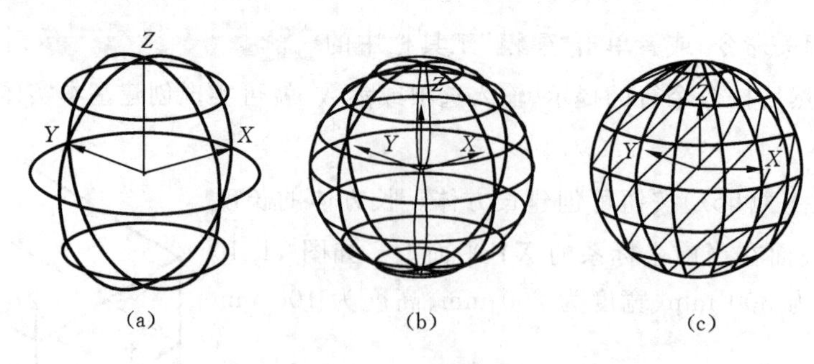

图 11.11　绘球体示例

(5) 单击命令行,在命令行看到闪动的光标后,按下"Ctrl+V"键,即"粘贴"ISOLINES;

(6) 在命令行看到"命令:ISOLINES",回车;

(7) 根据命令行的提示,输入新的线框密度值,如"8",回车;

(8) 单击"视图"菜单中的"重生成"命令,系统更新,球体变为如图 11.11(b)所示;

(9) 如果所显示的线框密度还不满意,可以重复以上步骤(1)～(8)。

【注意】 上述调整线框密度是事后调整。也可在绘球体之前进行事前设置,这样就要记住调整线框密度的命令"ISOLINES",在命令行中输入 isolines 命令,回车,依提示输入线框密度值。可见,事后调整为我们提供了方便。

还可单击"着色"工具栏中的"消隐"按钮,观察消隐后的球体,如图 11.11(c)所示。也可单击"着色"工具栏中的"体着色"按钮,观察到平滑而且逼真的球体。

3) 圆柱体

单击工具栏 (cylinder)按钮可创建圆柱体。根据命令行的提示,完成绘制。默认绘制的圆柱体的底面在当前坐标系的 *XY* 平面上,圆柱体的高度沿着 *Z* 轴拉伸。图 11.12 所示的是消隐后的圆柱体。

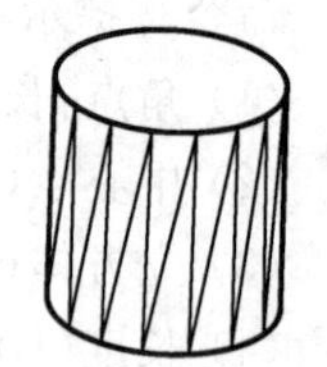

图 11.12　消隐后的圆柱体

命令行提示如下。

命令:_ cylinder

当前线框密度:ISOLINES=8

指定圆柱体底面的中心点或[椭圆(E)]〈0,0,0〉:　　　　//在绘图区域单击

指定圆柱体底面的半径或[直径(D)]:100

指定圆柱体高度或[另一个圆心(C)]:200

【注意】 圆柱体也有调整线框密度的情况,参照球体调整线框密度的操作步骤进行。

4) 圆锥体

单击工具栏 (cone)按钮可创建圆锥体。根据命令行的提示,完成绘制。默认绘制的圆锥体的底面在当前坐标系的 *XY* 平面上,圆锥体的高度沿着 *Z* 轴拉伸。图 11.13(a)所示的是消隐后的圆锥体。

命令行提示如下。

命令:_ cone

当前线框密度:ISOLINES=8

指定圆锥体底面的中心点或[椭圆(E)]〈0,0,0〉:　　　　//在绘图区域单击

指定圆锥体底面的半径或[直径(D)]：100

指定圆锥体高度或[顶点(A)]：200

命令行提示项说明如下。

(1) 椭圆(E)：输入该选项，命令行提示输入底面中心点、长轴点、短轴点(可打开“正交”)，可以绘制如图11.13(b)所示的椭圆锥。

(2) 其他选项易理解，不赘述。

【注意】 圆锥体也有调整线框密度的情况，参照球体调整线框密度的操作步骤进行。

5) 楔体

单击工具栏 (cone)按钮可创建楔体。创建楔体的命令行提示与创建长方体的命令行提示完全相同。图11.14所示的是三维线框下的楔体。

6) 圆环体

单击工具栏 (torus)按钮可创建圆环体。根据命令行的提示输入圆环体半径或直径值以及圆管半径或直径值。图11.15所示的是消隐后的圆环体。

(a)

(b)

图11.13 消隐后的圆锥体

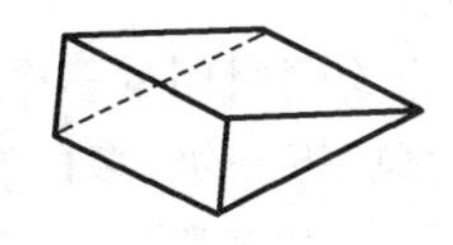

图11.14 三维线框下的楔体

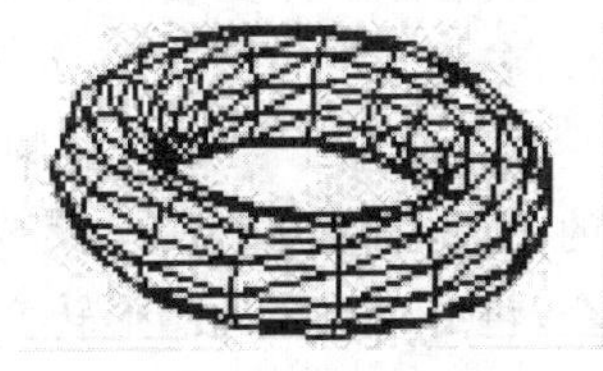

图11.15 消隐后的圆环体

命令行提示如下。

命令：_ torus

当前线框密度：ISOLINES=8

指定圆环体中心〈0,0,0〉： //在绘图区域单击

指定圆环体半径或[直径(D)]：100

指定圆管半径或[直径(D)]：30

【注意】

(1) 圆环体也有调整线框密度的情况，参照球体调整线框密度的操作步骤进行。

(2) AutoCAD 2007版本将“实体”菜单或“实体”工具栏取名为“建模”。

2. 拉伸实体

沿路径拉伸二维对象可创建拉伸实体，通过单击“建模”工具栏中的 按钮可以实现。但是在使用“建模”工具栏上的“拉伸”命令之前应具备如下条件。

(1) 要拉伸的二维对象在XY平面上已绘制。

(2) 要拉伸的二维对象其轮廓是封闭的。

(3) 要拉伸的二维对象是一个单独的对象或处理为一个单独的对象(即一个整体)。

(4) 如果沿着轴向拉伸或与轴偏斜某一角度拉伸，则不用画路径对象；如果沿着具体的路径对象来拉伸，则需要在XY平面上画出路径对象。路径对象是一个非封闭、无较大曲率的单独的对象(即一个整体)。

(5) 要拉伸的二维对象与路径对象分别在不同的平面上。

(6) 使用“建模”工具栏的“拉伸”命令,命令行提示“选择要拉伸的对象”时,要拉伸的对象当前应正处于 XY 平面上。如不是,则要在使用该命令之前,将 UCS 的 XY 平面转到该对象上。

可见需要解决两个问题,才能使用“拉伸”命令来创建拉伸实体:一是在 XY 平面上绘图,二是如何成为一个单独的对象(即一个整体)。

第一个问题的解决方法就是正确使用用户坐标系,参见本章 11.3 节。

第二个问题的解决有以下几种方法。

① 使用“多段线”命令绘成封闭的图形。

② 用“圆”、“椭圆”、“正多边形”、“矩形”命令分别绘制对象。

③ 用“样条曲线”命令绘制封闭的图形。

④ 用“直线”、“圆”或“圆弧”等命令绘制的封闭的多个对象的组合图形,再选择“绘图”菜单中的“面域”命令,将多个对象的图形转变成一个单独的“面域”对象(即一个整体)。参见第 2 章 2.2.18 小节。

⑤ 用“直线”、“圆”或“圆弧”等命令绘制封闭的多个对象的图形,再使用“修改”菜单中的“对象”下一级“多段线”命令,将多个对象的图形转变成一个单独的“多段线”对象。参见第 3 章 3.9 节。

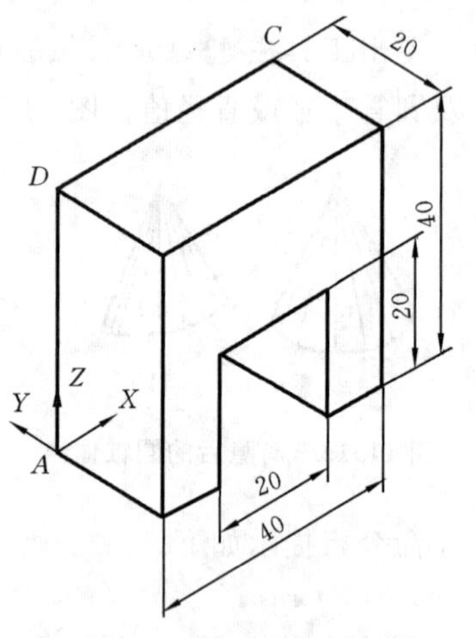

图 11.16 拉伸实体绘制示例

【例 11.6】 如图 11.16 所示,绘制该图形。

命令行提示和操作步骤如下。

(1) 绘制要拉伸的二维对象。

命令:_view 输入选项

//单击“视图”工具栏中的“西南等轴测”图标按钮

[?/分类(C)/图层状态(A)/正交(O)/删除(D)/恢复(R)/保存(S)/UCS(U)/窗口(W)]:_swiso

正在重生成模型。

命令:_ucs //单击“UCS”工具栏中的“X”按钮

*当前 UCS 名称:*世界**

输入选项

[新建(N)/移动(M)/正交(G)/上一个(P)/恢复(R)/保存(S)/删除(D)/应用(A)/?/世界(W)]〈世界〉:_x

指定绕 X 轴的旋转角度〈90〉: //回车,Y 轴转到如图 11.17 所示的方向

命令:_line 指定第一点:0,0,0 //输入“直线”命令,回车,默认直线起点 A 为坐标原点

指定下一点或[放弃(U)]:〈正交 开〉40 //打开“正交”,确定点 B

指定下一点或[放弃(U)]:40 //确定点 C

指定下一点或[闭合(C)/放弃(U)]:40 //确定点 D

指定下一点或[闭合(C)/放弃(U)]:C //输入 C,完成在 XY 平面上的线段 $ABCD$ 绘制

命令:'_zoom //单击“标准”工具栏中的“窗口缩放”命令

指定窗口的角点,输入比例因子(nX 或 nXP),或者

[全部(A)/中心(C)/动态(D)/范围(E)/上一个(P)/比例(S)/窗口(W)/对象(O)]〈实时〉: _w
指定第一个角点: 指定对角点: //将图形放大到合适的大小

//绘 EHGF 线段
命令: _line 指定第一点:〈对象捕捉 开〉〈对象捕捉追踪 开〉10
//输入"直线"命令,回车,打开"对象捕捉"、"对象追踪",确定点 E
指定下一点或 [放弃(U)]: 20 //确定点 H
指定下一点或 [放弃(U)]: 20 //确定点 G
指定下一点或 [闭合(C)/放弃(U)]: //"对象捕捉""垂足",确定点 F
指定下一点或 [闭合(C)/放弃(U)]: //回车,完成在 XY 平面上的线段 EHGF 绘制

//形成封闭多边形
命令: _trim //输入"修剪"命令
视图与 UCS 不平行。命令的结果可能不明显。
当前设置:投影=UCS,边=无
选择剪切边...
选择对象或〈全部选择〉: 找到 1 个 //选择线段 EH
选择对象: 找到 1 个,总计 2 个 //选择线段 FG
选择对象: //回车
选择要修剪的对象,或按住 Shift 键选择要延伸的对象,或
[栏选(F)/窗交(C)/投影(P)/边(E)/删除(R)/放弃(U)]: //在 EF 之间单击
选择要修剪的对象,或按住 Shift 键选择要延伸的对象,或
[栏选(F)/窗交(C)/投影(P)/边(E)/删除(R)/放弃(U)]: //回车,结果如图 11.17 所示

(2) 将绘制好的二维对象转变为一个对象。
命令: _region //选择"绘图"菜单中的"面域"命令
选择对象: 指定对角点: 找到 16 个 //选择全部对象
选择对象: //回车
已提取 1 个环。
已创建 1 个面域。

(3) 创建拉伸实体。
命令: _extrude //单击"建模"工具栏中的"拉伸"按钮
当前线框密度: ISOLINES=4
选择对象: 找到 1 个 //选择如图 11.17 所示的二维对象
选择对象: //回车
指定拉伸高度或 [路径(P)]: 20 //输入拉伸高度。
指定拉伸的倾斜角度〈0〉: //回车,消隐结果如图 11.18 所示

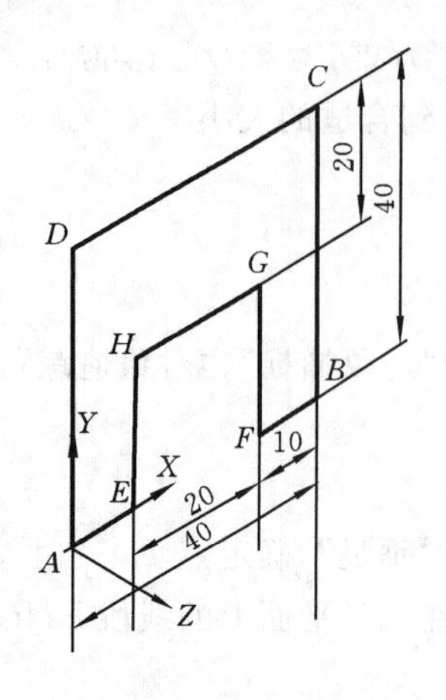

图 11.17　要拉伸的二维对象绘制示例

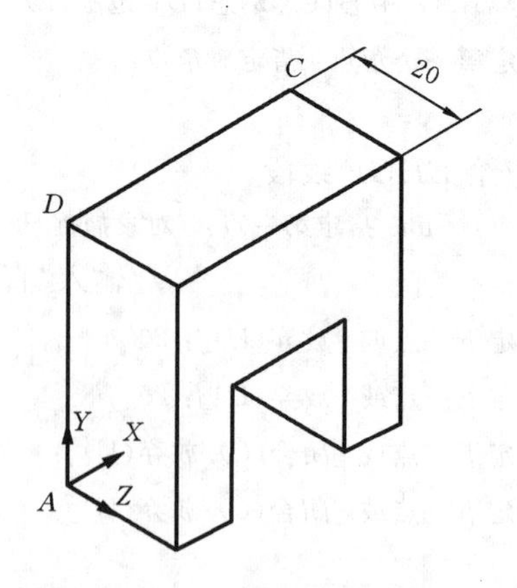

图 11.18　二维对象拉伸结果

【注意】

(1) 使用“建模”工具栏中的“拉伸”命令时,命令行提示“指定拉伸高度”,若要沿着 Z 轴的正向拉伸,则拉伸高度输入正值;若要沿着 Z 轴的反向拉伸,则拉伸高度输入负值。

(2) 使用“建模”工具栏中的“拉伸”命令时,命令行提示“路径(P)”。输入该选项,选择路径对象,则可以沿路径拉伸,生成实体。如图 11.19 所示,弯曲的圆管实体是由一个圆形沿曲线对象拉伸而成的。要注意的是,要拉伸的二维对象与路径对象都要在 XY 平面上绘制,并且分属不同平面上的对象。操作步骤略。

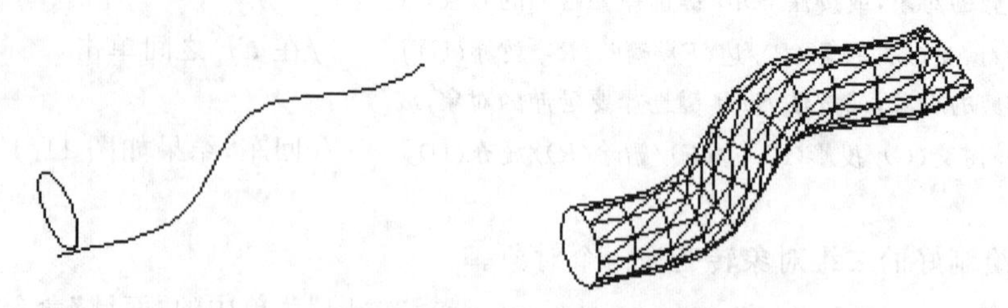

图 11.19　沿路径拉伸示例

(3) “建模”工具栏中的“拉伸”命令图标与“实体编辑”工具栏中的“拉伸”命令图标外观相同,但意义完全不同,使用中不要混淆。参阅本章 11.4.2 小节介绍的“实体编辑”工具栏上的“拉伸”命令。

3. 回转实体

绕轴旋转二维对象可创建回转实体,单击“建模”工具栏中的按钮可以实现。但是在使用“建模”工具栏中的“旋转”命令之前应具备如下条件。

(1) 要旋转的二维对象在 XY 平面上已绘制。

(2) 要旋转的二维对象其轮廓是封闭的。

(3) 要旋转的二维对象是一个单独的对象或处理为一个单独的对象(即一个整体)。

(4) 如果沿着具体的旋转轴对象旋转,则要事先在 XY 平面上绘出旋转轴对象,旋转轴对象是一个直线对象。如果以 X 轴或 Y 轴为旋转轴或指定当前的两点作为旋转轴,则可不必画出旋转轴。

(5) 要旋转的二维对象与旋转轴可在同一个平面上,也可以在不同的平面上。

可见需要解决的两个问题与上述“拉伸实体”一样,一是在 *XY* 平面上绘图,二是如何成为一个单独的对象(即一个整体)。参阅上述介绍的方法,此处不赘述。

【例 11.7】 如图 11.20 所示,绘制该图形。

图 11.20 旋转实体绘制示例

命令行提示和操作步骤如下。

(1) 绘制要旋转的二维对象。

//单击“视图”工具栏中的“西南等轴测”按钮

命令: _ —view 输入选项

[? /分类(C)/图层状态(A)/正交(O)/删除(D)/恢复(R)/保存(S)/UCS(U)/窗口(W)]: _ swiso

正在重生成模型。

//回到世界坐标系

命令: _ ucs //单击“UCS”工具栏中的“世界”按钮

*当前 UCS 名称: * 没有名称 **

输入选项

[新建(N)/移动(M)/正交(G)/上一个(P)/恢复(R)/保存(S)/删除(D)/应用(A)/? /世界(W)]

〈世界〉: _ w

命令: _ ucs //单击“UCS”工具栏中的“Y”按钮

*当前 UCS 名称: * 世界 **

输入选项

[新建(N)/移动(M)/正交(G)/上一个(P)/恢复(R)/保存(S)/删除(D)/应用(A)/? /世界(W)]

〈世界〉: _ y

指定绕 Y 轴的旋转角度〈90〉: -90

//遵循“右手定则”,回车,*X* 轴转到如图 11.21 所示的方向

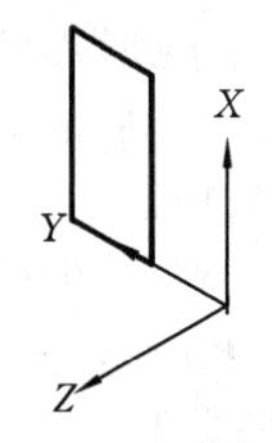

图 11.21 要旋转的二维对象绘制示例

命令: _ line 指定第一点: 0,10,0

指定下一点或 [放弃(U)]:〈正交 开〉20

指定下一点或 [放弃(U)]: 10

指定下一点或 [闭合(C)/放弃(U)]: 20

指定下一点或 [闭合(C)/放弃(U)]: C

//完成要旋转的二维对象的绘制,如图 11.21 所示

命令: '_ zoom

指定窗口的角点,输入比例因子 (nX 或 nXP),或者

[全部(A)/中心(C)/动态(D)/范围(E)/上一个(P)/比例(S)/窗口(W)/对象(O)]〈实时〉: _ w

指定第一个角点: 指定对角点:

(2) 将要旋转的二维对象处理成一个对象(或称一个整体)。

命令: _ pedit 选择多段线或 [多条(M)]: M //使用“多段线编辑”命令

选择对象：指定对角点：找到 4 个

选择对象：　　　　　　　　　　　　　//回车

是否将直线和圆弧转换为多段线？[是(Y)/否(N)]？⟨Y⟩ Y

输入选项

[闭合(C)/打开(O)/合并(J)/宽度(W)/拟合(F)/样条曲线(S)/非曲线化(D)/线型生成(L)/放弃(U)]：J

合并类型 = 延伸

输入模糊距离或[合并类型(J)]⟨0.0000⟩：　　//回车

多段线已增加 3 条线段

输入选项

[闭合(C)/打开(O)/合并(J)/宽度(W)/拟合(F)/样条曲线(S)/非曲线化(D)/线型生成(L)/放弃(U)]：
　　　　　　　　　　　　　　　　　//回车

(3) 创建回转实体。

命令：_ revolve　　　　　　　　　　//单击"建模"工具栏中的"旋转"按钮

当前线框密度：ISOLINES=4

选择对象：指定对角点：找到 1 个 //选择如图 11.21 所示的二维对象

选择对象：　　　　　　　　　　　　　//回车

指定旋转轴的起点或

定义轴依照[对象(O)/X 轴(X)/Y 轴(Y)]：X　　　　//输入 X

指定旋转角度⟨360⟩：180

//输入旋转角度 180°,生成回转实体如图 11.20 所示

//如果回车或输入旋转角度 360°,生成回转实体如图 11.22 所示

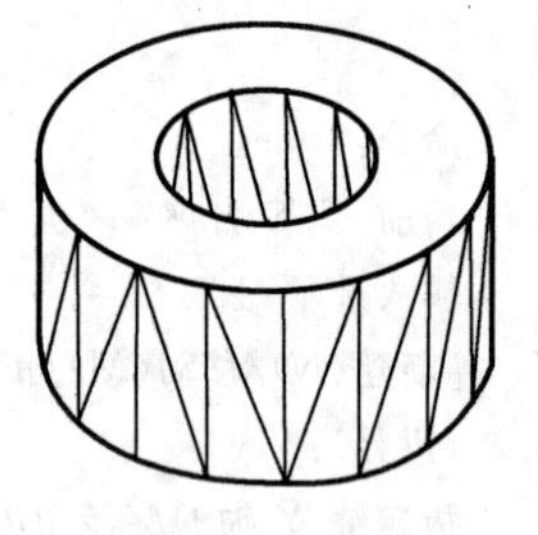

图 11.22　回转实体示例

//消隐形式显示回转实体

命令：_ shademode 当前模式：三维线框

输入选项

[二维线框(2D)/三维线框(3D)/消隐(H)/平面着色(F)/体着色(G)/带边框平面着色(L)/带边框体着色(O)]⟨三维线框⟩：_ h

【注意】

(1) 使用"建模"工具栏中的"旋转"命令时,命令行提示"旋转角度",这时旋转角度正向符合右手螺旋法则,即用右手握住旋转轴线,大拇指指向旋转轴的正向,四指所指的方向是旋转角度的正向,正向旋转角度输入正值;反之,输入负值。

(2) 旋转轴的正向遵循的原则:若直线对象是旋转轴,则从直线距 UCS 原点近的一端指向远的一端就是旋转轴的正向;若以 X 轴或 Y 轴为旋转轴,则 X 轴或 Y 轴的正向就是旋转轴的正向;若以指定的两点作为旋转轴,则从先捕捉的点指向后捕捉的点就是旋转轴的正向。

11.4.2　绘制复杂实体

工程中的复杂实体变化无穷,但经过仔细地分析,总可以分解它们,将它们分解成一些简

单图形的组合体，或通过简单图形的组合体的编辑，便可实现绘制复杂实体的目的。以下重点介绍“建模”或“实体编辑”工具栏中的“并集”、“交集”、“差集”命令，和“修改”菜单中“三维操作”下的“剖切”命令，从而体会绘制复杂实体的基本方法。其他的“实体编辑”命令只简单地介绍。

1.“并集”组合实体

在“建模”或“修改”菜单的“实体编辑”子菜单中选择“并集”命令，或单击“实体编辑”工具栏中的 按钮，或在命令行输入 union 命令，可以合并两个或多个实体(或面域)，构成一个组合实体对象。建议用单击“实体编辑”工具栏中的 按钮输入“并集”命令的方法。

【例 11.8】 如图 11.23(a)所示，有两个实体零件，将其“移动”到一起，如图 11.23(b)所示；再使用“并集”命令，结果如图 11.23(c)所示。

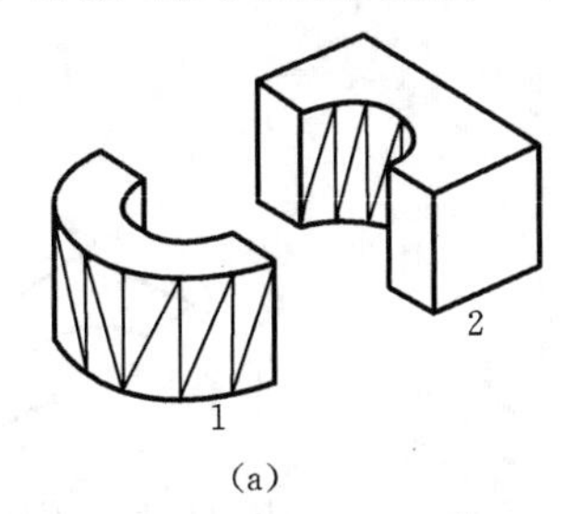

(a)

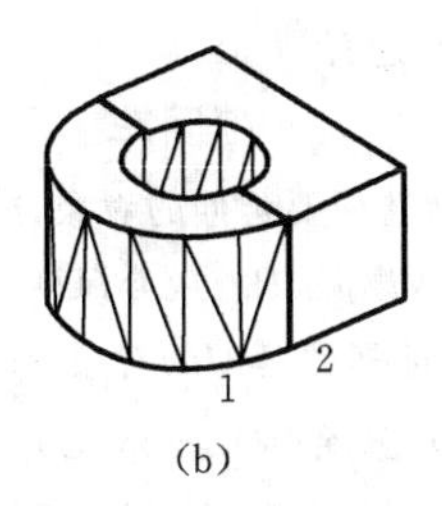

(b)

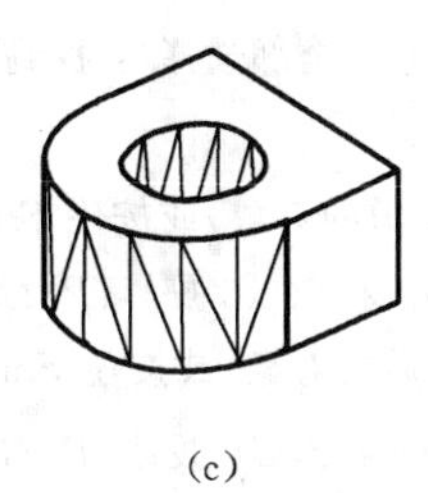
(c)

图 11.23 “并集”组合实体示例

命令行提示及操作步骤如下。

(1) 绘制实体零件 1，步骤参见例 11.7 绘制图 11.20 所示图形对应的“命令行提示及操作步骤”。

(2) 绘制实体零件 2。

命令：_ucs //单击“UCS”工具栏中的“世界”按钮

当前 UCS 名称：＊没有名称＊

输入选项

[新建(N)/移动(M)/正交(G)/上一个(P)/恢复(R)/保存(S)/删除(D)/应用(A)/？/世界(W)]

〈世界〉：_w

//选择对象 1，进入“自动编辑状态”，单击鼠标右键，选择“移动”命令，将对象 1 移离坐标原点

＊＊ 拉伸 ＊＊

指定拉伸点或[基点(B)/复制(C)/放弃(U)/退出(X)]：_move

＊＊ 移动 ＊＊

指定移动点或[基点(B)/复制(C)/放弃(U)/退出(X)]：

//绘对象 2 的拉伸二维对象

命令：_line 指定第一点：0,0,0

指定下一点或[放弃(U)]：20 //打开“正交”

指定下一点或［放弃(U)］：20
指定下一点或［闭合(C)/放弃(U)］：40
指定下一点或［闭合(C)/放弃(U)］：20
指定下一点或［闭合(C)/放弃(U)］：C

命令：_circle 指定圆的圆心或［三点(3P)/两点(2P)/相切、相切、半径(T)］：0,0,0
指定圆的半径或［直径(D)］：10

命令：_trim
视图与 UCS 不平行。命令的结果可能不明显。
当前设置:投影=UCS,边=无
选择剪切边...
选择对象或〈全部选择〉：找到 3 个,总计 3 个
选择对象：　　　　　　　　　　　　//回车
选择要修剪的对象,或按住 Shift 键选择要延伸的对象,或
［栏选(F)/窗交(C)/投影(P)/边(E)/删除(R)/放弃(U)］：
选择要修剪的对象,或按住 Shift 键选择要延伸的对象,或
［栏选(F)/窗交(C)/投影(P)/边(E)/删除(R)/放弃(U)］：
　　　　　　　　　　　　//回车,结果如图 11.24 所示

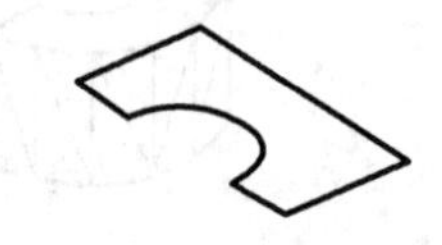

图 11.24　对象 2 的拉伸二维对象示例

命令：_region
//输入"面域"命令,将图 11.24 的 6 个对象处理成一个对象
选择对象：指定对角点：找到 6 个
选择对象：　　　　　　　　　　　　//回车
已提取 1 个环。
已创建 1 个面域。

命令：_extrude　　　　　　　　　　//输入"建模"工具栏中的"拉伸"命令
当前线框密度：ISOLINES=4
选择对象：指定对角点：找到 1 个　　//选择要拉伸的对象
选择对象：　　　　　　　　　　　　//回车
指定拉伸高度或［路径(P)］：20
指定拉伸的倾斜角度〈0〉：　　　　　//回车
//生成的实体 2 作"消隐"处理,单击"视觉样式"工具栏中的"三维隐藏"按钮
命令：_shademode 当前模式：三维隐藏
输入选项
［二维线框(2D)/三维线框(3D)/三维隐藏(H)/真实(R)/概念(C)/其他(O)］
〈二维线框〉：_h

(3) 将实体 1 移向实体 2,如图 11.23(b)所示。
//选择对象 1,进入"自动编辑状态",右键选择"移动"命令

＊＊ 拉伸 ＊＊
指定拉伸点或［基点(B)/复制(C)/放弃(U)/退出(X)］：_move
＊＊ 移动 ＊＊
指定移动点或［基点(B)/复制(C)/放弃(U)/退出(X)］：　　//对象捕捉“端点”

(4) 使用“并集”命令，组合实体1和实体2，消隐结果如图11.23(c)所示。

命令：_union　　//单击“建模”工具栏上的“并集”按钮
选择对象：找到1个　　//选择实体1
选择对象：找到1个，总计2个　　//选择实体2
选择对象：　　//回车

2. “交集”组合实体

在“建模”或“修改”菜单的“实体编辑”子菜单中选择“交集”命令，或单击“建模”工具栏中的按钮，或在命令行输入intersect命令，可以取得所有参加组合的实体的共有部分。“交集”命令可以实现用其他方法难以画出、形状独特的组合体。建议用单击“建模”工具栏中的按钮输入“并集”命令的方法。

【例11.9】 如图11.25(a)所示，有两个实体零件，一个是直径为80的圆柱体，另一个是直径为200的球体；使用“交集”命令，结果生成一个两端是球体的圆柱体，如图11.23(b)所示。

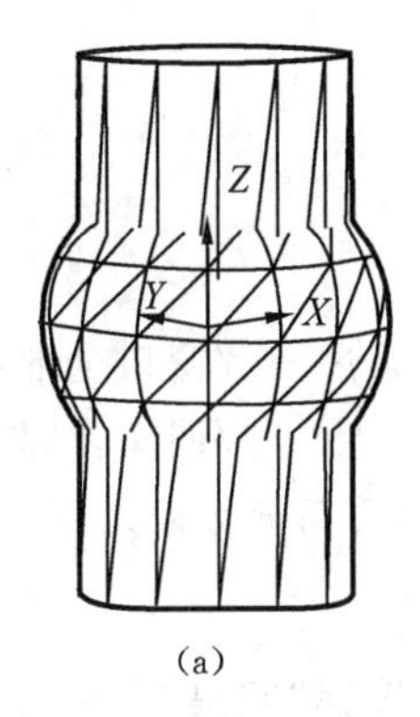

(a)

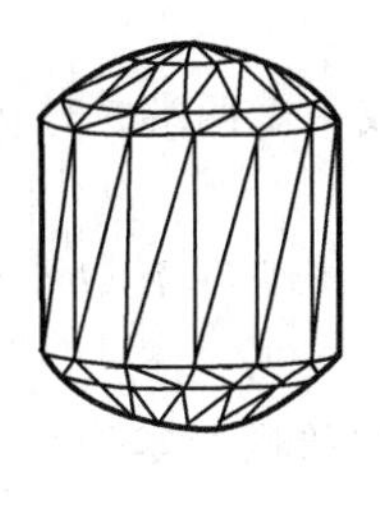
(b)

图11.25 “交集”组合实体示例

命令行提示及操作步骤如下。

(1) 绘制直径为80的圆柱体。

命令：_ucs　　//单击“UCS”工具栏中的“世界”，回到世界坐标系
当前UCS名称：＊没有名称＊
输入选项
［新建(N)/移动(M)/正交(G)/上一个(P)/恢复(R)/保存(S)/删除(D)/应用(A)/？/世界(W)］
〈世界〉：_w

命令：_cylinder
当前线框密度：ISOLINES=4

指定圆柱体底面的中心点或[椭圆(E)]〈0,0,0〉:
指定圆柱体底面的半径或[直径(D)]:80
指定圆柱体高度或[另一个圆心(C)]:300

命令:_zoom
指定窗口的角点,输入比例因子(nX 或 nXP),或者
[全部(A)/中心(C)/动态(D)/范围(E)/上一个(P)/比例(S)/窗口(W)/对象(O)]〈实时〉:

(2) 绘制直径为200的球体。
命令:_ucs //使用"UCS"工具栏中"原点"命令,移动坐标到圆柱体轴线的中点上
*当前 UCS 名称:*世界**
输入选项
[新建(N)/移动(M)/正交(G)/上一个(P)/恢复(R)/保存(S)/删除(D)/应用(A)/?/世界(W)]
〈世界〉:_o
指定新原点〈0,0,0〉:0,0,150

命令:_sphere
当前线框密度:ISOLINES=4
指定球体球心〈0,0,0〉:
指定球体半径或[直径(D)]:D
指定直径:200

(3) 使用"交集"生成一个两端是球体的圆柱体。
命令:_intersect
选择对象:指定对角点:找到14个(1个重复),总计14个 //窗口全部选择
选择对象: //回车,结果如图11.23(b)所示

【注意】 有些阀门中的阀杆零件头部是球面,就要用此方法绘制。

3. "差集"组合实体

在"建模"或"修改"菜单的"实体编辑"子菜单中选择"差集"命令,或单击"建模"工具栏中的按钮,或在命令行输入 subtract 命令,可以删除两个实体间的公共部分或删除被减去的对象整体。建议用单击"建模"工具栏中的按钮输入"差集"命令的方法。

如图11.26(a)所示,有两个实体零件,一个是直径为80 mm的圆柱体1,另一个是直径为40 mm的圆柱体2,中心轴线重合,圆柱体高度相等;使用"差集"命令在圆柱体1上减去圆柱体2,删除两个实体间的公共部分圆柱体2,从而在机械零件上增加孔,结果如图11.26(b)所示。

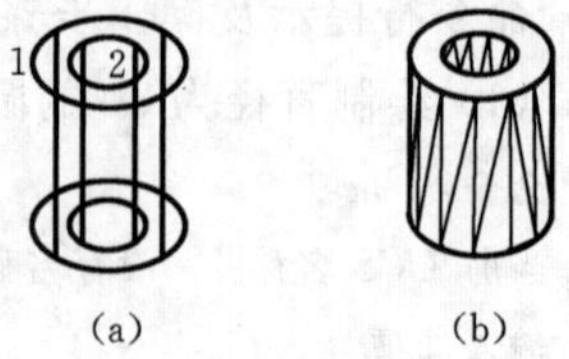

1 2

(a) (b)

图11.26 "差集"组合实体示例一

命令行提示如下。
命令:_cylinder //输入"圆柱体"命令

当前线框密度：ISOLINES=4
指定圆柱体底面的中心点或［椭圆(E)］〈0,0,0〉：//回车
指定圆柱体底面的半径或［直径(D)］：40　　　　//输入圆柱体底面的半径为40
指定圆柱体高度或［另一个圆心(C)］：100　　　　//输入圆柱体的高度为100

命令：　　　　//回车，重复输入“圆柱体”命令
CYLINDER
当前线框密度：ISOLINES=4
指定圆柱体底面的中心点或［椭圆(E)］〈0,0,0〉：//回车
指定圆柱体底面的半径或［直径(D)］：20　　　　//输入圆柱体底面的半径为20
指定圆柱体高度或［另一个圆心(C)］：100　　　　//输入圆柱体的高度为100
//结果如图11.26(a)所示，“三维线框”模式显示

命令：_subtract 选择要从中减去的实体或面域... //输入“差集”命令
选择对象：找到1个　　　　//选择圆柱体1
选择对象：　　　　//回车
选择要减去的实体或面域 ...
选择对象：找到1个　　　　//选择圆柱体2
选择对象：　　　　//回车

命令：_shademode 当前模式：三维线框　　　　//单击“视觉样式”工具栏中的“三维隐藏”按钮
输入选项
［二维线框(2D)/三维线框(3D)/三维隐藏(H)/平面着色(F)/体着色(G)/带边框平面着色(L)/带边框体着色(O)］〈三维线框〉：_h　　　　//结果如图11.26(b)所示，“消隐”模式显示

如图11.27(a)所示，有两个实体零件，一个是直径为80 mm的圆柱体3，另一个是直径为40 mm的圆柱体4；中心轴线重合，圆柱体4的高度大于圆柱体3的高度，使用“差集”命令删除被减去的对象圆柱体4，如图11.27(b)所示。

如图11.28(a)所示，有两个实体零件，一个是直径为80 mm的半圆柱体5，另一个是直径为40 mm的圆柱体6；圆柱体6的高度大于圆柱体5的高度，使用“差集”命令删除被减去的对象圆柱体6，如图11.28(b)所示。

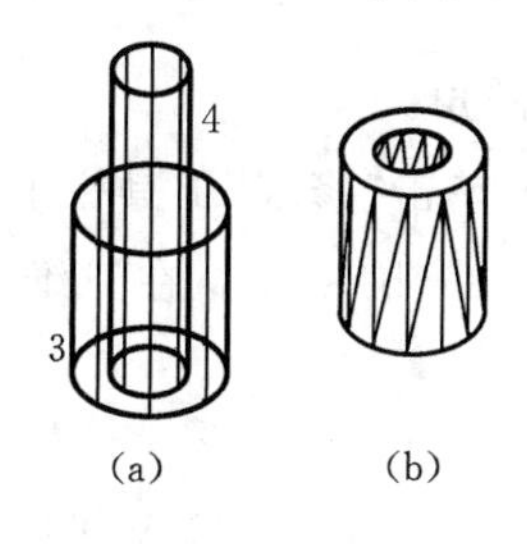

图11.27 “差集”组合实体示例二

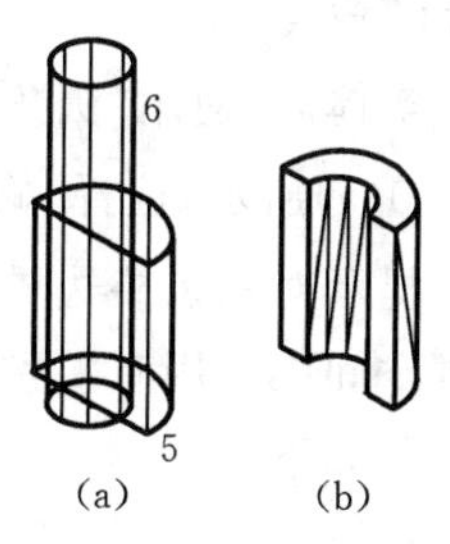

图11.28 “差集”组合实体示例三

4. “剖切”组合实体

在“修改”菜单的“三维操作”子菜单中选择“剖切”命令，或在命令行输入 slice 命令，通过命令行的提示，指定剖切面的位置，将实体一分为二，被剖切的实体可保留一半或两半都保留。

如图 11.29(a)所示，带孔的实体，使用“剖切”命令，*ABC* 三点所在的平面是剖切面，结果如图 11.29(b)所示。

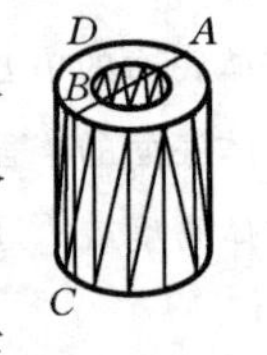

(a)

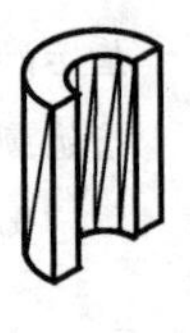

(b)

图 11.29 “剖切”组合实体示例

命令行提示如下。

命令：_slice

选择对象：找到 1 个 //选择要剖切的实体

选择对象： //回车

指定切面上的第一个点，依照［对象(O)/Z 轴(Z)/视图(V)/XY 平面(XY)/YZ 平面(YZ)/ZX 平面(ZX)/三点(3)］〈三点〉： //对象捕捉点 *A*

指定平面上的第二个点： //对象捕捉点 *B*

指定平面上的第三个点： //对象捕捉点 *C*

在要保留的一侧指定点或［保留两侧(B)］： //单击点 *D*

//“三维隐藏”模式显示，结果如图 11.29(b)所示

命令行提示项说明如下。

(1) 对象(O)：选择该选项，选择一个平面对象作为剖切面。所选择的平面对象可以是圆、圆弧、椭圆、椭圆弧、二维样条曲线、多段线等。

(2) *Z* 轴(Z)：选择该选项，指定剖切面的法向方向，从而确定了剖切面。

(3) 视图(V)：选择该选项，剖切面与当前视图平面平行。

(4) *XY* 平面(XY)：选择该选项，以 *XY* 平面为剖切面。

(5) *YZ* 平面(YZ)：选择该选项，以 *YZ* 平面为剖切面。

(6) *ZX* 平面(ZX)：选择该选项，以 *ZX* 平面为剖切面。

(7) 三点(3)：选择该选项，指定不在一条直线上的三个点，则该三点所在的平面为剖切面。

5. 使用其他编辑命令画复杂实体

除了使用“并集”、“交集”、“差集”、“剖切”命令绘制复杂的组合体外，还有一些其他编辑命令来绘制复杂实体，具体内容如下。

1) “圆角”命令

创建三维实体后，使用“圆角”命令可以将实体的棱边倒圆角。

如图 11.30(a)所示，选择“修改”菜单中的“圆角”命令，或单击“修改”工具栏中的按钮，根据命令行的提示对三条棱边进行倒圆角操作，结果如图 11.30(b)所示。在三维空间中使用此命令与二维空间中使用有差别。详细见命令行提示。

命令行提示如下。

命令：_fillet //输入“圆角”命令

当前设置：模式 = 修剪，半径 = 10.0000

选择第一个对象或［放弃(U)/多段线(P)/半径(R)/修剪(T)/多个(M)］： //选择第一个棱边 *A*

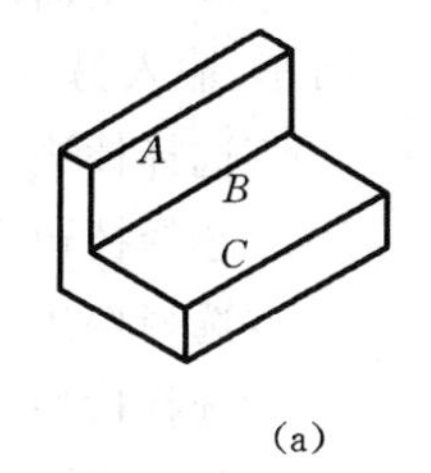

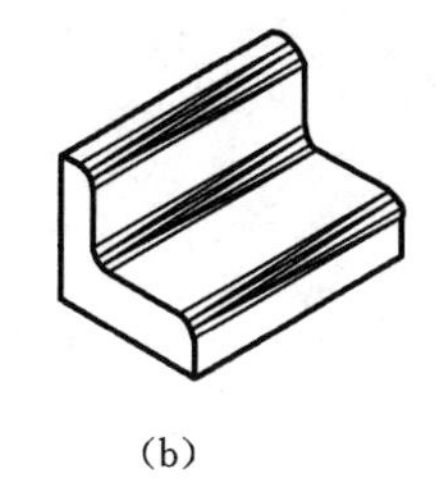

(a) (b)

图 11.30 使用“圆角”命令修改实体棱边示例

输入圆角半径〈10.0000〉：10 //输入圆角半径为 10
选择边或［链(C)/半径(R)］： //选择第二个棱边 B
选择边或［链(C)/半径(R)］： //选择第三个棱边 C
选择边或［链(C)/半径(R)］： //回车
已选定 3 个边用于圆角。

命令行提示项说明如下。

(1) 选择边:默认选项,选择实体中要倒圆角的棱边。

(2) 链(C):选择该选项,如果各棱边是相切的关系,则选择其中一条边,所有这些棱边都将被选择。

(3) 半径(R):选择该选项,输入圆角半径,随后选择的棱边其圆角半径均为此值。

2)“倒角”命令

创建三维实体后,使用“倒角”命令可以将实体的棱边倒斜角。

如图 11.31(a)所示,选择“修改”菜单中的“倒角”命令,或单击“修改”工具栏中的按钮,根据命令行的提示对三条棱边进行倒斜角操作,结果如图 11.31(b)所示。

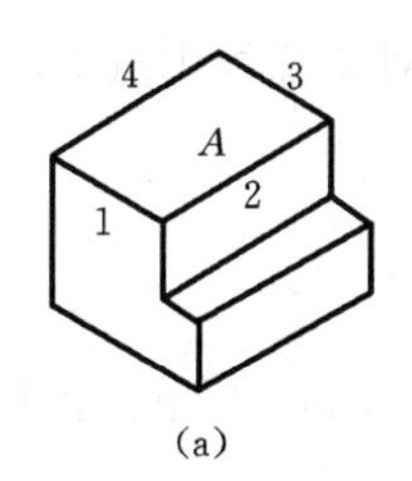

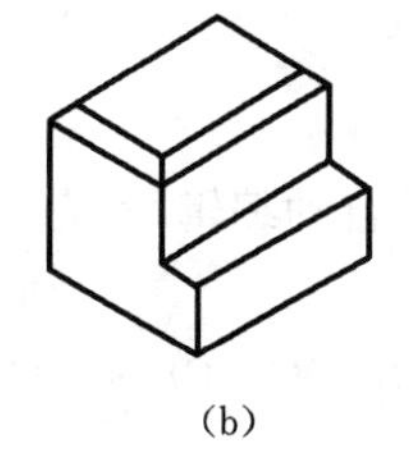

(a) (b)

图 11.31 使用“倒角”命令修改实体棱边示例

命令行提示如下。

命令：_ chamfer //输入“倒角”命令
(“修剪”模式)当前倒角距离 1 = 0.0000,距离 2 = 0.0000
选择第一条直线或［放弃(U)/多段线(P)/距离(D)/角度(A)/修剪(T)/方式(E)/多个(M)］：
//选择棱边 1
基面选择...
输入曲面选择选项［下一个(N)/当前(OK)］〈当前〉：N //输入“下一个”,平面 A 为倒角基面
输入曲面选择选项［下一个(N)/当前(OK)］〈当前〉： //回车

指定基面的倒角距离：10 //输入基面内的倒角距离值10

指定其他曲面的倒角距离〈10.0000〉： //回车,输入另一个平面内的倒角距离值10

选择边或[环(L)]： //选择棱边1

选择边或[环(L)]： //选择棱边2

选择边或[环(L)]： //选择棱边3

选择边或[环(L)]： //选择棱边4

选择边或[环(L)]： //回车,结果如图11.31(b)所示

命令行提示项说明如下。

(1) 选择边:默认选项,选择基面内要倒角的棱边。

(2) 环(L):选择该选项,可以使操作者一次选中基面内的所有棱边。

3)“切割”命令

创建三维实体后,使用“切割”命令可以生成一个截面实体对象。

如图11.32(a)所示,在命令行输入 section 命令,然后根据命令行的提示,指定剖切平面,可以生成一个剖面,该剖面是一个面域实体对象,结果如图11.31(b)所示;将该截面对象使用“移动”命令移出实体,被切割的实体仍然是一个完整的实体,如图11.31(c)所示。即通过此命令可以生成一个平面对象,并且原实体没有任何的变化。

命令行提示如下。

命令：_section

选择对象：找到1个 //如图11.32(a)所示,选择该实体对象

选择对象：

指定截面上的第一个点,依照[对象(O)/Z轴(Z)/视图(V)/XY平面(XY)/YZ平面(YZ)/ZX平面(ZX)/三点(3)]〈三点〉：〈对象捕捉 开〉 //对象捕捉中点 A

指定平面上的第二个点： //对象捕捉中点 B

指定平面上的第三个点： //对象捕捉中点 C,结果如图11.31(b)所示

//选择截面,进入“自动编辑”状态

*** 拉伸 ***

指定拉伸点或[基点(B)/复制(C)/放弃(U)/退出(X)]：_move //单击鼠标右键,选择“移动”命令

*** 移动 ***

指定移动点或[基点(B)/复制(C)/放弃(U)/退出(X)]： //在 D 点处单击,如图11.31(c)所示

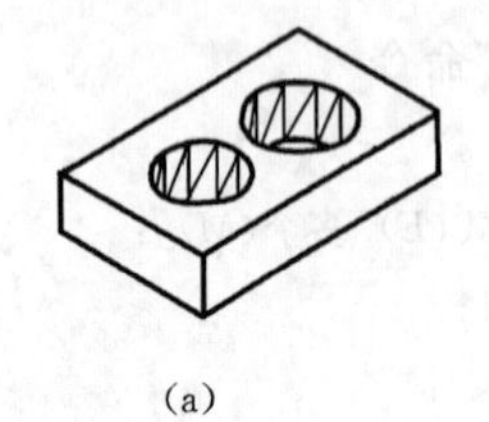

(a)

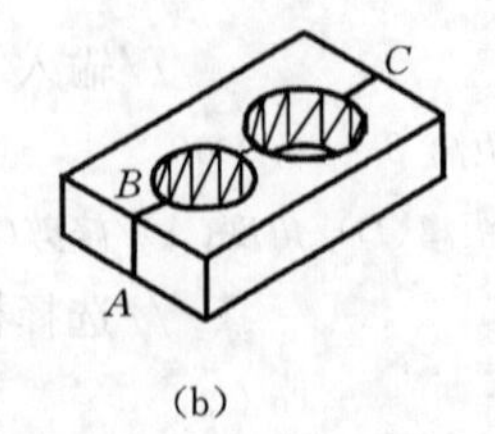

(b)

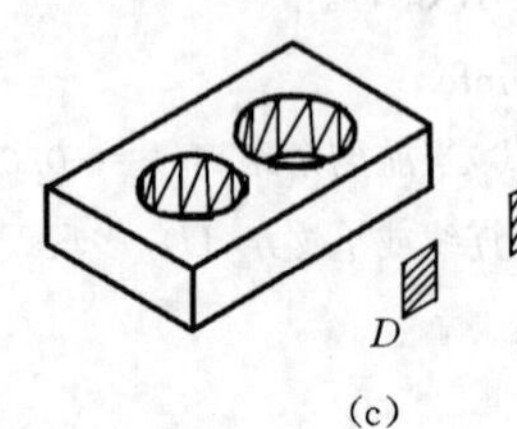

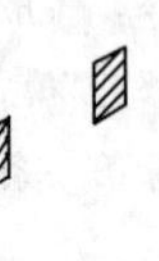

(c)

图11.32 使用“截面”命令生成截面对象示例

【注意】

(1)“截面”(section)命令中确定剖切面的命令选项与“剖切”(slice)命令的相同,此命令提示说明不赘述。参见“剖切”(slice)命令。

(2) 如果要对相交截面的剖切平面进行图案填充,必须先将相交截面的剖切平面与 UCS 对齐,即该界面要在 XY 面上。

4)“干涉”命令

创建三维实体后,在“修改”菜单的“三维操作”子菜单中选择“干涉检查”命令,可以生成一个新的干涉实体对象。

在命令行输入 interfere 命令,然后根据命令行的提示,选择一组或两组实体,提示实体间的干涉情况,并且可以生成一个干涉实体对象。

在命令行提示中,若选择一组实体,则在这组实体中得到各实体之间的干涉情况;若选择两组实体,则提示这两组实体之间的干涉情况。即通过此命令可以生成一个新的干涉实体对象,并且原实体组没有任何的变化,仍然是分别的对象。如图 11.33 所示。

命令行提示如下。

命令:_interfere 选择实体的第一集合: //输入“干涉检查”命令

选择对象:找到 1 个 //选择实体 A

选择对象:找到 1 个,总计 2 个 //选择实体 B

选择对象: //回车

选择实体的第二集合:

选择对象: //回车

未选择实体。

互相比较 2 个实体。

干涉实体数:2

干涉对数:1

是否创建干涉实体?[是(Y)/否(N)]〈否〉:Y //输入 Y,创建干涉实体

//选择干涉实体,进入“自动编辑”状态

*** 拉伸 ***

指定拉伸点或[基点(B)/复制(C)/放弃(U)/退出(X)]:_move //单击鼠标右键,选择“移动”命令

*** 移动 ***

指定移动点或[基点(B)/复制(C)/放弃(U)/退出(X)]: //移出干涉实体 C,如图 11.33 所示

【注意】 “干涉检查”(interfere)命令与“交集”(intersect)命令相似,但结果有差别。“干涉检查”(interfere)命令完成后,可以生成一个新的干涉实体对象,并且原实体组仍存在,没有任何的变化,仍然是分别的对象。而“交集”(intersect)命令的结果将实体之间的公共部分留下,而其他部分已删除。

5)三维旋转

在“修改”菜单的“三维操作”子菜单中选择“三维旋转”命令,或在命令行输入“三维旋转”命令,根据命令行的提示,可以绕指定轴在三维空间旋转对象。指定轴可以是两点指定的轴、

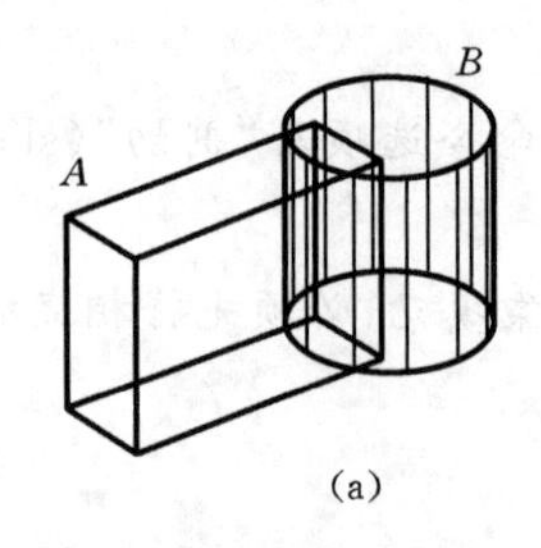

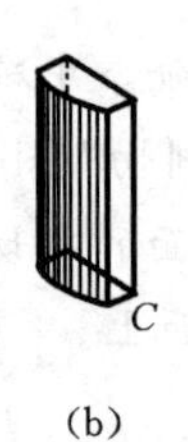

图 11.33 使用“干涉”命令生成干涉实体对象示例

可以是直线对象、可以指定 X、Y 或 Z 轴，或者指定当前视图的 Z 方向。

命令行提示如下。

```
命令：_rotate3d                                         //输入“三维旋转”命令
当前正向角度：ANGDIR=逆时针 ANGBASE=0
选择对象：找到 1 个                                     // 选择要旋转的对象
选择对象：                                              //回车
指定轴上的第一个点或定义轴依据                          //指定对象旋转轴的起点和端点
[对象(O)/最近的(L)/视图(V)/X 轴(X)/Y 轴(Y)/Z 轴(Z)/两点(2)]：指定轴上的第二点：
指定旋转角度或[参照(R)]：60                             //输入旋转角度
```

【注意】

(1) 指定对象旋转轴的起点和端点，从起点到端点的方向为正方向，并按右手定则旋转。

(2) 旋转三维对象，可以使用 rotate 命令，也可使用 rotate3d 命令。

(3) 三维实体和三维表面图形均可使用该命令。

6) 三维阵列

在“修改”菜单的“三维操作”子菜单中选择“三维阵列”命令，或在命令行输入“三维阵列”命令，根据命令行的提示，可以在三维空间中创建对象的矩形阵列或环形阵列。该命令也可用于三维表面图形。

矩形阵列中除了指定列数 (X 方向) 和行数(Y 方向) 以外，还要指定层数(Z 方向)，如图 11.34 所示，行数、列数、层数分别为 3、5、2。

命令行提示如下。

```
命令：_3darray                               //输入“三维阵列”命令
选择对象：找到 1 个                          //选择要阵列的对象，坐标原点的小球
选择对象：                                   //回车
输入阵列类型[矩形(R)/环形(P)]〈矩形〉：R     //选择矩形阵列
输入行数 (---)〈1〉：3     输入列数 (|||)〈1〉：5     输入层数 (...)〈1〉：2
指定行间距 (---)：50
指定列间距 (|||)：25
指定层间距 (...)：100
```

如图 11.35 所示，环形阵列凳子，阵列的项目数为 6。命令行提示如下。

```
命令：_3darray                               //输入“三维阵列”命令
正在初始化... 已加载 3DARRAY。
```

选择对象：找到 1 个　　//选择要阵列的对象凳子
选择对象：　　//回车
输入阵列类型［矩形(R)/环形(P)］〈矩形〉:P　　//选择环形阵列
输入阵列中的项目数目：6
指定要填充的角度（+=逆时针,-=顺时针）〈360〉:　　//回车
旋转阵列对象?［是(Y)/否(N)］〈Y〉:　　//回车
指定阵列的中心点：0,0,0
指定旋转轴上的第二点：0,0,10　　//结果如图 11.35 所示

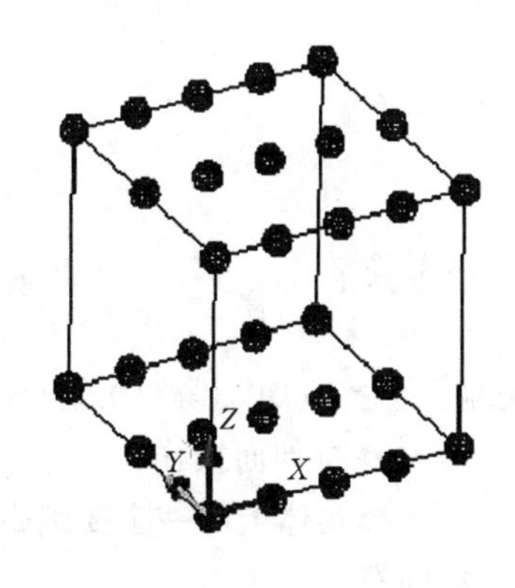

图 11.34　"三维阵列"命令中的矩形阵列示例

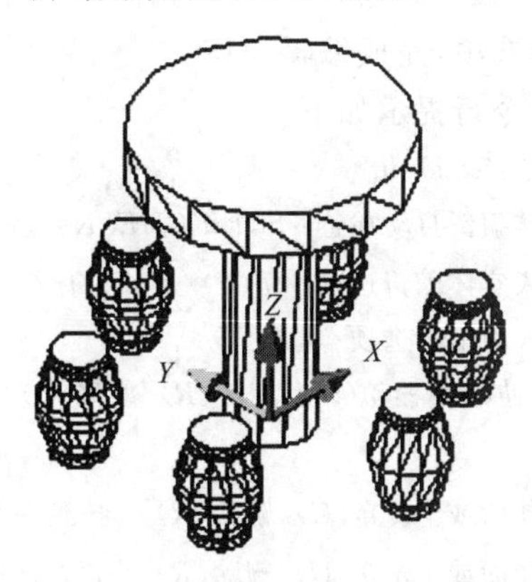

图 11.35　"三维阵列"命令中的环形阵列示例

7）三维镜像

在"修改"菜单的"三维操作"子菜单中选择"三维镜像"命令，或在命令行输入"三维镜像"命令，根据命令行的提示，可以沿指定的镜像平面创建对象的镜像。镜像平面可以是平面对象所在的平面，或通过指定点且与当前 UCS 的 *XY*、*YZ* 或 *XZ* 平面平行的平面，或由选定三点定义的平面。该命令也可用于三维表面图形。

如图 11.36 所示，使用"三维镜像"命令，命令行提示如下。

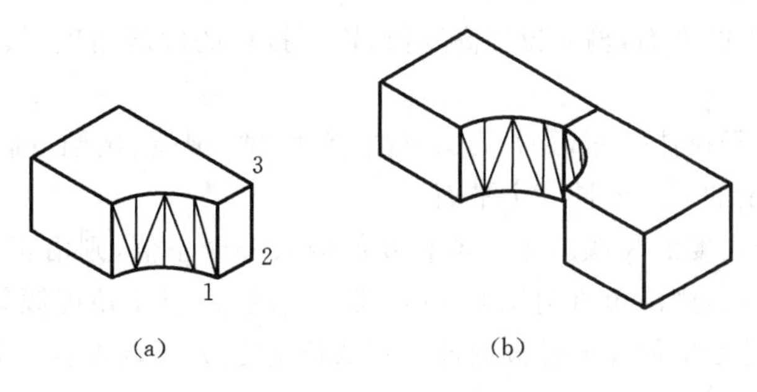

图 11.36　"三维镜像"命令示例

命令：_mirror3d　　//输入"三维镜像"命令
选择对象：指定对角点：找到 1 个　　//选择要镜像的对象
选择对象：　　//回车
指定镜像平面（三点)的第一个点或

[对象(O)/最近的(L)/Z 轴(Z)/视图(V)/XY 平面(XY)/YZ 平面(YZ)/ZX 平面(ZX)/三点(3)]〈三点〉:〈对象捕捉 开〉 //捕捉点1

在镜像平面上指定第二点: //捕捉点2

在镜像平面上指定第三点: //捕捉点3

是否删除源对象?[是(Y)/否(N)]〈否〉:N

8) 将实体的面或边作为对象进行编辑

在命令行输入 solidedit 命令,或在"修改"菜单的"实体编辑"子菜单中选择"拉伸面"、"移动面"、"偏移面"、"复制边"等命令,或单击"实体编辑"工具栏中对应的按钮,根据命令行的提示选择选项,完成编辑操作。

命令行提示如下。

命令:solidedit

实体编辑自动检查:SOLIDCHECK=1

输入实体编辑选项[面(F)/边(E)/体(B)/放弃(U)/退出(X)]〈退出〉:F //选择编辑面

输入面编辑选项

[拉伸(E)/移动(M)/旋转(R)/偏移(O)/倾斜(T)/删除(D)/复制(C)/着色(L)/放弃(U)/退出(X)]〈退出〉:e //选择拉伸面操作

选择面或[放弃(U)/删除(R)]:找到一个面 //选择实体上的一个要编辑的平面

选择面或[放弃(U)/删除(R)/全部(ALL)]: //回车

指定拉伸高度或[路径(P)]:30 //输入拉伸高度值

指定拉伸的倾斜角度〈0〉: //回车

已开始实体校验。输入面编辑选项

[拉伸(E)/移动(M)/旋转(R)/偏移(O)/倾斜(T)/删除(D)/复制(C)/着色(L)/放弃(U)/退出(X)]〈退出〉: //回车,完成"拉伸面"操作

命令行提示项说明如下。

(1) 面(F):选择该选项,则选择编辑面,命令行会提示选择下述十个选项。

① 拉伸(E):选择该选项,即执行"实体编辑"中的"拉伸面"命令,按钮为,根据命令行的提示,选择要编辑的平面,输入拉伸高度值,输入拉伸的倾斜角度,然后回车,完成"拉伸面"操作。

可以沿一条路径拉伸平面,路径可以选择直线、圆、圆弧、椭圆、椭圆弧、多段线或样条曲线,路径不能与选定的面位于同一个平面。

或者指定一个高度值和倾斜角。若高度值输入一个正值,则沿正方向拉伸面(通常是向外);若输入一个负值,则沿负方向拉伸面(通常是向内)。以正角度倾斜选定的面将向内倾斜面,以负角度倾斜选定的面将向外倾斜面。默认角度为0,可以垂直于平面拉伸面。

② 移动(M):选择该选项,即执行"实体编辑"中的"移动面"命令,按钮为,根据命令行的提示,选择要编辑的平面,指定基点或位移,指定位移的第二点,然后回车,完成拉长或缩短面的操作。使用 AutoCAD,可以方便地移动三维实体上的孔。

③ 旋转(R):选择该选项,即执行"实体编辑"中的"旋转面"命令,按钮为,根据命令行的提示,选择要编辑的平面,指定旋转轴,指定旋转角度,然后回车,完成旋转面的操作。

④ 偏移(O):选择该选项,即执行“实体编辑”中的“偏移面”命令,按钮为,根据命令行的提示,选择要编辑的平面,指定偏移距离,然后回车,可以创建新的面(沿面的法线偏移,或向曲面或面的正侧偏移)。

例如,可以偏移实体对象上较大的孔或较小的孔。指定正值将增大实体的尺寸或体积,指定负值将减小实体的尺寸或体积。也可以用一个通过的点来指定偏移距离。

⑤ 倾斜(T):选择该选项,即执行“实体编辑”中的“倾斜面”命令,按钮为,根据命令行的提示,选择要编辑的平面,指定基点,指定沿倾斜轴的另一个点,指定倾斜角度,然后回车,完成倾斜面的操作。

以正角度倾斜选定的面将向内倾斜面,以负角度倾斜选定的面将向外倾斜面。避免使用太大的倾斜角度。如果角度过大,轮廓在到达指定的高度前可能就已经倾斜成一点,AutoCAD 将拒绝这种倾斜。

⑥ 删除(D):选择该选项,即执行“实体编辑”中的“删除面”命令,按钮为,根据命令行的提示,选择要删除的平面,如删除“倒角”和“圆角”形成的面,然后回车,完成删除面的操作。

⑦ 复制(C):选择该选项,即执行“实体编辑”中的“复制面”命令,按钮为,根据命令行的提示,选择要复制的平面,指定基点或位移,指定位移的第二点,然后回车,完成面的复制操作。

⑧ 着色(L):选择该选项,即执行“实体编辑”中的“着色面”命令,按钮为,根据命令行的提示,选择要着色的平面,然后在弹出的“选择颜色”对话框中选择需要的颜色,回车,则修改了三维实体对象上所选面的颜色。

⑨ 放弃(U):选择该选项,取消前一步操作。

⑩ 退出(X):选择该选项,操作回到“输入面编辑选项[面(F)/边(E)/体(B)/放弃(U)/退出(X)]”,重新选择编辑选项。

(2) 边(E):选择该选项,则选择编辑边选项,命令行会提示选择下述四个选项。

① 复制(C):选择该选项,即执行“实体编辑”中的“复制边”命令,按钮为,根据命令行的提示,选择要复制的边,指定基点或位移,指定位移的第二点,然后回车,完成边的复制操作。

② 着色(L):选择该选项,即执行“实体编辑”中的“着色边”命令,按钮为,根据命令行的提示,选择要着色的边,然后在弹出的“选择颜色”对话框中选择需要的颜色,回车,修改了三维实体对象上所选边的颜色。

③ 放弃(U):选择该选项,取消前一步操作。

④ 退出(X):选择该选项,操作回到“输入面编辑选项[面(F)/边(E)/体(B)/放弃(U)/退出(X)]”,重新选择编辑选项。

(3) 体(B):选择该选项,则选择编辑实体,命令行会提示选择下述七个选项。

① 压印(I):选择该选项,即执行“实体编辑”中的“压印”命令,按钮为,根据命令行的提示,选择一个三维实体,选择要压印的对象(圆、直线、多段线、样条曲线、面域或实体),并且压印对象必须与选定三维实体上的面相交(这样才能压印成功)。通过此命令将创建新的表面,该表面以被压印的几何图形及三维实体的棱边作为边界。这个新的表面可以进行面的拉伸、偏移、复制、移动,形成新的实体。

② 分割实体(P):选择该选项,即执行“实体编辑”中的“分割”命令,按钮为,根据命令行的提示,将三维组合实体分割为单独实体。

③ 抽壳(S):选择该选项,即执行“实体编辑”中的“抽壳”命令,按钮为,根据命令行的提示,生成一个指定厚度(偏移值)的中空薄壁壳体。

正的偏移值在面的正方向上创建抽壳,负的偏移值在面的负方向上创建抽壳。

④ 清除(L):选择该选项,即执行“实体编辑”中的“清除”命令,按钮为,根据命令行的提示,将实体中多余的棱边、顶点、压印的对象以及未使用的边清除掉。

⑤ 检查(C):选择该选项,即执行“实体编辑”中的“检查”命令,按钮为,判断所选择的实体是否是有效的 ShapeManager 实体。如果三维实体无效,则不能编辑对象。

⑥ 放弃(U):选择该选项,取消前一步操作。

⑦ 退出(X):选择该选项,操作回到“输入面编辑选项[面(F)/边(E)/体(B)/放弃(U)/退出(X)]”,重新选择编辑选项。

11.4.3 机电专业典型零件实体造型实例

【例 11.10】 绘制如图 11.37 所示轴承座的实体模型。

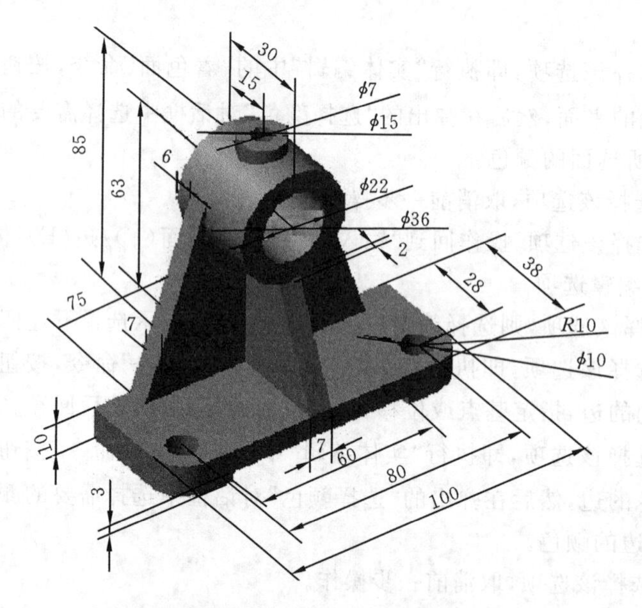

图 11.37 轴承座实体模型

命令行提示和操作步骤如下。

//单击“UCS”工具栏中的“世界”按钮

//单击“视图”工具栏中的“西南等轴测”按钮

(1) 绘制如图 11.38 所示的平面图形。

命令:_pline //输入“多段线”命令

指定起点:0,0,0

当前线宽为 0.0000

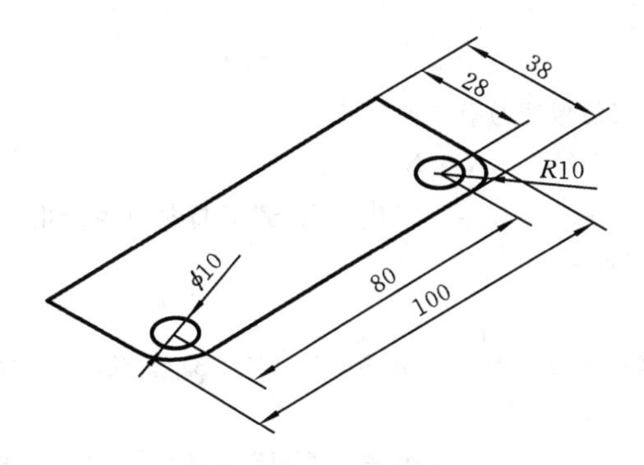

图 11.38 步骤 1 图

指定下一个点或 [圆弧(A)/半宽(H)/长度(L)/放弃(U)/宽度(W)]:〈正交 开〉〈对象捕捉 关〉50
指定下一点或 [圆弧(A)/闭合(C)/半宽(H)/长度(L)/放弃(U)/宽度(W)]: 38
指定下一点或 [圆弧(A)/闭合(C)/半宽(H)/长度(L)/放弃(U)/宽度(W)]: 100
指定下一点或 [圆弧(A)/闭合(C)/半宽(H)/长度(L)/放弃(U)/宽度(W)]: 38
指定下一点或 [圆弧(A)/闭合(C)/半宽(H)/长度(L)/放弃(U)/宽度(W)]: C

命令: '_zoom //窗口缩放所绘图形
指定窗口的角点,输入比例因子 (nX 或 nXP),或者
[全部(A)/中心(C)/动态(D)/范围(E)/上一个(P)/比例(S)/窗口(W)/对象(O)]〈实时〉: _w
指定第一个角点: 指定对角点:
命令: _fillet //输入“圆角”命令
当前设置: 模式 = 修剪,半径 = 0.0000
选择第一个对象或 [放弃(U)/多段线(P)/半径(R)/修剪(T)/多个(M)]: R
指定圆角半径〈0.0000〉: 10
选择第一个对象或 [放弃(U)/多段线(P)/半径(R)/修剪(T)/多个(M)]:
选择第二个对象,或按住 Shift 键选择要应用角点的对象:命令:
命令: _fillet //输入“圆角”命令
当前设置: 模式 = 修剪,半径 = 10.0000
选择第一个对象或 [放弃(U)/多段线(P)/半径(R)/修剪(T)/多个(M)]:
选择第二个对象,或按住 Shift 键选择要应用角点的对象:命令:
命令: _ucs //移动坐标系,将原点移到要画小圆的圆心处
当前 UCS 名称: *世界*
输入选项
[新建(N)/移动(M)/正交(G)/上一个(P)/恢复(R)/保存(S)/删除(D)/应用(A)/? /世界(W)]
〈世界〉: _o
指定新原点 〈0,0,0〉:〈对象捕捉 开〉〉〉 //对象捕捉已倒圆角的圆心处
正在恢复执行 UCS 命令。
命令: _circle 指定圆的圆心或 [三点(3P)/两点(2P)/相切、相切、半径(T)]: 0,0,0
指定圆的半径或 [直径(D)]〈49.8485〉: 5
命令: _mirror //输入“镜像”命令,绘制另一个小圆

选择对象：找到 1 个

选择对象：

指定镜像线的第一点：指定镜像线的第二点：

要删除源对象吗？[是(Y)/否(N)]〈N〉：N

命令：_ucs　　　　　　　　//单击“UCS”工具栏中的“世界”按钮，回到世界坐标系

当前 UCS 名称：*没有名称*

输入选项

[新建(N)/移动(M)/正交(G)/上一个(P)/恢复(R)/保存(S)/删除(D)/应用(A)/？/世界(W)]

〈世界〉：_w

命令：_-view输入选项　　　　　　//单击“视图”工具栏中的“西南等轴测”按钮

[？/分类(C)/图层状态(A)/正交(O)/删除(D)/恢复(R)/保存(S)/UCS(U)/窗口(W)]：_swiso

正在重生成模型。

命令：'_zoom　　　　　　　　//实时缩放视图

指定窗口的角点，输入比例因子 (nX 或 nXP)，或者

[全部(A)/中心(C)/动态(D)/范围(E)/上一个(P)/比例(S)/窗口(W)/对象(O)]〈实时〉：

(2) 拉伸如图 11.38 所示的平面图形，生成三个实体如图 11.39 所示。

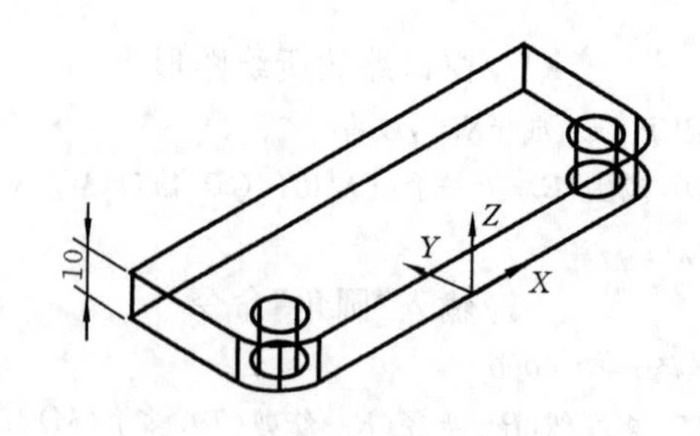

图 11.39　步骤 2 图

命令：_extrude　　　　　　　　//单击“建模”工具栏中的“拉伸”按钮

当前线框密度：ISOLINES=4

选择对象：找到 3 个，总计 3 个

选择对象：　　　　　　　　　　//回车

指定拉伸高度或[路径(P)]：10

指定拉伸的倾斜角度〈0〉：　　　　//回车

(3) 绘制如图 11.40 所示的平面图形。

命令：_pline　　　　　　　　　//输入“多段线”命令

指定起点：0,0,0

当前线宽为 0.0000

指定下一个点或[圆弧(A)/半宽(H)/长度(L)/放弃(U)/宽度(W)]：〈正交 开〉〈对象捕捉 关〉30

指定下一点或[圆弧(A)/闭合(C)/半宽(H)/长度(L)/放弃(U)/宽度(W)]：38

指定下一点或[圆弧(A)/闭合(C)/半宽(H)/长度(L)/放弃(U)/宽度(W)]：60

指定下一点或[圆弧(A)/闭合(C)/半宽(H)/长度(L)/放弃(U)/宽度(W)]：38

指定下一点或[圆弧(A)/闭合(C)/半宽(H)/长度(L)/放弃(U)/宽度(W)]：C

(4) 拉伸如图 11.40 所示的平面图形，生成一个实体如图 11.41 所示。

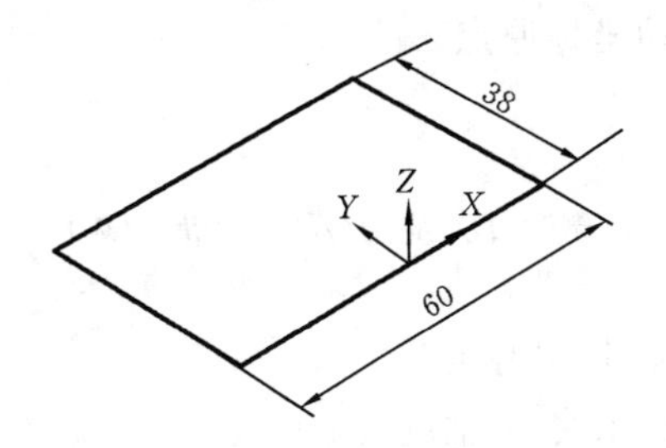

图 11.40 步骤 3 图

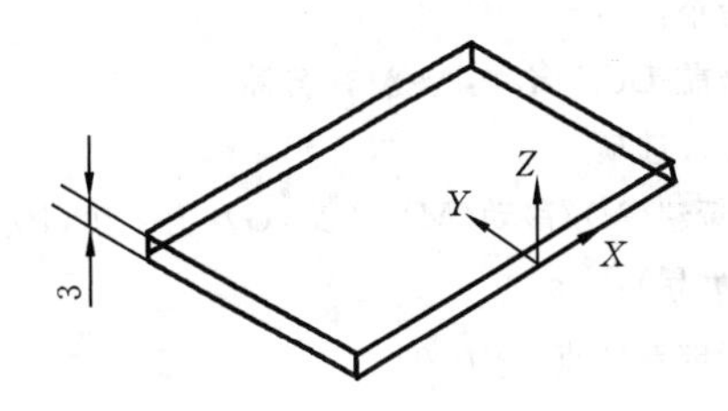

图 11.41 步骤 4 图

命令：_ extrude //单击“建模”工具栏中的“拉伸”按钮
当前线框密度：ISOLINES=4
选择对象：找到 1 个，总计 1 个
选择对象： //回车
指定拉伸高度或［路径(P)］：3
指定拉伸的倾斜角度〈0〉： //回车

(5) 将图 11.39 和图 11.41 的图形按图 11.42 所示四个实体定位。
使用“差集”，生成如图 11.43 所示一个实体。

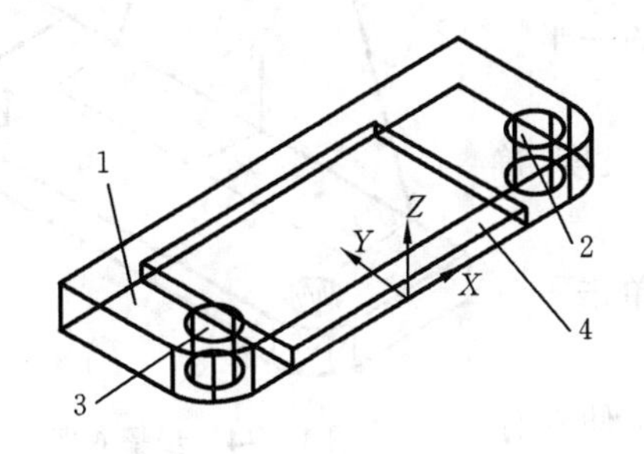

图 11.42 步骤 5 图一

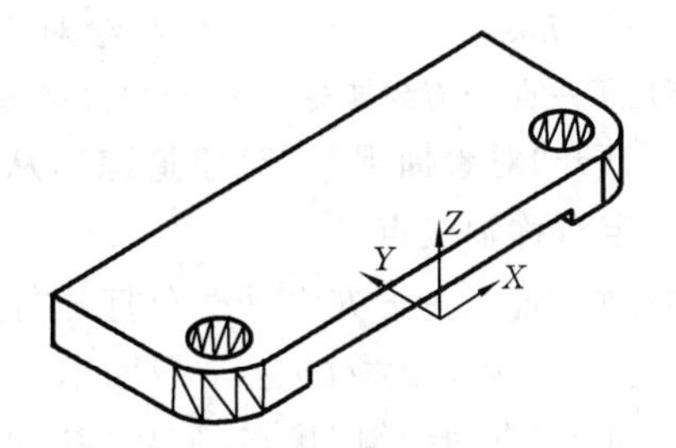

图 11.43 步骤 5 图二

命令：_ subtract 选择要从中减去的实体或面域...
选择对象：找到 1 个 //选择对象 1
选择对象： //回车
选择要减去的实体或面域 ...
选择对象：找到 1 个 //选择对象 2
选择对象：找到 1 个，总计 2 个 //选择对象 3
选择对象：找到 1 个，总计 3 个 //选择对象 4
选择对象： //回车
//图形“三维隐藏”显示
命令：_ shademode 当前模式：三维线框
输入选项
［二维线框(2D)/三维线框(3D)/三维隐藏(H)/平面着色(F)/体着色(G)/带边框平面着色(L)/带边框体着色(O)］〈三维线框〉：_ h

(6) 绘制如图 11.45 所示的平面图形。

命令：_ ucs //移动坐标原点
当前 UCS 名称：* 没有名称 *
输入选项
[新建(N)/移动(M)/正交(G)/上一个(P)/恢复(R)/保存(S)/删除(D)/应用(A)/? /世界(W)]
〈世界〉：_ o
指定新原点〈0,0,0〉： //对象捕捉“中点”
命令：_ ucs //坐标系绕 X 轴旋转 90°
当前 UCS 名称：* 没有名称 *
输入选项
[新建(N)/移动(M)/正交(G)/上一个(P)/恢复(R)/保存(S)/删除(D)/应用(A)/? /世界(W)]
〈世界〉：_ x
指定绕 X 轴的旋转角度〈90〉：
//回车，结果如图 11.44 所示坐标系的位置
命令：_ line //绘对称轴的垂直线
指定第一点：0,0,0
指定第一点：〈正交 开〉 //打开“正交”，在上部单击
指定下一点或 [放弃(U)]： //回车
命令：_ line //绘对称轴的水平线的一半
指定第一点：〈对象捕捉 开〉〈对象追踪 开〉53
//打开“对象捕捉”、“对象追踪”，从原点追踪 53 长度，确定对称轴交点
指定第一点：〈正交 开〉 //打开“正交”，在右部单击
指定下一点或 [放弃(U)]： //回车
//进入“自动编辑”状态，使用“拉伸”命令，水平拉伸对称轴的水平线的另一半

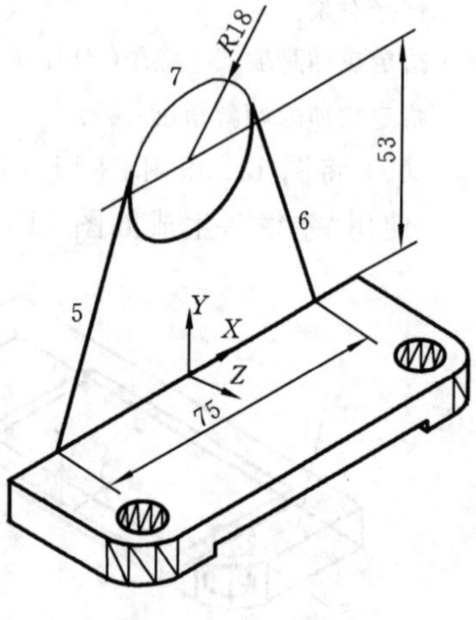

图 11.44　步骤 6 图

* * 拉伸 * *
指定拉伸点或 [基点(B)/复制(C)/放弃(U)/退出(X)]：_ stretch
* * 拉伸 * *
指定拉伸点或 [基点(B)/复制(C)/放弃(U)/退出(X)]：〈正交 开〉
命令：_ circle 指定圆的圆心或 [三点(3P)/两点(2P)/相切、相切、半径(T)]：//捕捉对称轴交点
指定圆的半径或 [直径(D)]〈18.0000〉：18
命令：_ line
指定第一点：〈正交 开〉37.5 //打开“正交”，鼠标指针水平向右移动，输入距离值 75 的一半
指定下一点或 [放弃(U)]：〈正交 关〉 //“对象捕捉”切点
指定下一点或 [闭合(C)/放弃(U)]： //回车
命令：_ line
指定第一点：〈正交 开〉37.5 //打开“正交”，鼠标指针水平向左移动，输入距离值 75 的一半
指定下一点或 [放弃(U)]：〈正交 关〉 //“对象捕捉”切点
指定下一点或 [闭合(C)/放弃(U)]： //回车
命令：_ trim //输入“修剪”命令

视图与 UCS 不平行。命令的结果可能不明显。
当前设置:投影=UCS,边=无
选择剪切边...
选择对象或〈全部选择〉:找到 1 个　　　　　　　　//选择对象 5
选择对象:找到 1 个,总计 2 个　　　　　　　　　//选择对象 6
选择对象:　　　　　　　　　　　　　　　　　　//回车
选择要修剪的对象,或按住 Shift 键选择要延伸的对象,或
[栏选(F)/窗交(C)/投影(P)/边(E)/删除(R)/放弃(U)]:　　//选择对象 7
选择要修剪的对象,或按住 Shift 键选择要延伸的对象,或
[栏选(F)/窗交(C)/投影(P)/边(E)/删除(R)/放弃(U)]:　　//回车,结果如图 11.45 所示
命令:_region　　　　　　　　　　　　　　　　//将如图 11.45 所示的平面图形生成面域
选择对象:找到 4 个,总计 4 个
选择对象:　　　　　　　　　　　　　　　　　//回车
已提取 1 个环。
已创建 1 个面域。

(7) 拉伸如图 11.45 所示的平面图形,生成如图 11.46 所示实体 8。

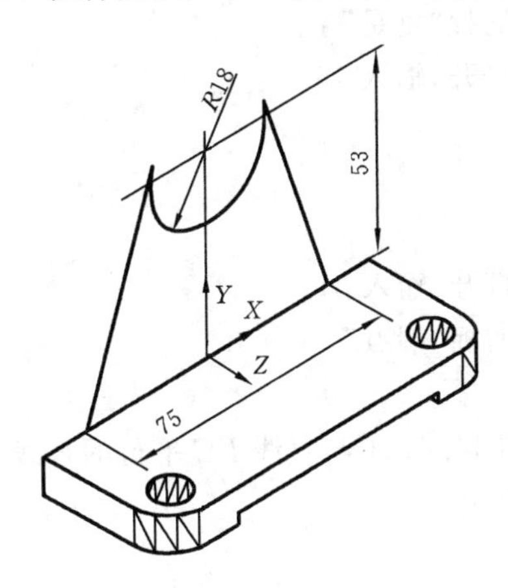

图 11.45　步骤 7 图一

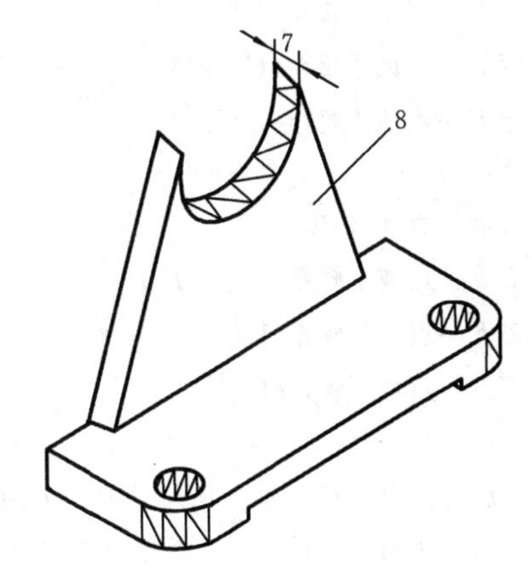

图 11.46　步骤 7 图二

命令:_extrude
当前线框密度:ISOLINES=4
选择对象:找到 1 个
选择对象:　　　　　　　　　　　　　　//回车
指定拉伸高度或[路径(P)]:7
指定拉伸的倾斜角度〈0〉:　　　　　　　//回车

(8) 绘制如图 11.48 所示的实体 9。

命令:_ucs　　　　　　　　　　　　　　//移动坐标原点
当前 UCS 名称:*没有名称*
输入选项
[新建(N)/移动(M)/正交(G)/上一个(P)/恢复(R)/保存(S)/删除(D)/应用(A)/?/世界(W)]

〈世界〉: _o
指定新原点〈0,0,0〉: //对象捕捉“中点”
命令: _ucs //移动坐标原点
当前 UCS 名称: * 没有名称 *
输入选项
[新建(N)/移动(M)/正交(G)/上一个(P)/恢复(R)/保存(S)/删除(D)/应用(A)/? /世界(W)]
〈世界〉: _o
指定新原点〈0,0,0〉: 0,0,3.5
命令: _ucs //坐标系绕 Y 轴旋转 90°
当前 UCS 名称: * 没有名称 *
输入选项
[新建(N)/移动(M)/正交(G)/上一个(P)/恢复(R)/保存(S)/删除(D)/应用(A)/? /世界(W)]
〈世界〉: _y
指定绕 Y 轴的旋转角度〈90〉: -90 //回车,结果如图 11.48 所示坐标系的位置
命令: _line //绘平面图形如图 11.47 所示
指定第一点:0,0,0
指定下一点或[放弃(U)] //对象捕捉“垂足”
指定下一点或[放弃(U)]:15 //正交打开,输入 15
指定下一点或[放弃(U)]: //回车
命令: _line
指定第一点:0,0,0
指定下一点或[放弃(U)]:31 //正交打开,输入 31
指定下一点或[放弃(U)] //对象捕捉“端点”
指定下一点或[放弃(U)]: //回车
命令: _offset //绘制图 11.47 中与直线 BC 平行的直线 EF
当前设置:删除源=否 图层=源 OFFSETGAPTYPE=0
指定偏移距离或[通过(T)/删除(E)/图层(L)]〈通过〉: 6
选择要偏移的对象,或[退出(E)/放弃(U)]〈退出〉: //选择图 11.47 中的直线 BC 对象
指定要偏移的那一侧上的点,或[退出(E)/多个(M)/放弃(U)]〈退出〉:
//单击直线 BC 上部,生成直线 EF
选择要偏移的对象,或[退出(E)/放弃(U)]〈退出〉: //回车
命令: _extend //延伸直线 AB、直线 CD 到直线 EF,交点分别为 E、F
当前设置:投影=UCS,边=无
选择边界的边...
选择对象或〈全部选择〉:找到 1 个 //选择直线 EF
选择对象: //回车
选择要延伸的对象,或按住 Shift 键选择要修剪的对象,或[栏选(F)/窗交(C)/投影(P)/边(E)/放弃(U)]: //选择直线 AB
选择要延伸的对象,或按住 Shift 键选择要修剪的对象,或[栏选(F)/窗交(C)/投影(P)/边(E)/放弃(U)]: //选择直线 CD

选择要延伸的对象，或按住 Shift 键选择要修剪的对象，或[栏选(F)/窗交(C)/投影(P)/边(E)/放弃(U)]：　　//回车，结果如图 11.47 所示

命令：_ trim　　//将点 F 的多余线头去掉

当前设置：投影=UCS，边=无

选择剪切边...

选择对象或〈全部选择〉：指定对角点：找到 2 个　　//选择直线 CD、直线 EF

选择对象：　　//回车

选择要修剪的对象，或按住 Shift 键选择要延伸的对象，或[栏选(F)/窗交(C)/投影(P)/边(E)/删除(R)/放弃(U)]：　　//选择直线 CD 超出直线 EF 的部分线头

选择要修剪的对象，或按住 Shift 键选择要延伸的对象，或[栏选(F)/窗交(C)/投影(P)/边(E)/删除(R)/放弃(U)]：　　//选择直线 EF 超出直线 CF 的部分线头

选择要修剪的对象，或按住 Shift 键选择要延伸的对象，或[栏选(F)/窗交(C)/投影(P)/边(E)/删除(R)/放弃(U)]：　　//回车

命令：_ erase　　//删除直线 BC

选择对象：找到 1 个　　//选择直线 BC

选择对象：　　//回车

命令：_ region　　//将平面图形生成面域

选择对象：找到 4 个，总计 4 个

选择对象：　　//回车

已提取 1 个环。

已创建 1 个面域。　　//结果如图 11.47 所示

命令：_ extrude　　//拉伸平面图形，生成实体 9

当前线框密度：ISOLINES=4

选择对象：找到 1 个

选择对象：

指定拉伸高度或[路径(P)]：-7　　//沿 Z 轴的反方向拉伸，拉伸高度输入负值

指定拉伸的倾斜角度〈0〉：　　//回车，结果如图 11.48 所示

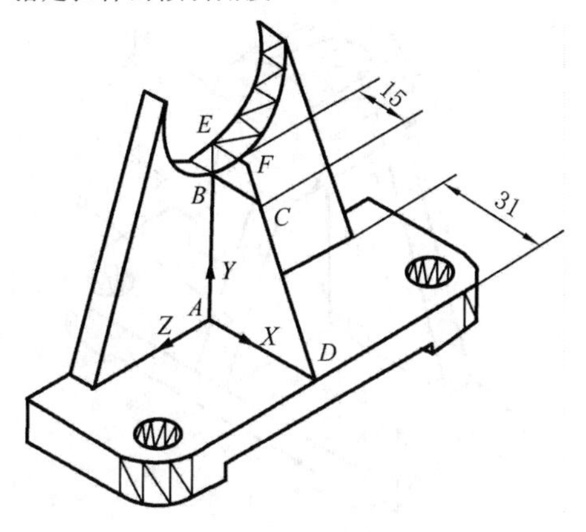

图 11.47　步骤 8 图一

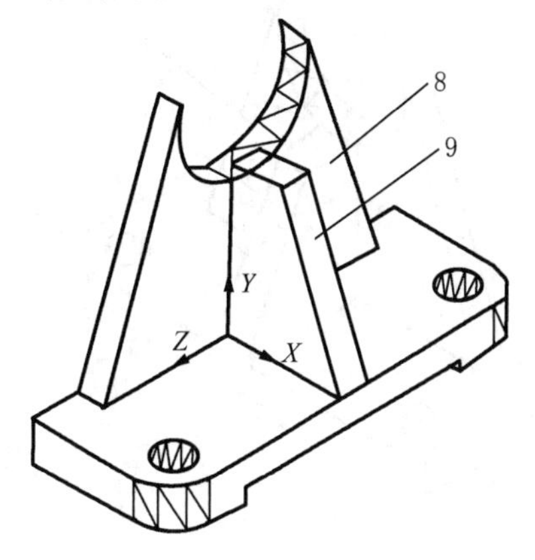

图 11.48　步骤 8 图二

(9)绘制如图 11.50 所示的实体 10、11。

命令：_ucs　　　　//移动坐标系到后侧半圆的圆心
当前 UCS 名称：*没有名称*
输入选项
[新建(N)/移动(M)/正交(G)/上一个(P)/恢复(R)/保存(S)/删除(D)/应用(A)/？/世界(W)]
〈世界〉：_M
指定新原点〈0,0,0〉：〉〉　　　　//对象捕捉后侧半圆的"圆心"
命令：_ucs　　　　//坐标系绕 Y 轴旋转 90°
当前 UCS 名称：*没有名称*
输入选项
[新建(N)/移动(M)/正交(G)/上一个(P)/恢复(R)/保存(S)/删除(D)/应用(A)/？/世界(W)]
〈世界〉：_y
指定绕 Y 轴的旋转角度〈90〉：　　　　//回车
命令：_ucs　　　　//坐标系沿着 Z 轴的反向移动 6 的距离
当前 UCS 名称：*没有名称*
输入选项
[新建(N)/移动(M)/正交(G)/上一个(P)/恢复(R)/保存(S)/删除(D)/应用(A)/？/世界(W)]
〈世界〉：_o
指定新原点〈0,0,0〉：0,0,−6
　　　　//输入新原点坐标(0,0,−6),回车,坐标系结果如图 11.49 所示

//绘两个平面圆形

命令：_circle 指定圆的圆心或[三点(3P)/两点(2P)/相切、相切、半径(T)]：0,0,0
指定圆的半径或[直径(D)]〈18.0000〉：
命令：_circle 指定圆的圆心或[三点(3P)/两点(2P)/相切、相切、半径(T)]：0,0,0
指定圆的半径或[直径(D)]〈18.0000〉：11

//拉伸两个平面圆形,生成实体 10 和实体 11,如图 11.50 所示

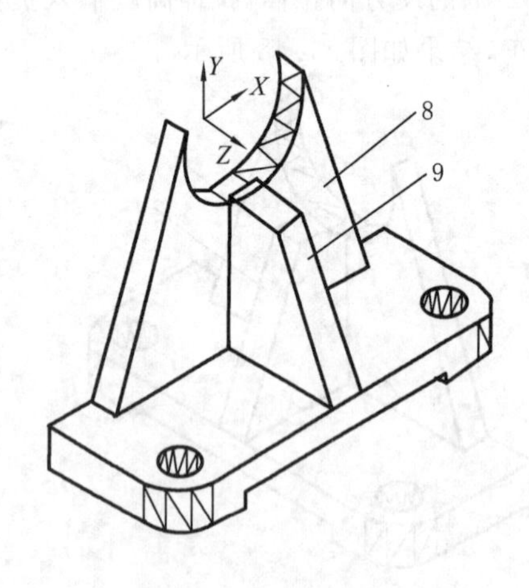

图 11.49　步骤 9 图一

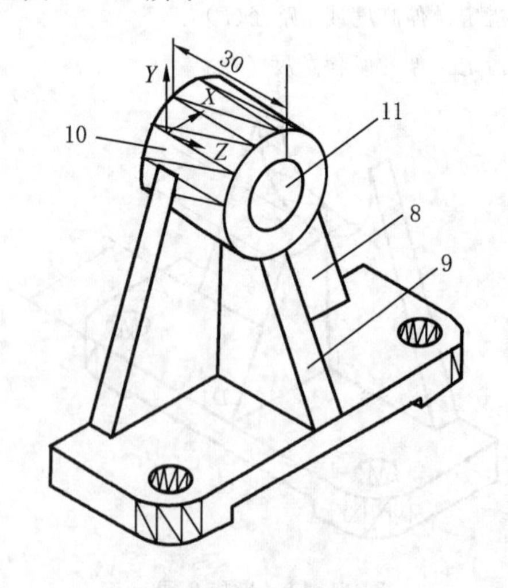

图 11.50　步骤 9 图二

命令：_ extrude
当前线框密度：ISOLINES=4
选择对象：找到 1 个
选择对象：找到 1 个，总计 2 个
选择对象：
指定拉伸高度或［路径(P)］：30
指定拉伸的倾斜角度〈0〉：

(10)绘制如图 11.51 所示的实体 12、13。

//坐标系沿着 Z 轴的正向，移动 15 的距离

命令：_ ucs
当前 UCS 名称：* 没有名称 *
输入选项
［新建(N)/移动(M)/正交(G)/上一个(P)/恢复(R)/保存(S)/删除(D)/应用(A)/？/世界(W)］
〈世界〉：_ o
指定新原点〈0,0,0〉：0,0,15　　　　//输入新原点坐标(0,0,15)，回车
命令：_ ucs　　　　//坐标系绕 X 轴旋转－90°
当前 UCS 名称：* 没有名称 *
输入选项
［新建(N)/移动(M)/正交(G)/上一个(P)/恢复(R)/保存(S)/删除(D)/应用(A)/？/世界(W)］
〈世界〉：_ x
指定绕 X 轴的旋转角度〈90〉：－90

//绘两个平面圆形

命令：_ circle 指定圆的圆心或［三点(3P)/两点(2P)/相切、相切、半径(T)］：0,0,0
指定圆的半径或［直径(D)］〈18.0000〉：D
指定圆的直径〈22.0000〉：15
命令：_ circle 指定圆的圆心或［三点(3P)/两点(2P)/相切、相切、半径(T)］：0,0,0
指定圆的半径或［直径(D)］〈7.5000〉：D
指定圆的直径〈15.0000〉：7

//拉伸两个平面圆形，生成实体 12 和实体 13，如图 11.51 所示

命令：_ extrude
当前线框密度：ISOLINES=4
选择对象：找到 1 个
选择对象：找到 1 个，总计 2 个
选择对象：
指定拉伸高度或［路径(P)］：'cal
〉〉〉〉表达式：85-63
正在恢复执行 EXTRUDE 命令。
指定拉伸高度或［路径(P)］：22
指定拉伸的倾斜角度〈0〉：　　　　//回车，结果如图 11.51 所示的实体 12、13

(11)通过“并集”、“差集”得到如图 11.52 所示的最终实体。

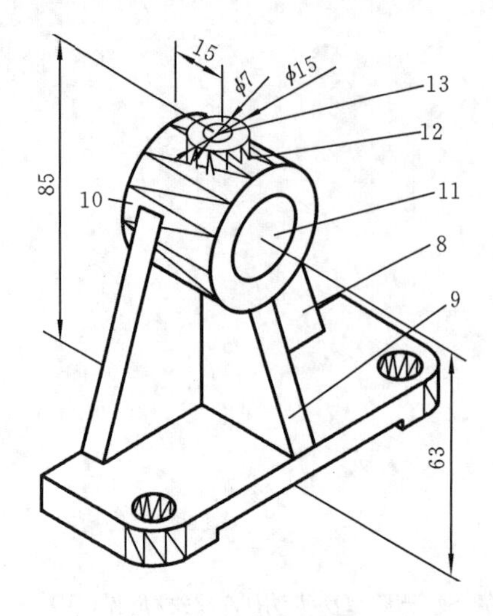

图 11.51　步骤 10 图

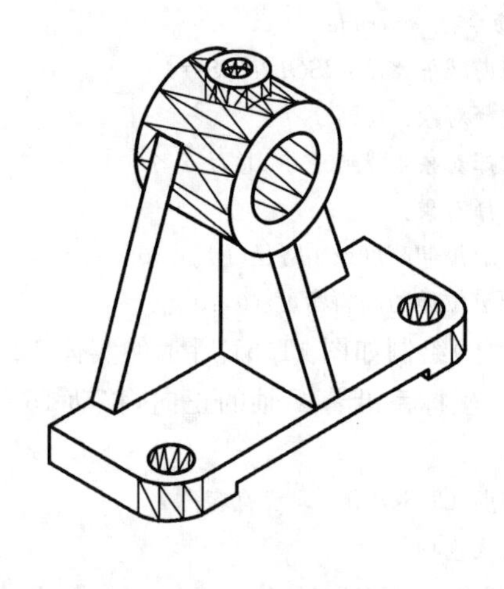

图 11.52　步骤 11 图

//实体 12 与实体 13 作“差集”

//再与实体 8、9、10 和如图 11.43 开始创建的实体一起作“并集”

//“并集”的结果与实体 11 作“差集”

命令：_ subtract 选择要从中减去的实体或面域...　　　　//输入“差集”命令
选择对象：找到 1 个　　　　//选择实体 12(直径为 15 的圆柱体)
选择对象：　　　　//回车
选择要减去的实体或面域 ...
选择对象：找到 1 个　　　　//选择实体 13(直径为 7 的圆柱体)
选择对象：　　　　//回车
命令：_ union　　　　//输入“并集”命令
选择对象：找到 1 个　　　　//选择实体 12 与实体 13 作“差集”的结果实体
选择对象：找到 1 个，总计 2 个　　　　//选择实体 8
选择对象：找到 1 个，总计 3 个　　　　//选择实体 9
选择对象：找到 1 个，总计 4 个　　　　//选择实体 10
选择对象：找到 1 个，总计 5 个　　　　//选择如图 11.43 开始创建的实体
选择对象：　　　　//回车
命令：_ subtract 选择要从中减去的实体或面域...
选择对象：找到 1 个　　　　//选择上一步骤“并集”的结果实体
选择对象：　　　　//回车
选择要减去的实体或面域 ...
选择对象：找到 1 个　　　　//选择实体 11
选择对象：　　　　//回车，结果如图 11.52 所示

11.5 三维表面

11.4节已介绍了三维实体的创建方法。通过学习，可以体会到用"建模"或"实体编辑"的方式创建的三维实体都是较规则的三维图形。如果要创建如人体器官、地形、地貌、汽车、飞机等不规则的复杂图形，这些命令就显得不那么容易使用了。本节将介绍三维表面的创建，用面来表达立体图形。

三维表面的绘制命令用于创建以下三维图形：长方体面、圆锥面、球面、网格面、棱锥面等，还可以通过二维对象，使用"旋转曲面"、"边界曲面"等命令绘制更加复杂的三维表面图形。

创建三维表面图形的过程与创建三维实体的过程相似。

三维表面可根据图11.53所示分类来进行分析图形，选择命令，正确绘制。

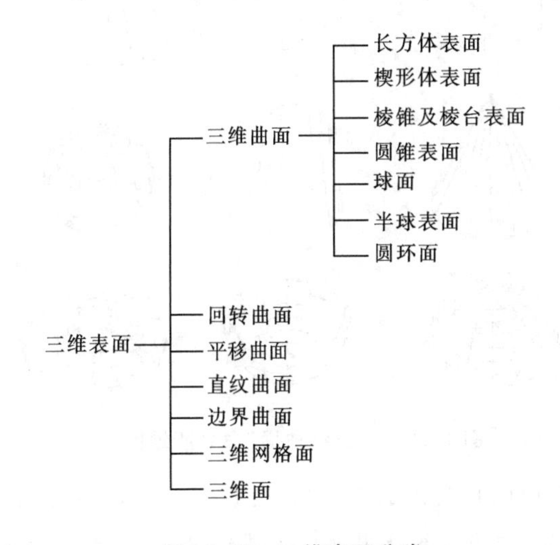

图11.53 三维表面分类

11.5.1 绘制三维曲面

命令行输入相应命令，根据命令行的提示，输入所需参数，可以分别实现绘制长方体表面、楔形体表面、棱锥及棱台表面、圆锥体表面、球面、下半球面、上半球面、圆环面。图形与命令对应如表11.1所示。

由于创建三维曲面图形的过程与创建三维实体的过程相似，在此不一一介绍命令的使用方法，只将所画的图形如图11.54所示列出。

【注意】

(1) 命令行中有"输入曲面的经线数目"、"输入曲面的纬线数目"、"输入曲面的线段数目"等提示，输入的值越大，则曲面越光滑，图形更像三维图。

表 11.1　三维曲面图形与命令对应表

序号	命令名称	命令	图示	序号	命令名称	命令	图示
1	长方体表面	ai_box		5	球面	ai_sphere	
2	楔形体表面	ai_wedge		6	半球表面	ai_dome	
3	棱锥及棱台表面	ai_pyramid		7	圆环表面	ai_torus	
4	圆锥表面	ai_cone					

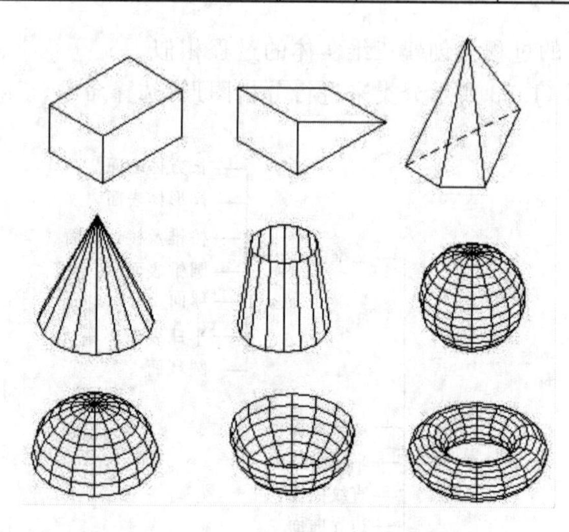

图 11.54　"三维曲面"命令所绘图形

(2) 后续介绍的命令中(11.5.2 小节～11.5.7 小节),命令行均要提示"当前线框密度:SURFTAB1=6 SURFTAB2=6",其作用也同上述一样,一个是经线的线段数目,另一个是纬线的线段数目。因此,可以在输入绘制曲面命令之前,先将线框密度值改大。如图 11.55 所示线框密度值的不同所显示的曲面。

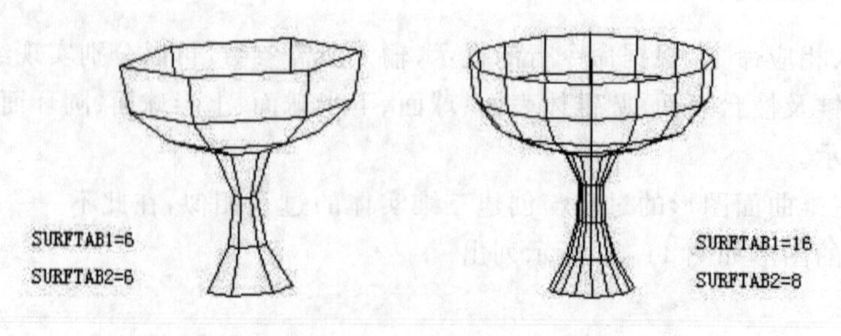

图 11.55　线框密度值不同所显示的图形外观对比

具体改线框密度值的命令行提示及操作如下。

命令：SURFTAB1 //在命令行输入 surftab1，回车

输入 SURFTAB1 的新值〈6〉：16 //在命令行输入 16，回车

命令：SURFTAB2 //在命令行输入 surftab2，回车

输入 SURFTAB2 的新值〈6〉：8 //在命令行输入 8，回车

11.5.2 绘制旋转曲面

旋转曲面是由一条轮廓曲线绕轴旋转指定的角度而生成的曲面。

在"绘图"菜单中选择"建模"子菜单中的"网格"命令中的"旋转网格"命令，或通过命令行输入 revsurf 命令，然后按命令行的提示，输入选项或参数，生成回转曲面，如图 11.56 所示。该命令适用于对称旋转的曲面。

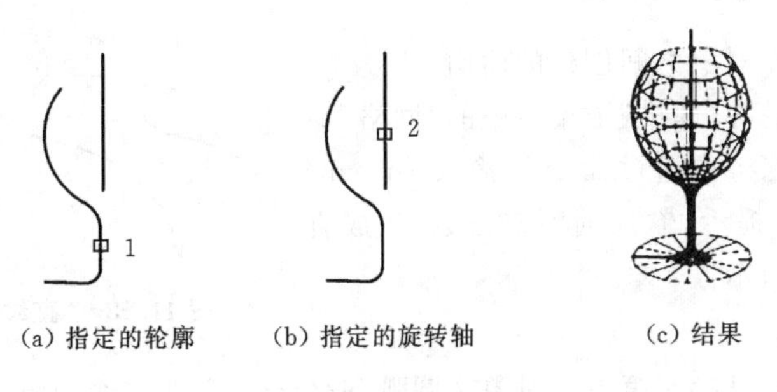

图 11.56 "旋转曲面"命令示例

命令行提示如下。

//"直线"命令已绘制轴线，"多段线"命令已绘制轮廓曲线

命令：_revsurf

当前线框密度：SURFTAB1=16 SURFTAB2=12

选择要旋转的对象： //选择轮廓曲线 1

选择定义旋转轴的对象： //选择轴线 2

指定起点角度〈0〉： //回车

指定包含角（+=逆时针，-=顺时针）〈360〉： //回车

【注意】

(1) 轮廓曲线、轴线的绘制方法与拉伸实体和旋转实体的截面的绘制方法相同。

(2) 轮廓曲线可以是直线、圆弧、椭圆弧、样条曲线、多段线，轴线可以是直线、多段线。

11.5.3 绘制平移曲面

平移曲面是由轮廓曲线和方向矢量创建的曲面。

在"绘图"菜单中选择"建模"子菜单中的"网格"命令中的"平移网格"命令，或通过命令行输入 tabsurf 命令，然后按命令行的提示，输入选项或参数，生成平移曲面。如图11.57所示。

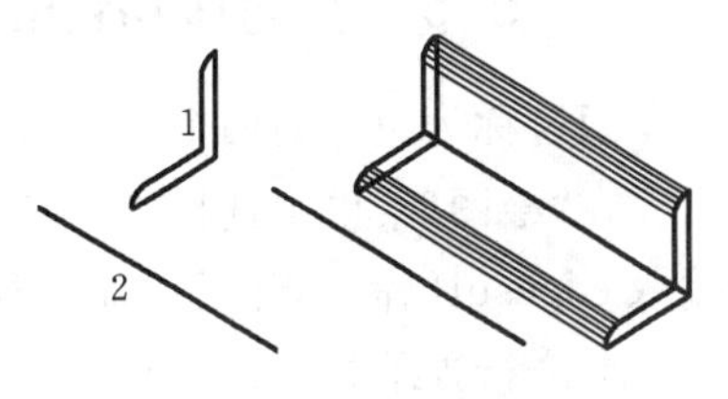

图 11.57 "平移曲面"命令示例

命令行提示如下。

//“直线”命令已绘制方向矢量对象,“多段线”命令已绘制轮廓曲线

命令:_tabsurf

当前线框密度:SURFTAB1=6

选择用作轮廓曲线的对象: //选择轮廓曲线1,如图11.57所示

选择用作方向矢量的对象: //选择方向矢量2,如图11.57所示

【注意】

(1) 使用tabsurf命令之前,必须已绘制轮廓曲线和方向矢量对象。轮廓曲线和方向矢量对象的绘制方法与拉伸实体和回转实体的截面的绘制方法相同。

(2) 轮廓曲线可以是直线、圆弧、圆、椭圆、椭圆弧、二维多段线、三维多段线或样条曲线。方向矢量可以是直线,也可以是开放的二维或三维多段线。

11.5.4 绘制直纹曲面

直纹曲面是在两个对象之间创建的曲面。

在“绘图”菜单中选择“建模”子菜单中的“网格”命令中的“直纹网格”命令,或通过命令行输入rulesurf命令,然后按命令行的提示,输入选项或参数,生成直纹曲面。如图11.58所示。

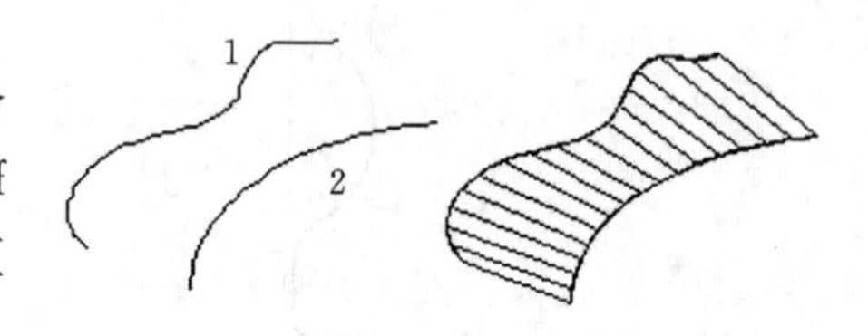

图11.58 “直纹曲面”命令示例

命令行提示如下。

//“样条曲线”命令已绘制第一个对象,“圆弧”命令已绘制第二个对象

命令:_rulesurf

当前线框密度:SURFTAB1=16

选择第一条定义曲线: //选择第一个对象1

选择第二条定义曲线: //选择第二个对象2

【注意】

(1) 使用rulesurf命令之前,必须已绘制两个对象。这两个对象的绘制方法与拉伸实体和回转实体的截面的绘制方法相同。

(2) 这两个对象可以是直线、点、圆弧、圆、椭圆、椭圆弧、二维多段线、三维多段线或样条曲线。

(3) 这两个对象要么都开放,要么都闭合。在闭合曲线上可以指定任意两点来生成直纹曲面。在开放曲线上要对应地指定点的位置来生成直纹曲面。点对象可以与开放或闭合对象成对使用。

11.5.5 绘制边界曲面

通过称为边界的四个对象可创建边界曲面。

在“绘图”菜单中选择“建模”子菜单中的“网格”命令中的“边界网格”命令,或通过命令行输入edgesurf命令,然后按命令行的提示,输入选项或参数,生成边界曲面。如图11.59所示。

命令行提示如下。

//“直线”命令已绘制边界对象2、4,“圆弧”命令已绘制边界对象1、3

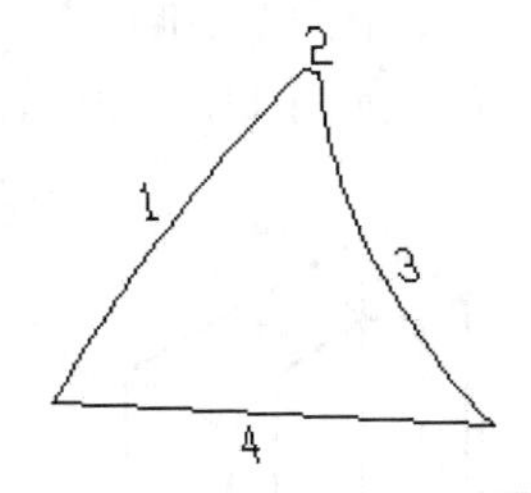

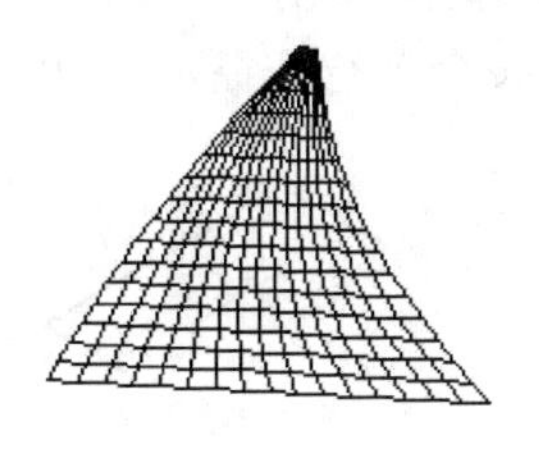

图 11.59 “边界曲面”命令示例

命令：_ edgesurf

当前线框密度：SURFTAB1=16 SURFTAB2=16

选择用作曲面边界的对象 1： //选择对象 1

选择用作曲面边界的对象 2： //选择对象 2

选择用作曲面边界的对象 3： //选择对象 3

选择用作曲面边界的对象 4： //选择对象 4

【注意】

(1) 使用 edgesurf 命令之前，必须已绘制四个边界对象。这四个边界对象的绘制方法与拉伸实体和回转实体的截面的绘制方法相同。

(2) 这四个边界对象可以是直线、圆弧、椭圆弧、多段线、样条曲线，必须形成闭合环和共享端点。

11.5.6 绘制三维网格面

在 M 和 N 方向(类似于 XY 平面的 X 轴和 Y 轴)上可创建开放的多边形网格面。

三维网格面根据有限元的原理，由若干小的平面近似表达空间曲面。空间曲面用 M 行、N 列即 $M\times N$ 个网格表示。建立这种网格面要顺次输入每一个网格顶点的坐标值。

在“绘图”菜单中选择“建模”子菜单中的“网格”命令中的“三维网格”命令，或通过命令行输入 3dmesh 命令，然后按命令行的提示，输入数值或坐标，生成三维网格面。

命令行提示如下。

命令：_ 3dmesh

输入 M 方向上的网格数量:4 //输入 M 方向网格数目

输入 N 方向上的网格数量:3 //输入 N 方向网格数目

指定顶点 (0,0)的位置：10,1,3 //指定顶点坐标

指定顶点 (0,1)的位置： //指定顶点坐标

⋮ //直到指定最后一个顶点坐标后，完成网格的创建

【注意】 网格数目取 2～256 之间的整数。

11.5.7 绘制三维面

“三维面”命令可以在二维空间的任意位置创建三边或四边表面，并可将这些表面拼接在一起形成一个多边的表面。

在“绘图”菜单中选择“建模”子菜单中的“网格”命令中的“三维面”命令,或通过命令行输入 3dface 命令,然后按命令行的提示,可以绘制三维面。如图 11.60 所示。

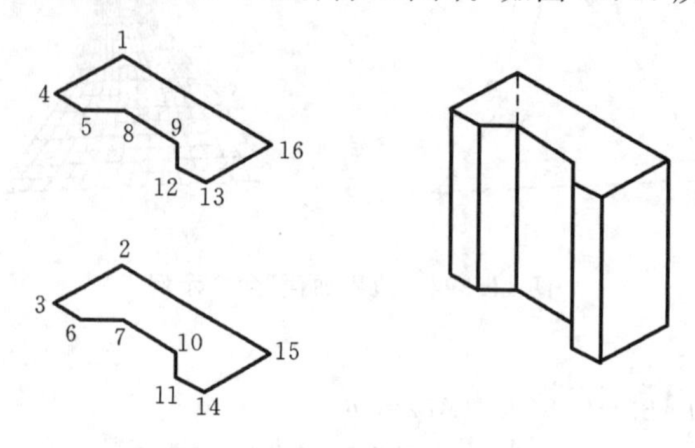

图 11.60 “三维面”命令示例

命令行提示如下。

命令:_3dface 指定第一点或[不可见(I)]:〈对象捕捉 开〉 //对象捕捉“端点”1
指定第二点或[不可见(I)]: //对象捕捉“端点”2
指定第三点或[不可见(I)]〈退出〉: //对象捕捉“端点”3
指定第四点或[不可见(I)]〈创建三侧面〉: //对象捕捉“端点”4
指定第三点或[不可见(I)]〈退出〉: //对象捕捉“端点”5
指定第四点或[不可见(I)]〈创建三侧面〉: //对象捕捉“端点”6
指定第三点或[不可见(I)]〈退出〉: //对象捕捉“端点”7
指定第四点或[不可见(I)]〈创建三侧面〉: //对象捕捉“端点”8
指定第三点或[不可见(I)]〈退出〉: //对象捕捉“端点”9
指定第四点或[不可见(I)]〈创建三侧面〉: //对象捕捉“端点”10
指定第三点或[不可见(I)]〈退出〉: //对象捕捉“端点”11
指定第四点或[不可见(I)]〈创建三侧面〉: //对象捕捉“端点”12
指定第三点或[不可见(I)]〈退出〉: //对象捕捉“端点”13
指定第四点或[不可见(I)]〈创建三侧面〉: //对象捕捉“端点”14
指定第三点或[不可见(I)]〈退出〉: //对象捕捉“端点”15
指定第四点或[不可见(I)]〈创建三侧面〉: //对象捕捉“端点”16
指定第三点或[不可见(I)]〈退出〉: //回车

11.5.8 建筑专业典型图形实体和曲面组合造型实例

【例 11.11】 绘制如图 11.61 所示建筑小品——亭子。下面给出图形相关尺寸并写出需要的命令,由于篇幅有限,命令行提示不列出。

(1) 按如图 11.62 所示建立图层。

(2) 绘制台基、台阶、台阶侧斜块。

① 绘制台基所用命令及台基尺寸:“长方体”(box),200×200×20。

② 台阶尺寸,绘图命令:“多段线”(pline)绘制断面,断面如图 11.63 所示;“拉伸”断面生成台阶实体,拉伸高度为 60。

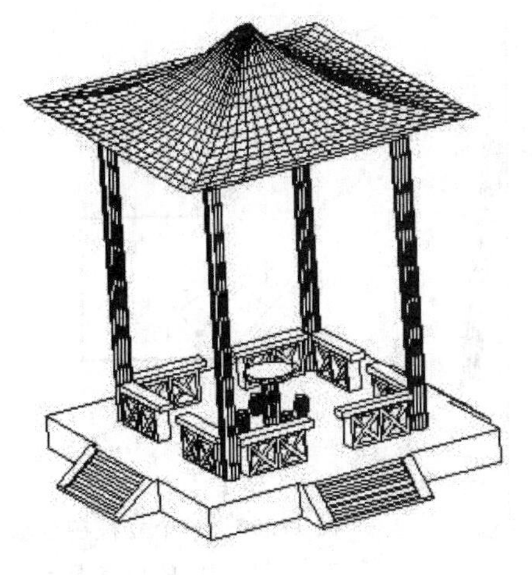

图 11.61 亭子

名称	开	冻结	锁定	颜色	线型	线宽
亭顶辅助线				212	Con…ous	—— 默认
亭顶				101	Con…ous	—— 默认
台阶侧斜块				231	Con…ous	—— 默认
台阶				213	Con…ous	—— 默认
台基				白色	Con…ous	—— 默认
石桌				黄色	Con…ous	—— 默认
石凳				41	Con…ous	—— 默认
配景				白色	Con…ous	—— 默认
立柱				11	Con…ous	—— 默认
栏杆				品红	Con…ous	—— 默认
横梁				152	Con…ous	—— 默认
辅助线				青色	Con…ous	—— 默认

图 11.62 亭子图层设置

③ 台阶侧斜块尺寸,绘图命令:“多段线”(pline)绘制断面,断面如图 11.64 所示;“拉伸”断面生成侧斜块实体,拉伸高度为 8;“复制”生成另一个侧斜块实体。

④ 台阶与侧斜块组合成一整体,并如图 11.65 布置四个:“并集”命令;“镜像”或环形“阵列”。

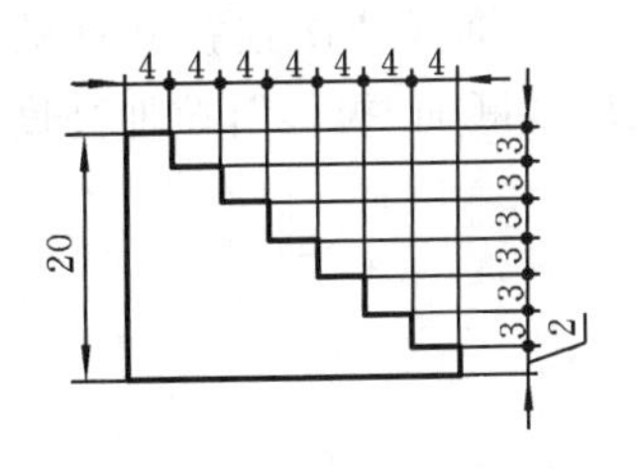

图 11.63 台阶断面图示

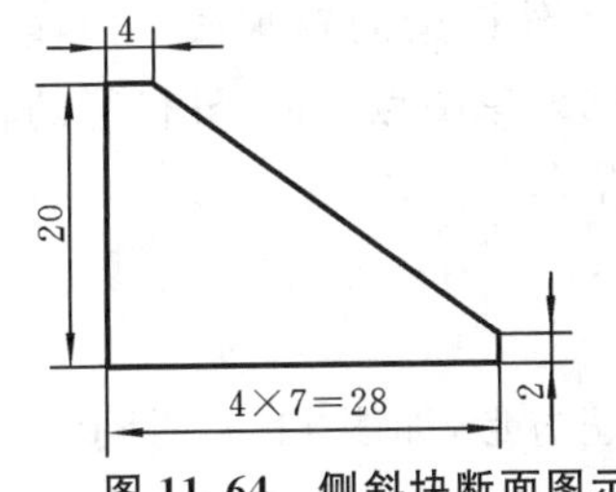

图 11.64 侧斜块断面图示

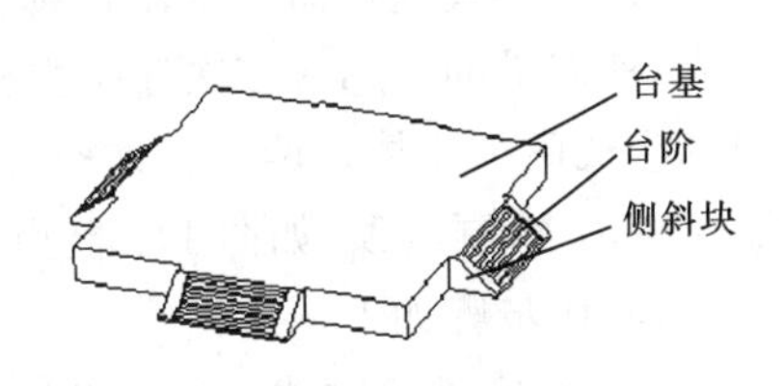

图 11.65 台基、台阶、台阶侧斜块图示

⑤ 台基与台阶组合成一个整体:“并集”命令。

(3) 绘制石桌、石凳,如图 11.66 所示。

① 石桌尺寸,绘图命令如下。

桌腿使用“圆柱体”(cylinder)命令绘制,半径为 5,高度为 30。

桌面使用“圆柱体”(cylinder)命令绘制,半径为 15,高度为 3。

然后使用“并集”命令使之组合成一个整体。

② 石凳尺寸,绘图命令。

“多段线”(pline)绘制旋转断面,断面如图 11.67 所示;选择“建模”工具栏中的“旋转”命令,生成旋转实体。

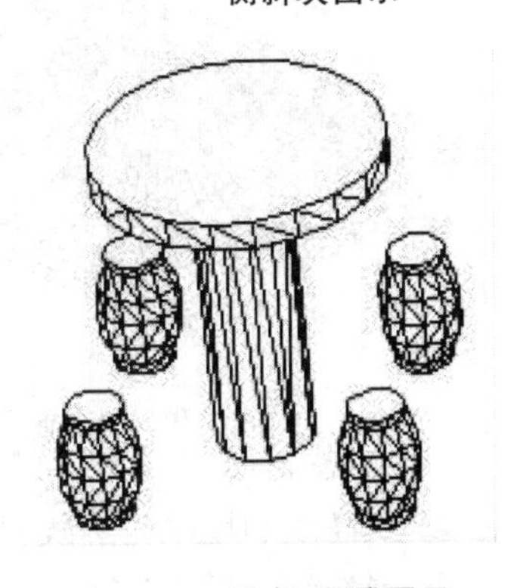

图 11.66 石桌、石凳图示

③ 石凳布置在以石桌轴线为中心、半径为 20 的圆周上。环形“阵列”石凳四个。

(4) 绘制立柱和横梁,如图 11.68 所示。

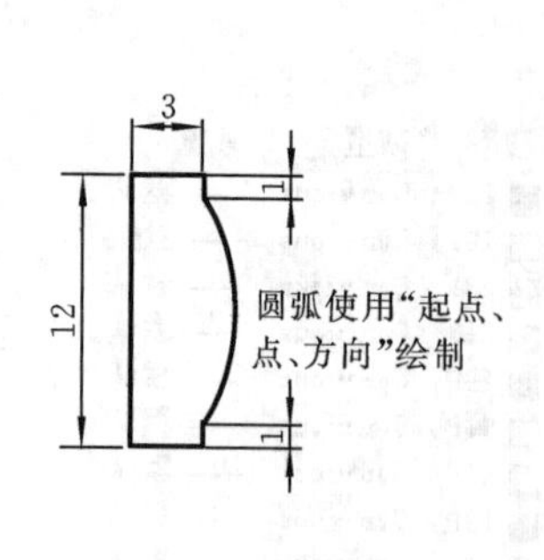

图 11.67 石凳旋转断面图示

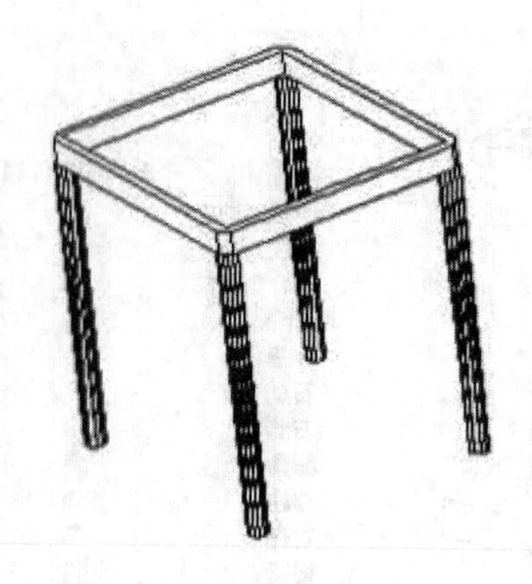

图 11.68 立柱和横梁图示

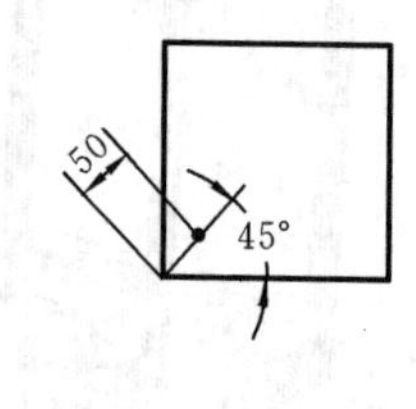

图 11.69 一个立柱在台基中的位置图示

① 立柱尺寸,绘图命令。

立柱使用“圆柱体”(cylinder)命令绘制,半径为5,高度为180。

一个立柱在台基中的位置如图11.69所示。

矩形“阵列”立柱,行距为125,列距为125。

② 横梁尺寸,绘图命令。

使用“多段线”命令绘制内横梁和外横梁的轮廓线。内横梁的轮廓线依次连接立柱的圆心。外横梁的轮廓线依次连接立柱的外象限点。内、外横梁的轮廓线断面“拉伸”,拉伸高度为15,生成两个实体。两个实体作“差集”。

(5) 绘制亭顶,如图11.70所示。

具体步骤如下。

① 绘底部轮廓线:200×200的正方形,如图11.71所示。

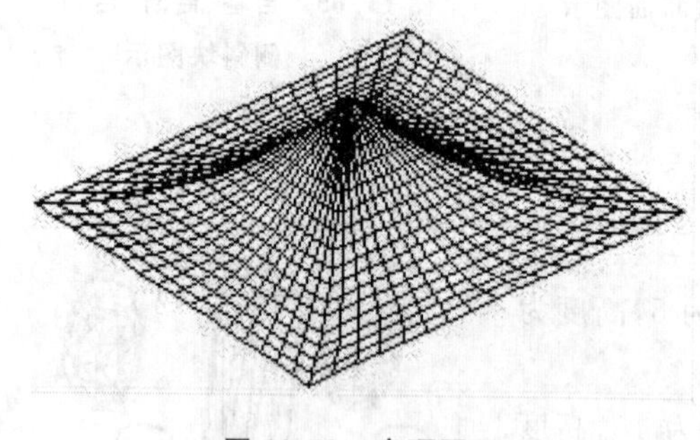

图 11.70 亭顶图示

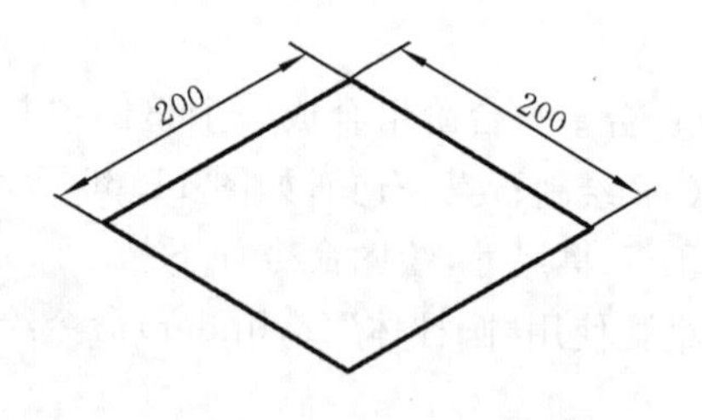

图 11.71 亭顶底部轮廓线图示

② 绘高线和屋顶轮廓线:高线高为50,屋顶是8×8的正方形,如图11.72所示。

③ 屋脊线:“圆弧”命令中的“起点、端点、半径”绘制,半径为200,如图11.73所示(使用“三点”改变UCS)。

④ 亭顶的四分之一的曲面生成:“边界曲面”(edgesurf)命令。

⑤ 亭顶的全部曲面生成:“三维阵列”(3darray)命令。

(6) 前4步生成的实体与第5步生成的曲面组合在一起:作辅助线,捕捉到位。

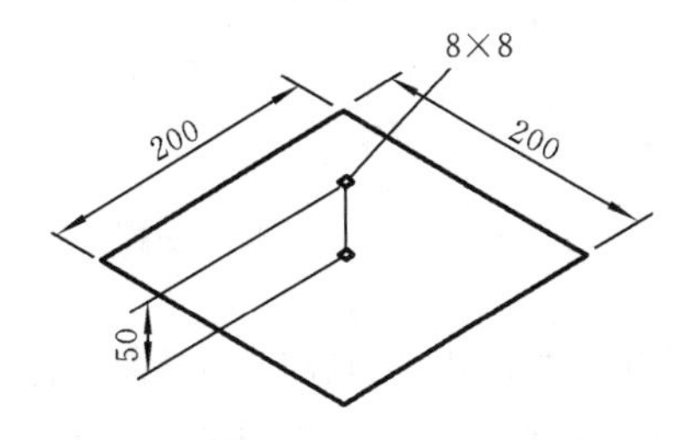

图 11.72　高线和屋顶轮廓线图示

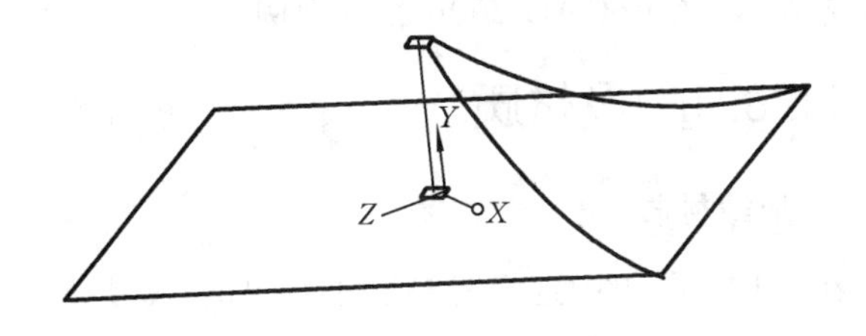

图 11.73　屋脊线图示

(7) 绘制栏杆整体,如图 11.74 所示。

① 栏杆:“长方体”绘制,50×10×5。

② 栏杆支撑:“长方体”绘制,5×10×20。

③ 方格:方格外轮廓线使用“多段线”绘制,20×20;方格内轮廓线使用“偏移”命令,将外轮廓线向内偏移 2。

内、外轮廓线“拉伸”生成两个实体,拉伸高度为 10。两个实体作“差集”,则成框架。方格内十字交叉线:方格内外轮廓线与十字交叉线的平面关系如图 11.75 所示,“多段线”绘制。“拉伸”生成实体,拉伸高度为 8。

“复制”一个方格体。

④ “镜像”栏杆、栏杆支撑、方格。

⑤ “三维阵列”,生成栏杆整体。

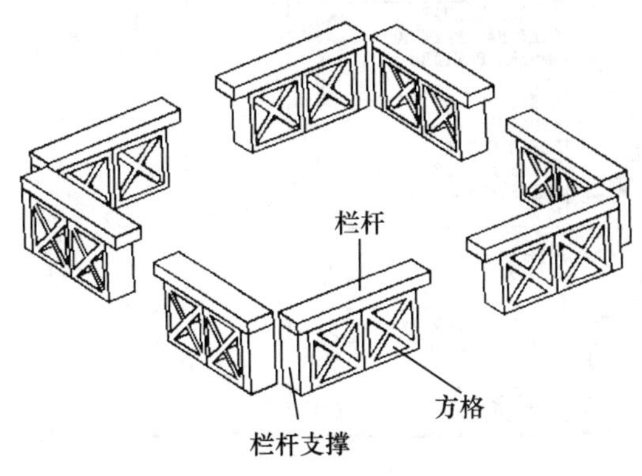

图 11.74　栏杆图示

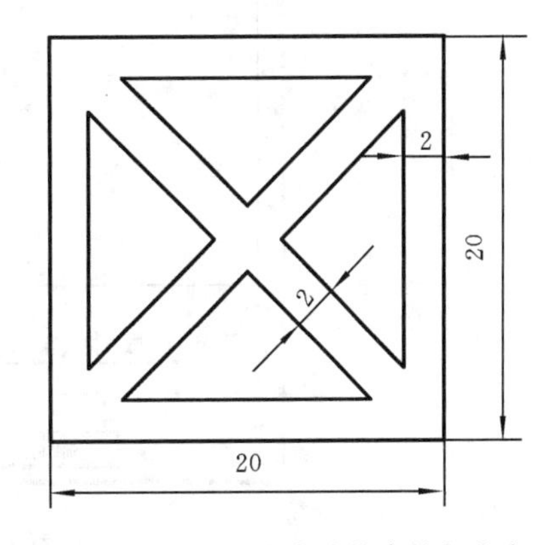

图 11.75　方格内外轮廓线与十字交叉线的平面关系图示

11.6 对三维图形进行效果处理

选择“视图”菜单中的“渲染”命令,或单击“渲染”工具栏对应的图标按钮,可以对三维图形进行效果处理。以 11.5.8 小节绘制完成的建筑小品——亭子为例,以下简单介绍几种效果处理的方式(以 AutoCAD 2006 版本为例)。

11.6.1 设材质

1. 加载材质

在“视图”菜单中选择“渲染”子菜单的“材质库”命令,或单击“渲染”工具栏中的“材质库”按钮,或在命令行输入 matlib 命令,弹出 AutoCAD 提供的“材质库”对话框,选择需要的材质。

命令行提示如下。

命令:_matlib　　//输入“材质库”命令,弹出“材质库”对话框,如图 11.76 所示
　　//在右边“当前库”的列表中选择某一个名称
　　//单击“预览”按钮,可看到中间预览窗口显示材质贴在球体上的外观
　　//单击“输入”按钮,则选择的材质名称列在“当前图形”左边列表框中
　　//继续重复前三步,选择需要的材质
　　//单击“确定”按钮

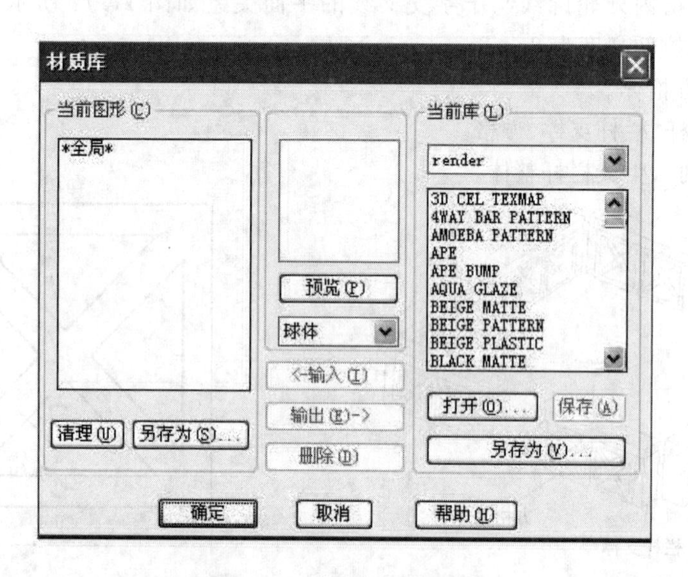

图 11.76 “材质库”对话框

【注意】 11.5.8 节绘制完成的亭子为其选材质如下:AQUA GLAZE—台基、台阶,MARBLE-PALE—石桌、石凳,RED METTE—立柱、横梁,WOOD -WHITE ASH—栏杆,YELLOW PLASTIC—亭顶。

2. 将材质“附着”在对象上

在“视图”菜单中选择“渲染”子菜单的“材质”命令,或单击“渲染”工具栏中的“材质”按钮,或在命令行输入 rmat 命令,弹出“材质”对话框,对话框中列出当前图形所选择的材质,单击“附着”按钮,实现将材质“附着”在对象上。

命令行提示如下。

命令: _rmat　　　　//输入"材质"命令,弹出"材质"对话框,如图 11.77 所示

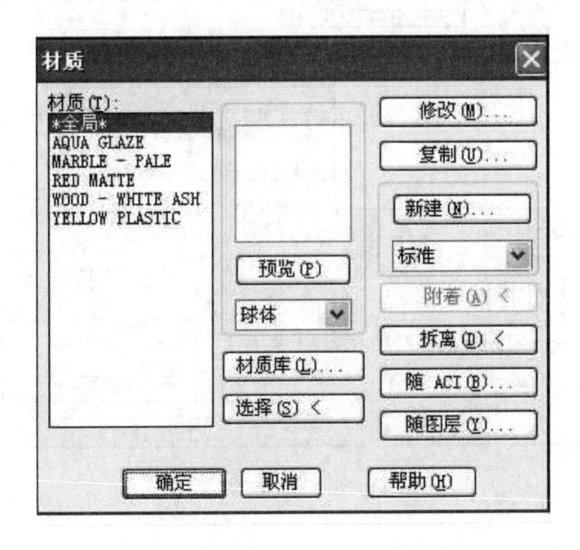

图 11.77 "材质"对话框

//在左边"材质"列表中选择某一个名称,如选择"AQUA GLAZE"
//单击"预览"按钮,可看到中间预览窗口显示材质贴在球体上的外观
//单击"附着"按钮,命令行提示如下。

收集对象...已找到 0 个
选择要附着"AQUA GLAZE"的对象:找到 1 个　　//选择台基、台阶对象
选择对象:　　//回车,完成将"AQUA GLAZE"材质附着在台基、台阶对象上
更新图形...已完成。　　//返回"材质"对话框
//继续重复前五步,将材质分别附着在相应对象上
//单击"确定"按钮

3. 渲染

在"视图"菜单中选择"渲染"子菜单的"渲染"命令,或单击"渲染"工具栏中的"渲染"按钮,或在命令行输入 render 命令,弹出"渲染"对话框,在"渲染类型"下拉列表中选择"照片级真实渲染",单击"渲染"按钮,实现图形对象上附有材质的效果。

命令行提示如下。

命令: _render　　　　//输入"渲染"命令,弹出"渲染"对话框,如图 11.78 所示
使用当前视图。
已选择默认场景。
完成 100%,第 486 行,共 486 行扫描线

【注意】 一般渲染不显材质,照片级渲染才显材质。因此,在"渲染"对话框中要选择"渲染类型"中的"照片级真实渲染",才能显材质。

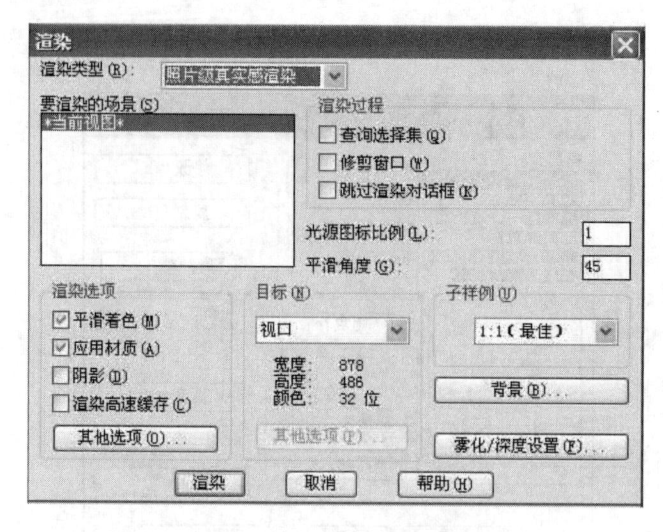

图 11.78 “渲染”对话框

11.6.2 设背景

1. 设背景

在“视图”菜单中选择“渲染”子菜单的“背景”命令,或单击“渲染”工具栏中的“背景”按钮,或在命令行输入 background 命令,弹出“背景”对话框,对话框中选择纯色、渐变色、图像或合并其中一种背景方式,可以实现所绘的图形上添加了背景。

命令行提示如下。

命令:_background //输入“背景”命令,弹出“背景”对话框,如图 11.79 所示
//选择“图像”选项

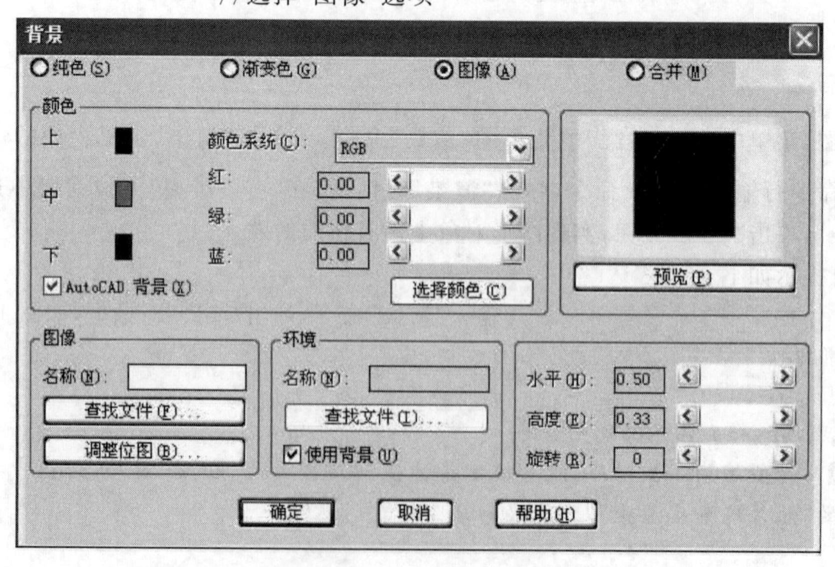

图 11.79 “背景”对话框

//单击"查找文件"按钮,在"背景图像"对话框选择需要的图像,单击"打开"

//返回"背景"对话框,单击"确定"按钮

2. 渲染

在"视图"菜单中选择"渲染"子菜单的"渲染"命令,或单击"渲染"工具栏中的"渲染"按钮,或在命令行输入 render 命令,弹出"渲染"对话框,单击"渲染"按钮,实现图形对象添加背景效果。

11.6.3 添加配景

1. 新建配景

在"视图"菜单中选择"渲染"子菜单的"新建配景"命令,或单击"渲染"工具栏中的"新建配景"按钮,或在命令行输入 lsnew 命令,弹出"新建配景"对话框,对话框中选择"图库"中的配景图案,可以实现所绘的图形上添加了配景。

命令行提示如下。

命令:_ lsnew //输入"新建配景"命令,弹出"新建配景"对话框,如图 11.80 所示

//在左边"图库"列表中选择某一个名称,如选择"People #1"

//单击"预览",可看到右边预览窗口中显示配景图案

//在"高度"框中输入配景的高度值

//单击"位置",返回到绘图区域,在放配景的地方单击

//返回到"新建配景"对话框,单击"确定"按钮

图 11.80 "新建配景"对话框

【注意】 配景图像在建立时与一般的图像相同,但在绘图区域显示为一类似三角形图块,在渲染时再用图像文件代替。

2. 渲染

在“视图”菜单中选择“渲染”子菜单的“渲染”命令,或单击“渲染”工具栏中的“渲染”按钮,或在命令行输入 render 命令,弹出“渲染”对话框,在“渲染类型”下拉列表中选择“照片级真实渲染”,单击“渲染”按钮,实现添加配景图像。

【注意】 添加配景后的“渲染”操作,在“渲染”对话框要选择“渲染类型”中的“照片级真实渲染”,才能显示配景图像,否则背景图像遮住配景图像。

此外还可设光源、贴画、雾化处理等,有兴趣的读者可查询相关资料学习。

【本章小结】

AutoCAD 中的三维图形指三维实体、三维表面、三维线框三类图形。三维实体图形表示整个对象的体积,它包含有体、面、线、点的信息。三维表面图形表示对象的表面,它包含有面、线、点的信息。三维线框图形可以理解为是一个有框架的、表面无材料、内部为空心的三维物体,它只包含有线和点的信息。

三维图形的绘制过程中涉及如何观察图形以及用户坐标系的使用问题。本章介绍了静态观察、动态观察三维图形的诸多方法。同时,用户坐标系(UCS)的正确使用是本章的一个重点和难点。用户坐标系的使用,对准确快速绘好三维图形起着很重要的作用。

一般从以下三个方面考虑改变用户坐标系。第一,只要使用平面“绘图”、“文字”、“尺寸标注”等命令时,均是在 *XY* 面上绘制出来的,因此要画某一平面图,必须将 *XY* 面转到该平面上。第二,某些绘制三维图形的命令,规定了其对应线段在坐标系的某一轴方向上。例如,“长方体”,长、宽、高方向分别指当前 UCS 的 *X*、*Y*、*Z* 方向的平行方向。若欲绘制某一位置的图形,则先要了解生成此图形的命令特点,再转换 UCS,才能正确绘制图形。第三,有些图形在使用编辑命令时,如“移动”、“旋转”等命令,当先改变 UCS,再使用这些命令时,会使编辑操作更简单。

本章另一个重点是绘制三维实体图形。欲绘制三维图形,首先考虑使用“建模”命令来创建三维图形,对难以用“建模”创建的图形,再考虑使用“表面”或“线框”命令来创建三维图形。使用“建模”命令很容易绘制基本实体,如长方体、圆柱体、回转体等,对复杂的实体,常使用“并集”、“交集”、“差集”、“剖切”等命令来组合基本实体,因此绘图前分析图形的组成显得很重要。

三维实体图形有很多编辑命令可使用,正确选用它们,可以改变三维实体的外观形状或创建新的实体。三维表面图形不能使用“实体编辑”命令。它们均能使用“三维镜像”、“三维旋转”、“三维阵列”、“对齐”等“三维编辑”命令以及部分二维图形的编辑命令。

此外,本章还介绍了“贴材质”、“加背景、配景”等操作,通过“渲染”可以使三维实体或三维表面图形表达个性效果。这在产品广告、方案设计、动画制作等方面有着广泛应用。

【上机练习题】

1. 根据本章的建议,自选创建三维图形的命令,完成下列各图形(图 11.81~图 11.85)的绘制。

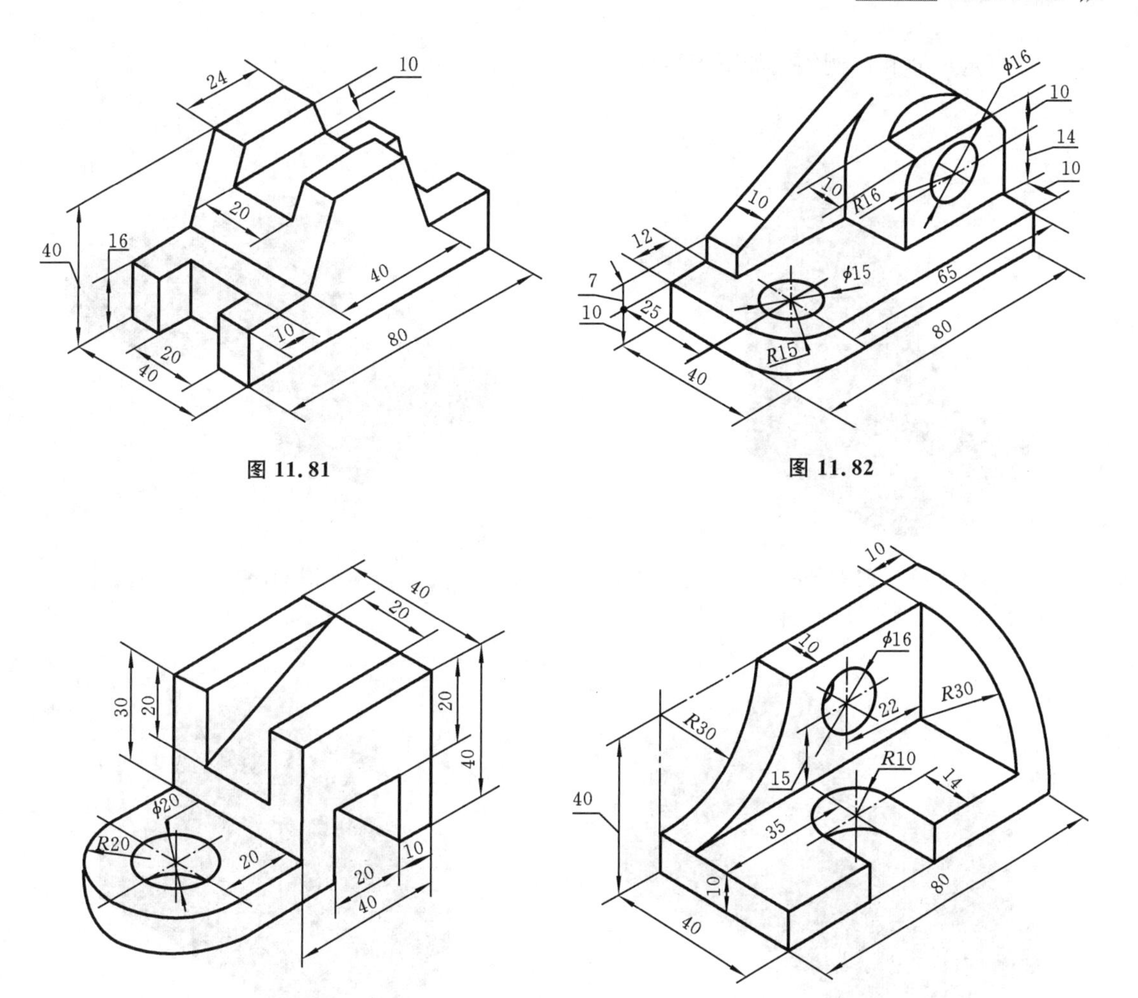

图 11.81

图 11.82

图 11.83

图 11.84

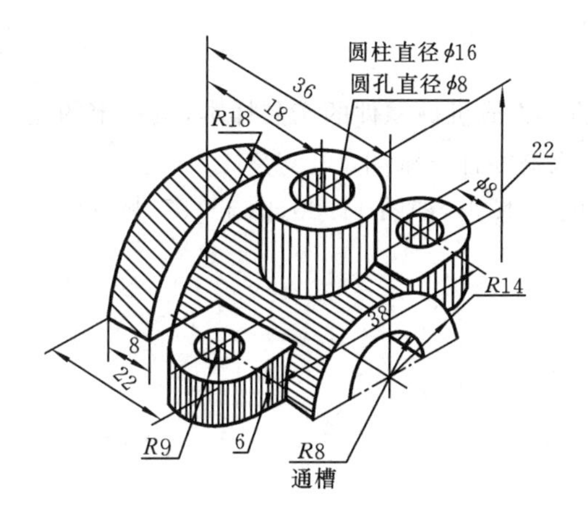

图 11.85

2. 自定尺寸和比例绘制如下模型(图 11.86～图 11.89)。

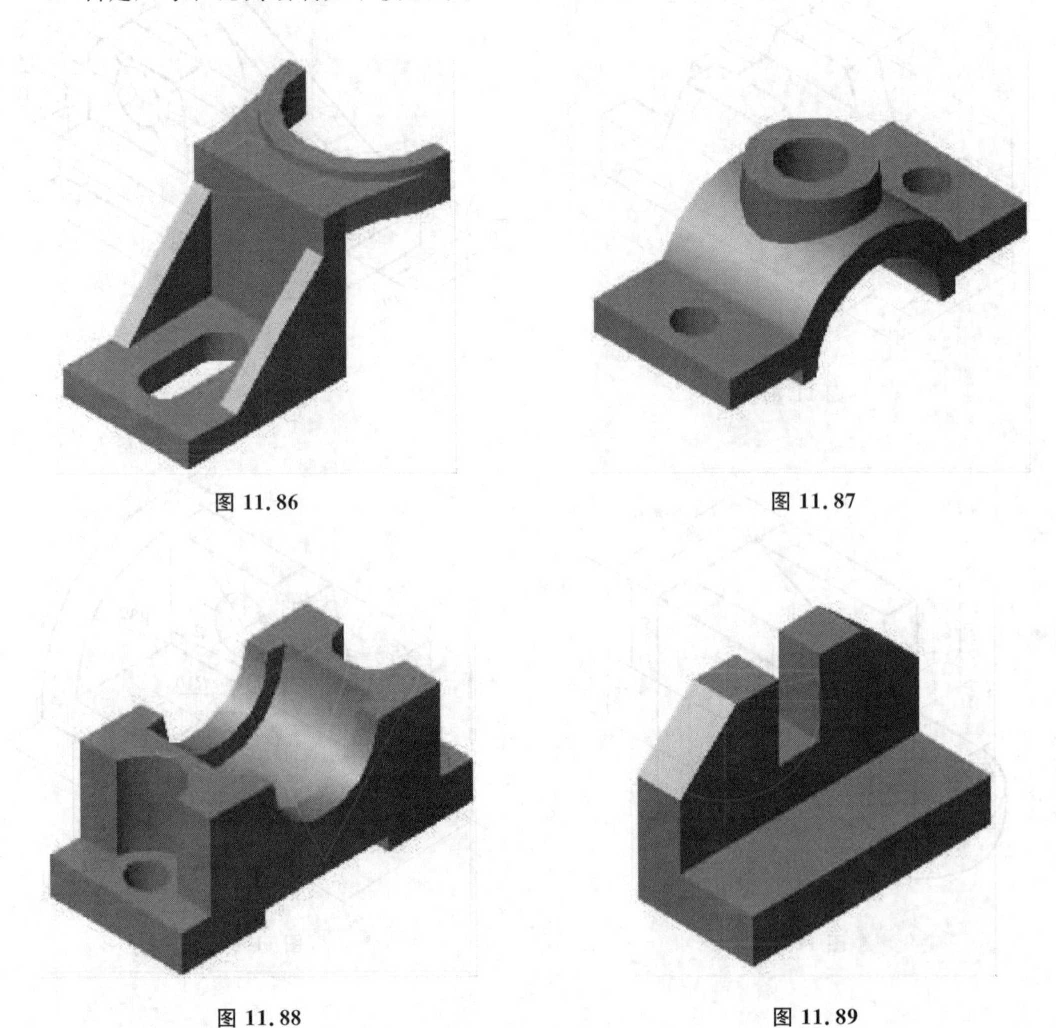

图 11.86

图 11.87

图 11.88

图 11.89

3. 收集有关房地产的广告或机械零件的产品样本,按一定的比例绘出广告或样本上的房屋三维图或小区三维图或机械零件三维图。

4.按给定的尺寸绘制三维图形,如图 11.90、图 11.91、图 11.92、图 11.93 所示。

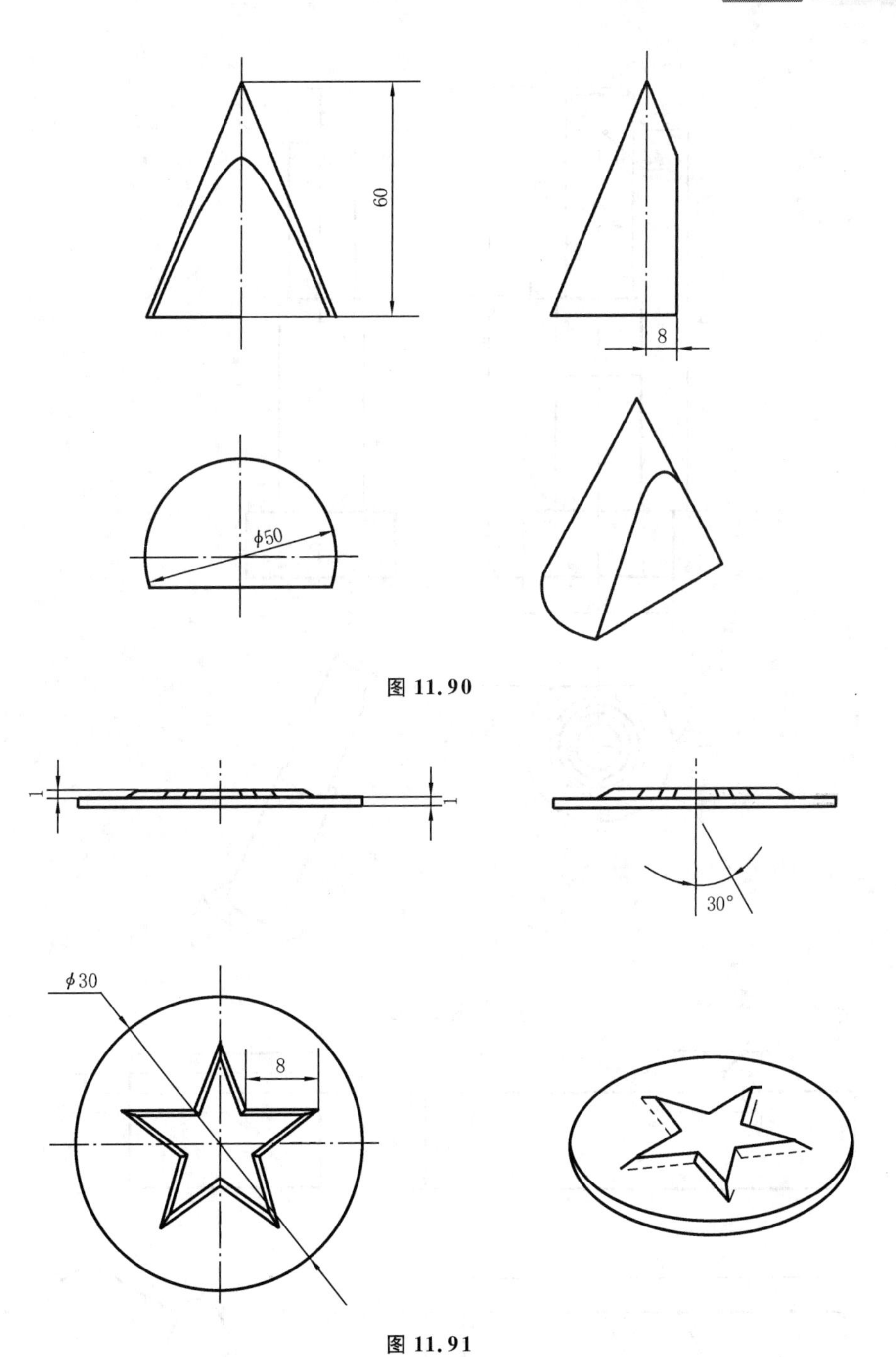

图 11.90

图 11.91

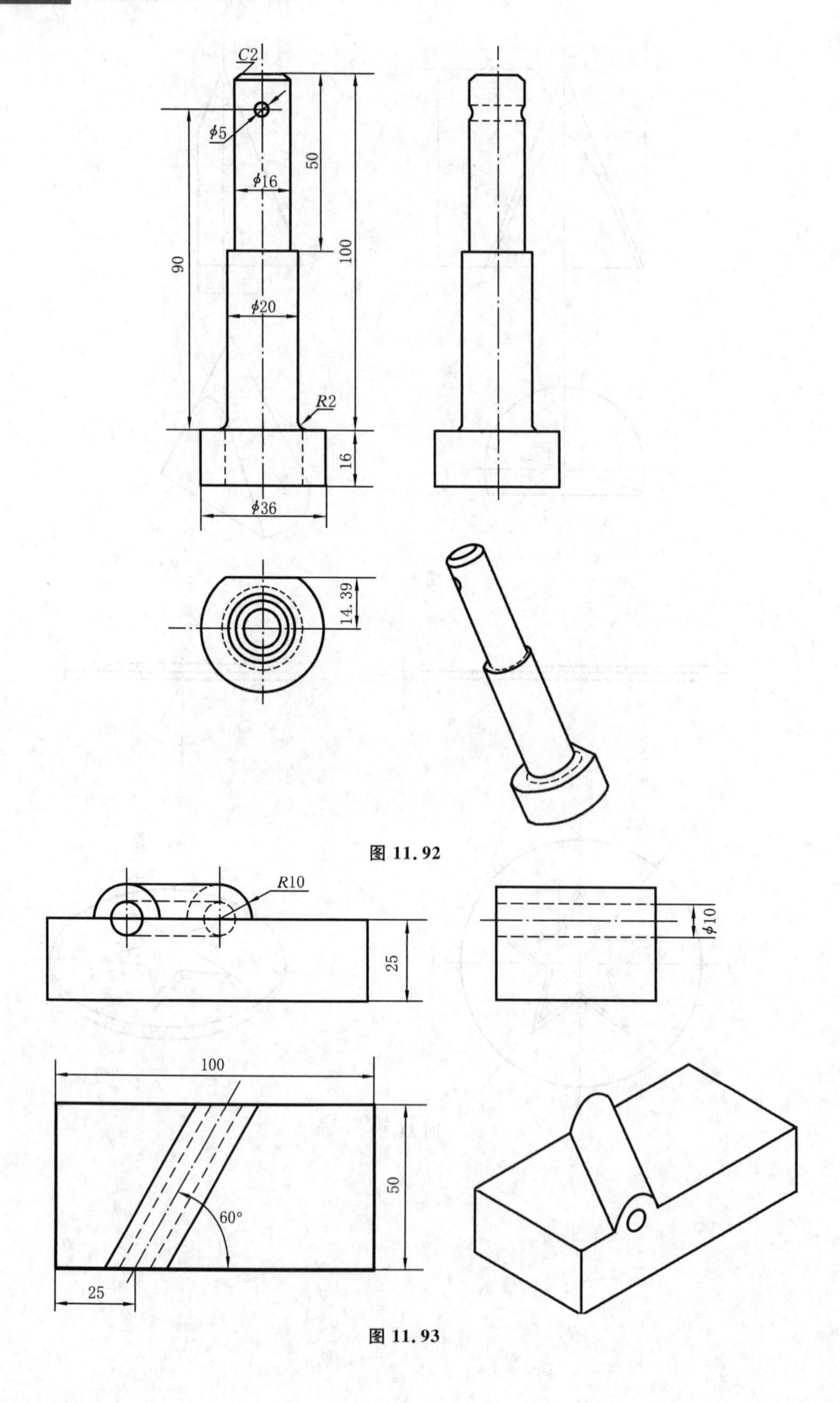

图 11.92

图 11.93

第 12 章 由三维实体生成标准二维视图

12

绘制二维图形，除了使用前面章节的平面绘图命令之外，还可以通过创建的三维图形借助图纸空间生成二维图形，经过适当的修改，可以整理成标准的二维视图。这样给操作者又提供了一种绘制二维图的方式。

本章主要介绍图纸空间的视口的设置，以及由三维实体生成二维视图的基本命令和方法，通过实例演示生成剖视图、断面图的过程。

12.1 图纸空间的视口设置

图纸空间是一种图纸布局环境,用户可以在该环境中指定图纸的大小、添加标题栏、显示模型的多个视图以及创建图形的标注和注释。对视口进行布置可以显示模型的视图。每个视图可以具有不同的观察角度、视图比例和图层显示。

12.1.1 进入图纸空间

单击绘图界面左下角的"布局 1"选项卡,则进入图纸空间。选择默认的当前视口(单击显示的图框部分),选择"删除"命令,则图纸空间暂无内容。

12.1.2 图纸空间的视口设置

在 AutoCAD 中,每个视口包含一个视图,该视图按操作者指定的比例和方向显示模型。操作者也可以指定在每个视口中可见的图层。可以关闭视口对象的图层,而视图仍然可见,此时可以打印该视图,而无需显示视口边界。

1. 设置视口

可以同时设置多个规则视口,或设置单个视口和多边形视口,或剪裁视口,以及将对象转换为视口,然后通过对视口的基本操作,实现设置视口中图形比例及锁定比例。

1) 同时设置多个规则视口

在"视图"菜单中选择"视口"子菜单的"新建视口"命令,或单击"视口"工具栏中的按钮,或在命令行输入 vports,弹出"视口"对话框,在左边列表中选择一种标准视口,右边预览窗口显示所选的视口,如图 12.1 所示,单击"确定"按钮。

【注意】 模型空间和图纸空间都可使用同样的方法设置多个规则视口。

2) 设置单个视口和多边形视口

在"视图"菜单中选择"视口"子菜单的"一个视口"命令,或单击"视口"工具栏中的按钮,根据命令行的提示,指定视口的两个角点。或在命令行输入 vports,弹出"视口"对话框,在左边列表中选择标准视口"单个",单击"确定"按钮后,根据命令行的提示,指定视口的两个角点。

设置单个视口的命令行提示如下。

命令:_ —vports

指定视口的角点或

[开(ON)/关(OFF)/布满(F)/着色打印(S)/锁定(L)/对象(O)/多边形(P)/恢复(R)/2/3/4]

〈布满〉:

指定对角点:正在重生成模型。

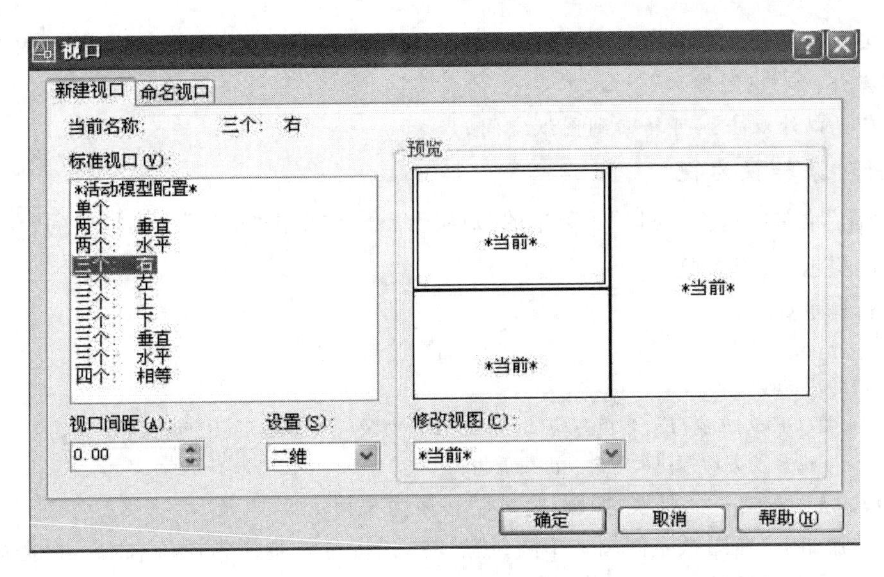

图 12.1 “视口”对话框

3）设置多边形视口

在“视图”菜单中选择“视口”子菜单的“多边形视口”命令，或单击“视口”工具栏中的按钮，根据命令行的提示，指定视口的多个角点。

设置多边形视口的命令行提示如下。

命令：_ －vports
指定视口的角点或
[开(ON)/关(OFF)/布满(F)/着色打印(S)/锁定(L)/对象(O)/多边形(P)/恢复(R)/2/3/4]
〈布满〉：_ p
指定起点：
指定下一个点或[圆弧(A)/长度(L)/放弃(U)]：
指定下一个点或[圆弧(A)/闭合(C)/长度(L)/放弃(U)]：
指定下一个点或[圆弧(A)/闭合(C)/长度(L)/放弃(U)]：
指定下一个点或[圆弧(A)/闭合(C)/长度(L)/放弃(U)]：A
输入圆弧边界选项
[角度(A)/圆心(CE)/闭合(CL)/方向(D)/直线(L)/半径(R)/第二个点(S)/放弃(U)/圆弧端点(E)]
〈圆弧端点〉：
输入圆弧边界选项
[角度(A)/圆心(CE)/闭合(CL)/方向(D)/直线(L)/半径(R)/第二个点(S)/放弃(U)/圆弧端点(E)]
〈圆弧端点〉：CL
正在重生成模型。

【注意】

(1) 设置单个视口和多边形视口只在图纸空间中使用。

(2) 视口在图纸空间生成时，将在当前图层产生视口边界。

(3) 若想隐藏掉视口边界，可先新建一个图层，在此图层上建此视口，然后再关闭此图层，则视口边界隐藏。

(4) 在视口内双击可激活此视口,即将此视口转到了模型空间,则此视口内的图形可进行相关编辑操作,如“视图缩放”。

(5) 在视口外双击则可转回到图纸空间。

4) 将对象转换为视口

在“视图”菜单中选择“视口”子菜单的“对象”命令,或单击“视口”工具栏中的按钮,根据命令行的提示,选择对象。

命令行提示如下。

命令:_ -vports

指定视口的角点或

[开(ON)/关(OFF)/布满(F)/着色打印(S)/锁定(L)/对象(O)/多边形(P)/恢复(R)/2/3/4]

〈布满〉:_o 选择要剪切视口的对象:正在重生成模型。

【例 12.1】 先画一个对象,如圆,将“圆”转换为视口。

操作步骤如下:在图纸空间画一个圆;然后输入“将对象转换为视口”命令,根据命令行的提示选择该圆,则“圆”转换为视口。

可以为所画的圆专门建一个图层,“圆”转换为视口后,关闭此圆的图层,则视口边界隐藏。

5) 剪裁视口

在“修改”菜单中选择“剪裁”子菜单的“视口”命令,或单击“视口”工具栏中的“剪裁现有视口”按钮,或在命令行输入 vpclip 命令,根据命令行的提示,选择要剪裁的视口和剪裁对象,则原视口被剪裁为剪裁对象所生成的视口。

如图 12.2 所示,圆是要剪裁的视口;样条曲线是一个对象,它将作为剪裁对象;结果生成如图 12.3 所示样条曲线作为边界的视口。

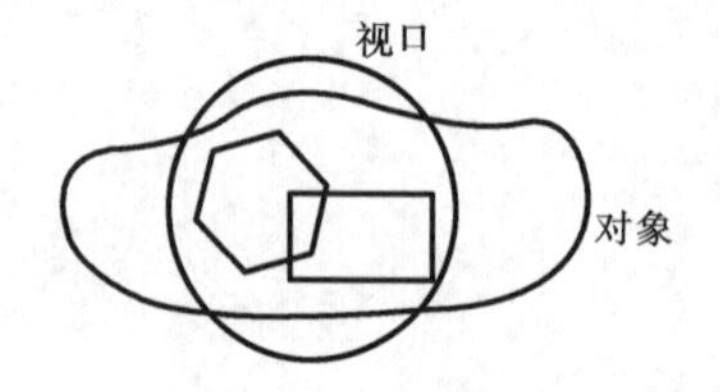

图 12.2 圆是视口、样条曲线是对象图示

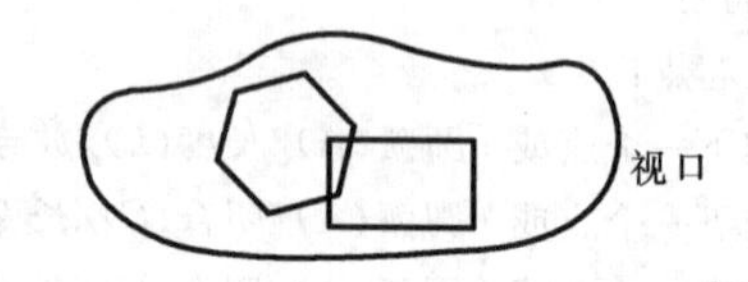

图 12.3 “剪裁视口”结果图示

命令行提示如下。

命令:_ vpclip

选择要剪裁的视口:

选择剪裁对象或[多边形(P)/删除(D)]〈多边形〉:

【注意】 剪裁视口及将对象转换为视口只在图纸空间中使用。

2. 设置视口中图形比例

打印出图时,常常要设置出图比例,并且每个视图有着自己不同的比例,根据“视口”工具栏中的“视口缩放控制”下拉列表选择比例来完成。

操作方法:激活对应的视口,选择“视口”工具栏中的“视口缩放控制”下拉列表中的比例即可。

3. 视口中锁定比例

在图纸空间,选择视口(单击视口边界),单击鼠标右键,在弹出的菜单中选择“显示锁定”中的“是”选项,则视口内的图形显示比例不可改变了。

命令行提示如下。

命令:_ -vports

指定视口的角点或

[开(ON)/关(OFF)/布满(F)/着色打印(S)/锁定(L)/对象(O)/多边形(P)/恢复(R)/2/3/4]

〈布满〉:_lock 视口视图锁定 [开(ON)/关(OFF)]:_on

选择对象:_p

找到 2 个

选择对象:

4. 视口的基本操作

如果处于图纸空间中,在视口中双击,则随即将处于模型空间。选定的视口成为当前视口,用户可以平移视图以及更改图层特性。如果需要对模型进行较大更改,建议切换到“模型”选项卡进行。

如果处于视口中的模型空间,在该视口的外部双击,则随即将处于图纸空间。可以在布局中创建和修改对象。

如果处于模型空间中并希望切换到另一个布局视口,在所需的视口中双击,或按 Ctrl+R 将循环显示现有的视口。

12.2 由三维实体生成标准二维视图

由三维实体生成标准二维视图的一般步骤如下。

(1) 在模型空间完成实体的绘制。

(2) 进入图纸空间。

(3) 删除默认的视口。

(4) 为视口专门设置一个图层。

(5) 在视口图层中,调出“视口”工具栏,创建视口。如果要出三视图,则视口大小要有一定关系,“长对正、高平齐、宽相等”,如图12.4所示。

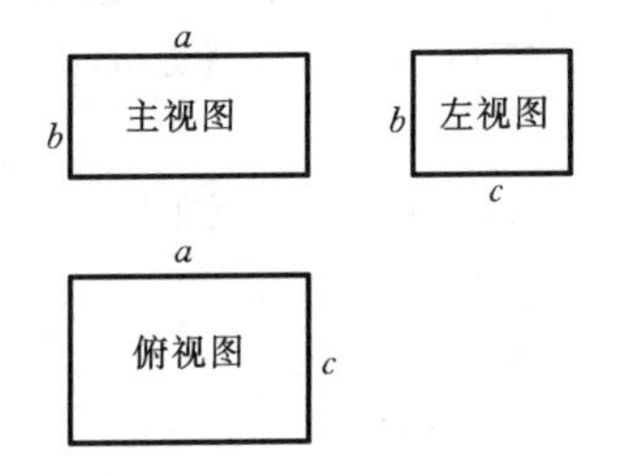

图 12.4 三视口关系

(6) 分别在每个视口中,切换到模型空间,选择视图方向(如主视、俯视、左视),选择缩放比例,调整图形。

(7) 返回到图纸空间,关闭专门为视口设置的图层。

完成以上步骤后则完成由三维实体生成标准的二维视图。

12.3 实　例

12.3.1 三维实体生成三视图

一个简单的三维实体长方体，按 11.2.1 小节所讲述的步骤生成三视图，结果如图 12.5 所示。

命令行提示和操作解释如下。

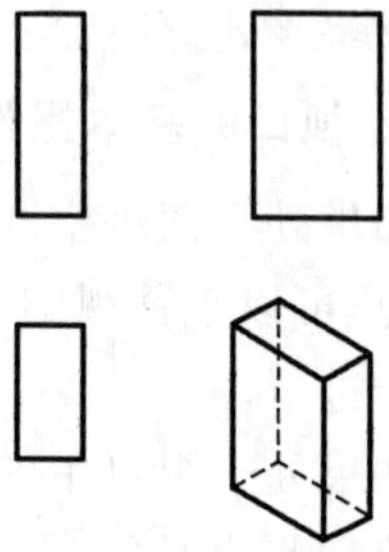

(1) 在模型空间完成长方体的绘制。

命令：_ box　　　　　//输入"长方体"命令

指定长方体的角点或 [中心点(CE)] 〈0,0,0〉:

指定角点或 [立方体(C)/长度(L)]: l

指定长度：20

指定宽度：40

指定高度：60

图 12.5　三维实体生成三视图示例

//在模型空间西南等轴测显示

命令：_ －view 输入选项　　　//单击"视图"工具栏中的"西南等轴测"按钮

[? /分类(C)/图层状态(A)/正交(O)/删除(D)/恢复(R)/保存(S)/UCS(U)/窗口(W)]: _ swiso

正在重生成模型。

//在模型空间使用"视图缩放"调整长方体的显示大小

命令：'_ zoom　　　　　　　//单击"标准"工具栏中的"实时缩放"按钮

指定窗口的角点，输入比例因子 (nX 或 nXP)，或者

[全部(A)/中心(C)/动态(D)/范围(E)/上一个(P)/比例(S)/窗口(W)/对象(O)] 〈实时〉:

按 Esc 或 Enter 键退出，或单击右键显示快捷菜单。

(2) 进入图纸空间。

命令：〈切换到：布局 1〉　　　//单击"布局 1"选项卡

正在重生成布局。

重生成模型 - 缓存视口。

(3) 选择图纸空间空间默认的视口并删除之。

命令：_ erase 找到 1 个

(4) 为视口专门设置一个图层。

命令：'_ layer　//单击"图层"工具栏中的"图层特性管理器"按钮

//在弹出的"图层特性管理器"对话框中新建图层,图层名为"视口"
//在弹出的"图层特性管理器"对话框中,单击"确定"按钮

(5) 切换到"视口"图层,调出"视口"工具栏,新建三个视口。
//新建第一个视口
命令: _ -vports　　　　//单击"视口"工具栏中的"单个视口"按钮
指定视口的角点或
[开(ON)/关(OFF)/布满(F)/着色打印(S)/锁定(L)/对象(O)/多边形(P)/恢复(R)/2/3/4]
〈布满〉:　　　　//在图纸空间上单击一点,确定视口的左下角点
指定对角点: @60,60　　　　//确定视口的右上角点
正在重生成模型。

//新视口就是一个对象,移动之,调整新视口的位置
* * 拉伸 * *　　　　//进入自动编辑状态,选择"移动"命令
指定拉伸点或 [基点(B)/复制(C)/放弃(U)/退出(X)]: _ move
* * 移动 * *
指定移动点或 [基点(B)/复制(C)/放弃(U)/退出(X)]:

//新建第二个视口
命令: _ -vports
指定视口的角点或
[开(ON)/关(OFF)/布满(F)/着色打印(S)/锁定(L)/对象(O)/多边形(P)/恢复(R)/2/3/4]
〈布满〉:
指定对角点: @60,60
正在重生成模型。

//新建第三个视口
命令: _ -vports
指定视口的角点或
[开(ON)/关(OFF)/布满(F)/着色打印(S)/锁定(L)/对象(O)/多边形(P)/恢复(R)/2/3/4]
〈布满〉:
指定对角点: @60,60
正在重生成模型。

(6) 分别在每个视口中,切换到模型空间,选择视图方向,选择缩放比例,调整图形。
//操作第一个视口
命令: _. MSPACE　　　　//双击第一个视口内部,则第一个视口切换到了模型空间

命令: _ -view 输入选项　　　　//单击"视图"工具栏中的"主视"按钮
[? /分类(C)/图层状态(A)/正交(O)/删除(D)/恢复(R)/保存(S)/UCS(U)/窗口(W)]: _ front

正在重生成模型。

//在“视口”工具栏的“视口缩放控制”下拉列表中选择 1∶2 比例

//操作第二个视口

命令：_. MSPACE　　　　//双击第二个视口内部，则第二个视口切换到了模型空间

命令：_ －view 输入选项　　　　//单击“视图”工具栏中的“俯视”按钮

[? /分类(C)/图层状态(A)/正交(O)/删除(D)/恢复(R)/保存(S)/UCS(U)/窗口(W)]：_ top

正在重生成模型。

//在“视口”工具栏的“视口缩放控制”下拉列表中选择 1∶2 比例

//操作第三个视口

命令：_. MSPACE　　　　//双击第三个视口内部，则第三个视口切换到了模型空间

命令：_ －view 输入选项　　　　//单击“视图”工具栏中的“左视”按钮

[? /分类(C)/图层状态(A)/正交(O)/删除(D)/恢复(R)/保存(S)/UCS(U)/窗口(W)]：_ left

正在重生成模型。

//在“视口”工具栏的“视口缩放控制”下拉列表中选择 1∶2 比例

(7) 返回到图纸空间，关闭专门为视口设置的图层。

命令：_. PSPACE　　　　//双击视口之外的任意点

//在“图层”工具栏“应用的过滤器”下拉列表中单击“视口”层“灯泡”，该层关闭

//三维实体生成三视图完成

【注意】

(1) 三视图需要三个视口。以此类推，当只需要两个视图时，设置两个视口。

(2) 要为视口专门设置一个图层。图层关闭时，视口界线消隐，实现视图无边框。

(3) 三个视口的大小要有一定的关系，“长对正、高平齐、宽相等”。使用第2章讲述的定点的方法或编辑中的“移动”、“缩放”、“拉伸”命令可实现。

(4) 视口中图形比例问题，在“视口”工具栏中选择缩放比例值，即视口中的图形以此比例缩放图形，而视口本身的大小不变，将来此比例也即出图比例。

12.3.2 由三维实体生成该对象的对面视图、剖视图、断面图

使用“设置视图”、“设置图形”、“设置轮廓”命令，可以生成三维实体的对面视图、剖视图、断面图和轮廓。

1. 设置视图

在“绘图”菜单中选择“建模”子菜单中“设置”命令中的“视图”命令，或在命令行输入solview 命令，AutoCAD 切换到图纸空间，创建浮动视口来使用正投影法生成三维实体及体对

象的对面视图、剖视图。

命令行提示如下。

命令：_ solview

输入选项 [UCS(U)/正交(O)/辅助(A)/截面(S)]：

命令行各选项说明如下。

(1) UCS(U)：产生基于用户坐标系的视图。执行此选项，命令行继续提示：

输入选项 [命名(N)/世界(W)/？/当前(C)]〈当前〉：

从此选项中可选择一个已命名的 UCS、WCS、当前 UCS，或者用？查看已有的 UCS。

用此 UCS 来生成一个视图。确定好 UCS 后，命令行继续提示：

输入视图比例〈1〉：

指定视图中心：

指定视图中心〈指定视口〉： //回车

指定视口的第一个角点：

指定视口的对角点：

输入视图名：

依次输入各项后，则得到一个指定的视图。

(2) 正交(O)：产生一个与已有的视图正交的视图。在执行此选项之前要先有一个视图，执行此选项，命令行继续提示：

指定视口要投影的那一侧：

指定视图中心：

指定视图中心〈指定视口〉： //回车

指定视口的第一个角点：

指定视口的对角点：

输入视图名：

依次输入各项后，则得到一个指定的视图。

(3) 辅助(A)：产生一个斜视图。执行此选项，命令行继续提示：

指定斜面的第一个点：

指定斜面的第二个点：

指定要从哪侧查看：

指定视图中心：

指定视图中心〈指定视口〉： //回车

指定视口的第一个角点：

指定视口的对角点：

输入视图名：

依次输入各项后，则得到一个指定的视图。

(4) 截面(S)：产生一个剖面图。执行此选项，命令行继续提示：

指定剪切平面的第一个点：

指定剪切平面的第二个点：

指定要从哪侧查看：

输入视图比例〈1〉：

指定视图中心:

指定视图中心〈指定视口〉: //回车

指定视口的第一个角点:

指定视口的对角点:

输入视图名:

依次输入各项后,则得到一个指定的视图。

【注意】

(1) 执行完此命令后,AutoCAD 将自动产生如表 12.1 所示的图层。

表 12.1

图 层 名	对 象 类 型
视图名—VIS	可见线
视图名—HID	消隐线
视图名—DIM	标注
视图名—HAT	填充图案(截面视图)
VOPORTS	视口边界

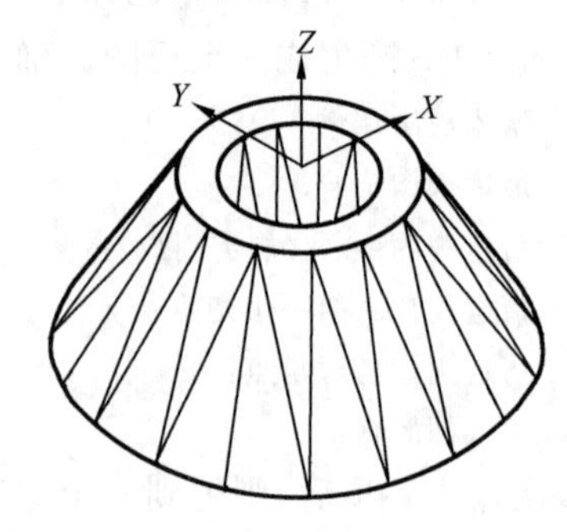

图 12.6 三维实体

(2) 在使用设置图形(soldraw)命令后,储存在以上图层里的信息将被自动删除和更新,因此不要在以上图层中绘制图形。

【例 12.2】 如图 12.6 所示,创建三维实体的二维平面图。

命令行提示和操作说明如下。

//注意此时的 UCS,使之在如图 12.6 所示的位置

命令:_ucs //单击"UCS"工具栏中的"原点"按钮

*当前 UCS 名称:*没有名称**

输入选项

[新建(N)/移动(M)/正交(G)/上一个(P)/恢复(R)/保存(S)/删除(D)/应用(A)/? /世界(W)]

〈世界〉:_o

指定新原点〈0,0,0〉:〈对象捕捉 开〉 //打开"对象捕捉",捕捉"圆心"

//单击"布局 1"选项卡,进入图纸空间,删除默认的视口

命令:〈切换到:布局 1〉

恢复缓存的视口 - 正在重生成布局。

命令:_erase 找到 1 个

//设置视图

命令:_solview //在"建模"菜单中选择"设置"子菜单的"视图"命令

输入选项 [UCS(U)/正交(O)/辅助(A)/截面(S)]:U //选择"UCS"选项

输入选项 [命名(N)/世界(W)/? /当前(C)]〈当前〉:C

输入视图比例〈1〉: //回车

指定视图中心： //在图纸空间上指定一点
指定视图中心〈指定视口〉： //回车
指定视口的第一个角点： //指定视口左上角点
指定视口的对角点： //指定视口右下角点
输入视图名：H1
输入选项 [UCS(U)/正交(O)/辅助(A)/截面(S)]：O //选择"正交"选项
指定视口要投影的那一侧： //鼠标移向 *H*1 视图，自动出现中心捕捉，单击之
指定视图中心： //在图纸空间上指定一点
指定视图中心〈指定视口〉： //回车
指定视口的第一个角点： //指定视口左上角点
指定视口的对角点： //指定视口右下角点
输入视图名：V1
输入选项 [UCS(U)/正交(O)/辅助(A)/截面(S)]：A //选择"辅助"选项
指定斜面的第一个点： //在 *V*1 视图中选一个象限点
指定斜面的第二个点： //在 *V*1 视图中选另一个象限点
指定要从哪侧查看： //指定从上方查看
指定视图中心：
指定视图中心〈指定视口〉： //回车
指定视口的第一个角点：
指定视口的对角点：
输入视图名：A1
输入选项 [UCS(U)/正交(O)/辅助(A)/截面(S)]：S //选择"截面"选项
指定剪切平面的第一个点： //确定剖切面的一点
指定剪切平面的第二个点： //确定剖切面的另一点
指定要从哪侧查看：
输入视图比例〈1〉：
指定视图中心：
指定视图中心〈指定视口〉： //回车
指定视口的第一个角点：
指定视口的对角点：
输入视图名：S1
输入选项 [UCS(U)/正交(O)/辅助(A)/截面(S)]： //回车
//调整视图到合适的位置，如图 12.7 所示
//查看当前的图层名，自动产生了很多的图层
//若将 VPORTS 图层关闭，则四个视口边界不显示

2. 设置图形

在"绘图"菜单中选择"建模"子菜单中"设置"命令中的"图形"命令，或在命令行输入 soldraw 命令，根据命令行的提示，选择已创建的视口，将生成轮廓和剖视图的平面图形。

以例 12.2 所生成的四个视口为例，命令行提示如下。

图 12.7　视图

命令：hpname　　　　　　　　　　　　//设置剖视图中的断面图案
输入 HPNAME 的新值〈"ANGLE"〉：ansi31

命令：hpscale　　　　　　　　　　　　//设置剖视图中的断面图案的显示比例
输入 HPSCALE 的新值〈1.0000〉：2

命令：_soldraw　　　　　　　　　　　//单击"实体"工具栏中的"图形"按钮
选择要绘图的视口...
选择对象：指定对角点：找到 4 个　　　//选择例 12.1 中已创建的四个视口
选择对象：　　　　　　　　　　　　　//回车
已选定一个实体。
已选定一个实体。
已选定一个实体。
已选定一个实体。　　　　　　　　　　//结果如图 12.8 所示，即全部视口皆设置为图形

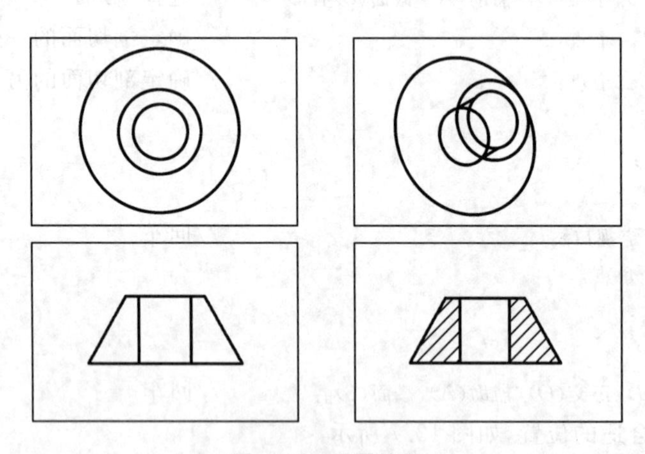

图 12.8　设置结果

【注意】

(1) 在截面视图中可用以下三个系统变量控制剖面填充图案。只要在命令行中分别输入这三个变量名，根据命令行的提示，输入相应值即可。

hpname——控制剖面图案名称。剖面图案名称可在"图案填充"对话框中查到。

hpscale——控制剖面图案比例，倍数值。

hpang——控制剖面图案角度。

(2) 要使通过“图形”命令生成的平面图真正成为标准图，则还需下列几步：

① 关闭 VPORTS 图层，视口边界不显示；

② 在图纸空间补图线，比如对称轴、未显示的线条等。

3. 设置轮廓

在图纸空间中激活其中一个视口，在“绘图”菜单中选择“建模”子菜单中“设置”命令中的“轮廓”命令，或在命令行输入 solporf 命令，选择对象后，根据命令行的提示，选择选项，自动产生三维对象的轮廓。

命令行提示如下。

//图纸空间中双击一个视口

命令：_ solprof //输入“轮廓”命令

选择对象：找到 1 个

选择对象：

是否在单独的图层中显示隐藏的轮廓线？[是(Y)/否(N)]〈是〉：

是否将轮廓线投影到平面？[是(Y)/否(N)]〈是〉：

是否删除相切的边？[是(Y)/否(N)]〈是〉：

【注意】 此命令将自动产生名为 PH 和 PV 的两个图层，PH 图层为三维对象的消隐线，PV 图层上为三维对象的可见线。

【本章小结】

由三维实体生成标准二维视图是一种有效地获得物体的三视图或获得物体的剖面图、断面图的方法。如果操作者具备基本的三维实体绘图技能，那么将三维实体转变成二维视图就很简单了。AutoCAD 中为操作者提供了图纸空间，通过设置图层、设置视口、设置视图、设置图形、设置轮廓、整理图形等操作来完成这些工作。

要在图纸空间中生成二维视图，首先要正确绘出物体的三维实体详细图形，如何改变 UCS，如何在对应 UCS 上绘图，是操作之基础，要复习巩固第 11 章中的实体操作部分。只有具有了这些基本的三维实体绘制能力，通过本章的方法生成二维视图才可能顺利完成。否则，这种绘制二维视图的方法将会难于第 2、3 章平面绘图中介绍的方法，将得不偿失，倒不如一步步地按照第 2、3 章介绍的绘制平面图之步骤进行。所以，此章是选修章节，操作者可根据情况选择掌握。

将三维实体生成三视图，需要三个视口，操作者首先要为视口专门设置一个图层，当该图层关闭时，视口界线消隐。三视口的大小遵循“长对正，高平齐，宽相等”。绘图比例问题，在“页面设置”时不改变它，而是针对每一个视口，在视口工具栏中选择“缩放比例”，进行绘图比例的设置，即图纸、视口大小不变，但图形缩放了，图形依这个比例进行显示和出图。

由三维实体生成体对象的对面视图、剖视图与断面图，AutoCAD 会自动为视口专门设置 VPORTS 图层，关闭该图层，可以隐藏视口边界。要使通过“图形”命令生成的平面图真正成为标准图，还需在图纸空间补图线，如对称轴、未显示的线条等，这样才能达到工程图的要求。

在截面视图中可用三个系统变量控制剖面填充图案。三个系统变量主要控制剖面图案、图案显示比例、图案填充角度。同时要将对应视图设置为图形,才可显示剖视后的填充图案之效果。最终形成完整的标准二维视图还需要适当的补线和整理图形。

本章讨论了视口的设置,由三维实体生成二维视图的基本方法。通过实例,我们已体会了操作的步骤。实际绘图中若绘制平面图是选择第2、3章的方式,还是第11、12章的方式,操作者要根据自己使用 AutoCAD 的情况和实际绘图的作用来酌情选取。

【上机练习题】

1. 创建如图 12.9 所示的三维实体的三视图,该图的尺寸参见第 11 章 11.4.3 小节。

2. 创建如图 12.10 所示的三维实体的二维平面图,含主视图、俯视图、剖面图,将图形整理成标准图。

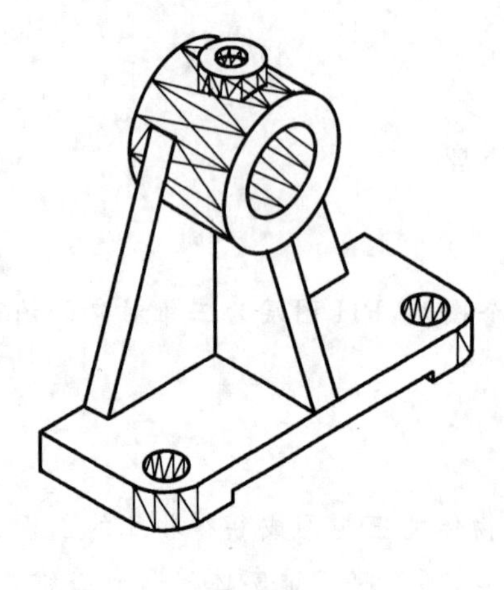

图 12.9

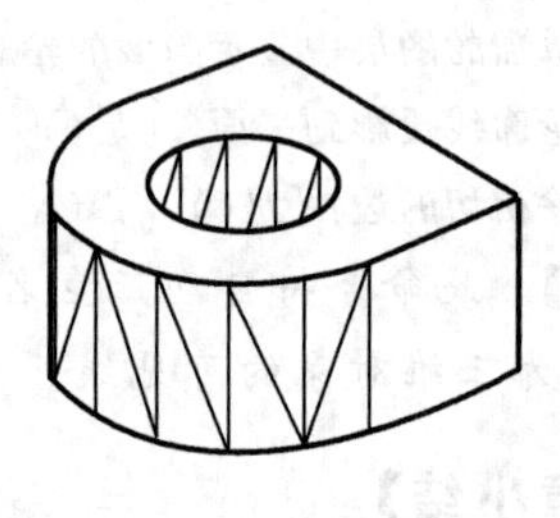

图 12.10

第13章 图纸的布局与打印输出

13

在计算机上绘制好的图形，通常都要打印在图纸上，要想正确、美观地打印出图形，必须通过一系列的打印设置或布局设置。本章主要介绍打印设置、模型空间和图纸空间出图的方法以及使用布局向导创建布局的过程。

13.1 打印设置

打印设置又称页面设置，指设置 AutoCAD 图形时使用的图纸尺寸、打印设备等。选择“文件”菜单中的“页面设置管理器”命令，或在命令行输入 pagesetup 命令，在弹出的“页面设置管理器”对话框中选择选项或输入参数，实现页面设置。图 13.1 所示为“页面设置管理器”对话框。

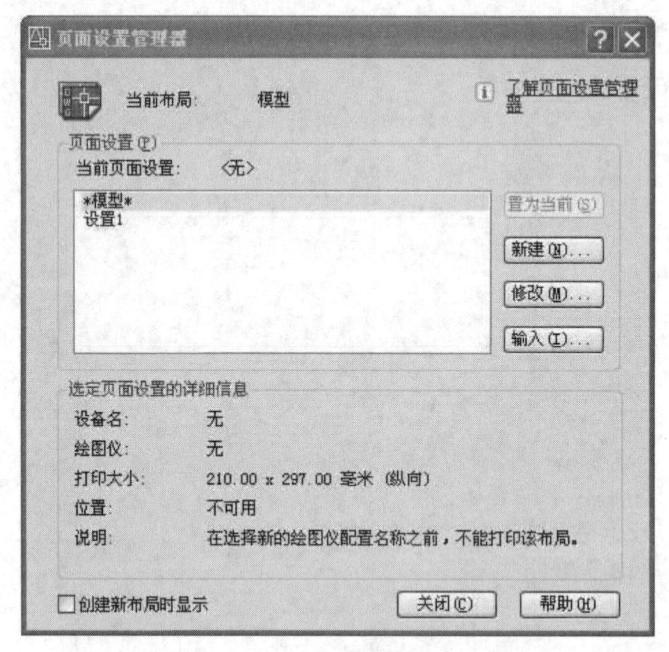

图 13.1 “页面设置管理器”对话框

“页面设置管理器”对话框说明如下。

(1)“页面设置”框架中的列表框：显示当前图形已有的页面设置。

(2)“选定页面设置的详细信息”框架：显示所选择的页面设置的相关信息。

(3)“置为当前”：将列表框中的设置为当前设置。

(4)“新建”：新建页面设置。

(5)“修改”：修改在列表框中的页面设置。

(6)“输入”：从已有图形中导入页面设置。

在“页面设置管理器”对话框中单击“新建”按钮，会弹出图 13.2 所示的“新建页面设置”对话框，输入新页面设置的名称后，单击“确定”按钮，会弹

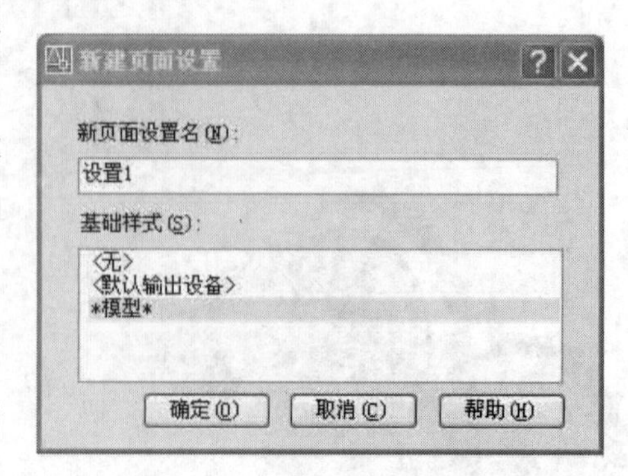

图 13.2 “新建页面设置”对话框

出“页面设置”对话框，如图 13.3 所示。

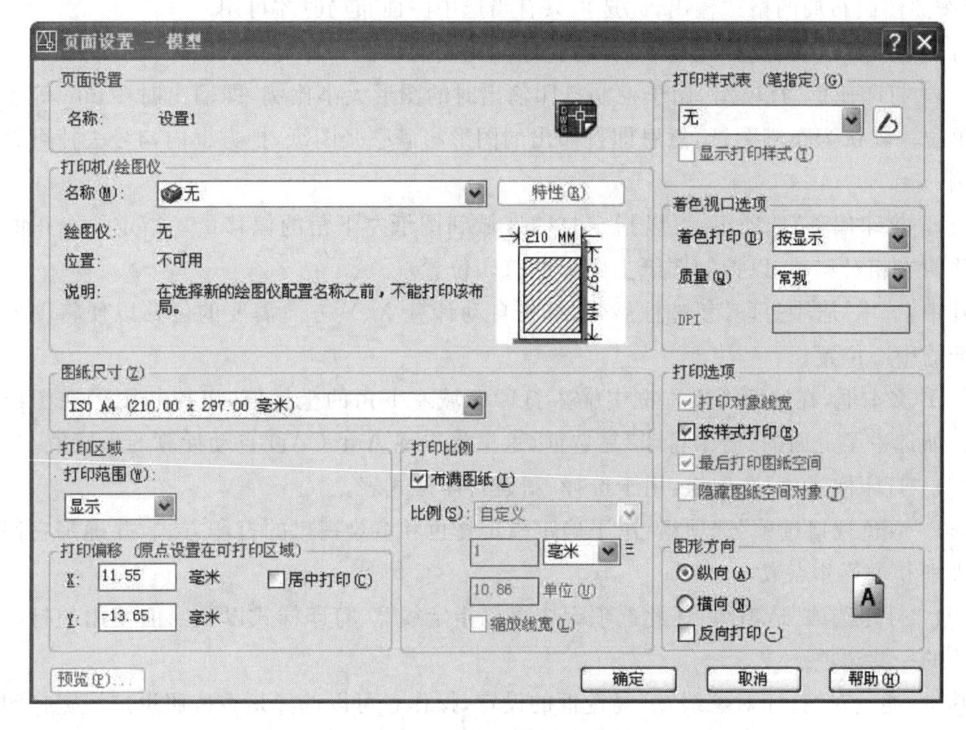

图 13.3 “页面设置”对话框

“页面设置”对话框说明如下。

(1)“页面设置”框架：此框中名称为显示当前所设置的页面设置名称。

(2)“打印机/绘图仪”选项组：通过其中的“名称”下拉列表选择打印设备。选择设备后，会在下方显示出与该设备对应的信息。

(3)“图纸尺寸”选项组：通过下拉列表框选择输出图纸的大小。如 A4 为 4 号图纸，并在右上角显示图纸尺寸。

(4)“打印区域”选项组：用于确定图形打印范围。单击“打印范围”下拉列表，选择“窗口”、“图形界限”和“显示”选项，如图 13.4 所示。对于“窗口”选项：选择此选项后，将打印输出所选择窗门范围内的所有内容。选择此选项后，右边的“窗口”按钮变为可用，如图 13.5 所示。

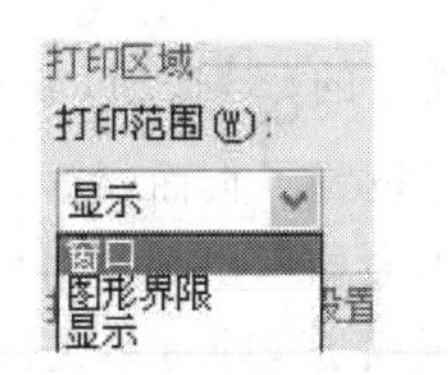

图 13.4 打印范围下拉列表图

图 13.5 打印窗口选项

单击“窗口”按钮，对话框将暂时消失，提示选取窗口的两个对角顶点。选取完毕后，回到对话框中。

对于“图形界限”选项:选择此选项后,将打印输出当前设置的图样尺寸范围内的全部内容,即按照图面布局的格式输出,此选项只有当选中图面布局时才可用。

对于“显示”选项:选择此选项后,将打印输出当前绘图窗口可见的图形内容。

(5)“打印比例”选项组:用于控制打印输出时的图形大小比例,即输出时 1 mm 等于多少绘图单位。默认为布满图纸,意思即打印出的图形布满整张图纸,把方框内勾号去掉可设置其他比例。

(6)“打印偏移”选项组:可以指定打印区域到图纸左下角的偏移量。指定一个正的或负的位移两者相对移动,以控制图纸上图形的打印位置。

其中,选中“居中打印”复选框后,系统将自动计算 *X*、*Y* 方向需要的位移以便将图形打印在图纸的中心位置。

X、*Y* 文本框,在这两个文本框中输入打印区域左下角的坐标值,以控制图形在图纸中的位置。如选中了上面的“居中打印”复选框,这里将出现 AutoCAD 自动计算的坐标值。

(7)“打印样式表”选项组:用于选择、新建打印样式表。

(8)“着色视口选项”选项组:用于确定指定着色和渲染视口的打印方式,并确定它们的分辨率级别和每英寸点数。

(9)“打印选项”造项组:任此选项组中可以指定线宽、打印样式以及当前使用的打印样式表有关的一些选项。

其中,通过对“打印对象线宽”复选框的设定,操作者可以选择是否按照设定线宽打印。选中此复选框后,将打印出设置的线宽效果,默认值为选中。“按样式打印”复选框,选中此选项后,将使用对象中设置的打印样式打印。

(10)“图形方向”选项组:用于确定图形的打印方向为横向、纵向还是反向,从中选择即可。

完成上述设置,单击“预览”按钮,预览打印效果。不满意可修改;若正确,单击“确定”按钮,返回到“页面设置管理器”对话框,并将新建立的设置显示在列表框中。此时读者可将新样式设为当前样式,关闭完成页面设置。

13.2 模型空间打印

选择“文件”菜单中的“打印”命令,或单击“标准”工具栏上的按钮,或在命令行输入 plot 命令,弹出“打印”对话框,如图 13.6 所示。如果操作者已设置了页面,就可在“页面设置”选项组中“名称”下拉列表框中指定对应的页面设置,对话框中会显示出与其对应的打印设置。此外,读者也可以通过对话框中的各项进行单独设置。若设置完成,即可单击“确定”按钮,开始打印,在打印之前最好单击“预览”按钮,预览打印效果。

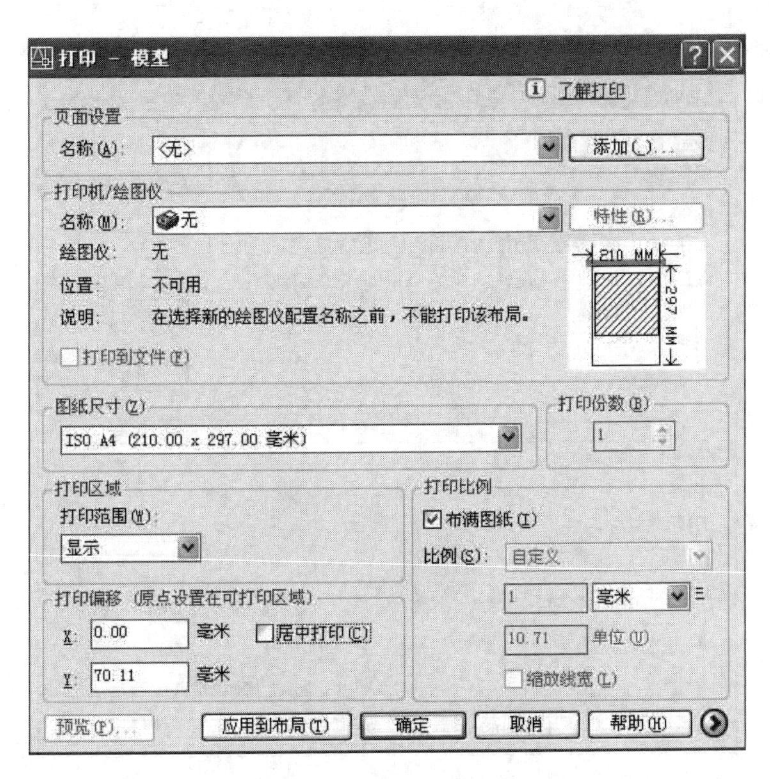

图 13.6 “打印—模型”对话框

13.3 图纸空间打印

AutoCAD 的新版本在打印方面做了相当大的改进，提供的打印布局设置直观、形象，而且还可针对不同的绘图仪或打印机、不同的纸张大小或比例，分别设置不同的布局，每个布局代表一张单独的打印图纸，要针对某种需求打印时，只要选择相关的布局即可，避免重复设置的麻烦。

在命令窗口上方有 模型 布局1 布局2 选项卡，一般绘制或编辑图形都是在模型空间进行，布局1 布局2 则是用来设置打印的条件，亦即图纸空间。例如，可以选择 布局1 为 A2 图纸打印，布局2 为 A3 图纸打印，这样就可以在一个文件中拥有多种的打印设置。图纸空间还可以新建，右键单击 布局1 布局2，选择“新建布局”即在 布局1 布局2 后面生成“布局 3”，如图 13.7 所示，布局也可以删除、重命名、复制等操作。

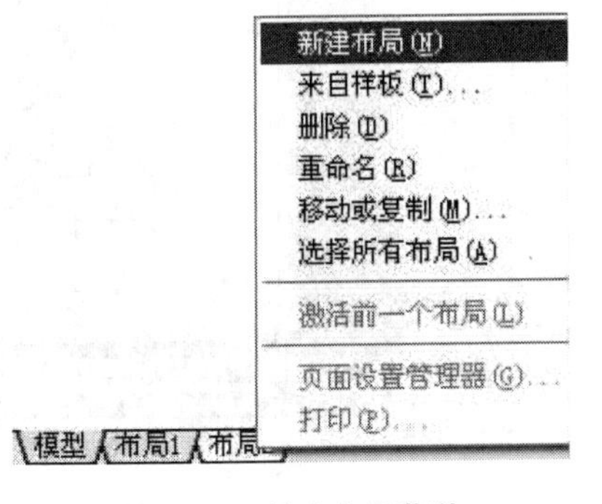

图 13.7 新建布局菜单

进入“布局 1”图纸空间，在“布局 1”选项卡上单击右键选“打印”可设置打印参数，如图 13.8 所示，具体设置内容及方法参考13.1节。

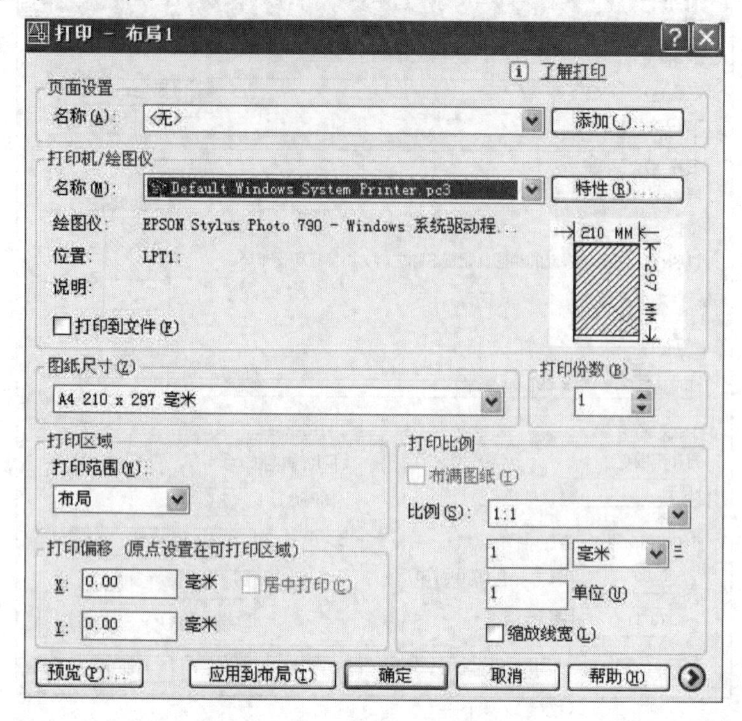

图 13.8 “打印布局设置”对话框

单击“预览”按钮,预览设置效果,如图13.9所示。单击“应用到布局”按钮保存设置,单击“确定”按钮,便可打印当前布局。

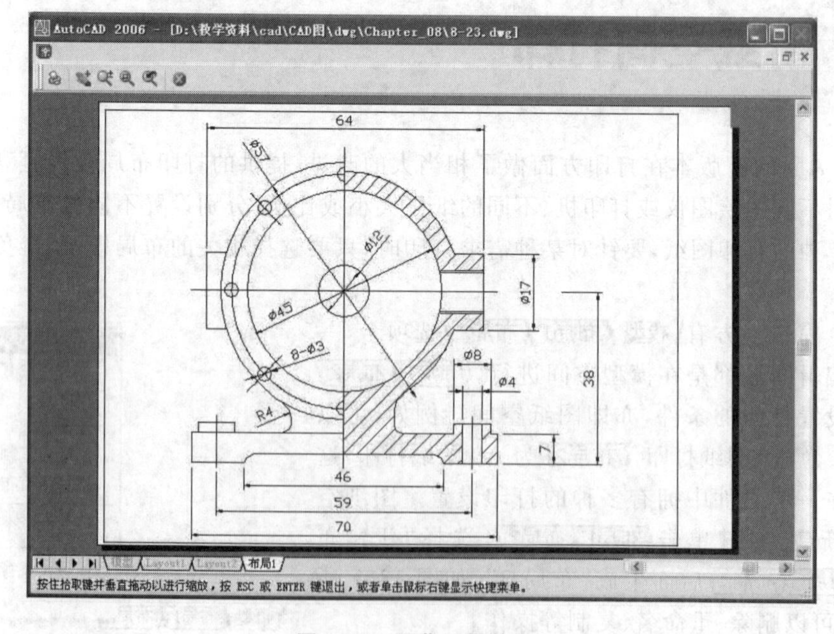

图 13.9 预览设置效果

13.4 使用布局向导创建布局

布局向导是打印布局设置相当好用的工具，通过向导的指导不仅可以一步一步完成设置，还可以插入自行绘制标题图框。操作过程如下。

(1) 在“插入”菜单中选择“布局”子菜单中的“创建布局向导”命令，进入“创建布局—开始”窗口，如图 13.10 所示，输入新建布局名称，如 A4。

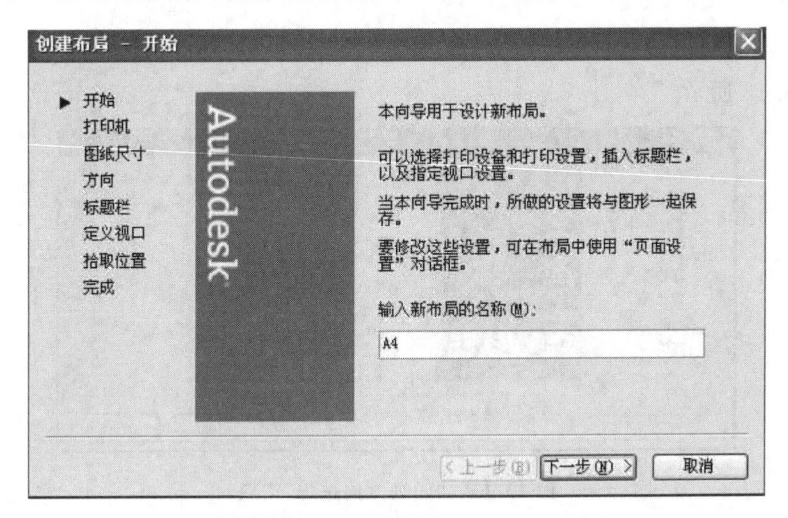

图 13.10 “创建布局—开始”窗口

(2) 输入新建布局名称后，单击下一步(N) >按钮，进入“打印机”窗口，如图 13.11 所示，选择适当的打印机。

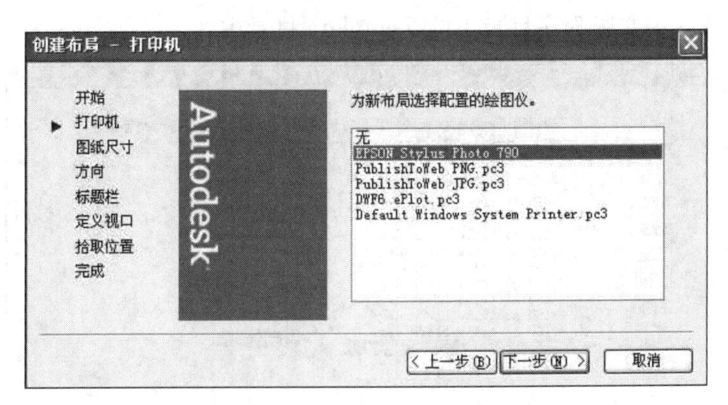

图 13.11 选择打印机窗口

(3) 选择好打印机后，单击下一步(N) >按钮，进入“图纸尺寸”窗口，确定图纸尺寸，如图 13.12所示。

(4) 定义好图纸尺寸后，单击下一步(N) >按钮，进入“方向”窗口，选择图纸方向为横向还是

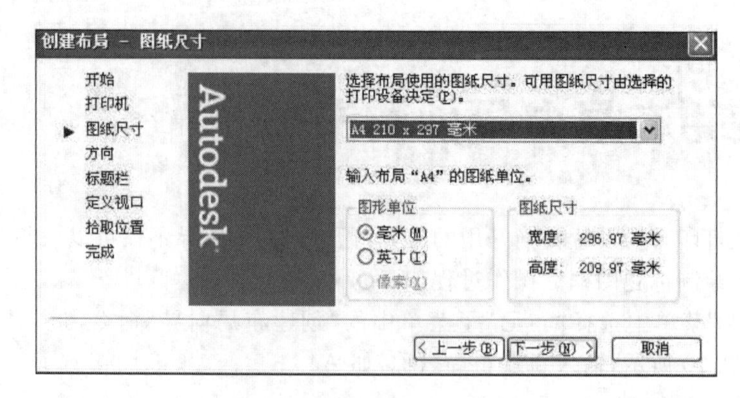

图 13.12　选择图纸尺寸窗口

纵向,如图 13.13 所示。

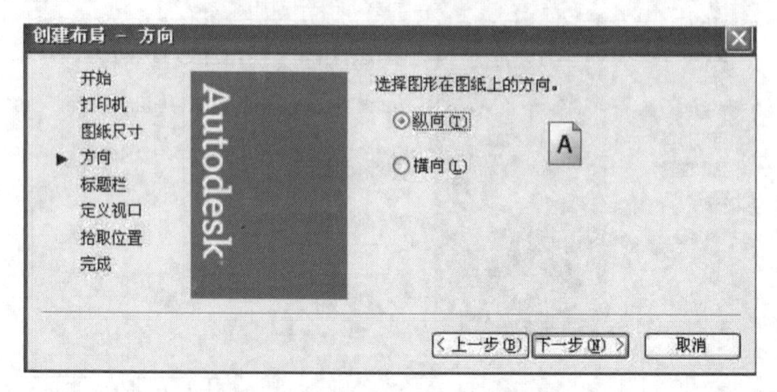

图 13.13　"图纸方向选择"窗口

(5) 选择好图纸方向后,单击 下一步(N) > 按钮,进入"标题栏"窗口,选择适当的标题栏,内容可在右边查看,如图 13.14 所示。插入后,作为图块放置在图形的左下角。实际上,AutoCAD 中文版本身提供的标题栏与国内的标准并不完全符合,读者需要自己绘制标题栏和图框,做成模板放在 AutoCAD 中文版程序目录中的 Template 目录中。

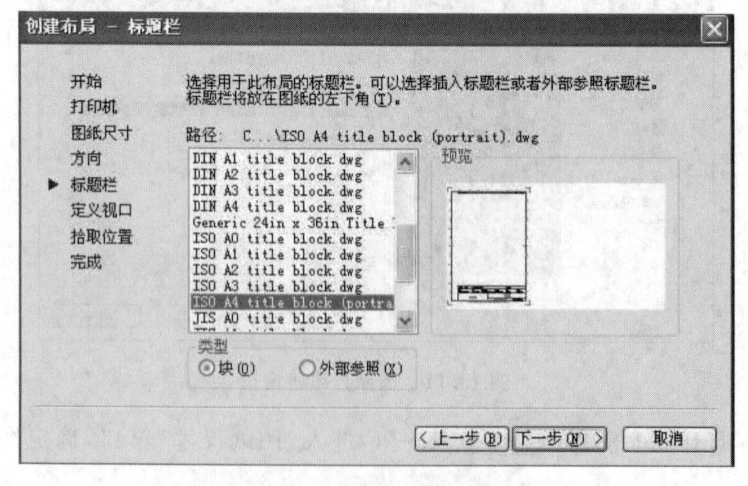

图 13.14　"标题栏选择"窗口

(6) 选择标题栏后，单击 下一步(N) > 按钮，进入“定义视口”窗口，如图 13.15 所示。选择需要的视图数，可选择“无”、“单个”、“标准三维工程视图(即主视图、俯视图和左视图)”及“阵列”。当图形是二维图形时，选择“单个视图”即可；当图形是三维图形时，可选择“标准三维工程视图”。

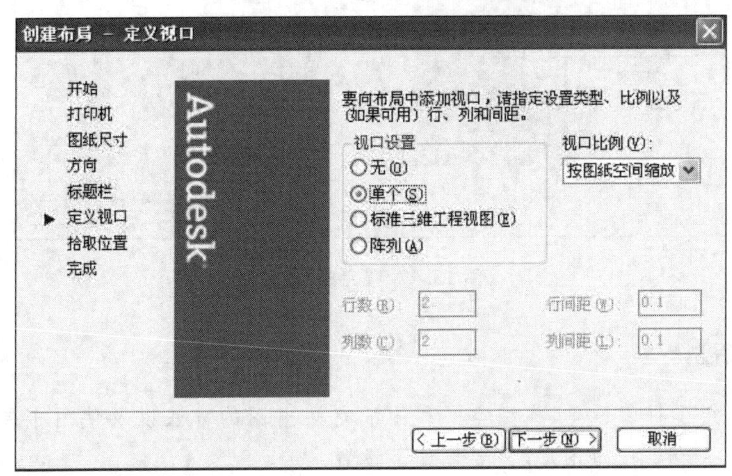

图 13.15 “定义视口”窗口

(7) 选择好需要的视图后，单击 下一步(N) > 按钮，进入“拾取位置”窗口，如图 13.16 所示。单击 选择位置(L) < 按钮，拾取位置窗口暂时消失，AutoCAD 命令行提示选择两个角点，以确定视图在图纸中的位置。

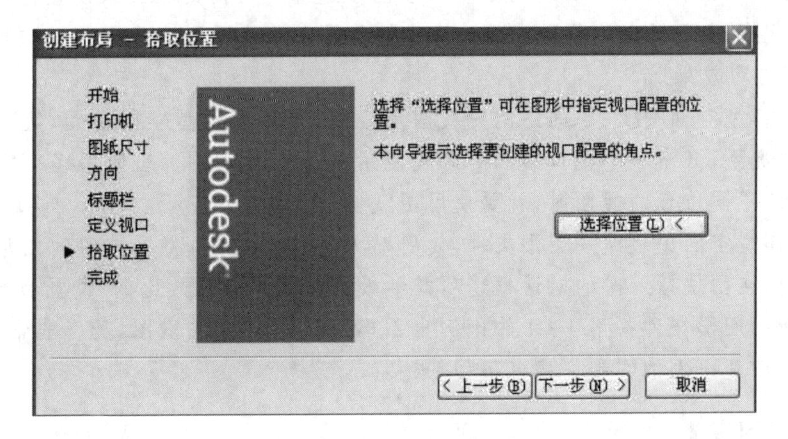

图 13.16 “拾取位置”窗口

(8) 最后，在图 13.17 所示的“完成”窗口中，单击 完成 按钮，这样就在 模型 布局1 布局2 后创建了以“A4”为名的布局，完成该布局的所有设置工作。

通过向导，很简单地完成创建复杂图形的布局工作，其中还包含了任意多个视图，使用标题栏，使设计成果得到完美的展现。

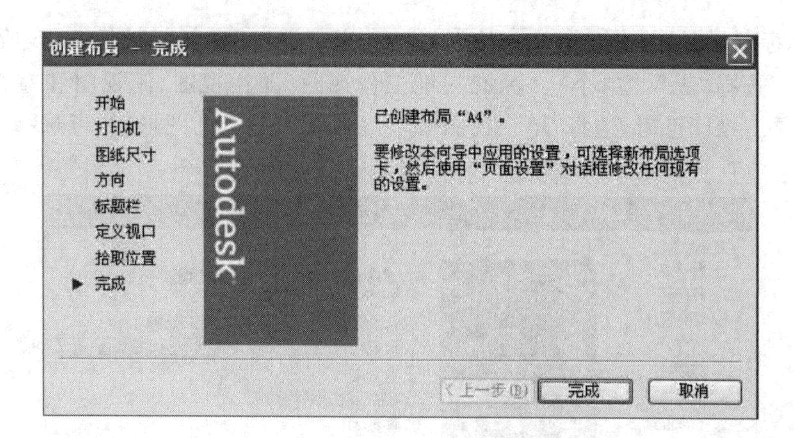

图 13.17 “完成”窗口

【本章小结】

本章主要介绍了打印设置、模型空间和图纸空间出图的方法以及使用布局向导创建布局的过程等内容。一般要打印图形,都要作如下设置。

(1) 选择打印设备,包括 Windows 系统打印机和 AutoCAD 内部打印机。

(2) 选择图纸尺寸,选择图形方向。

(3) 确定打印比例。

(4) 设置打印区域,操作者可以选择布局、窗口、范围或显示。在模型空间出图多选择使用“窗口”的方式来设置打印区域。图纸空间出图多选择“布局”的方式来设置打印区域。

(5) 调整图形在图纸上的位置。通过修改打印原点可使图形沿着 X 轴、Y 轴移动。

(6) 预览打印效果。

操作者在模型空间按 1∶1 的比例完成图形绘制,既可在模型空间出图,又可在图纸空间出图。一般情况下,只出一个视口的图形时就使用模型空间出图。当使用多个视口来反映图形的不同侧面、不同位置的视图时,就要使用图纸空间出图。

此外,在模型空间中新建一图形文件,使用插入图块的方式,将要打印的图形插入到新建的图形文件中,在图块插入时的对话框选项或参数的设置中,“缩放比例”设置为要打印的图形比例,那么,新的图形文件将用 1∶1 的比例出图即可。这种方式出图,显得非常方便,它主要用于出图时要改变比例的图形。读者不妨一试。

【上机练习题】

1. 将第 4 章的上机练习题 1 放置在 3 号图纸中,3 号图纸调用第 4 章的上机练习题 1,打印全部图形或输出为 *.dwf文件。

2. 将第 6 章的上机练习题放置在 4 号图纸中,并打印出来或输出为 *.dwf 文件。

3. 试绘出图 4.13 所示建筑平面图,并将它放置在 2 号图纸中,打印出来或输出为 *.dwf 文件。

第 14 章 任务驱动式教学设计

14

任务驱动是建构主义理论中的一种教学模式。这种教学模式就是让学生完成一个包含一定具体知识或能力训练的实际任务，通过任务的完成，达到某个教学目标。它具有开放性、自上而下性、情境性的特点。

以任务驱动进行的教学设计中，要求教师分阶段、按模块组织教学内容，教学内容以典型实例为教学蓝本，引领学生学习理论知识和实践操作，为学生的学习、思考、创新提供开放的空间。学生在这种教学模式下，潜移默化地掌握了一种有效的学习方法，并减少了从理论到实践的中间过渡环节，能迅速有效地提高职业技能。

14.1 任务驱动式教学设计

该教学设计分为四个教学阶段,一个阶段就是一个模块,一个模块包含一个或多个任务。

实际的教和学,边教边学,边学边练,教的同时在练,练习的同时在教,一般控制在教学和训练1∶2的学时比例,在总教学时间不改变的情况下,可以把学生的训练时间安排得多一些。

任务驱动式教学设计的内容如表14.1所示。

表14.1 任务驱动式教学设计的内容

教学阶段	模块名称	任务数量	教学目标	学时
1	基本训练	1个	根据给定的实际任务图1,达到以下目标。 ①计算机绘图和手工绘图的异同点比较;实际工作中正确选择绘图方式。 ②掌握绘图软件的使用方法。 ③规划图形。	2
2	工程平面图绘制训练	3个	根据给定的实际任务图2,达到以下目标。 ①掌握50%的管理图形、绘制图形、修改图形的知识。 ②训练简单工程图的图纸规划、绘图到出图的工作能力。	8
			根据给定的实际任务图3,达到以下目标。 ①掌握剩余50%的管理图形、绘制图形、修改图形的知识。 ②训练较复杂工程图的图纸规划、绘图到出图的工作能力。	8
			根据给定的实际任务图4,达到以下目标。 ①巩固并灵活使用所学的管理图形、绘制图形、修改图形的全部知识。 ②掌握标注图形尺寸的完整知识。 ③训练复杂工程图的图纸规划、绘图到出图的工作能力。	10
3	建模训练	3个	根据给定的实际任务图5,达到以下目标。 ①正确选择建模的方式,掌握建模所用的60%的命令。 ②训练实体造型的实际操作能力。	8
			根据给定的实际任务图6,达到以下目标。 ①正确选择建模的方式,掌握建模所用的剩余的40%的命令。 ②训练曲面造型的实际操作能力。	8
			根据给定的实际任务图7,达到以下目标。 ①巩固并灵活使用所学的造型知识。 ②三维图形转换成工程平面图。 ③布局空间输入工程平面图。	4
4	三维图转换成平面图,并正确输出训练;数据交换常识训练	2个	根据给定的实际任务图8,达到以下目标。 绘制正等轴测图,在对应面会书写文字、尺寸标注。	8
			根据给定的实际任务图9,达到以下目标。 ①实现不同图形软件间的数据交换。 ②使用工具选项板、设计中心。	4

14.2 任务驱动式教学案例

以方形螺母零件图的规划、绘制、输出为例。

第一步，给出任务。

(1) 图 14.1 所示为一个简单的零件图。

(2) 读懂图形上所表达的专业技术语言，读懂工程图。

(3) 按步骤规划图形、绘制图形，所有图形元素按国标制图规范显示。

(4) 在模型空间将图形输出到 4 号图纸，具备工程图纸的全部特点。

(5) 提交电子图纸文件（*.dwf 文件）。

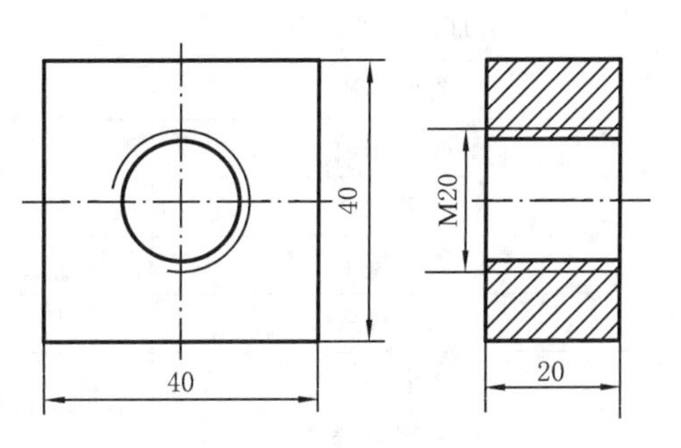

图 14.1　方形螺母

第二步，与学生互动，讨论并确定该工程图上有哪些工程语言。如表 14.2 所示。

表 14.2　与学生互动内容

序　　号	问　　题	结　　果
1	该图是什么零件图	方形螺母
2	什么视图表达它	正视图和左视图
3	根据图中的标注，内螺纹是什么类型的螺纹	普通螺纹
4	图中标注的普通螺纹 M20 是什么意思	内螺纹的公称直径是 20 mm
5	内螺纹的公称直径是指大径还是小径	大径
6	工程图上近似绘制内螺纹小径的数值是如何规定的	公称直径的 0.85 倍
7	该图圆弧直径应为多少	20 mm
8	小圆直径应为多少	17 mm

花 2～3 分钟的时间。此步的目的是看懂图、弄清图中的尺寸、简略复习过去所学过的专业知识。

第三步，板书或投影屏幕显示如表 14.3 所示，告诉学生表格中的约定。

表 14.3　教学约定表

管理图形的命令	绘制图形的命令	编辑图形的命令

任何一个工程图的绘制都要考虑到表格中对应的三栏内容，即用哪些命令来管理图形、哪些命令绘制图形、哪些命令修改图形。

教学将以这个结构顺序为学生讲授如何完成图 1 的绘制，学生同步进行实训。

第四步,具体绘制。

(1)按照工程图的绘图顺序,在表格中填写相关命令,结合前次课已讲的使用方法,在绘图屏幕上绘一段对应的图形,点出命令的特点和实质。

(2)一步步完成整个图形。

(3)完成后,填表结果如表 14.4 所示。

表 14.4 教学过程填表结果

管理图形的命令	绘制图形的命令	编辑图形的命令
图形界限	直线	特性
视图缩放	矩形	修剪
单位	圆	打断
图层	弧	分解
标注样式	图案填充	镜像
文字样式	线性标注	延伸
页面设置	文字	分解
打印设置		移动

边教边学,边学边练,教、练同时进行。从图纸规划到出图的整个工作能力得到训练。

第五步,提交电子图纸作业,如图 14.2 所示。教学任务完成。

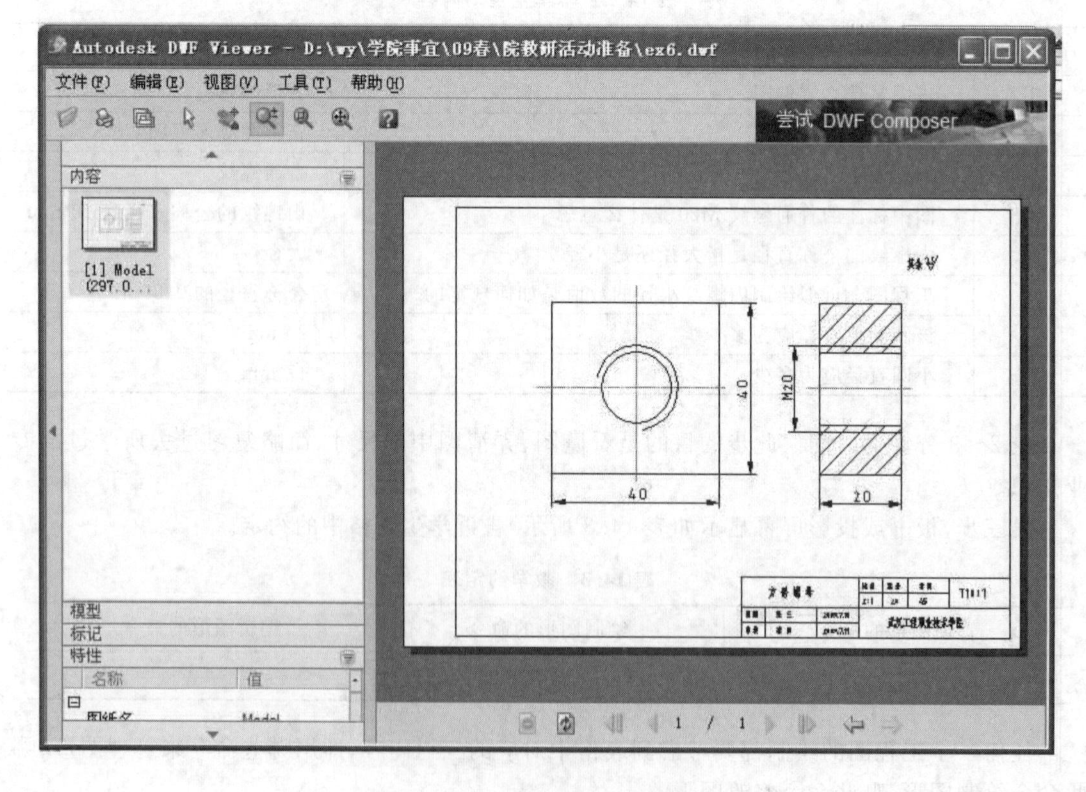

图 14.2 方形螺母电子图纸

布置作业，教学生业余时间自己思考和总结的内容，布置下一次任务需要的知识预习内容。

【本章小结】

使用计算机 AutoCAD 辅助工程制图，应用任务驱动式教学设计组织“教学做”一体化教学，是当前教育改革，提高教学质量的需要，具有实际意义。本章的教法介绍为类似课程的教学理念与教学设计提供了有益的借鉴。

参考文献 CANKAOWENXIAN

[1] 李学志.计算机辅助设计与绘图[M].北京:清华大学出版社,2002.

[2] 孙家广,等.计算机图形学[M].北京:清华大学出版社,1998.

[3] 唐龙,许忠信,徐玉华,等.计算机辅助设计技术基础教程[M].北京:清华大学出版社,2002.

[4] 荣涵锐,荣毅虹.机械设计 CAD 技术基础[M].哈尔滨:哈尔滨工业大学出版社,1998.

[5] 希望图书创作室.中文版 AutoCAD 2000 实用大全[M].北京:北京希望电子出版社,1999.

[6] 老虎工作室,姜勇.AutoCAD 中文版机械制图基础培训教程[M].北京:人民邮电出版社,2003.

[7] 老虎工作室,刘培晨.AutoCAD 中文版建筑制图基础培训教程[M].北京:人民邮电出版社,2003.

[8] 邵谦谦,郭俊杰,朱敬.AutoCAD 2005 中文版建筑图形设计[M].北京:电子工业出版社,2005.

[9] 雷军,赖远征.中文版 AutoCAD 2006 建筑图形设计[M].北京:清华大学出版社,2005.

[10] 邹玉堂,路慧标,王跃辉.AutoCAD 2006 实用教程[M].北京:机械工业出版社,2006.

[11] 冯秋官.机械制图与计算机绘图[M].北京:机械工业出版社,2005.

[12] 成大先.机械设计手册[M].北京:化学工业出版社,2010.

[13] 国家职业技能鉴定专委会计算机专委会.计算机辅助设计(AutoCAD 平台)AutoCAD 习题汇编[M].北京:北京希望电子出版社,2007.